通过学习本书可以快速掌握数码照片处理技法，感受Photoshop为您带来的视觉震撼

中文版 Photoshop CS3 数码照片处理典型实例精讲

新知互动 /编著

视觉

- 本书由国内资深视觉设计团队编著，精心打造每一个案例效果，赋予您学习时美的视觉享受
- 本书附带1DVD**多媒体视频教学**光盘，包含书中重点案例的影音教学和大量实用素材。确保初中级读者能够轻松上手，快速掌握数码照片处理技法

科学出版社
www.sciencep.com

北京希望电子出版社
Beijing Hope Electronic Press
www.bhp.com.cn

内容简介

本书是“视觉”系列中一本跟数码摄影有关联的图书，共分为 11 章，包含 72 个典型实例。第 1 章讲解软件操作常识；第 2 章到第 10 章分类讲解了常见数码照片问题处理、儿童数码照片修饰处理、美女人像写真照片处理、环境人像照片修饰技法、旅游风景照片艺术处理、艺术婚纱照片处理、数码照片精彩特效制作、数码照片创意搞怪处理、照片的装饰与个性应用；第 11 章讲解了照片输出与管理常识。

本书特色鲜明，结构清晰，文字通俗易通。适合数码爱好者和图片处理工作人员，也可以作为 Photoshop 软件的初级学习用书。

本书附赠的光盘中收录了书中部分实例所需文件以及多媒体视频教学，方便读者在阅读时调用。

需要本书或技术支持的读者，请与北京清河 6 号信箱（邮编：100085）发行部联系，电话：010-62978181（总机）、010-82702660，传真：010-82702698，E-mail：tbd@bhp.com.cn。

图书在版编目（CIP）数据

中文版 Photoshop CS3 数码照片处理典型实例精讲 / 新知互动编著. —北京：科学出版社，2008
（视觉）
ISBN 978-7-03-022800-0

Ⅰ. 中… Ⅱ. 新… Ⅲ. 图形软件，Photoshop CS3 Ⅳ. TP391.41

中国版本图书馆 CIP 数据核字（2008）第 124087 号

责任编辑：韩宜波 / 责任校对：小 亚
责任印刷：天 时 / 封面设计：ANTONIONI

科学出版社 出版
北京东黄城根北街 16 号
邮政编码：100717
http://www.sciencep.com

北京天时彩色印刷有限公司印刷

科学出版社发行 各地新华书店经销

*

2008 年 10 月第 一 版 开本：787×1092 1/16
2008 年 10 月第一次印刷 印张：25（全彩印刷）
印数：1-5000 册 字数：557 232

定价：69.00 元（配 1 张 DVD 光盘）

保留照片的局部彩色

调整暗淡的照片

修正曝光过度的照片

倾斜照片的修复

逆光照片的修复

调整照片局部细节

宁静的夏天

婚纱照片简单抠图

孩子的童话

贺卡

制作液体流淌效果

柔化 照片效果

制作变色瞳孔

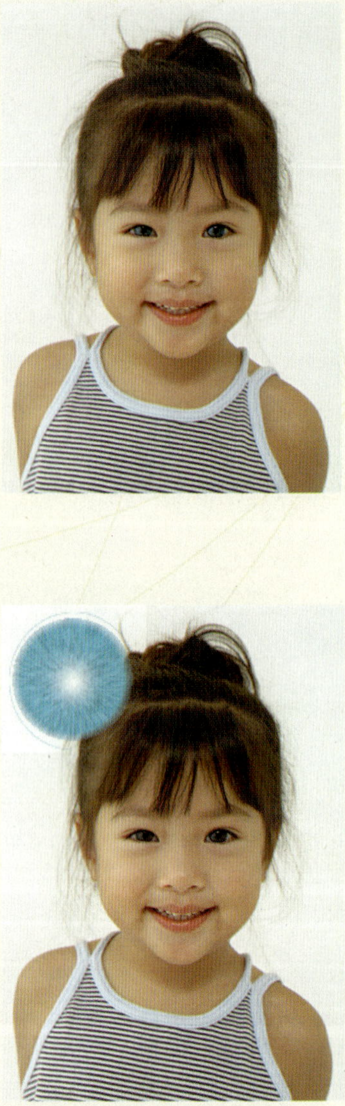

直线光线下人像修饰

制作新娘艺术写真

制作人物数码艺术照

制作石膏人像

制作人物线描彩绘效果

制作褶皱旧照片

折角艺术照片

艺术化装饰照片

制作复古照片效果

为照片添加光线四射的效果

为照片添加神秘感

打造淡妆美女

个性张扬

CD光盘面

古希腊河畔主题婚纱照设计

古香古色主题婚纱照设计

彼岸花主题婚纱照设计

制作墨滴效果

跳跃空间

魔镜

风火球

上升的钟楼

制作下雪的效果

制作水墨风景画效果

使照片产生网点效果

怀旧风格美女艺术照

制作古建筑艺术照

雾天人像照片的修饰

自然光下的人像照片修饰

改变人物背景季节

凝思苦想

这边風景独好，只愿与你分享。
Beautiful scenery on here, but I will share that only with you.

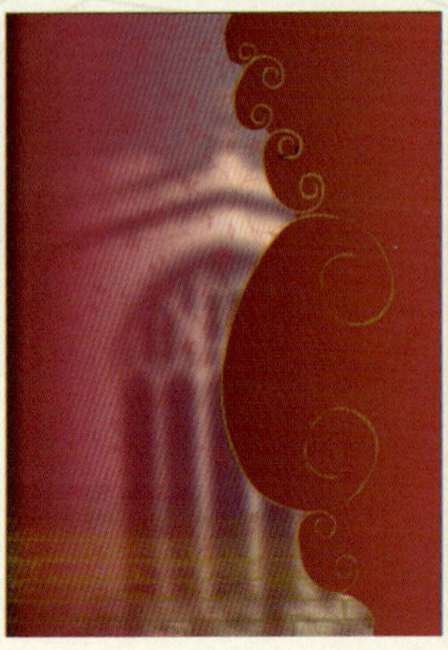

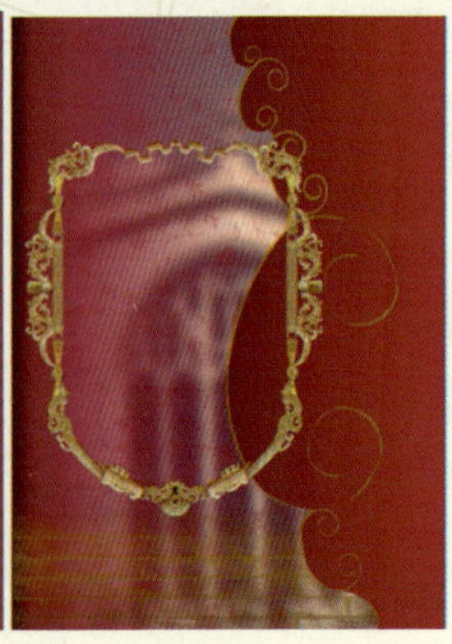

幻灯片装裱效果

DUN HUANG
MADE IN CHINA
SHA MO
MADE IN CHINA
Pu Bu
CHENG SHI JI SE
MADE IN CHINA
我 de
异鄉之旅

DUN HUANG
MADE IN CHINA
SHA MO
MADE IN CHINA

拯救地球

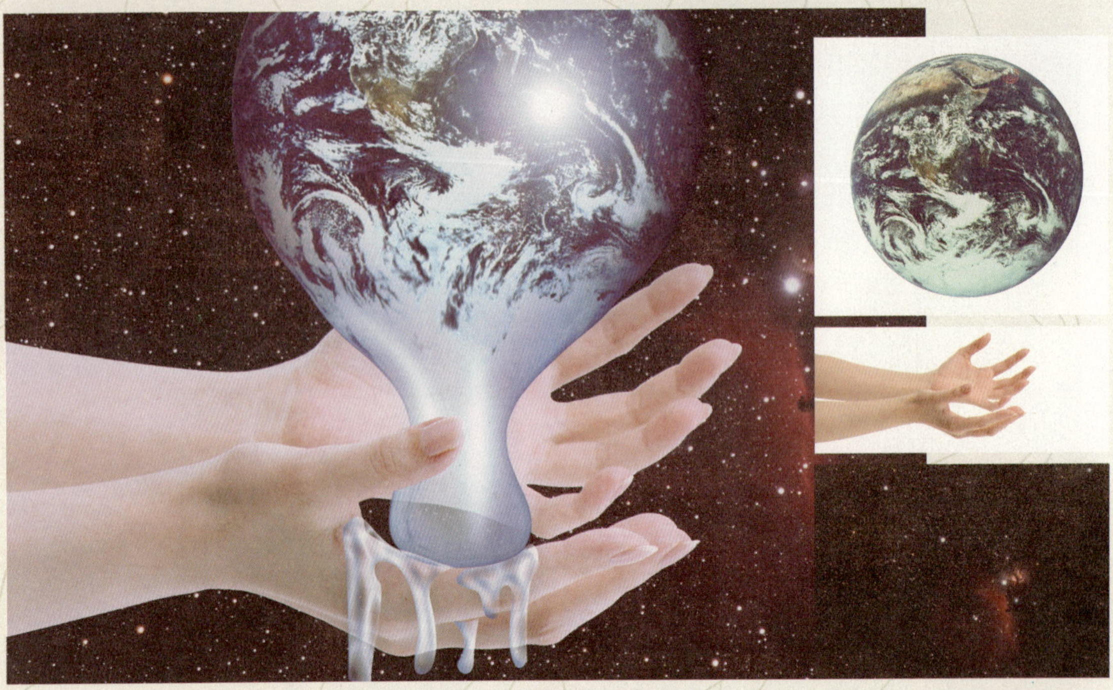

科技时代

前言

Preface

创意设计产业的蓬勃发展，人们对视觉艺术的要求越来越高。从事创意工作的广告设计人员、室内设计人员、平面设计人员，以及摄影人员除了具备行业基本技能外，还必须不断地提高自己的审美能力，为自己创作作品添砖加瓦，打造完美的视觉效果。尤其是平面和广告设计对于视觉的要求已经跟创意并列到了第一位。为了满足从事视觉创意工作人员和爱好视觉设计的读者升华技术与思维的需要，专门策划了“视觉”系列丛书。

“视觉”系列丛书是以目前两个热门的软件Photoshop CS3和3ds max/VRay为依托，面向志在创作出优秀作品的设计人员和图像处理爱好者而编写的。其中以Photoshop CS3软件为主题的图书共三本，分别为《视觉——中文版Photoshop CS3数码照片处理典型实例精讲》、《视觉——中文版Photoshop CS3视觉特效设计与制作实例精讲》、《视觉——中文版Photoshop CS3图层通道蒙版高级应用实例精讲》；以3ds max/VRay为主题的图书有一本，即《视觉——VRay照片级效果图渲染实例精讲》。此系列图书收录了丰富的精彩实例，而且每个实例都详细地讲解了其制作过程，目的是为了让读者在深入掌握软件应用的同时，也能快速提升审美能力和设计创意能力。

本书是“视觉”系列中一本跟数码摄影有关联的图书——《视觉——中文版Photoshop CS3数码照片处理典型实例精讲》。专门介绍各种类型数码照片后期修饰与照片个性创意设计应用等知识。共分为11章，其中第1章和第11章讲解软件操作常识和照片输出与管理常识；第2章到第10章分类讲解了常见数码照片问题处理、儿童数码照片修饰处理、美女人像写真照片处理、环境人像照片修饰技法、旅游风景照片艺术处理、艺术婚纱照片处理、数码照片精彩特效制作、数码照片创意搞怪处理、照片的装饰与个性应用。

本书特色鲜明，结构清晰，文字通俗易懂。以72个典型实例将数码照片处理实用技法一网打尽。书中实例讲解过程中均带有技巧提示，能够帮助读者少走弯路。希望读者通过本书的阅读成为数码照片处理的高手。

在学习中不断进步，进步中不断创新。“视觉”系列图书由新知互动策划并参与编写，我们希望“视觉”系列图书能够成为您进步的加速器。由于作者水平有限，书中疏漏之处在所难免，敬请读者批评和建议。可以通过xzhd2008@163.com和我们联系。

编　者

Contents

目录

Aroma city

Contents

目录

THE GIRL

第1章 软件的常识

本章主要介绍了Photoshop CS3的操作界面，讲解了Photoshop CS3中的基本概念，包括像素与分辨率、照片的打开与查看、文件格式以及文件的新建与存储，使用户对Photoshop CS3有一个宏观的认识，为今后的学习奠定基础。

1.1 熟悉Photoshop的工作界面

下面先来简单了解一下Photoshop的界面以及它的各种特性，如图1-1所示。

图1-1

A菜单栏：菜单栏显示Photoshop中可用的各条命令的菜单。单击某一菜单项将出现相应的子菜单，如图1-2所示。

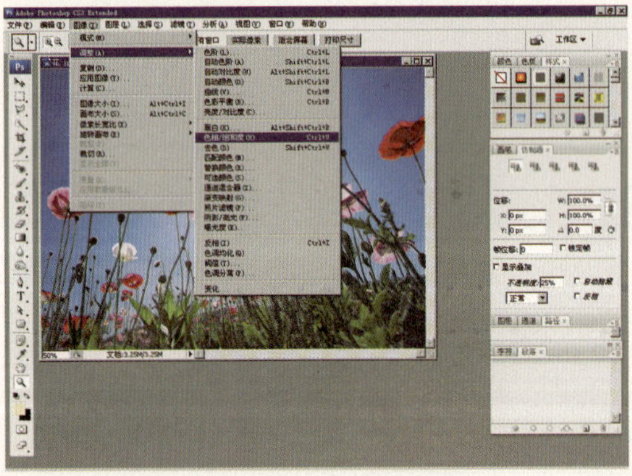

图1-2

B选项栏：选项栏中显示所选工具的选项，如图1-3所示。

C标题栏：当图像被打开且当前活动图像窗口被最大化时，标题栏会显示该图像文件的名称、图像此时的放大率以及图像模式（位图、灰度级、索引颜色或RGB等），如图1-4所示。

D工具箱：工具箱中包含处理图像所需的全部工具，包括选择、绘画和上色、修改和定位等。将鼠标光标置于某工具上时，会显示该工具的名称和获得该工具的键盘快捷方式，此文字被称为工具提示。工具箱中的下部有两个颜色方框，用于设置前景色和背景色。如图1-5所示。

E活动图像区域：当前活动图像显示区域。

F调板：Photoshop有多个调板，每个调板都有不同的功能，用于调整和修改图像。调板可以通过窗口菜单获得。可以将调板放在调板组或留在工作区中。

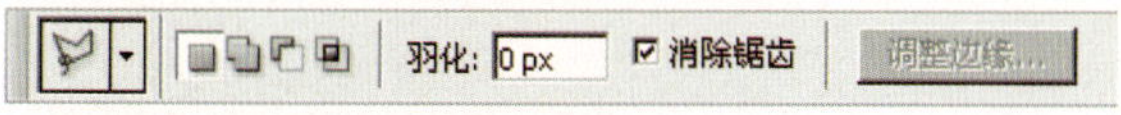

图1－3

图1－4

图1－5

1.2 照片的打开与查看

在Photoshop中有3种打开照片的方式。

第1种：**选择菜单“文件｜打开”命令**，从文件夹中选择图像文件，单击“打开”按钮；也可以通过快捷键【Ctrl+O】打开图像文件。

第2种：**双击空白工作区**（屏幕中的灰色背景区，当打开照片时，图像窗口就出现在这里），如图1－6所示。

第3种：**选择文件浏览器**，按快捷键【Ctrl+Shift+O】打开文件浏览器，在弹出的对话框中选择查找内容中的文件，单击某个图像，双击选中的缩览图，或将预览窗口中的图像拖动至空白工作区即可打开，如图1－7所示。

图1－6

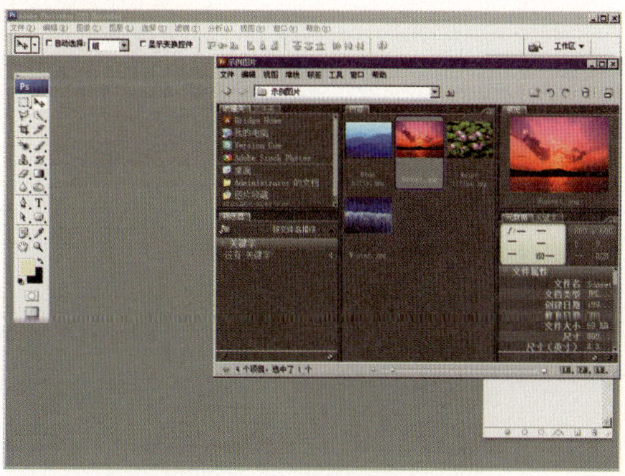

图1－7

1.3 图像文件的新建

1.3.1 新建图像文件的操作

执行菜单“文件 | 新建”命令，在弹出的对话框中进行各种设置，单击“确定”按钮，即可新建一个图像文件，如图1-8所示。

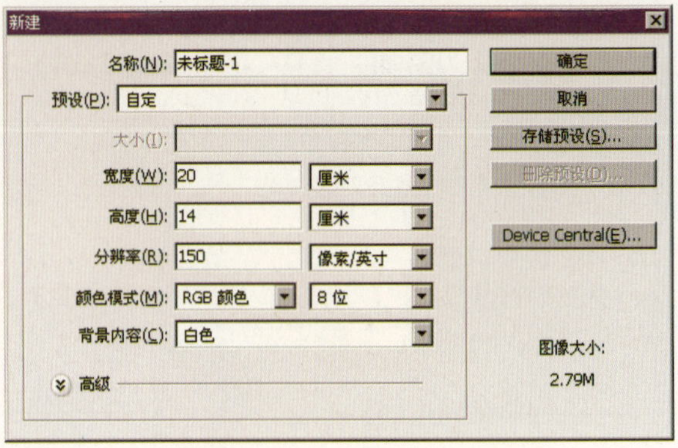

图1-8

1.3.2 新建图像文件的设置

名称 ：直接输入新建图像的文件名。

预设：单击右侧的下拉按钮，可在弹出的下拉列表中选择所需的文本大小。

“宽度”和“高度”：在文本框中输入所需的宽度和高度尺寸，可在其后面的下拉列表中选择适当的计量单位。

分辨率：分辨率的数值大小决定了图像的精确度，像素越多的图像就越清晰，细节表现也就越好，但同时其像素信息也越多，图像就会越大，应根据自己不同的需要设定分辨率大小。在对话框中直接输入所需数值，并在其后面的下拉列表中确定其计量单位。

颜色模式：单击下拉按钮，在弹出的下拉列表中选择适当的颜色模式。

背景内容：有白色、背景色和透明色3个选项，选择所需选项，设定背景色。背景色可以根据自己的需要进行设置，如图1-9所示。

图1-9

1.4 文件的存储与图像文件格式介绍

1.4.1 文件的存储

文件的存储管理

（1）第一次存储文件时，按快捷键【Ctrl+S】，打开“存储为”对话框，但在以后的存储中，不会再出现此对话框。

（2）按快捷键【Ctrl+Shift+S】，也会打开“存储为”对话框，与快捷键【Ctrl+S】不同的是，每次存储时都会出现对话框，而且选择将文件存储在其他盘中。

（3）按快捷键【Ctrl+Shift+S】，也会打开“存储为”对话框，不过每次存储时Photoshop会自动在文件名后加上“副本”两个字，避免了因误操作而造成的覆盖旧文件的问题。

（4）按快捷键【Ctrl+W】，关闭文件。

（5）按快捷键【Ctrl+Q】，退出Photoshop。

1.4.2 图像文件格式

（1）PSD格式是一种无损压缩格式，能最大限度地保存Photoshop工作过程中的相关信息，但其浏览模式比较局限。

（2）TIFF格式也是一种无损的文件格式，品质较好，同时还能保存图层，其兼容性也比PSD格式要好。

（3）GIF格式是一种图形交换格式，属于压缩格式，常用于网页，为索引色，文件较小，利于传输，支持动画。

（4）JPG格式是网络中常用的压缩格式，可设置压缩级别，所有的JPG图像的品质都会因压缩而受损。

（5）EPS格式是一种压缩格式，主要用于保存矢量图和位图，很多喷绘、印刷输出设备都支持这种格式，工作中可用于输出。

（6）BMP格式是DOS和Windows兼容计算机上的标准图像格式，多用于DOS和Windows系统相关的图像格式。

（7）PNG格式是一种无损压缩格式，文件较小而且品质比JPG要好，但某些浏览器不支持这种格式。

1.5 像素与分辨率

什么是像素？

像素是组成图像的最基本单元。可以把像素看成是一个极小的方形颜色块，每个小方块为一个像素，也可称为栅格。一个图像通常由许多像素组成，这些像素被排列成横行和竖行，每个像素都是一个方形。当用缩放工具将图像放到足够大时，就可以看到类似马赛克效果。每个像素都有不同的颜色值。单位面积内的像素越多，分辨率（像素/英寸）越高，图像效果就越好。

什么是分辨率？

分辨率是图像处理中一个非常重要的概念，是指图像中每英寸所包含的像素数量。

分辨率不仅与图像本身大小有关，还与显示器、打印机、扫描仪等设备有关。

1.6 Photoshop中常用处理照片的工具

1.6.1 改变数码照片的尺寸

选择Photoshop软件中的“图像大小”命令，可以对图像进行大小和分辨率的调整。

执行菜单“图像 | 图像大小”命令，弹出“图像大小”对话框，通过设置各项参数可以修改图像的大小，如图1–10所示。

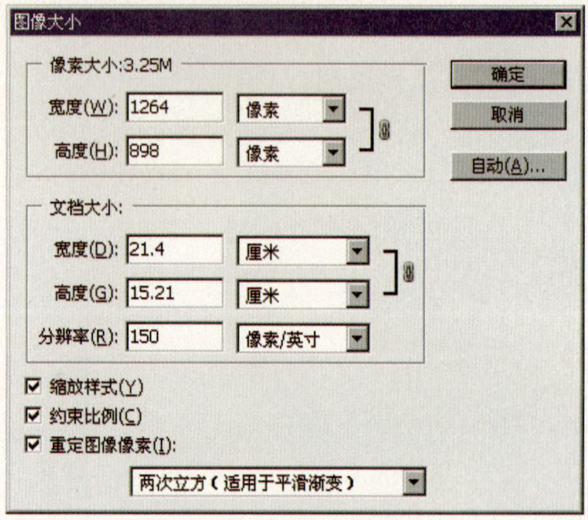

图1–10

像素大小：显示图像的“宽度”与“高度”，决定图像的显示尺寸。

文档大小：显示当前图像的打印“宽度”、“高度”和“分辨率”。

缩放样式：勾选此复选框，在调整图像大小时，图层添加的图层样式也会相应地发生缩放。

约束比例：勾选此复选框，图像的“宽度”和“高度”列表框右侧将出现标记，表示“宽度”与“高度”的比例已经锁定，改变其中一项的值，另一项也会发生相应的改变。

重定图像像素：勾选此复选框，则在改变图像尺寸或分辨率的同时，图像的总像素值也随之发生变化。如果在改变图像分辨率时，希望图像总像素值不发生改变，则可取消勾选“重定图像像素”复选框。此时如果减小图像的打印尺寸，则图像的分辨率就会增加。而如果增加图像的分辨率，则图像的打印尺寸就会减小。

1.6.2 裁剪工具

在编辑图像的过程中，经常用到图像的裁剪。选择工具箱中的“裁剪工具”，便可对图像进行裁剪操作。

在工具箱中选择“裁剪工具”，会显示裁剪工具选项栏，如图1–11所示。

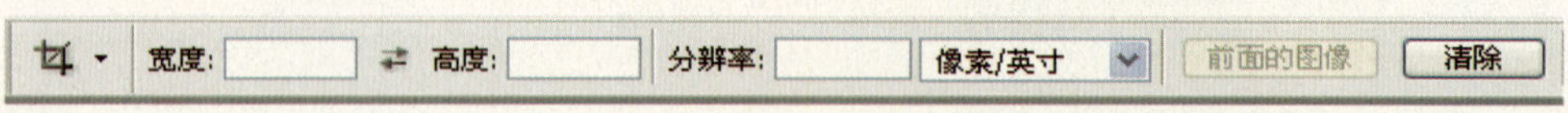

图1–11

在工具箱中选择“裁剪工具”，按住鼠标左键，在图像上拖拽，会出现8个锚点的裁剪框。将鼠标放在裁剪框的4个顶点时，光标会变成形状，按住鼠标拖拽可以改变裁剪框的大小。

将鼠标放在裁剪框的4个边缘上时，光标会变成形状，按住鼠标拖拽将移动单个边缘，其他3边将不受影响。

当光标变成[icon]形状时，按住鼠标左键可以任意旋转裁剪框。

执行菜单“文件 | 打开”命令，在弹出的“打开”对话框中选择一张图片，单击“打开”按钮即可打开照片，如图1-12所示。

选择工具箱中的“裁剪工具”，将鼠标光标放在图像上。按住鼠标左键进行拖拽，在图像上绘制出需要裁剪的范围。当光标变成形状时，按住鼠标左键可以任意旋转裁剪框，如图1-13所示。

按【Enter】键或在裁剪框中双击鼠标确定裁剪，裁剪后的图像如图1-14所示。

图1-12

图1-13

图1-14

技巧 提示

如果“裁剪区域”后面的两个选项不可选，则说明当前的图像只有“背景”图层。如果要对其进行操作，可以双击“背景”图层，将其转换为普通图层。

1.6.3 魔棒工具

魔棒的功能主要是对物体进行范围的选取，它是以图像中相近的色素来建立选取范围的。所以、选择“魔棒工具”可以选取颜色相近或相同的区域。

在工具箱中选择“魔棒工具”，其工具选项栏的设置如图1-15所示。

图1-15

选择“魔棒工具”处理图像的步骤如下。

01 打开一张素材图片，在工具箱中选择“魔棒工具”，选择“魔棒工具”在图像的背景部位单击，选取图像的背景，如果选取得不完全，可以按【Shift】键单击背景的其他地方，以增加选区，如图1-16所示。

02 执行菜单“选择 | 羽化”命令，弹出“羽化选区”对话框，设置“羽化半径”为2像素，单击“确定”按钮，此时的羽化效果如图1-17所示。

03 将人物放置在其他的背景中。打开一幅背景图片，如图1-18所示。将羽化后的选区进行反选，按住【Ctrl】键将人物移至背景图片中，然后使用快捷键【Ctrl+T】调整大小和位置，单击【Enter】键确定，如图1-19所示。

图1-16

图1-17

图1-18

图1-19

1.6.4 画笔工具

选择“画笔工具”不但可以准确地对图像进行描绘处理，还可以对图像进行修复和修整操作。其工具选项栏如图1-20所示。

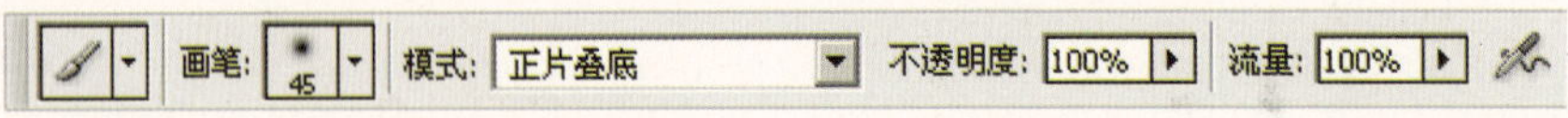

图1-20

画笔大小：单击画笔后，即可在弹出的下拉菜单中选择画笔类型和设置画笔大小。

模式：混合模式可以用来控制描绘图像与原图像之间所产生的混合效果。用户可以在弹出的下拉菜单中选择画笔的混合模式，在此共包括“正常”、“变暗”、“变亮”、“色相”、“饱和度”、“颜色”和“亮度”7种混合模式。

不透明度：用于设置画笔绘制效果的透明度。数值越大，所产生的绘制效果就越明显。

流量：用于设置工具所描绘的笔画之间的连贯速度，取值范围为1%～100%。

1.6.5 钢笔工具

使用“钢笔工具”创建选区，可以绘制精确的直线和平滑流畅的曲线。在工具箱中选择“钢笔工具”，其工具选项栏如图1-21所示。

图1-21

1.6.6 修复画笔工具

“修复画笔工具”与“制图章工具”的功能相似，使用“修复画笔工具”可以在保持原有图像的颜色和形态下，将所选择的复制图像自然地融合至修复区域中，并保持其纹理、层次和亮度。因此，使用“修复画笔工具”可以很方便地为图像中的人物去斑、除痣和去除皱纹等操作处理。

在工具箱中选择“修复画笔工具”，其工具选项栏的设置如图1-22所示。

图1-22

1.6.7 模糊工具

“模糊工具”的作用是通过减小相邻像素间的颜色对比度，来使图像变模糊。

在工具箱中选择“模糊工具”，其工具选项栏的设置如图1–23所示。

图1–23

画笔：单击其后的文本框，即可在弹出的下拉菜单中选择画笔类型和设置画笔大小。

模式：在弹出的下拉列表框中可以选择画笔的混合模式。共包括“正常”、“变暗”、“变亮”、“色相”、“饱和度”、“颜色”和“亮度”7种混合模式。

强度：用于控制模糊程度。数值越大，所产生模糊的效果就越明显。

对所有图层取样：勾选该复选框，将对所有图层的图像执行模糊处理。如果不勾选该复选框，则只对当前图层的图像执行模糊处理。

01 打开一张人物的素材图片，如图1–24所示。图片中人物的脸部有很多的痘痘。

02 在工具箱中选择“修复画笔工具”，将画笔的大小设置为19，首先按住【Alt】键在脸部干净的地方单击作为取样点，然后在需要修补的地方多次单击进行修补。最终将图像修复完整，如图1–25所示。

03 在工具箱中选择“模糊工具”，并在其工具选项栏中进行设置，然后在人物的脸部进行涂抹如图1–26所示。

04 涂抹后的效果如图1–27所示。可以看到，人物脸部的皮肤变得柔和、细致平滑。

图1–24

图1–25

图1–26

图1–27

NOTEbook
读书笔记

第2章

常见数码照片问题处理

本章主要是把数码照片中常见的一些问题，例如，调整照片的大小、调整照片局部细节、逆光照片的修复等，针对这些问题进行修复以及细节的调整。通过学习，为用户今后选择Photoshop处理数码照片奠定了基础。

2.1 倾斜照片的修复

拍摄照片时如果没有调整好拍摄的角度，会导致照片画面倾斜，影响照片的整体效果，因此可以选择Photoshop中的裁剪工具对其进行处理，将其调正。

原始图片

最终效果

制作步骤

01 执行菜单“文件 | 打开”命令，在弹出的“打开”对话框中选择配套光盘“第2章\倾斜照片的修复\素材 1”文件，此时的图像效果和“图层”调板如图2-1所示。

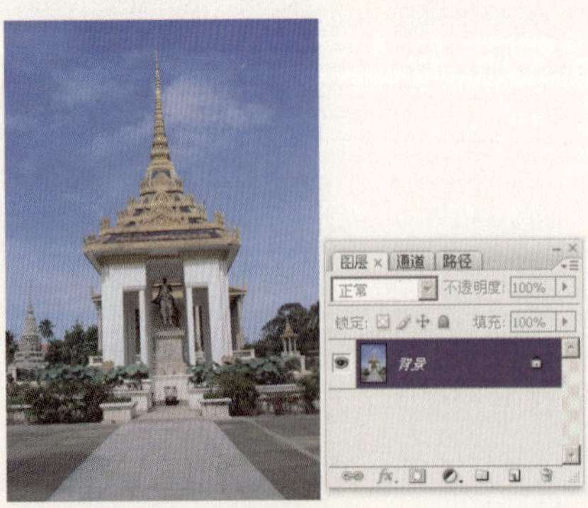

图2-1

02 选择“裁剪工具”，在图像文件中拖动出一个矩形裁剪框，然后将鼠标移动到矩形裁剪框的一个角点上，单击并拖动鼠标以放大旋转矩形裁剪框到如图2-2所示的效果。

图2-2

03 调整好裁剪框后，将需要的图像保留在裁剪框内，然后将鼠标移动到裁剪框内，双击鼠标即可生成如图2-3所示的效果。

图2-3

2.2 调整照片局部细节

照片在拍摄过程中由于一些局部光线较暗，使得照片较暗的部分显示为黑色，失去了照片暗部原有的一些细节。下面选择“调色”命令并结合图层蒙版，将照片中的局部细节显示出来。

原始图片

最终效果

制作步骤

01 执行菜单“文件 | 打开”命令，在弹出的“打开”对话框中选择配套光盘“第2章\调整照片局部细节\素材 1”文件，此时的图像效果和“图层”调板如图2-4所示。

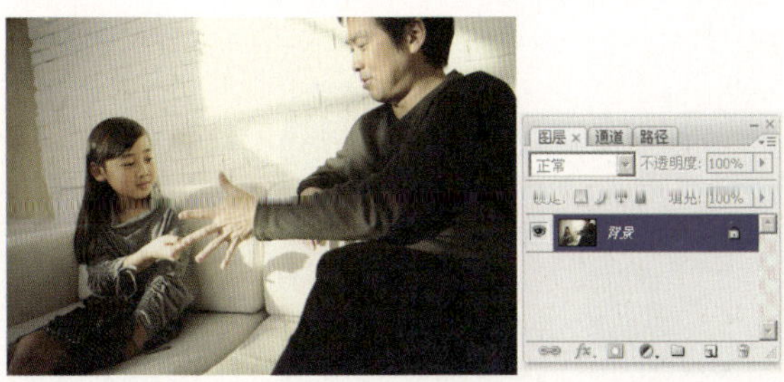

图2-4

02 在“图层”调板底部单击“创建新的填充或调整图层”按钮，在弹出的下拉菜单中选择“色阶”命令，设置弹出的对话框如图2-5所示。

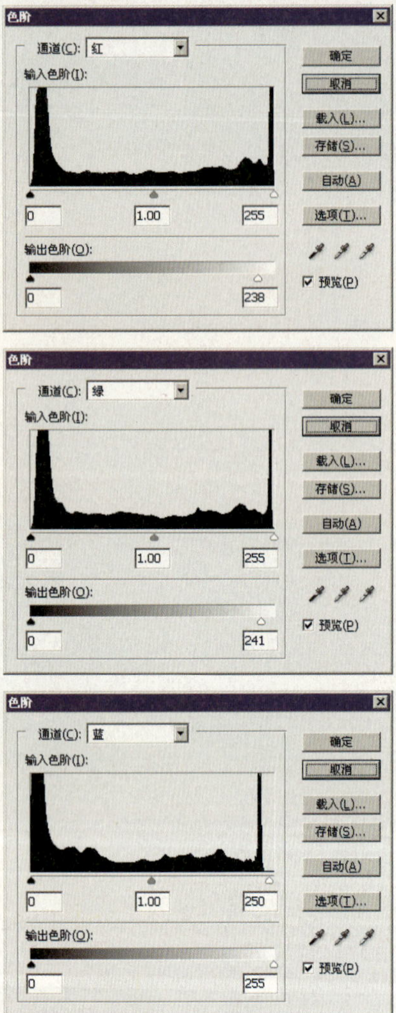

图2-5

03 设置完“色阶”命令的参数后，单击“确定”按钮，生成“色阶 1”图层，此时的效果如图2-6所示。

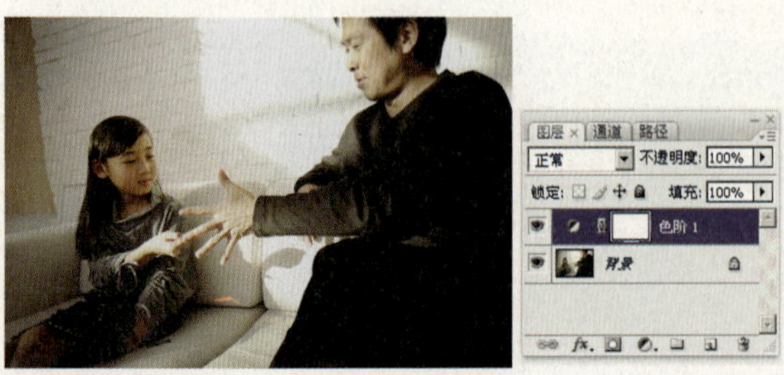

图2-6

04 在“图层”调板底部单击“创建新的填充或调整图层”按钮，在弹出的下拉菜单中选择“曲线”命令，设置弹出的对话框如图2-7所示。

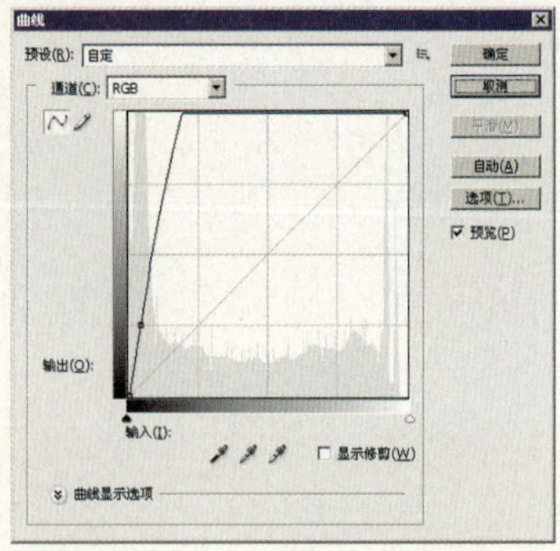

图2-7

05 设置完“曲线”命令的参数后，单击“确定”按钮，生成“曲线 1图层”，此时的效果如图2-8所示。

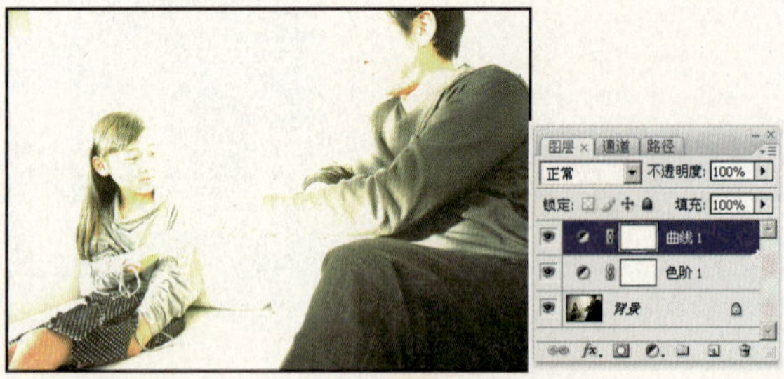

图2-8

06 单击“曲线 1”图层蒙版缩览图，设置前景色为黑色，选择“画笔工具”，在工具选项栏上设置适当的画笔大小和透明度后，在图层蒙版中涂抹，其涂抹状态和“图层”调板如图2-9所示。

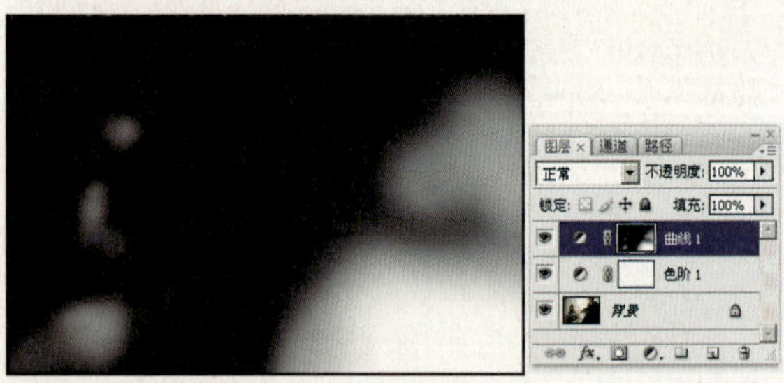

图2-9

07 涂抹“曲线 1”图层蒙版后，此时的图像大部分区域恢复了正常，阴影部分的细节也显现出来了，其效果如图2-10所示。

图2-10

技巧 ◎ 提示

按住【Alt】键，用鼠标在图层蒙版缩览图上单击，可以快速地使编辑文件在图像和图层蒙版之间进行切换。

2.3 调整暗淡的照片

有时照片拍得过于暗淡，对比度也不够高，看起来十分不舒服。此时可以选择Photoshop中的色阶、曲线、色相/饱和度、色彩平衡等命令，对其进行调整。

原始图片

最终效果

制作步骤

01 执行菜单“文件|打开”命令，在弹出的“打开”对话框中选择配套光盘“第2章\调整暗淡的照片\素材1”文件，此时的图像效果和“图层”调板如图2-11所示。

图2-11

02 在“图层”调板底部单击“创建新的填充或调整图层”按钮，在弹出的下拉菜单中选择“色阶”命令，设置弹出的对话框如图2-12所示。

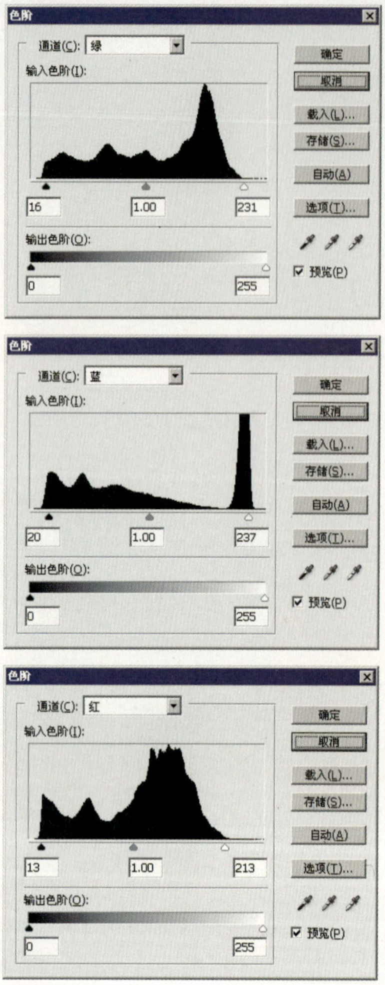

图2-12

03 设置完“色阶”命令的参数后，单击“确定”按钮，生成“色阶 1”图层，此时的效果如图2-13所示。

图2-13

04 在“图层”调板底部单击“创建新的填充或调整图层”按钮，在弹出的下拉菜单中选择“色阶”命令，设置弹出的对话框如图2-14所示。

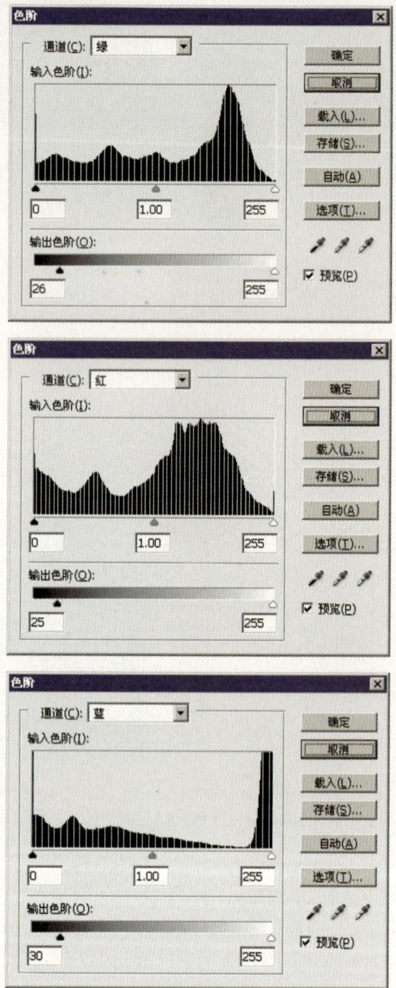

图2-14

05 设置完“色阶”命令的参数后，单击“确定”按钮，生成“色阶 2”图层，此时的效果如图2-15所示。

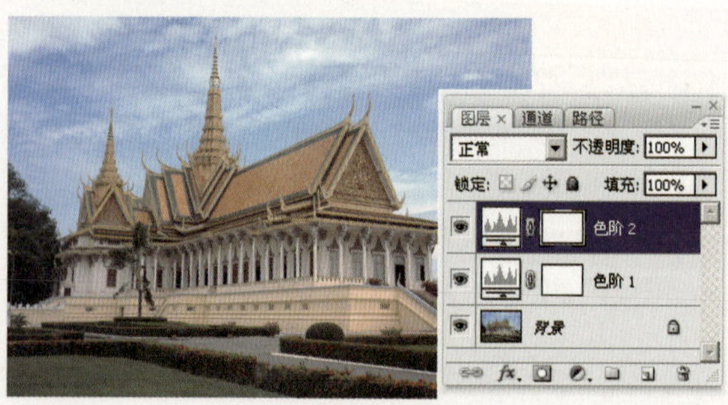

图2-15

06 单击“色阶 2”的图层蒙版缩览图，设置前景色为黑色，选择“画笔工具”，在工具选项栏上设置适当的画笔大小和透明度后，在图层蒙版中涂抹，其涂抹状态和“图层”调板如图2-16所示。

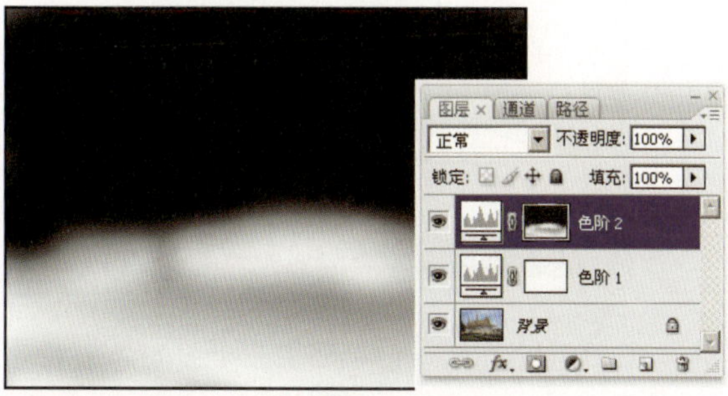

图2-16

07 涂抹“色阶 2”图层蒙版后，使图像的上半部分不受调整“色阶 2”图层的影响，亮度恢复到了原来的状态，其效果如图2-17所示。

图2-17

08 在“图层”调板底部单击“创建新的填充或调整图层”按钮，在弹出的下拉菜单中选择“曲线”命令，设置弹出的对话框如图2-18所示。

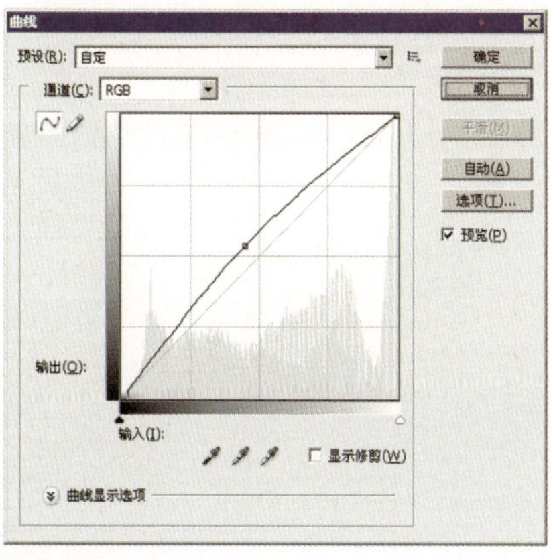

图2-18

09 设置完“曲线”命令的参数后，单击“确定”按钮，生成“曲线 1”图层，此时的效果如图2-19所示。

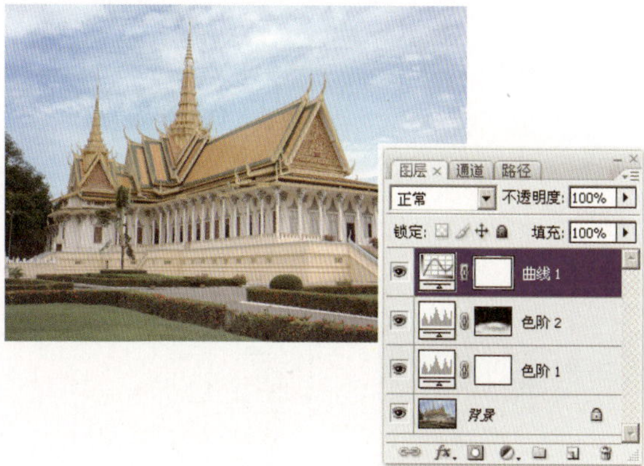

图2-19

10 单击“曲线 1”图层蒙版缩览图，设置前景色为黑色，选择“画笔工具”，在工具选项栏上设置适当的画笔大小和透明度后，在图层蒙版中涂抹，其涂抹状态和“图层”调板如图2-20所示。

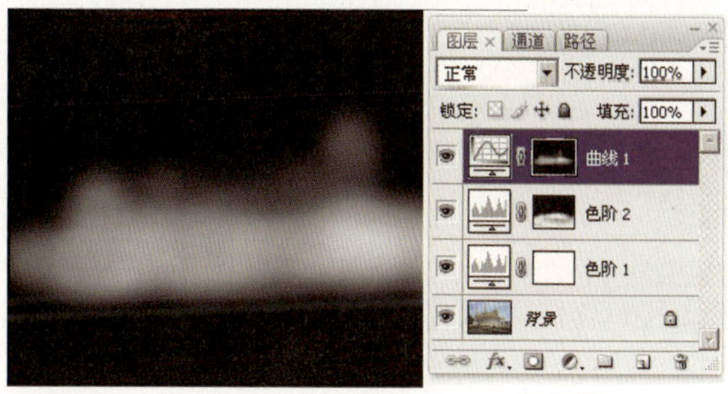

图2-20

11 涂抹“曲线 1”图层蒙版后，使调整“曲线 1”图层只对照片中的建筑图像起作用，其效果如图2-21所示。

图2-21

12 在“图层”调板底部单击“创建新的填充或调整图层”按钮，在弹出的下拉菜单中选择“曲线”命令，设置弹出的对话框如图2-22所示。

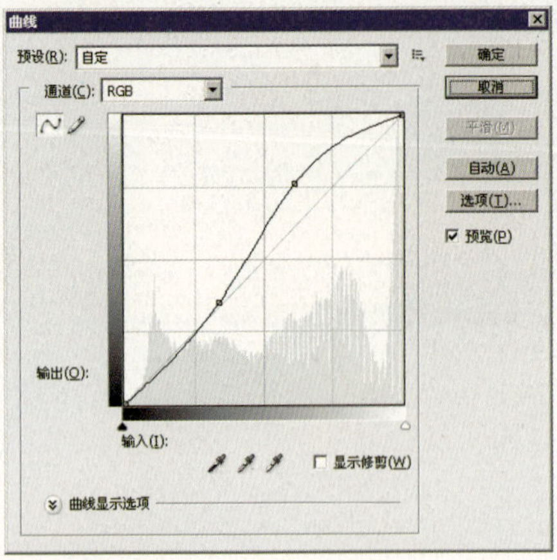

图2-22

13 设置完“曲线”命令的参数后，单击“确定”按钮，生成“曲线 2”图层，此时的效果如图2-23所示。

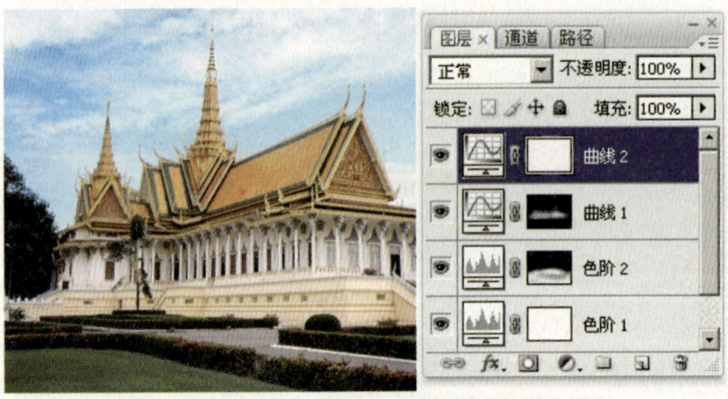

图2-23

14 单击“曲线 2”图层蒙版缩览图，设置前景色为黑色，选择“画笔工具”，在工具选项栏上设置适当的画笔大小和透明度后，在图层蒙版中涂抹，其涂抹状态和“图层”调板如图2-24所示。

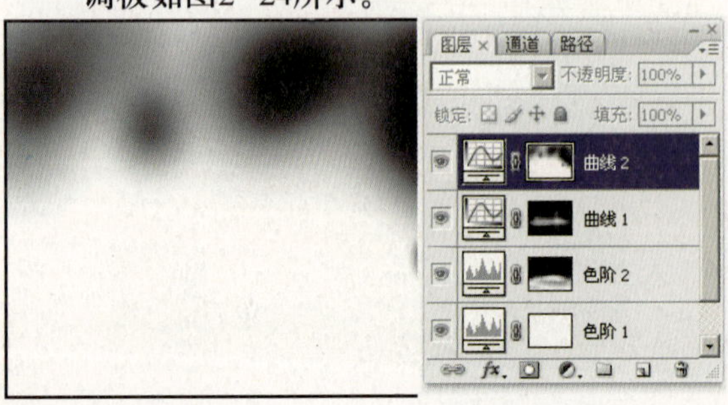

图2-24

15 涂抹“曲线 2”图层蒙版后，使图像的天空部分不受调整“曲线 2”图层的影响，恢复到了原来的状态，其效果如图2-25所示。

图2-25

16 在“图层”调板底部单击“生成新的填充或调整图层”按钮，在弹出的下拉菜单中选择“色相/饱和度”命令，在弹出的对话框中设置“全图”、“黄色”、“红色”选项，如图2-26所示。

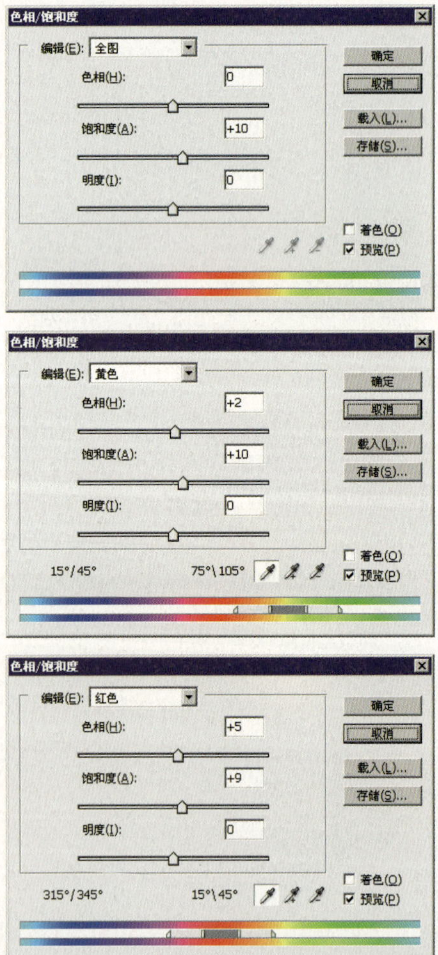

图2-26

17 继续设置“色相/饱和度”对话框中的“蓝色”、“绿色”选项，如图2-27所示。

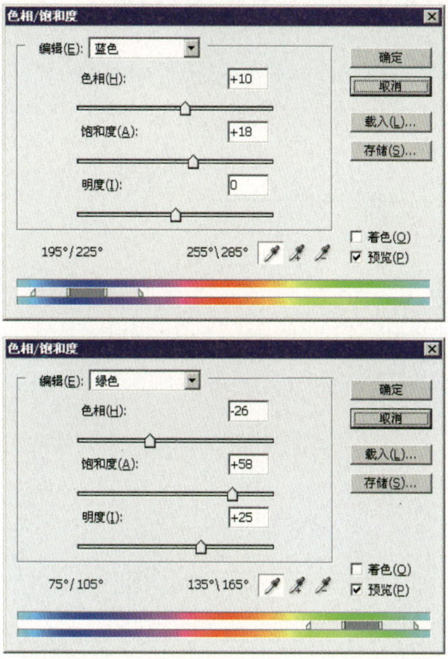

图2-27

18 设置完“色相/饱和度”命令的参数后，单击“确定”按钮，生成“色相/饱和度1”图层，此时的效果如图2-28所示。

图2-28

19 在“图层”调板底部单击“创建新的填充或调整图层”按钮，在弹出的下拉菜单中选择“曲线”命令，设置弹出的对话框如图2-29所示。

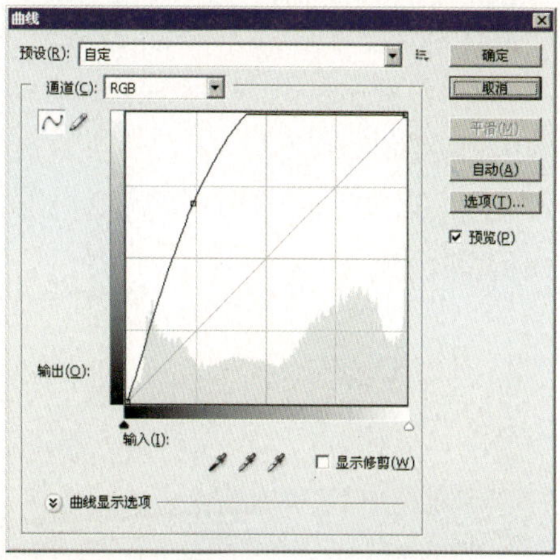

图2-29

20 设置完“曲线”命令的参数后，单击“确定”按钮，生成“曲线 3”图层，此时的效果如图2-30所示。

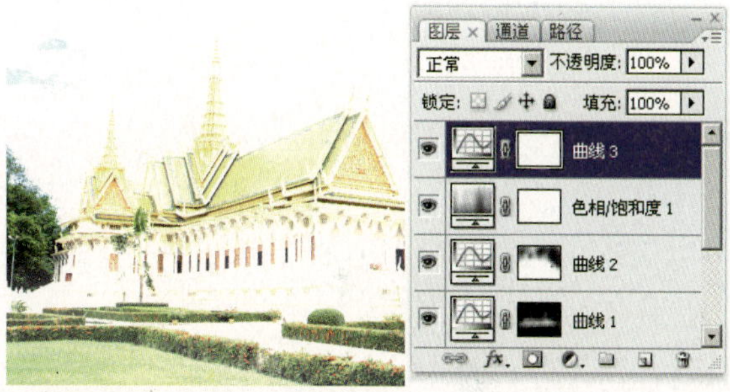

图2-30

21 单击“曲线 3”图层蒙版缩览图，设置前景色为黑色，选择“画笔工具”，在工具选项栏上设置适当的画笔大小和透明度后，在图层蒙版中涂抹，其涂抹状态和“图层”调板如图2-31所示。

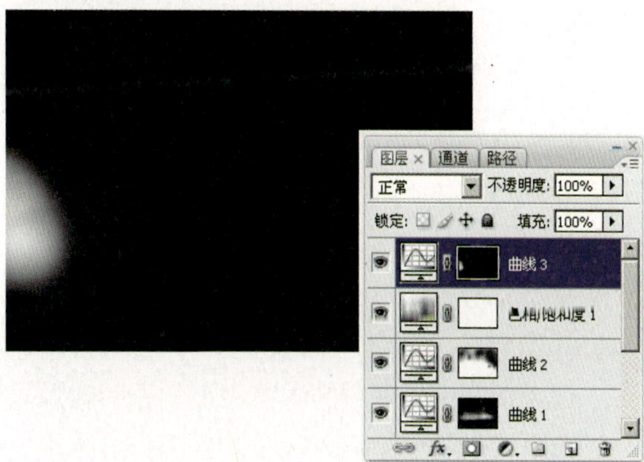

图2-31

22 涂抹“曲线 3”图层蒙版后，使调整“曲线 3”图层只对照片中的左侧树木起作用，其效果如图2-32所示。

图2-32

23 单击“创建新的填充或调整图层”按钮，在弹出的下拉菜单中选择“曲线”命令，设置弹出的对话框后，单击“确定”按钮，生成“曲线 4”图层，此时的效果如图2-33所示。

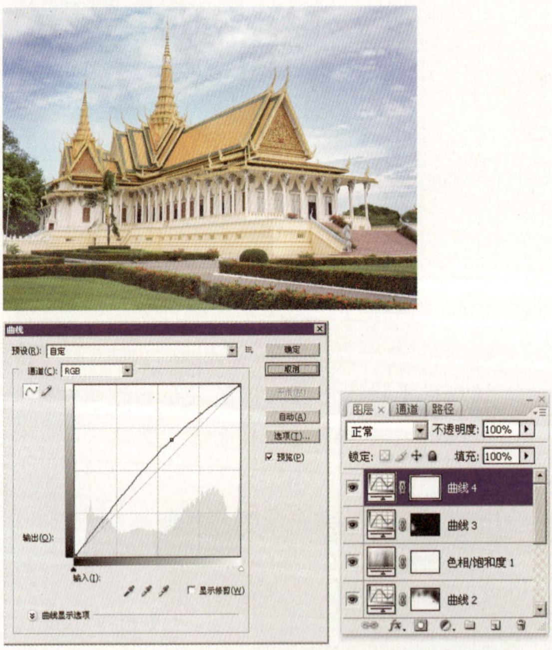

图2-33

24 单击“曲线 4”图层蒙版缩览图，设置前景色为黑色，选择“画笔工具”，在工具选项栏上设置适当的画笔大小和透明度后，在图层蒙版中涂抹，其涂抹状态和“图层”调板如图2-34所示。

图2-34

25 涂抹“曲线 4”图层蒙版后，使调整“曲线 4”图层只对照片中的草地和道路起作用，其效果如图2-35所示。

图2-35

26 按快捷键【Ctrl+Shift+Alt+E】，执行“盖印”操作，生成“图层 1”图层，设置“图层 1”图层的“不透明度”为30%，图层混合模式为“叠加”，如图2-36所示。

图2-36

27 单击“添加图层蒙版”按钮，为“图层 1”图层添加图层蒙版，设置前景色为黑色，选择“画笔工具”，在工具选项栏上设置适当的画笔大小和透明度后，在图层蒙版中涂抹，其涂抹状态和“图层”调板如图2-37所示。

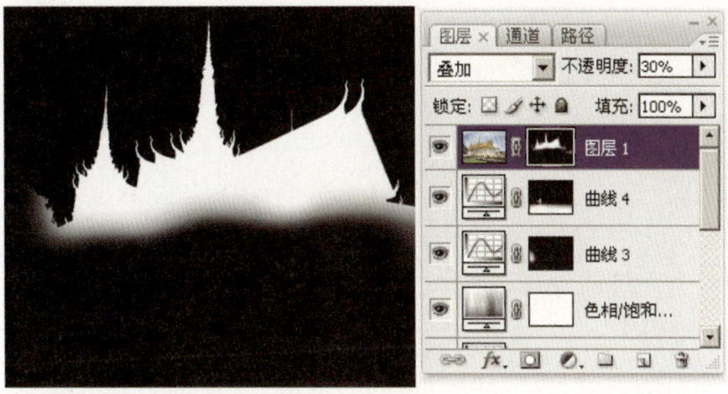

图2–37

28 涂抹图层蒙版后，使“图层 1”图层只保留建筑屋顶部分的图像和下面的图像混合，其效果如图2–38所示。

图2–38

29 在“图层”调板底部单击“创建新的填充或调整图层”按钮，在弹出的下拉菜单中选择“色彩平衡”命令，设置弹出的对话框如图2–39所示。

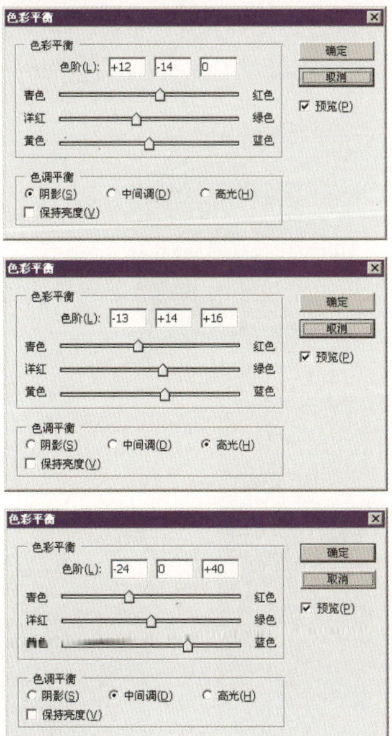

图2–39

30 设置完“色彩平衡”命令的参数后，单击“确定”按钮，生成“色彩平衡 1”图层，此时的效果如图2–40所示。

图2–40

31 设置“色彩平衡 1”图层的混合模式为“颜色”，生成如图2–41所示的效果。

图2–41

32 单击“色彩平衡 1”图层蒙版缩览图，设置前景色为黑色，选择“画笔工具”，在工具选项栏上设置适当的画笔大小和透明度后，在图层蒙版中涂抹，其涂抹状态和“图层”调板如图2–42所示。

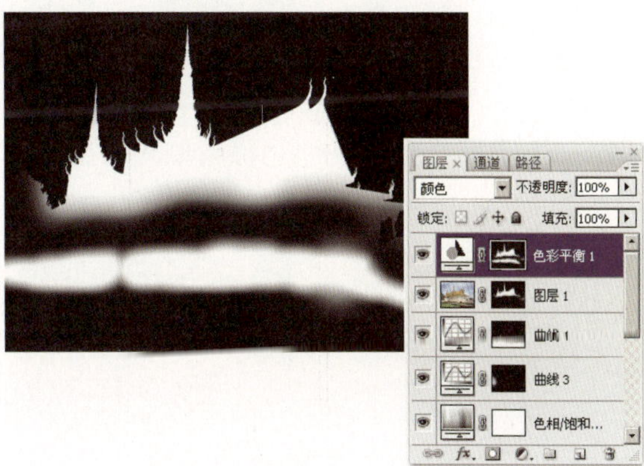

图2–42

33 涂抹“色彩平衡 1”图层蒙版后，使调整“色彩平衡 1”图层只对照片中的建筑顶部和台阶部分图像起作用，其效果如图2-43所示。

图2-43

2.4 保留照片的局部彩色

本实例将彩色照片运用“去色”命令，将彩色照片变为黑白照片，再运用蒙版工具进行涂抹保留照片的局部彩色，同时突出了照片的主体。

原始图片

最终效果

制作步骤

01 打开配套光盘“第2章\保留照片的局部彩色\狗.jpg”文件，效果如图2-44所示。将“背景”拖动至“图层”调板底部的“创建新图层”按钮上，生成“背景副本”图层，效果如图2-45所示。

图2-44

图2-45

02 选择“背景副本”图层，执行菜单“图像|调整|去色”命令，彩色照片变成黑白照片，如图2–46所示。

图2–46

03 选择“背景副本”图层，单击“图层”调板底部的“添加图层蒙版“按钮，选择工具箱中的“画笔工具”，将前景色设置为黑色，在蒙版中进行涂抹，如图2–47所示。完成最终效果。

图2–47

2.5 逆光照片的修复

拍摄时，如果光线把握不正确，取景的位置也不够理想，使原照片完全逆光。可以通过调整色阶、饱和度、对比度等使图像变亮。

原始图片

最终效果

制作步骤

01 打开配套光盘“第2章\逆光照片的修复\人物原图.jpg”文件，效果如图2–48所示。将“背景”图层拖动至“图层”调板底部的“创建新图层”按钮上，生成“背景副本”图层，效果如图2–49所示。

图2-48

图2-49

02 选择“背景副本”图层，再选择“钢笔工具”，并在工具选项栏上单击“路径”按钮，然后将人物的轮廓勾绘出来，单击“路径”调板底部的“将路径作为选区载入”按钮，生成图像如图2-50所示。

图2-50

技巧提示

利用钢笔工具生成的路径与分辨率无关，可以随意变换其大小和形状。

03 单击“图层”调板底部的“创建新的填充或调整新的图层“按钮，在弹出下拉菜单选择“色阶”命令，在弹出的“色阶”对话框中设置各项参数，如图2-51所示。

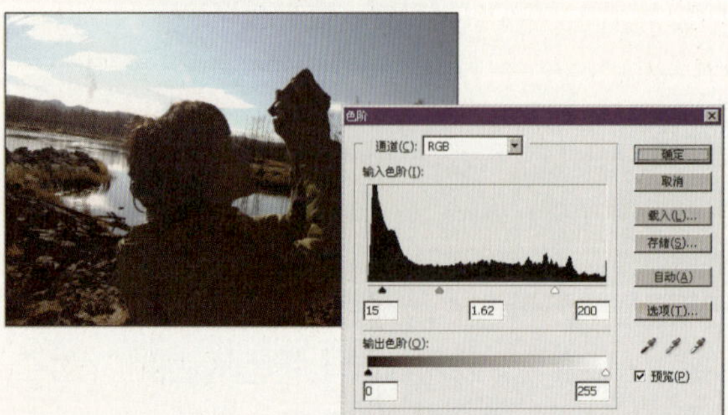

图2-51

04 单击“图层”调板底部的“创建新的填充或调整图层”按钮，在弹出的下拉菜单中选择“色相/饱和度”命令，然后在弹出的“色相/饱和度”对话框中设置各项参数，如图2-52所示。

图2-52

05 按快捷键【Ctrl+Alt+I】反选选区，这样做是为了方便调节人物的明暗部，如图2-53所示。

图2-53

06 单击“图层”调板底部的“创建新的填充或调整图层“按钮，在弹出的下拉菜单选择“色阶”命令，然后在弹出的“色阶”对话框中设置各项参数，如图2-54所示。

图2-54

07 单击“图层”调板底部的“创建新的填充或调整图层“按钮◐.，在弹出的下拉菜单中选择“色阶”命令，然后在弹出的“色阶”对话框中的“通道”中选择“红”并设置各项参数，设置完毕后单击“确定”按钮。如图2-55所示。

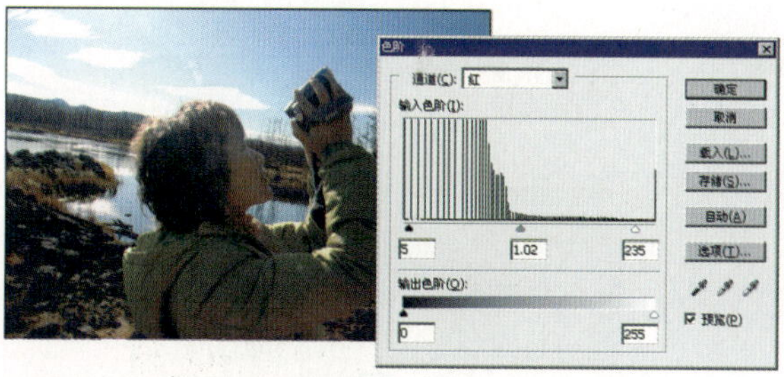

图2-55

08 单击“图层”调板底部的“创建新的填充或调整图层“按钮◐.，在弹出的下拉菜单中选择“色阶”命令，然后在弹出的“色阶”对话框中的“通道”中选择“绿”并设置各项参数，设置完毕后单击“确定”按钮。如图2-56所示。

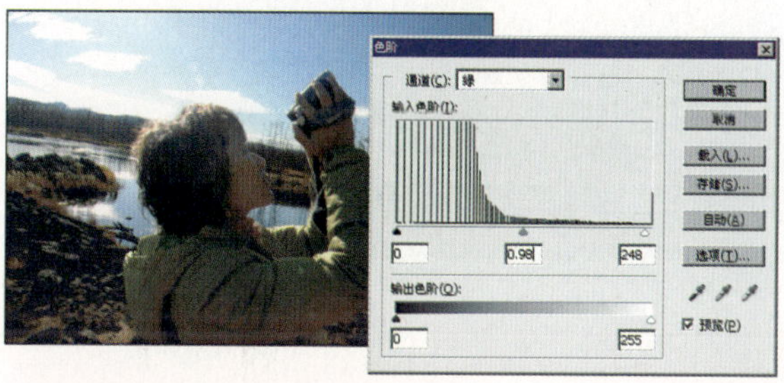

图2-56

09 单击“图层”调板底部的“创建新的填充或调整图层“按钮◐.，在弹出的下拉菜单中选择“色阶”命令，然后在弹出的“色阶”对话框中的“通道”中选择“蓝”并设置各项参数，设置完毕后单击“确定”按钮，如图2-57所示。

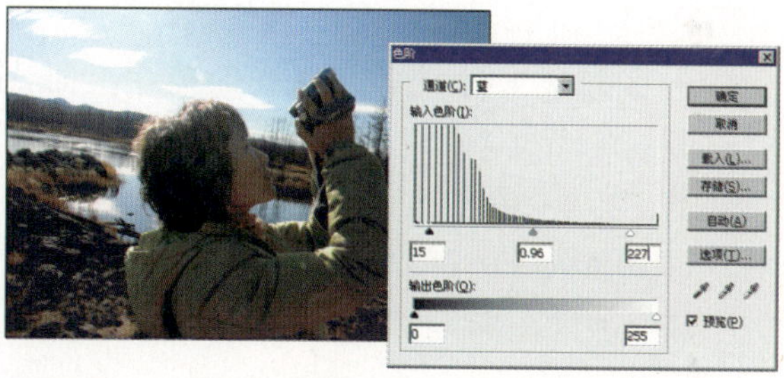

图2-57

10 选择“背景副本”图层，单击“图层”调板底部的“创建新的填充或调整图层”按钮◐.，在弹出的下拉菜单中选择“亮度/对比度”命令，然后在弹出的“亮度/对比度”对话框中设置各项参数，如图2-58所示。

图2-58

2.6 去除照片上的日期

由于相机设置的原因，在照片上留下了拍照的日期，影响照片的美观，利用Photoshop的工具可以轻松去除照片上的日期。

原始图片

最终效果

制作步骤

01 打开配套光盘“第2章\去除照片上的日期\狗.jpg”文件，效果如图2-59所示。将“背景”图层拖动至“图层”调板底部的“创建新图层”按钮上，生成“背景副本”图层，如图2-60所示。

图2-59

图2-60

02 选择工具箱中的“仿制图章工具”，按住【Alt】键，在日期的周围 吸取颜色，然后松开【Alt】键并在日期上进行涂抹，如图2-61所示。

图2-61

03 反复进行相同的操作后生成如图2-62所示的最终的效果。

图2-62

2.7 修正曝光过度的照片

在拍摄过程中由于经验不足，拍摄的照片经常有问题，例如本实例的曝光过度，通过颜色调整使图像的暗部更暗，以减少曝光度。

原始图片

最终效果

制作步骤

01 打开配套光盘“第2章\修正曝光过度的照片\人物.jpg”文件，效果如图2-63所示。

图2-63

02 选择“通道”调板，再选择“蓝”通道。按住【Ctrl】键单击“蓝”通道建立选区，图像效果如图2-64所示。

图2-64

03 将“背景”图层拖动至“图层”调板底部的“创建新图层”按钮上，生成“背景副本”图层，单击“图层”调板底部的“添加图层蒙版“按钮，图像效果如图2-65所示。

图2-65

04 选择“背景副本”图层，并将图层的混合模式设置为“正片叠底”，“不透明度”设置为70%，生成如图2-66所示。

图2-66

05 选择“背景副本”图层，单击“图层”调板底部的“创建新的填充或调整图层“按钮，在弹出的下拉菜单中选择“可选颜色”命令(或执行菜单“图像 | 调整 | 可选颜色”命令)，然后在弹出的“可选颜色”对话框中设置各项参数，设置完毕后单击“确定”按钮。如图2-67所示。

图2-67

> **技巧○提示**
>
> 按住【Ctrl】键选择图层，按快捷键【Ctrl+E】可以自由合并图层，在实际操作中运用非常广泛。

06 将“背景副本”图层拖动至“图层”调板底部的“创建新图层”按钮上，生成“背景副本2”图层，并将图层的混合模式设置为“正片叠底”，“不透明度”设置为30%，得如图2-68所示。

图2-68

07 选择“背景副本2”图层至“背景”图层，按快捷键【Ctrl+Alt+Shift+E】执行“盖印”命令，生成“图层1”图层，如图2-69所示。

图2-69

08 执行菜单“滤镜｜锐化｜USM锐化”命令，在弹出的对话框中设置各项参数，完毕后单击“确定”按钮。完成最终效果如图2-70所示。

图2-70

2.8 调整照片的大小

通过调整图像的大小和分辨率、画布大小、自由变换可以修改图像的文件大小，同时图像的质量也会变化 。图像的尺寸越大，分辨率越大，图像质量越好，但是图像文件会越大。

原始图片

最终效果

制作步骤

方法一：

01 打开配套光盘“第2章\调整照片的大小\人物原图.jpg”文件，效果如图2–71所示。

图2–71

02 执行菜单“图像 | 图像大小”命令，在弹出的“图像大小”对话框中的“文档大小”选项组中设置“宽度”为“10厘米”、“分辨率”为“150像素/英寸”，然后单击“确定”按钮，如图2–72所示。

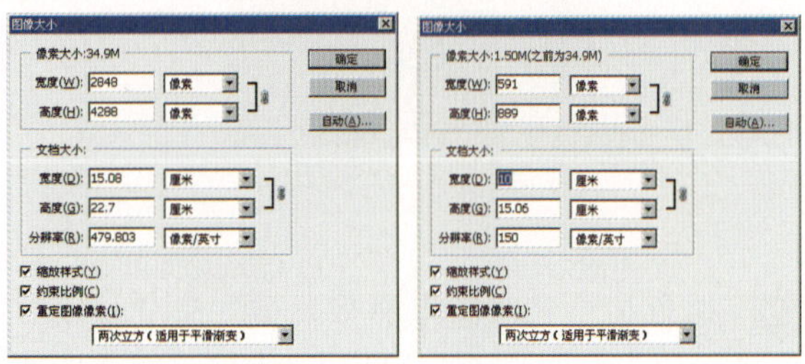

图2–72

技巧 ◦ 提示

如果勾选“重定图像像素”复选框，图像大小没有变化，只改变图像的打印尺寸。

03 最终效果如图2-73所示。

图2-73

方法二：

01 打开配套光盘“第2章\调整照片的大小\人物原图.jpg”文件，效果如图2-74所示。

图2-74

02 执行菜单“图像 | 画布大小”命令，设置“宽度”与“高度”均为3厘米，图像的四周出现了与背景色相同的边框，该图的背景色为黑色，完成最终效果如图2-75所示。

图2-75

方法三：

01 执行菜单“文件 | 新建”命令(或按快捷键【Ctrl+N】)，在弹出的“新建”对话框中设置参数，单击“确定”按钮，如图2-76所示。

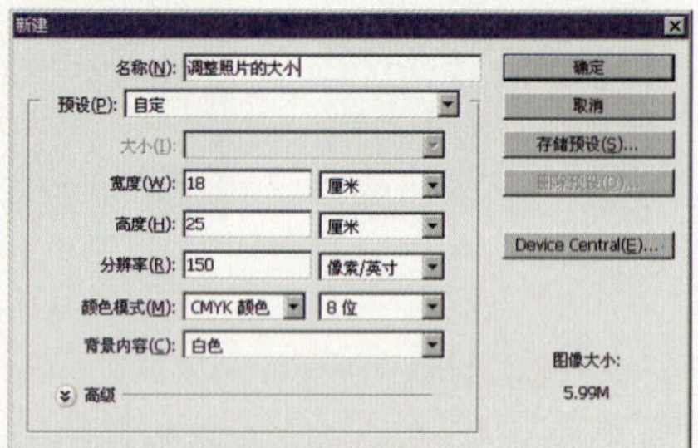

图2-76

02 选择工具箱中的“渐变工具”，在工具选项栏上单击渐变色块，在弹出的“渐变编辑器”对话框中单击选择“蓝色、黑色、蓝色”色标，效果如图2-77所示。

图2-77

03 打开配套光盘“第2章\调整照片的大小\人物原图.jpg”文件，效果如图2-78所示。

图2-78

04 选择工具箱中的“移动工具”，将“人物”移至“调整照片的大小”文件中，然后按快捷键【Ctrl+T】，把图像调整到适合的大小和位置，完成最终效果如图2-79所示。

图2-79

NOTEbook

读书笔记

第3章

儿童数码照片修饰处理

数码相机拍摄的照片很单调，为了让数码照片进行一些装饰性的点缀，本章主要通过7个不同风格、个性鲜明的实例进行讲解。通过对本章的学习和应用，读者可以将自己喜欢的照片与不同的素材进行处理，使用不同的工具制作出满意的效果。

3.1 制作变色瞳孔

本实例是一张儿童的特写照片，人物的笑容甜美，眼睛传神，运用滤镜及图层的混合模式将人物的眼睛修改颜色后，照片立刻变得个性又不失甜美。

原始图片

最终效果

制作步骤

01 执行菜单“文件 | 新建”命令(或按快捷键【Ctrl+N】)，在弹出的“新建”对话框中设置参数，单击“确定”按钮，如图3-1所示。

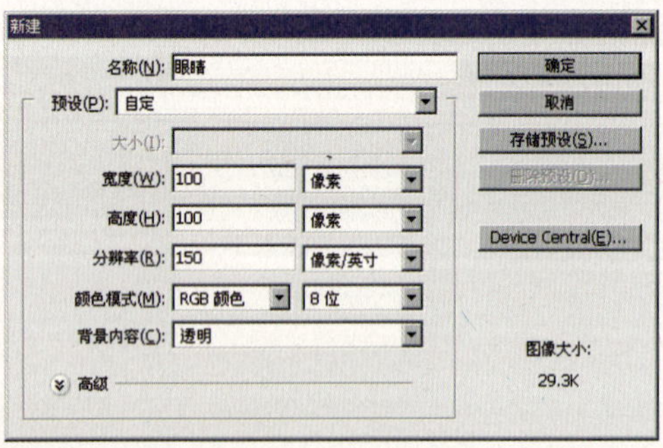

图3—1

02 将前景色设置为（R：91、G：199、B：230），选择工具箱中的“画笔工具”，并在工具选项栏上选择较硬的画笔，画笔大小选择为80px，然后在画布中绘制一个圆形，图像效果如图3-2所示。

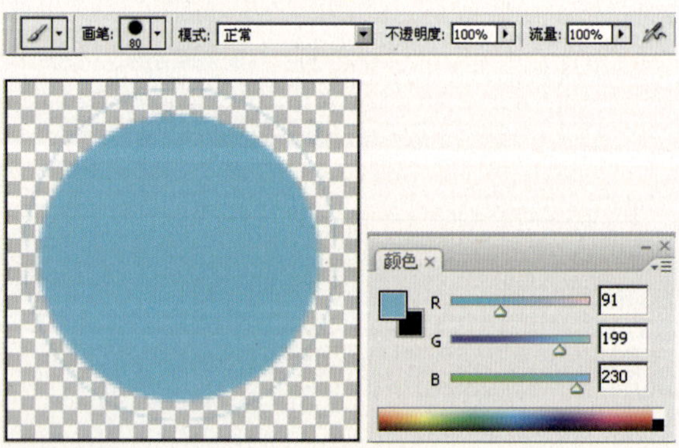

图3—2

03 选择“魔棒工具”，选取蓝色的圆形，执行菜单“滤镜 | 杂色 | 添加杂色”命令，并在弹出的对话框中设置各项参数，完成后单击“确定” 按钮，效果如图3-3所示。

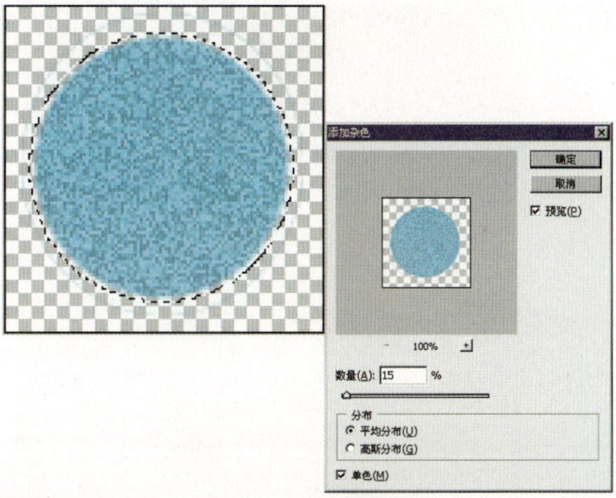

图3–3

04 执行菜单“滤镜 | 模糊 | 径向模糊”命令，并在弹出的对话框中设置各项参数，完成后单击“确定” 按钮，效果如图3–4所示。

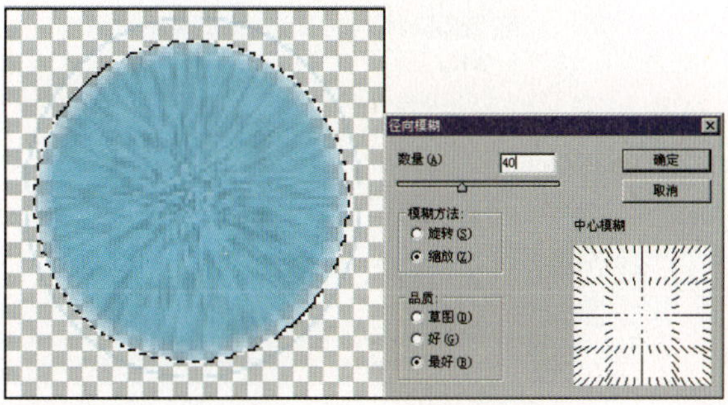

图3–4

05 选择“橡皮擦工具” ，在工具选项栏上选择柔角的画笔，画笔大小调整为40px，在选区的中心擦出空白，如图3–5所示。

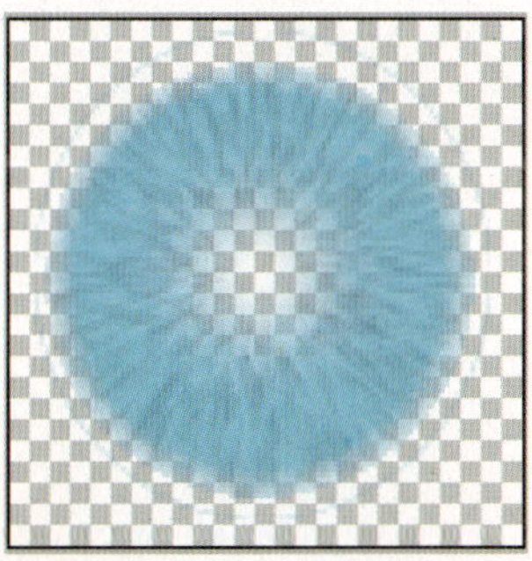

图3–5

06 打开配套光盘“第3章\制作变色瞳孔\人物.jpg”文件，效果如图3–6所示。

图3–6

07 选择工具箱中的“移动工具” ，将所绘图形移至“人物.jpg”文件中，按快捷键【Ctrl+T】进行自由变换，将其拖至眼睛的位置，如图3–7所示。

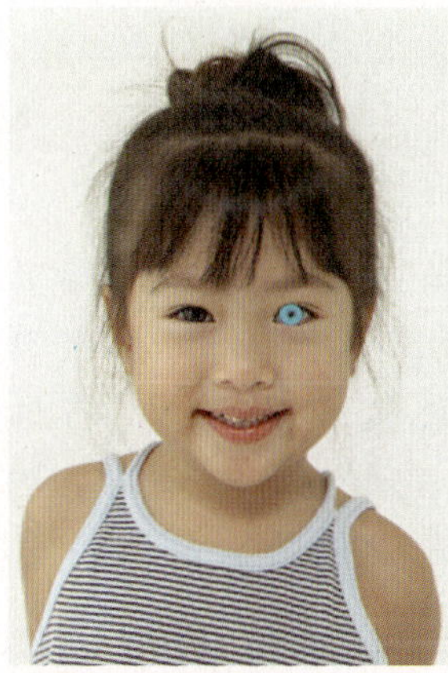

图3–7

08 为了让蓝色的圆形与眼睛相结合，将图层的混合模式设置为“叠加”，图像效果如图3–8所示。

图3–8

09 选择“橡皮擦工具”，在工具选项栏上选择柔角画笔，在瞳孔边缘处进行涂抹，消除多余的蓝色，如图3-9所示。

图3-9

图3-10

10 将“图层1”图层拖动至“图层”调板底部的“创建新图层”按钮上，生成“图层1副本”图层，选择工具箱中的“移动工具”，将副本移至左边瞳孔中，按快捷键【Ctrl+T】进行自由变换，将其拖至眼睛的位置，如图3-10所示。

11 单击“图层”调板底部的“创建新的填充或调整图层”按钮，在弹出的下拉菜单中选择“色相/饱和度”命令，然后在弹出的“色相/饱和度”对话框中设置各项参数，完成最终效果如图3-11所示。

图3-11

3.2 为衣服添加小图案

本实例是为衣服添加小图案，按照自己喜欢的图案，将普通白色衣服进行图案填充以及通过图层混合模式进行变换。

原始图片

最终效果

制作步骤

01 打开配套光盘“第3章\为衣服添加小图案\人物原图.jpg”文件，效果如图3-12所示。

图3-12

02 执行菜单“文件 | 新建”命令(或按快捷键【Ctrl+N】)，在弹出的“新建”对话框中设置参数，单击“确定”按钮，如图3-13所示。

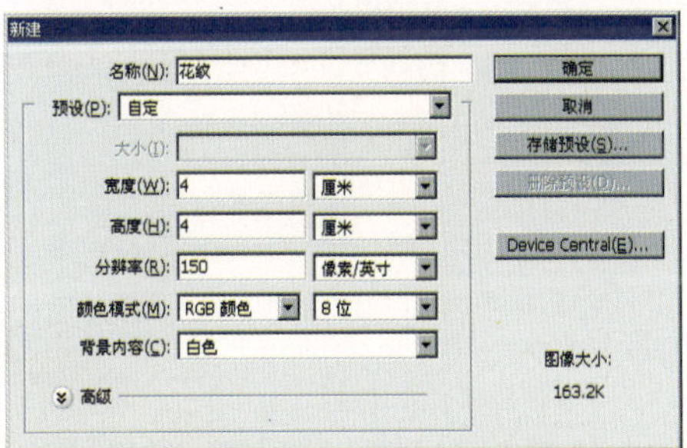

图3-13

03 选择工具箱中的“自定形状工具”，在工具选项栏中设置为“饰片6”，如图3-14所示。

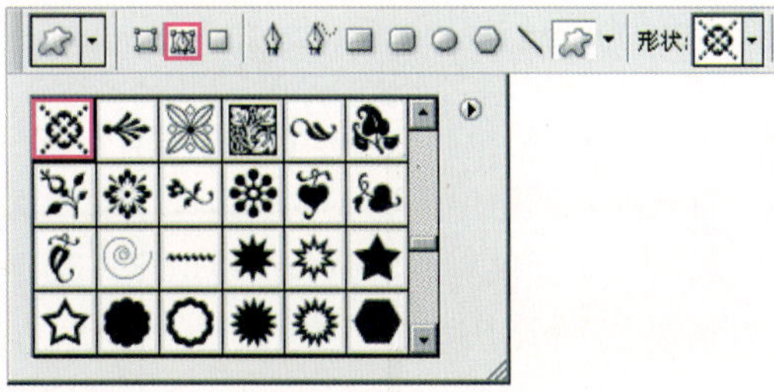

图3-14

04 单击“图层”调板底部的“创建新图层”按钮，生成“图层1”图层，在画布上按住鼠标左键拖动，画一个大小合适的图案，然后将路径转换为选区(或按快捷键【Ctrl+Enter】)，将前景色设置为（R：249、G：191、B：115），填充前景色。“颜色”调板与图像效果如图3-15所示。

图3-15

05 进行多次复制“图层1”图层，按快捷键【Ctrl+T】进行自由变换旋转。使用工具箱中的“移动工具”移动图像，执行菜单“编辑 | 定义图案”命令，在弹出的“图案名称”对话框中输入“花纹.psd”，单击“确定”按钮。效果如图3-16所示。

图3-16

06 选择工具箱中的“磁性套索工具”，用鼠标勾画图像中人物上衣的边缘，勾画回到起始点时，鼠标右下角会出现圆圈，且自动形成一个封闭的选区，如图3-17所示。

图3-17

07 执行菜单“编辑 | 填充”命令，在“自定图案”面板中找到“花纹.psd”图案，设置完毕后单击“确定”按钮。图像效果如图3-18所示。

图3-18

08 图中的图案与人物不太融合，选择“图层1”图层，将图层混合模式设置为“颜色加深”，执行后的图像效果如图3-19所示。

图3-19

09 将“图层1”图层拖动至“图层”调板底部的“创建新图层”按钮上，生成“图层1副本”图层，将图层混合模式设置为“正片叠底”，“不透明度”设置为30%，完成最终的图像效果如图3-20所示。

图3-20

3.3 柔化照片效果

本实例主要学习将普通照片制作成柔化照片效果，这种处理方法不仅美化照片，使照片看起来更具有艺术效果，而且也深受设计师的青睐。

原始图片

最终效果

制作步骤

01 打开配套光盘“第3章\柔化照片效果\人物原图.jpg”文件，效果如图3-21所示。将“背景”图层拖动至“图层”调板底部的“创建新图层”按钮上，生成“背景副本”图层，如图3-22所示。

02 单击“图层”调板底部的“创建新的填充或调整图层“按钮，在弹出的下拉菜单中选择“色彩平衡”命令，然后在弹出的“色彩平衡”对话框中设置各项参数，图像效果如图3-23所示。

图3-21

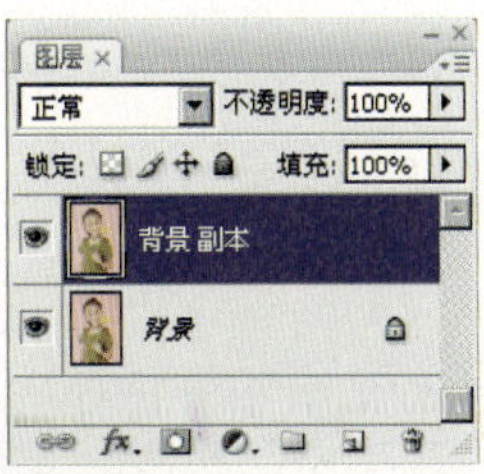

图3-22

图3-23

03 选择工具箱中的“套索工具”，在人物的脸部勾勒出外轮廓，为了使外轮廓的形状圆顺些，按快捷键【Ctrl+Alt+D】进行羽化，图像效果如图3-24所示。

图3-24

04 按快捷键【Ctrl+J】复制图层，生成“图层1”图层，然后单击“图层”调板底部的“创建新的填充或调整图层”按钮，在弹出的下拉菜单中选择“亮度/对比度”命令，然后在弹出的“亮度/对比度”对话框中设置各项参数，图像效果如图3-25所示。

图3-25

05 将“背景副本”图层拖动至“图层”调板底部的“创建新图层”按钮上，创建“背景副本2”图层，执行菜单菜单“滤镜|模糊|高斯模糊”命令，在弹出的“高斯模糊”对话框中设置适合的参数，图像效果如图3-26所示。

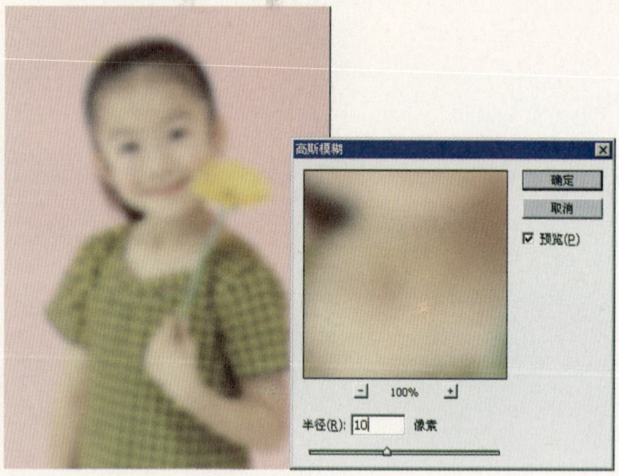

图3-26

06 为了降低模糊效果，选择“背景副本2”图层，将“不透明度”设置为60%，图像效果如图3-27所示。

图3-27

07 选择“背景副本2”图层，单击“图层”调板底部的“添加图层蒙版”按钮，设置前景色为黑色，选择“橡皮擦工具”，在人物的面部进行涂抹，图像效果如图3-28所示。

图3-28

08 选择工具箱中的“画笔工具”，在工具选项栏中设置画笔为“散步叶片”，设置各项参数，将前景色设置为白色，按快捷键【[]】对画笔进行大小变换，然后在图像上进行随意的涂抹，图像效果如图3-29所示。

图3-29

09 选择工具箱中的“画笔工具”，在工具选项栏中设置画笔为“散落玫瑰”，设置各项参数，将前景色设置为白色，按【[]】键对画笔进行大小变换，然后在图像上进行随意的涂抹，完成图像最终效果如图3-30所示。

图3-30

3.4 折角艺术照片

本实例的制作包含的设计元素很多，如透明胶的叠加、背景墙壁的纹理等，设计色调统一，图形、图像与文字相结合，运用了球面化滤镜、彩色半调滤镜、网状滤镜、彩色铅笔滤镜，以及”自由变换”命令等。

原始图片

最终效果

制作步骤

01 执行菜单“文件 | 新建”命令（或按快捷键【Ctrl+N】），在弹出的“新建”对话框中设置参数，单击“确定”按钮，如图3-31所示。

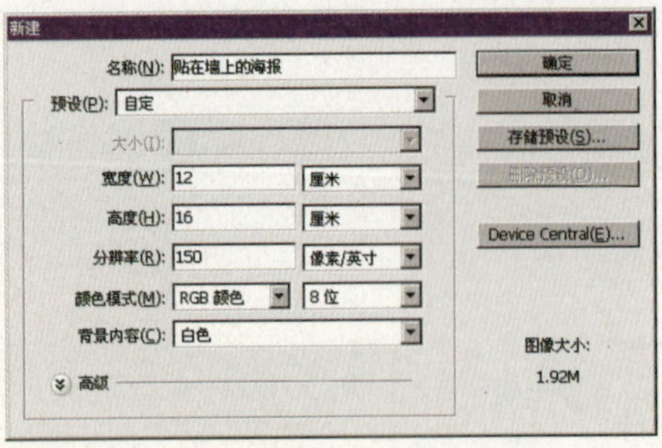

图3-31

02 单击“图层”调板底部的“创建新图层”按钮，生成“图层1”图层，选择工具箱中的“渐变工具”，在工具选项栏上单击渐变色块，在弹出的“渐变编辑器”对话框中选择“灰-白-灰”色标，如图3-32所示。

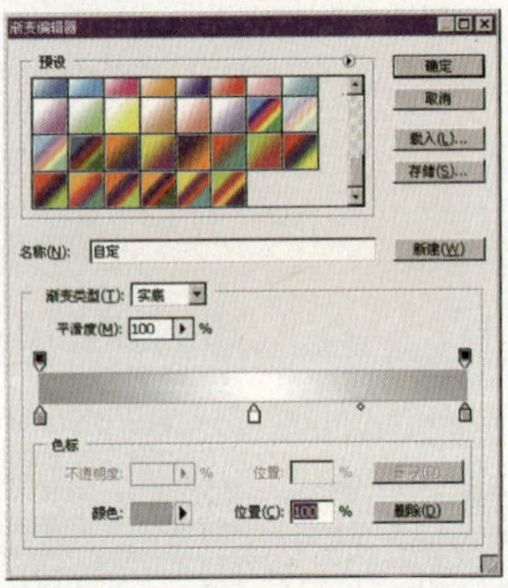

图3-32

03 选择“线性渐变工具”，在图像的左上方向右下拖动，渐变效果如图3-33所示。

图3-33

04 打开配套光盘“第3章\折角照片\底图.jpg”文件，将其拖动至新建文件中生成“图层2”图层，效果如图3-34所示。

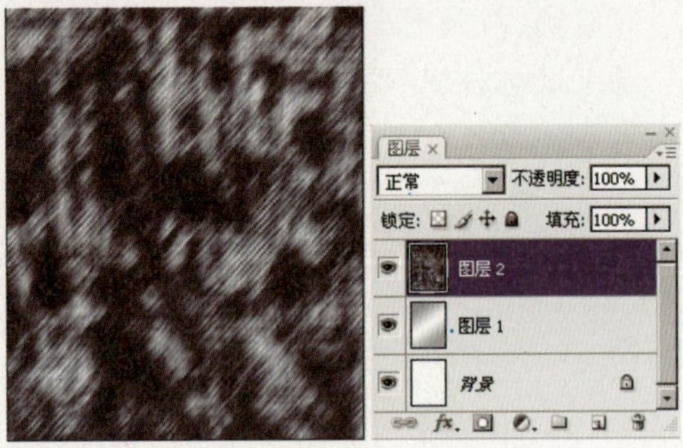

图3-34

05 在“通道”调板底部单击“创建新通道”按钮，选择工具箱中的“矩形选框工具”，在图像中选取一个长方形选区，设置前景色为白色，按快捷键【Alt+Delete】填充前景色，然后按快捷键【Ctrl+D】取消选区，效果如图3-35所示。

图3-35

06 执行菜单“滤镜 | 扭曲 | 球面化”命令，在弹出的对话框中设置参数，设置完毕后单击“确定”按钮，生成图像效果如图3-36所示。

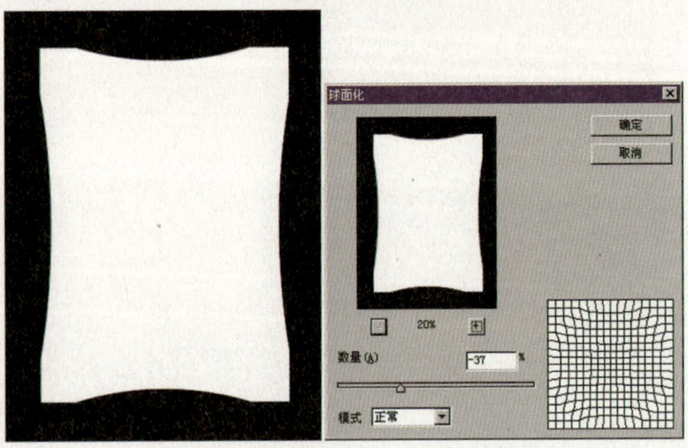

图3-36

07 执行菜单“图像 | 调整 | 反相”命令，图像的颜色出现了黑白颠倒的效果，如图3−37所示。

图3−37

08 执行菜单“滤镜 | 模糊 | 高斯模糊”命令，在弹出的对话框中设置“半径”为10像素，设置完毕后单击“确定”按钮，效果如图3−38所示。

图3−38

09 执行菜单“滤镜 | 像素化 | 彩色半调”命令，在弹出的对话框中设置“最大半径”为10像素，设置完毕后单击“确定”按钮，效果如图3−39所示。

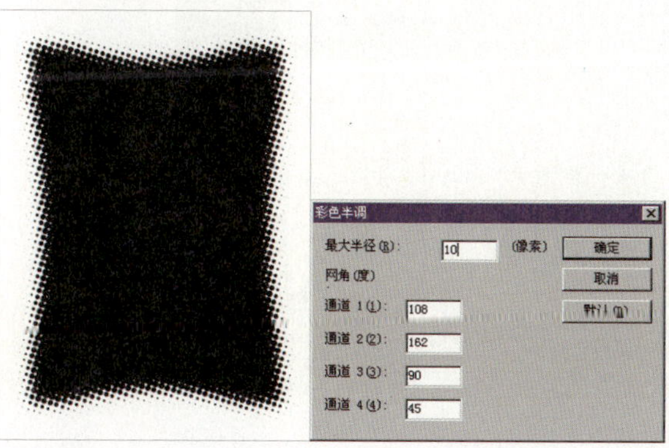

图3−39

10 单击“图层”调板底部的“创建新图层”按钮，生成“图层3”图层，执行菜单“选择 | 载入选区”命令，在弹出的对话框中设置“通道”为Alpha1，勾选“反相”复选框，设置完毕后单击“确定”按钮，黑色的图形外形被载入选区，效果如图3−40所示。

图3−40

11 将前景色设置为（R：167、G：167、B：167），按快捷键【Alt+Delete】填充前景色，按快捷键【Ctrl+D】取消选区，效果如图3−41所示。

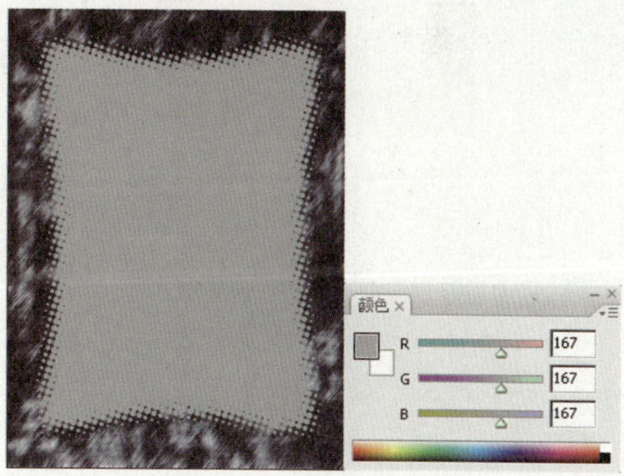

图3−41

12 选择“图层3”图层，将图层的混合模式设置为“线性减淡（添加）”，执行后的图像效果如图3−42所示。

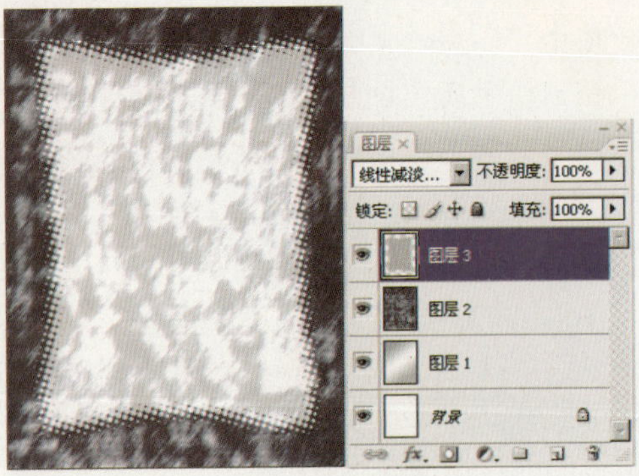

图3-42

13 单击“图层”调板底部的“创建新图层”按钮，生成“图层4”图层，选择工具箱中的“矩形选框工具”，在图像中选取一个长方形选区，设置前景色为白色，按快捷键【Alt+Delete】填充前景色，按快捷键【Ctrl+D】取消选区，效果如图3-43所示。

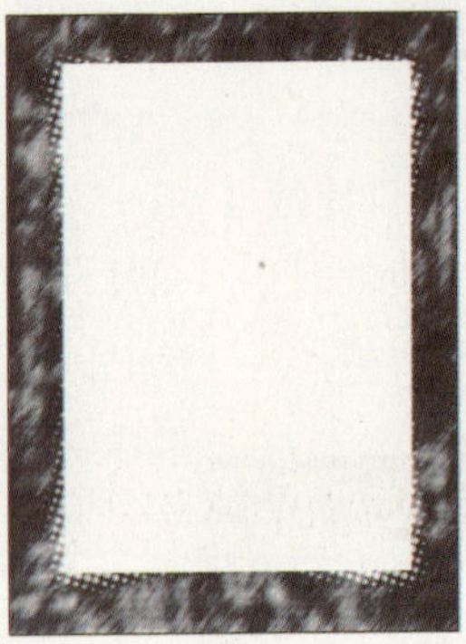

图3-43

14 单击“图层”调板底部的“图层样式”按钮，在弹出的下拉菜单中选择“投影”命令，然后在弹出的“图层样式”对话框中设置各项参数，设置完毕后单击“确定”按钮，效果如图3-44所示。

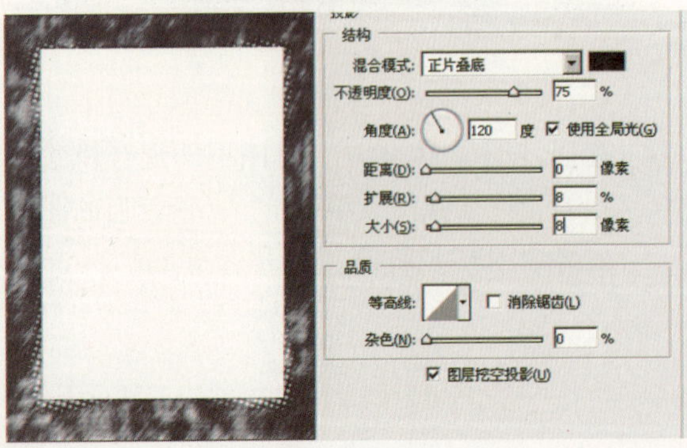

图3-44

15 单击“图层”调板底部的“创建新图层”按钮，生成“图层4”图层，选择工具箱中的“多边形套索工具”，在白色图形的右下角选取一个三角形选区，效果如图3-45所示。

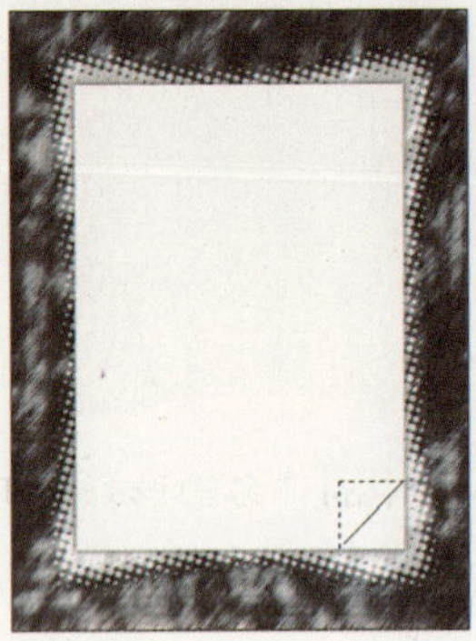

图3-45

16 单击“图层”调板底部的“创建新图层”按钮，生成“图层5”图层，设置前景色为白色，背景色为灰色，选择工具箱中的“渐变工具”，在工具选项栏上选择“前景到背景”的渐变，在选区左上方向右下方拖动，渐变效果如图3-46所示。

图3-46

17 单击“图层”调板底部的“创建新图层”按钮，生成“图层6”图层，设置前景色为白色，选择工具箱中的“渐变工具”，在工具选项栏上选择“前景到透明”的渐变，在选区右下方向中心拖动，效果如图3-47所示。

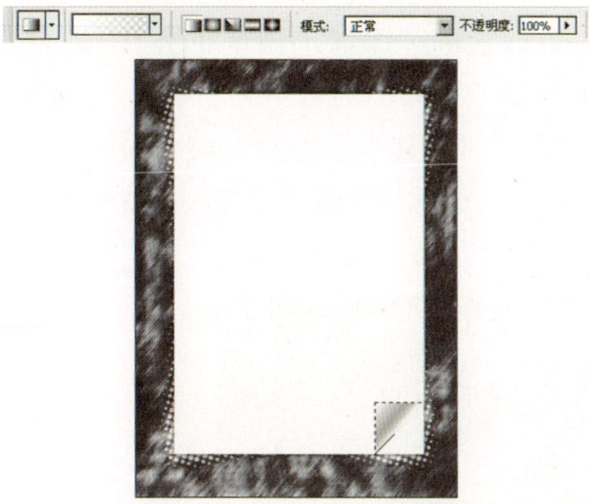

图3-47

18 选择工具箱中的“多边形套索工具”，在“图层4”图层的纸张图形的右下方选取三角形选区，按【Delete】键，删除选区内多余的纸张图形，效果如图3-48所示。

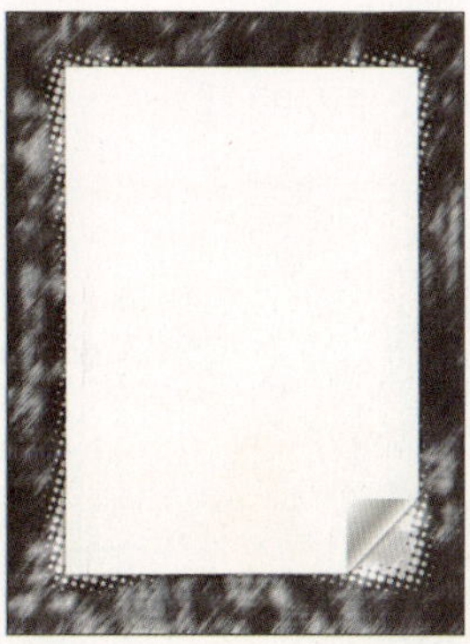

图3-48

19 选择工具箱中的“多边形套索工具”，在“图层5”图层的网点区域的右下方选取三角形选区，按【Delete】键，删除部分网点，利用“矩形选框工具”选择多余的网点图形并清除，效果如图3-49所示。

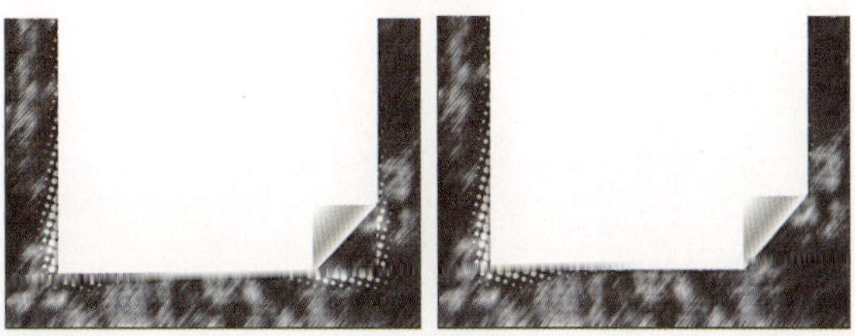

图3-49

20 单击“图层”调板底部的“创建新图层”按钮，生成“图层7”图层，为了方便操作可将其余的图层隐藏起来，选择工具箱中的“矩形选框工具”，在图像中选取一个长方形选区，设置前景色为白色，按快捷键【Alt+Delete】填充前景色，按快捷键【Ctrl+D】取消选区，效果如图3-50所示。

图3-50

21 选择工具箱中的“多边形套索工具”，沿着图形的顶端与底部选取锯齿选区，按【Delete】键，删除选区的部分，制作出顶端与底部的破裂图形效果，如图3-51所示。

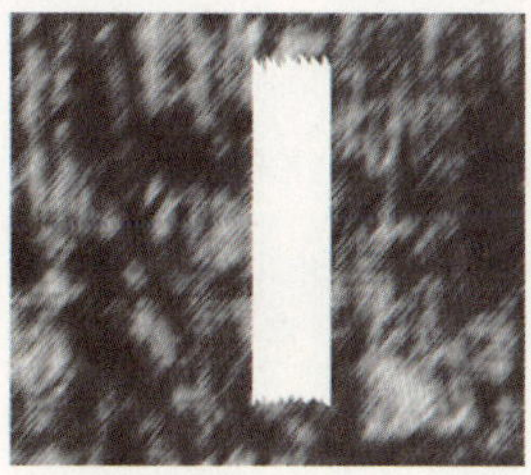

图3-51

22 将“图层7”图层拖动至“图层”调板底部的“创建新图层”按钮上，生成“图层7副本”图层，按住【Ctrl】键不放，单击“图层7副本”图层的缩览图，将图形载入选区，白色的图形被载入选区，效果如图3-52所示。

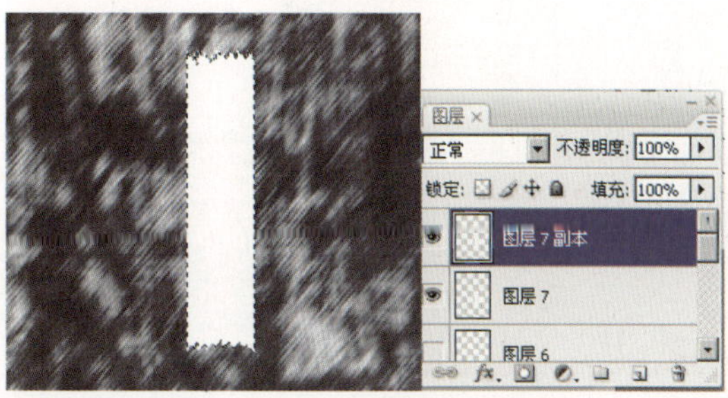

图3-52

23 执行菜单“滤镜 | 杂色 | 添加杂色”命令，在弹出的对话框中设置“数量”为20%，“分布”为“高斯分布”，勾选“单色”复选框，设置完毕后单击“确定”按钮，如图3-53所示。

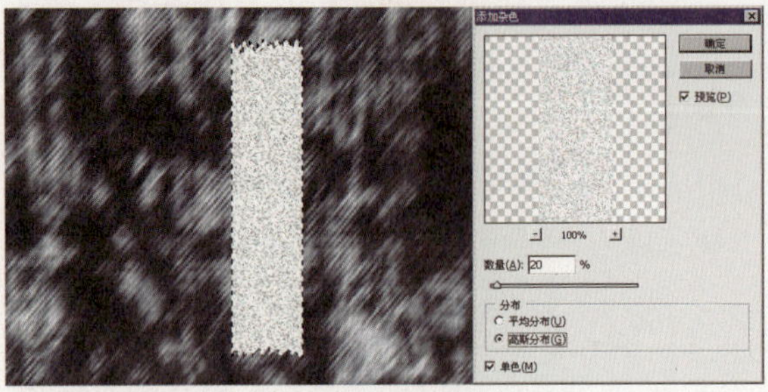

图3-53

24 执行菜单“滤镜 | 模糊 | 高斯模糊”命令，在弹出的对话框中设置“半径”为3像素，设置完毕后单击“确定”按钮，图形中的黑色杂点变得模糊不清，图像效果如图3-54所示。

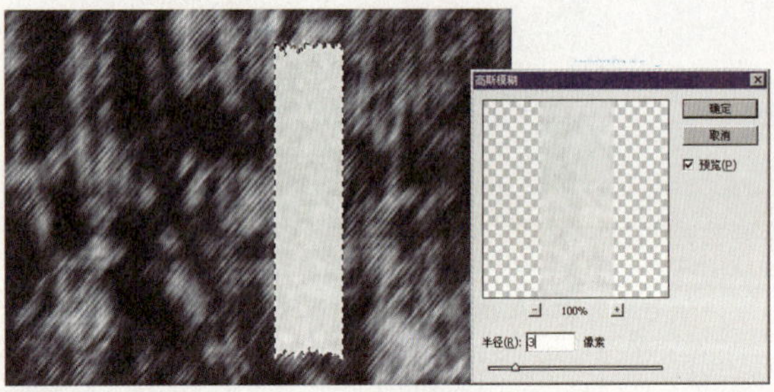

图3-54

25 执行菜单“图像 | 调整 | 色阶”命令，按快捷键【Ctrl+L】，弹出“色阶”对话框，设置输入色阶分别为237、1.00、255，再单击“确定”按钮，效果如图3-55所示。

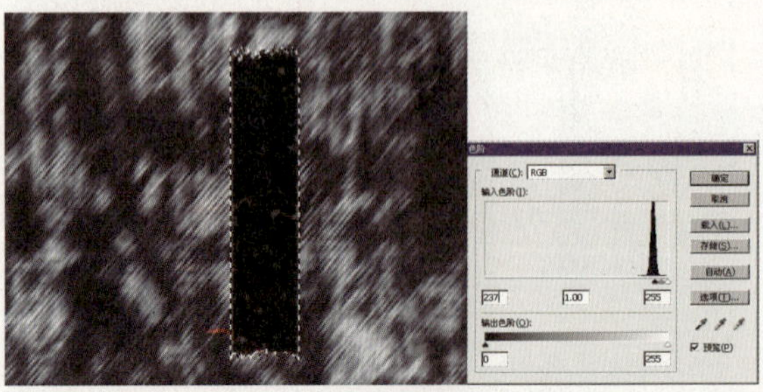

图3-55

26 执行菜单“图像 | 调整 | 亮度/对比度”命令，在弹出的对话框中设置“亮度”为120、“对比度”为85，再单击“确定”按钮，图像的颜色再次加深，模糊的白点更加清楚，如图3-56所示。

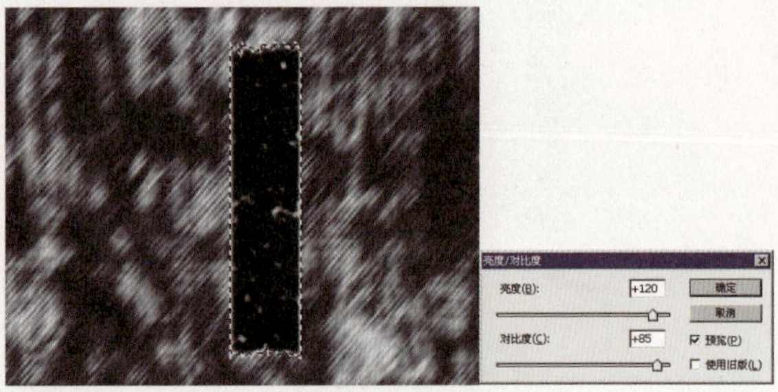

图3-56

27 执行菜单“图像 | 色彩范围”命令，弹出“色彩范围”对话框，使用吸管拾取图形中的白色，设置“颜色容差”为100，再单击“确定”按钮，黑色图形中的白点被载入选区，图像效果如图3-57所示。

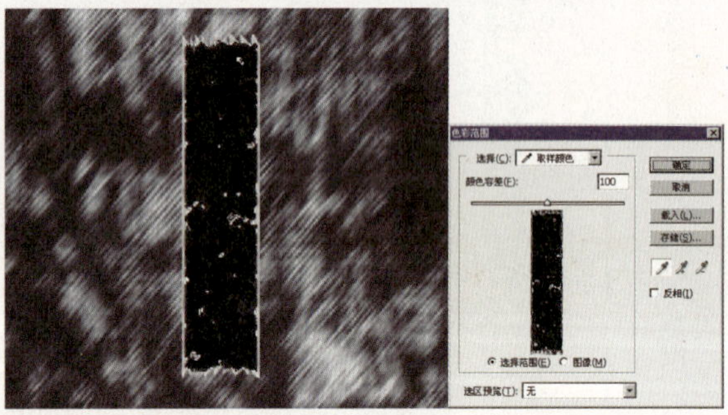

图3-57

28 在“图层”调板中将“图层7副本”图层删除，确定当前编辑图层为“图层7”，再按【Delete】键删除，执行后的图像出现了破损的效果，如图3-58所示。

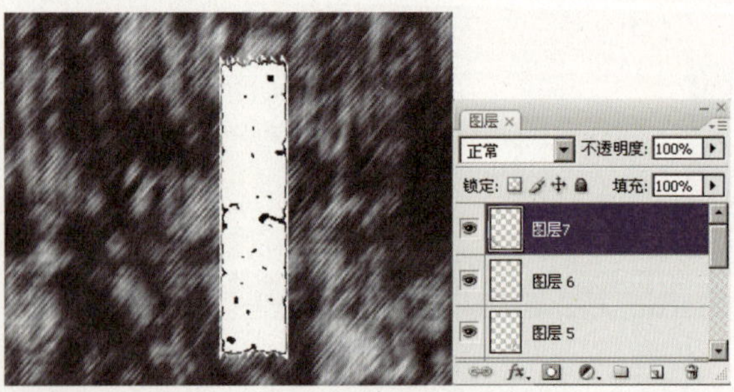

图3-58

29 按住【Ctrl】键不放，单击“图层7”图层的缩览图，将其载入选区。执行菜单“编辑｜填充”命令，在弹出的对话框中设置“使用”为50%灰色，再单击“确定”按钮，按快捷键【Ctrl+D】取消选区，效果如图3-59所示。

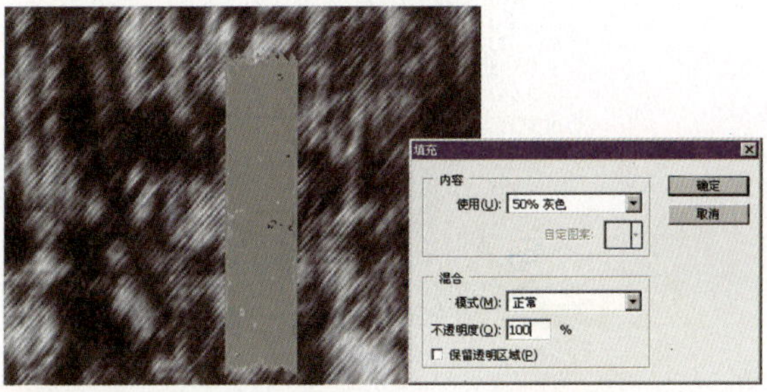

图3-59

30 执行菜单“编辑｜自由变换”命令（或按快捷键【Ctrl+T】自由变换），缩小与旋转自由变换框，然后按【Enter】键确定，图像效果如图3-60所示。

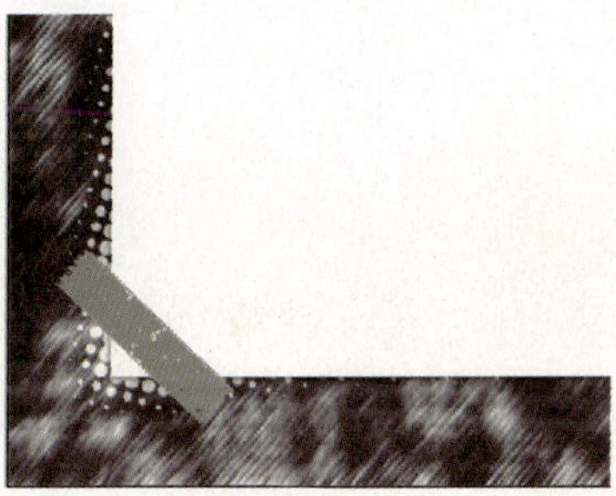

图3-60

31 在“图层”调板中选择“图层7”图层，将图层的混合模式设置为“正片叠底”，效果如图3-61所示。

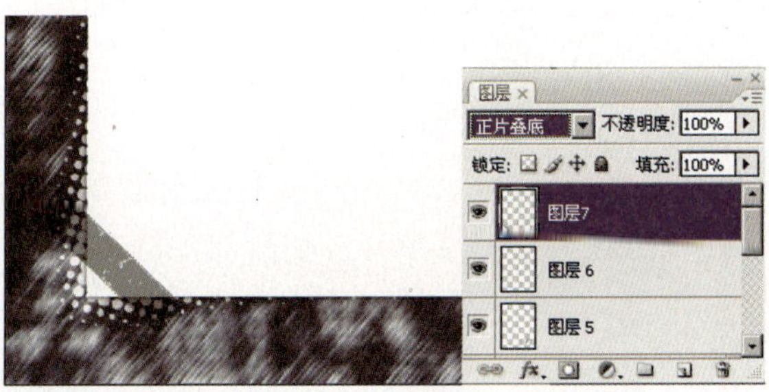

图3-61

32 将“图层7”图层拖动至“图层”调板底部的“创建新图层”按钮上，生成“图层7副本”图层，选择工具箱中的“移动工具”，将其移至右上角并进行旋转变换，效果如图3-62所示。

图3-62

33 在“图层”调板中继续复制“图层7副本”图层，执行菜单“编辑｜自由变换”命令，（或按快捷键【Ctrl+T】自由变换），旋转自由变换框，然后按【Enter】键确定，图像效果如图3-63所示。

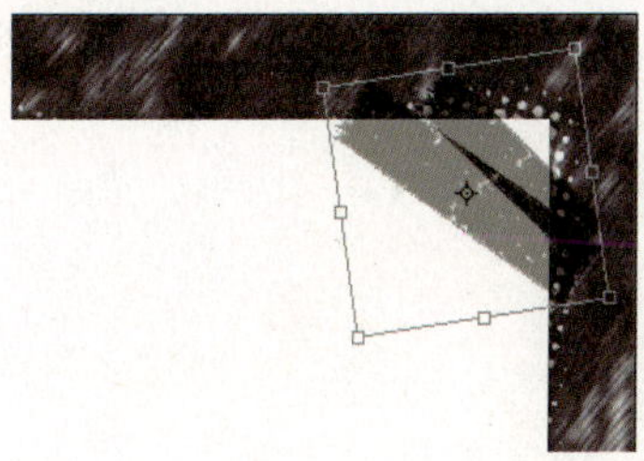

图3-63

34 在“图层”调板中将“图层7副本2”图层的混合模式改为“滤色”，效果如图3-64所示。

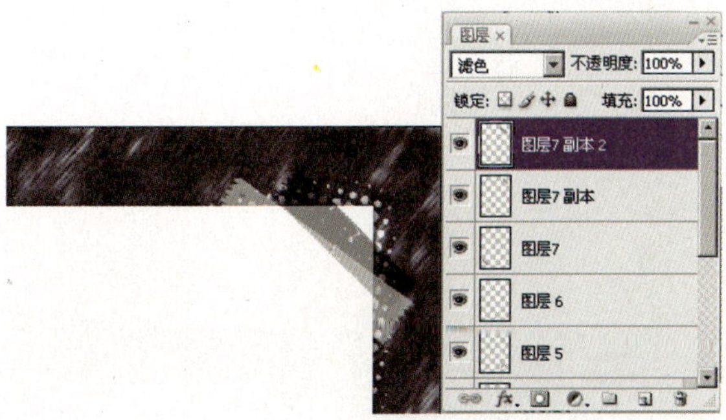

图3-64

35 复制“图层7”图层，生成“图层7副本2”图层，并将图形填充为白色，对复制的图形进行旋转变换，角度满意后，按【Enter】键确定，图像效果如图3-65所示。

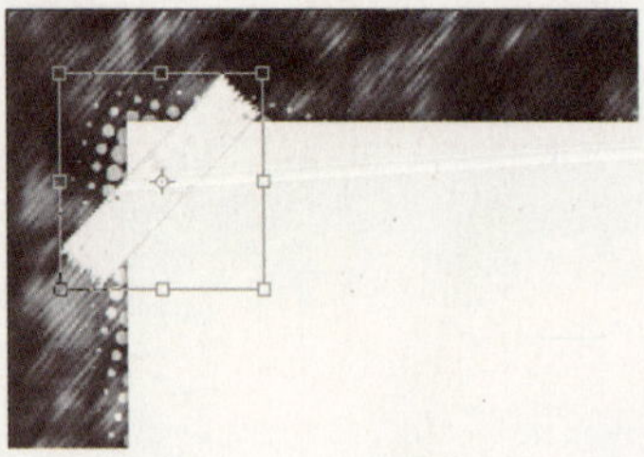

图3-65

36 选择“图层7副本3”图层，调整图层的“不透明度”为70%，制作出半透明的胶布效果，如图3-66所示。

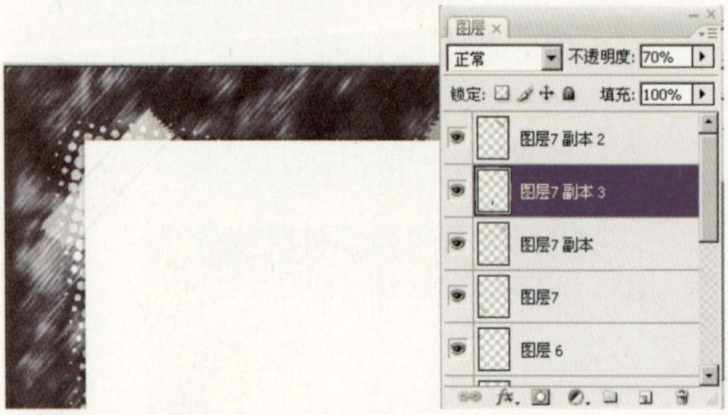

图3-66

37 打开配套光盘“第3章\折角照片\人物.jpg”文件，将“背景”图层拖动至“图层”调板底部的“创建新图层”按钮上，生成“背景副本”图层，图像效果如图3-67所示。

图3-67

38 执行菜单“图像｜调整｜去色”命令，彩色照片变为黑白照片，图像效果如图3-68所示。

图3-68

39 执行菜单“滤镜｜素描｜网状”命令，在弹出的对话框中设置各项参数，黑白照片上添加了许多杂点，图像效果如图3-69所示。

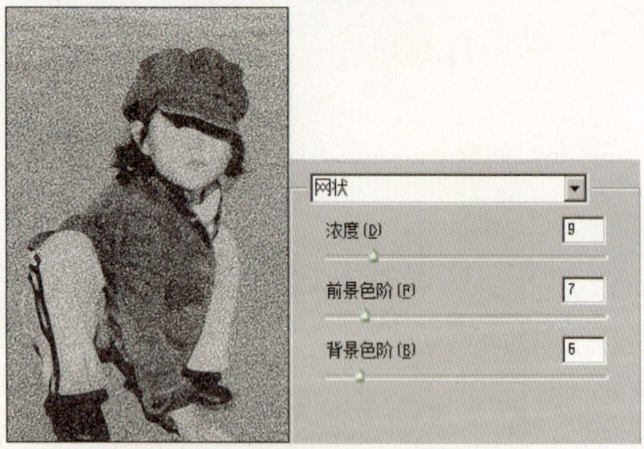

图3-69

40 执行菜单“滤镜｜艺术效果｜彩色铅笔”命令，在弹出的对话框中设置各项参数，图像出现了黑白线条交错的效果，如图3-70所示。

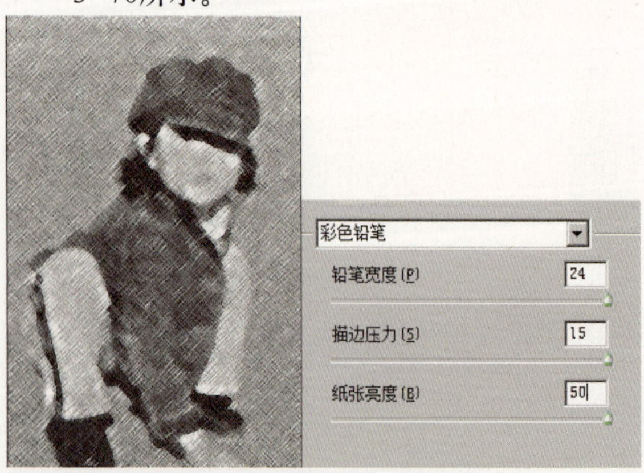

图3-70

41 选择“背景副本”图层，在“图层”调板中将图层的混合模式设置为“线性光”，制作了艺术化的照片效果，图像如图3-71所示。

图3-71

42 单击“图层”调板底部的“创建新图层”按钮，生成“图层1”图层，选择工具箱中的“渐变工具”，在工具选项栏上单击渐变色块，然后在弹出的“渐变编辑器”对话框中单击“蓝色、黄色、粉红色”色标，效果如图3-72所示。

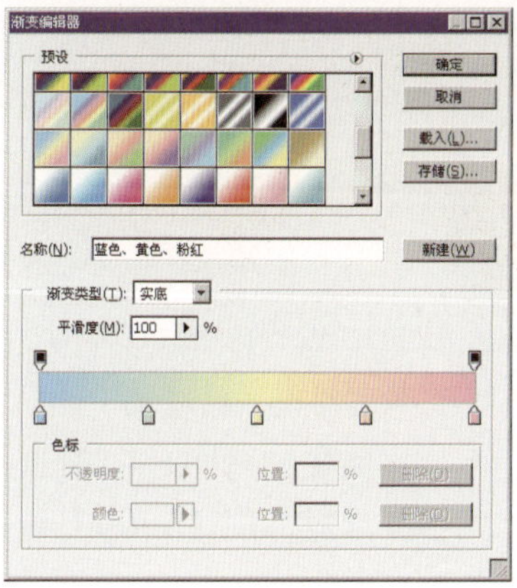

图3-72

43 设置类型为“线性渐变”，在图像中自上向下拖动，图像中填充了五彩的渐变颜色，渐变效果如图3-73所示。

44 在“图层”调板中将“图层1”图层的混合模式改为“正片叠底”，制作了五彩斑斓的照片效果，如图3-74所示。

图3-73

图3-74

45 单击“图层”调板底部的“创建新图层”按钮，生成“图层2”图层，设置前景色为白色，选择“画笔工具”并设置适合的画笔，自由地在图像中进行涂抹，涂抹出一团乱线，图像效果如图3-75所示。

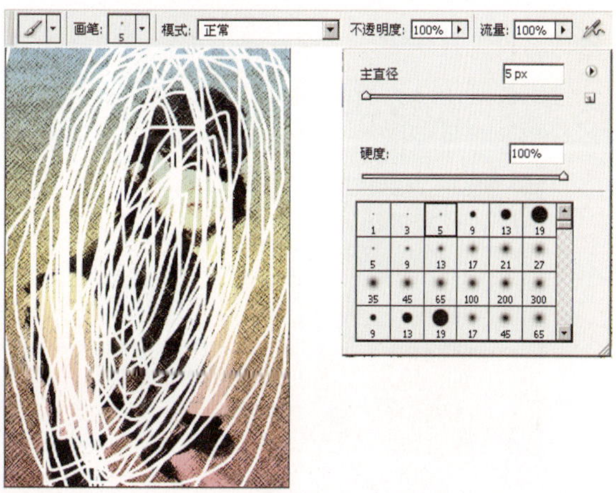

图3-75

46 按住【Ctrl】键不放，单击“图层2”图层的缩览图，将线条图形载入选区，然后执行菜单“选择｜反向”命令，当前选区呈反向效果如图3-76所示。

图3-76

47 在“图层”调板中将“图层2”图层删除，再新建“图层2”图层，执行菜单“编辑｜填充”命令，填充为黑色，单击“确定”按钮，制作出了乱七八糟的线条图形，如图3-77所示。

图3-77

48 选择工具箱中的“橡皮擦工具”，在图像中擦掉杂乱的线条图形，并进行图形清理，图像效果如图3-78所示。

图3-78

49 选择工具箱中的“横排文字工具”T，在图像中输入英文字母，并将其放置在图像的左下方，图像效果如图3-79所示。

图3-79

50 单击“图层”调板右上角的下三角按钮，在弹出的下拉菜单中选择“拼合图像”命令，合并所有的图层，如图3-80所示。

图3-80

51 选择工具箱中的“移动工具”，将合并为背景的图层移至“帖在墙上的海报.psd”文件中，按快捷键【Ctrl+T】进行自由变换，大小满意后，按【Enter】键确定，效果如图3-81所示。

图3-81

52 选择工具箱中的“多边形套索工具”，在海报图像的右下角选取选区，按【Delete】键删除，图像效果如图3-82所示。

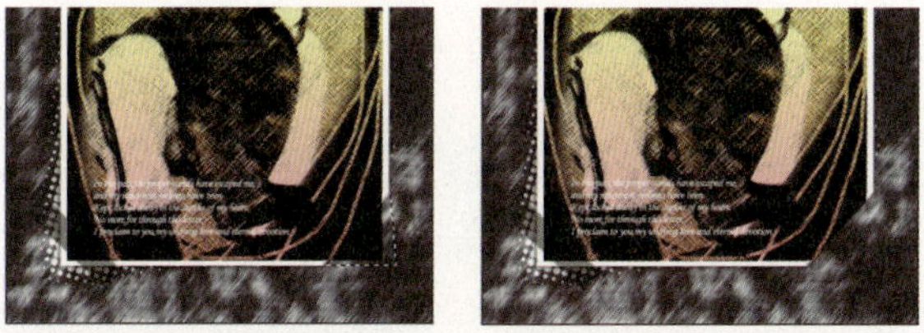

图3-82

53 在“图层”调板中将“图层8”图层拖至“图层4”图层的上面，制作出黏在墙壁上的照片，如图3-83所示。

图3-83

54 选择工具箱中的“多边形套索工具”，在右下角的位置绘制一个选区，在“图层”调板底部单击“创建新图层”按钮，在“图层8”图层的上面新建“图层9”图层，如图3-84所示。

图3-84

55 设置前景色为黑色，在工具箱中选择“渐变工具”，在工具选项栏上选择“前景到透明”的渐变，设置类型为“线性渐变”，在选区中自右下方向左上方拖动填充渐变，按快捷键【Ctrl+D】取消选区，效果如图3-85所示。

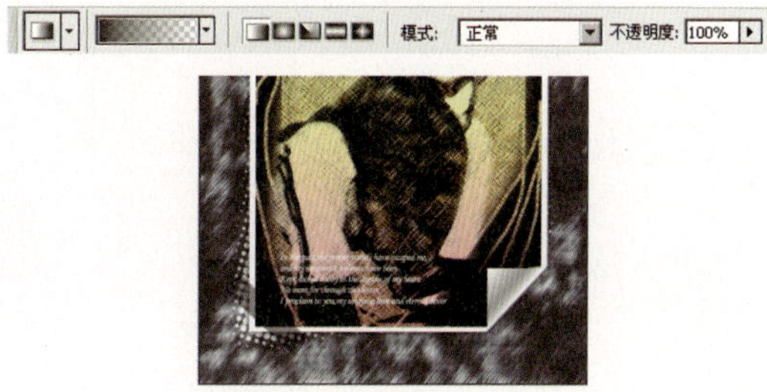

图3-85

56 选择“图层2”图层，单击“图层”调板底部的“创建新的填充或调整图层“按钮，在弹出的下拉菜单中选择“色相/饱和度”命令，在弹出的“色相/饱和度”对话框中设置各项参数，然后将图层的“不透明度”设置为49%，完成最终的效果如图3-86所示。

图3-86

3.5 艺术化装饰照片

装饰照片，增加照片的观赏性，除了可以为照片主体更换漂亮的装饰背景之外，还可以为照片制作一个装饰性极强的边框，为了使添加的边框更加生动，可以使用“图层样式”命令制作边框的立体效

原始图片

最终效果

制作步骤

01 执行菜单“文件｜新建”命令(或按快捷键【Ctrl+N】)，在弹出的“新建”对话框中设置参数，单击“确定”按钮，如图3-87所示。

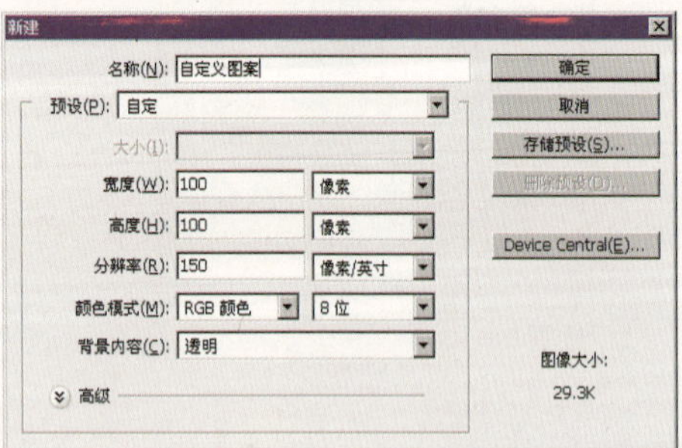

图3-87

02 按快捷键【Ctrl+R】，出现标尺，在图像中拉出垂直与水平两条辅助线，选择“矩形工具”，在左上角与右下角各画出一个矩形，并将其颜色填充为白色，图像效果如图3-88所示。

图3-88

03 按快捷键【Ctrl+A】将图像全选，执行菜单“编辑｜图案名称”命令，在弹出的“定义图案”对话框中输入文件名称，单击“确定”按钮创建一个自定义图案，如图3-89所示。

04 执行菜单“文件｜新建”命令(或按快捷键【Ctrl+N】)，在弹出的“新建”对话框中设置参数，单击“确定”按钮，如图3-90所示。

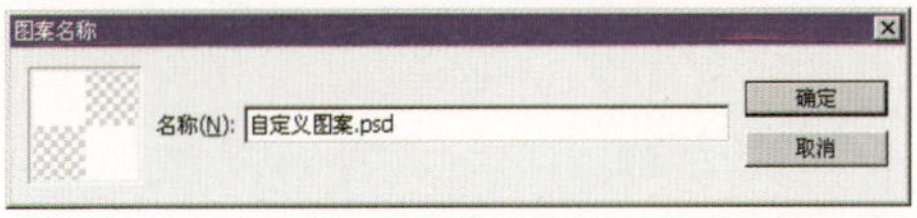

图3-89

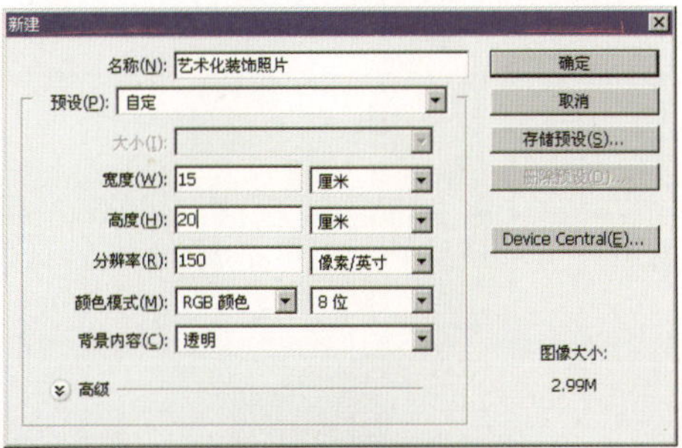

图3-90

05 将前景色设置为（R：80、G：0、B：142），按快捷键【Alt+Delete】填充前景色，图像效果如图3-91所示。

图3-91

06 单击“图层”调板底部的“创建新的填充或调整图层“按钮，在弹出的下拉菜单中选择“图案叠加”命令，然后在弹出的“图案叠加”对话框中设置“不透明度”为24%，“缩放”为50%，设置完毕后单击“确定”按钮，图像效果如图3-92所示。

图3-92

07 选择工具箱中的“横排文字工具” T 并任意创建一些白色字母，然后将“文字”图层复制多个，并调整文字的大小和位置，调整完毕后将这些文字图层栅格化，并合并为一个图层，将图层命名为“文字”，图像效果如图3-93所示。

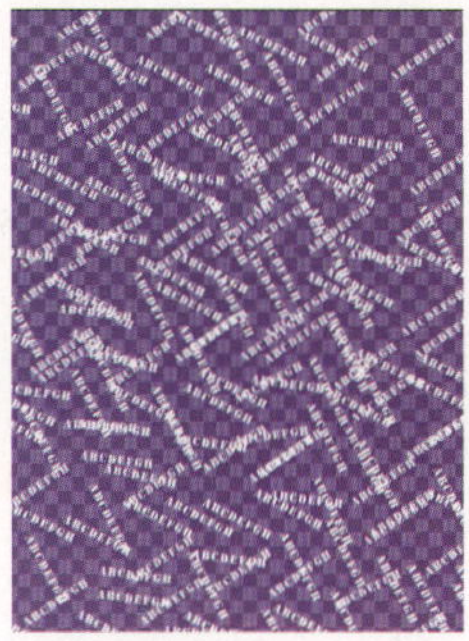

图3-93

08 选择“文字”图层，将图层混合模式设置为“线性减淡（添加）”，“不透明度”设置为52%，执行后的图像效果如图3-94所示。

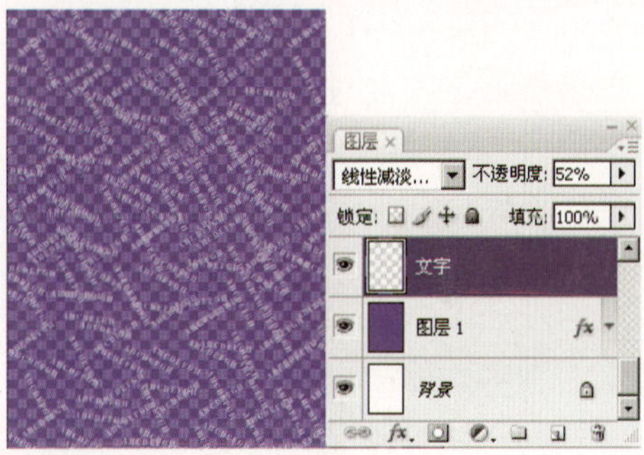

图3-94

09 单击“图层”调板底部的“创建新的填充或调整图层“按钮，在弹出的下拉菜单中选择“色相/饱和度”命令，然后在弹出的“色相/饱和度”对话框中设置各项参数，图像效果如图3-95所示。

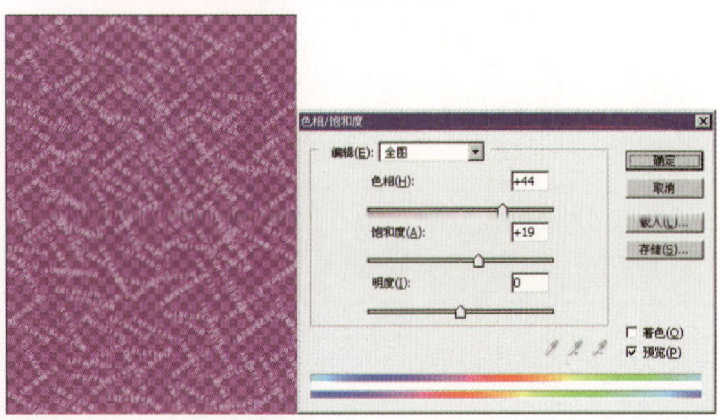

图3-95

10 单击“图层”调板底部的“创建新的填充或调整图层“按钮，在弹出的下拉菜单中选择“色相/饱和度”命令，然后在弹出的“色相/饱和度”对话框中设置各项参数，图像效果如图3-96所示。

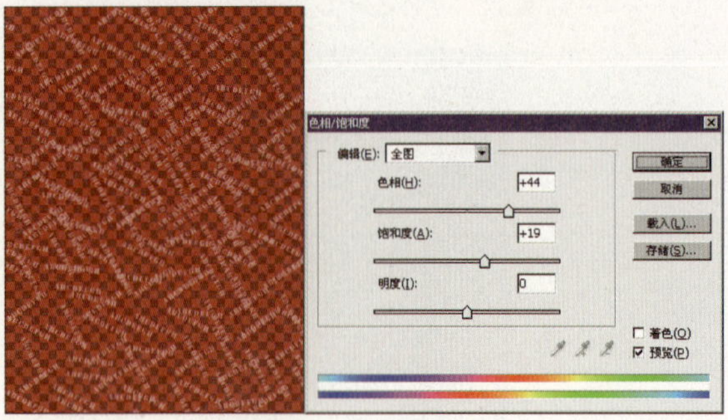

图3-96

11 选择工具箱中的“钢笔工具”，在图像中绘制出一个边框，执行菜单“窗口 | 路径”命令，单击“路径”调板底部的“将路径作为选区载入”按钮，图像变为选区后，将前景色设置为（R：242、G：242、B：238），按快捷键【Alt+Delete】填充前景色，按快捷键【Ctrl+D】取消选区，图像效果如图3-97所示。

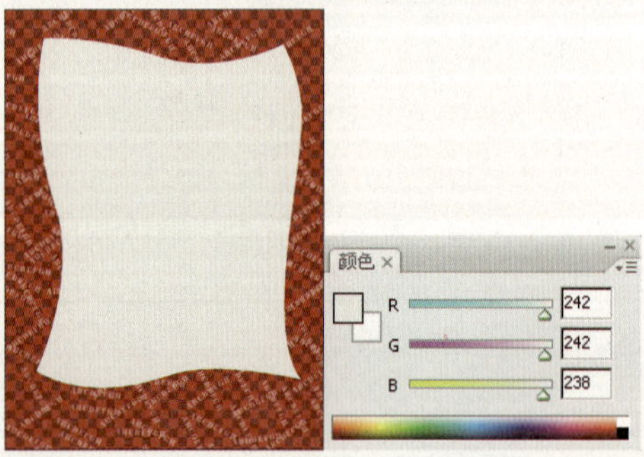

图3-97

技巧 提示

将路径作为选区载入，此选项可以把已经建立的路径转换成选区，这是一个经常用到的选项，比如先将要抠挖的物体用路径描绘出来，然后使用该选项将路径转换成选区，就可以把物体从图像中提取出来。

12 打开配套光盘“第3章\艺术化装饰照片\美丽童年人物.jpg”文件，效果如图3-98所示。

图3-98

13 选择工具箱中的“移动工具”，将“美丽童年人物”移至“艺术化装饰照片.psd”文件中，按快捷键【Ctrl+T】进行自由变换，执行菜单“编辑 | 变换 | 水平翻转”命令，将人物适当的调整，效果如图3-99所示。

图3-99

14 选择工具箱中的“自定形状工具”，在其工具选项栏中设置为“花4”，单击“图层”调板底部的“创建新图层”按钮，生成“花1”图层，在图层上按住鼠标左键拖动，画一个大小合适的图案，如图3-100所示。

图3–100

15 单击“路径”调板底部的“将路径作为选区载入按钮” (或按快捷键【Ctrl+Enter】)，将前景色设置为（R：255、G：241、B：5）填充前景色，图像效果如图3–101所示。

图3–101

16 按照上述“步骤14”和“步骤15”，在图像上进行多次复制，将复制的花朵沿着边框移动，可根据个人喜欢的颜色进行填充，图像效果如图3–102所示。

图3–102

17 单击“图层”调板底部的“添加图层样式”按钮 fx，在弹出的下拉菜单中选择“内阴影”命令，然后在弹出的“图层样式”对话框中设置各项参数，设置完毕后单击“确定”按钮，效果如图3–103所示。

图3–103

18 单击“图层”调板底部的“添加图层样式”按钮 fx，在弹出的下拉菜单中选择“外发光”命令，然后在弹出的“图层样式”对话框中设置各项参数，设置完毕后单击“确定”按钮，效果如图3–104所示。

图3–104

19 选择工具箱中的“横排文字工具” T，在图像中输入“My beautiful childhood”，然后在“字符”调板中选择“汉仪综艺体简”字体，如图3–105所示。

图3–105

20 双击工具选项栏上的“创建文字变形”按钮，在样式中选择“花冠”，“弯曲”设置为31%，“水平扭曲”设置为-9%，“垂直扭曲”设置为1%，文字发生了改变，如图3-106所示。

图3-106

21 单击“图层”调板底部的“添加图层样式”按钮fx，在弹出的下拉菜单中选择“外发光”命令，然后在弹出的“图层样式”对话框中设置各项参数，设置完毕后单击“确定”按钮，添加外发光可以增加文字的亮度，效果如图3-107所示。

图3-107

22 为了突出文字的外轮廓，单击“图层”调板底部的“添加图层样式”按钮fx，在弹出的下拉菜单中选择“描边”命令，然后在弹出的“图层样式”对话框中设置各项参数，设置完毕后单击“确定”按钮，图像效果如图3-108所示。

图3-108

23 最后通过调整色相以及饱和度，改变底图的颜色，完成最终效果如图3-109所示。

图3-109

3.6 孩子的童话

孩子的童话，将儿童活泼、天真的性格表现出来了，颜色的鲜艳给人一种活跃动感的感觉。本实例运用了图层蒙版、渐变工具、画笔工具，配以文字使得画面简单和谐。

原始图片

最终效果

制作步骤

01 执行菜单“文件 | 新建”命令(或按快捷键【Ctrl+N】)，在弹出的“新建”对话框中设置参数，单击“确定”按钮，如图3-110所示。

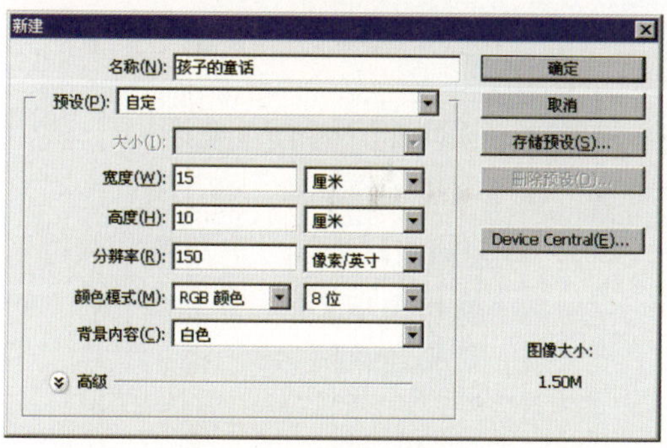

图3-110

02 单击“图层”调板底部的“创建新图层”按钮，生成“图层1”图层，将前景色设置为（R：154、G：174、B：224），按快捷键【Alt+Delete】填充前景色，图像效果如图3-111所示。

图3-111

03 打开配套光盘“第章\孩子的童话\花朵.jpg”文件，效果如图3-112所示。

图3-112

04 选择工具箱中的“移动工具”，将“花朵”移至“孩子的童话.psd”文件中，按快捷键【Ctrl+T】进行自由变换，将“花朵”移至图像的下方，生成“图层2”图层，图像效果如图3-113所示。

图3-113

05 选择“图层2”图层，单击“图层”调板底部的“添加图层蒙版”按钮，按【D】键，将前景和背景设置为默认色，然后利用“渐变工具”在蒙版中单击鼠标左键，从图片的顶部拖至底部，效果如图3-114所示。

图3-114

06 为了使图像的颜色效果更鲜艳些，单击“图层”调板底部的“创建新的填充或调整图层”按钮，在弹出的下拉菜单中选择“色相/饱和度”命令，然后在弹出的“色相/饱和度”对话框中设置各项参数，得到图像效果如图3-115所示。

图3-115

07 打开配套光盘“第3章\孩子的童话\人物1.psd”文件，效果如图3-116所示。

图3-116

08 选择工具箱中的“磁性套索工具”，用鼠标勾画图像中人物的边缘，勾画回到起始点时，鼠标右下角会出现圆圈，且自动形成一个封闭的选区，按快捷键【Ctrl+Alt+I】反选，再按【Delete】键删除，图像效果如图3-117所示。

图3-117

09 选择工具箱中的“移动工具”，将“人物”移至“孩子的童话.psd”文件中，按快捷键【Ctrl+T】进行自由变换。执行菜单“编辑 | 变换 | 水平翻转”命令，将人物适当调整，效果如图3-118所示。

图3-118

10 图中人物的头发与背景有不协调的白色杂边。选择工具箱中的“模糊工具”，在人物的外轮廓中进行涂抹，将图层的“不透明度”设置为90%，图像效果如图3-119所示。

图3-119

11 将“人物”图层拖动至“图层”调板底部的“创建新图层”按钮上，创建“人物副本”图层，执行菜单“图像｜调整｜去色”命令（或按快捷键【Ctrl+Shift+U】去色），图像效果如图3-120所示。

图3-120

技巧 提示

“去色”命令可以直接运用于整个图层图像，也可以运用到图层局部图像上，只需将局部图像用选区选中，然后使用“去色”命令即可。

12 为了使黑白人物与背景融合在一起，选择“人物副本”图层，将图层混合模式设置为“强光”，“不透明度”设置为22%，执行后的图像效果如图3-121所示。

图3-121

13 选择工具箱中的“自定形状工具”，在工具选项栏上选择“云彩1”形状，在图层上按住鼠标左键拖动，画一个大小合适的云彩。工具选项栏与图像效果如图3-122所示。

图3-122

14 单击“路径”调板底部的“将路径作为选区载入”按钮(或按快捷键【Ctrl+Enter】)，将前景色设置为白色，按快捷键【Alt+Delete】填充前景色，图像效果如图3-123所示。

图3-123

15 单击“图层”调板底部的“添加图层样式”按钮，在弹出的下拉菜单中选择“描边”命令，然后在弹出的“图层样式”对话框中设置颜色为（R：193、G：83、B：2），设置各项参数，设置完毕后单击“确定”按钮，效果如图3-124所示。

图3–124

16 打开配套光盘“第3章\孩子的童话\人物2.jpg”文件，效果如图3–125所示。

图3–125

17 选择工具箱中的“移动工具”，将“人物”移至“孩子的童话.psd”文件中，将该图层命名为“人物2”图层，图层一定要在最上层，调整照片到适合的大小和位置，如图3–126所示。

图3–126

18 选择菜单“图层|创建剪贴蒙版”命令（或按快捷键【Ctrl+G】），在“图层”调板中将图层的混合模式设置为“正片叠底”，图像效果如图3–127所示。

图3–127

19 将“花朵1”图层拖至“图层”调板底部的“创建新图层”按钮上，生成“花朵2”图层，按快捷键【Ctrl+T】进行自由变换，适当将云彩缩小一些，图像效果如图3–128所示。

图3–128

20 打开配套光盘“第3章\孩子的童话\人物3.jpg”文件，效果如图3–129所示。

图3–129

21 选择工具箱中的“移动工具”，将“人物”移至“孩子的童话.psd”文件中，选择菜单“图层|创建剪贴蒙版”命令（或按快捷键【Ctrl+G】），在“图层”调板中将图层的混合模式设置为“正片叠底”，图像效果如图3–130所示。

图3-130

22 选择工具箱中的“多边形工具” ，单击“路径”调板底部的“将路径作为选区载入”按钮(或按快捷键【Ctrl+Enter】)，将前景色设置为白色，按快捷键【Alt+Delete】填充前景色，图像效果如图3-131所示。

图3-131

23 将该图层命名为“方块”，在“图层”调板中将“不透明度”设置为60%，图像效果如图3-132所示。

图3-132

24 按照“步骤22”和“步骤23”制作多边形，适当地调整其大小，将“不透明度”设置为不同的参数，制作成深浅不一的效果，如图3-133所示。

图3-133

25 单击“图层”调板底部的“创建新图层”按钮，创建新图层并命名为“光线1”。选择工具箱中的“矩形选框工具” ，将其填充为白色，按快捷键【Ctrl+T】自由变换，按住【Ctrl】键拖动节点将图像进行变换，图像效果如图3-134所示。

图3-134

26 选择“光线1”图层，单击“图层”调板底部的“添加图层蒙版“按钮，按住【D】键，前景和背景设置为默认色，然后利用“渐变工具”在蒙版中单击鼠标左键，从图像的右边拖至左边，将“不透明度”设置为25%，效果如图3-135所示。

图3-135

27 将“光线1”图层拖动至“图层”调板底部的“创建新图层”按钮上，将新图层命名为“光线2”。按快捷键【Ctrl+T】进行自由变换，按【Ctrl】键拖动节点将图像进行变换，将“不透明度”设置为25%，效果如图3-136所示。

图3-136

28 打开配套光盘“第3章\孩子的童话\字体.psd”文件，效果如图3-137所示。

图3-137

29 选择工具箱中的“移动工具”，将“字体”移至“孩子的童话.psd”文件中，将文字拖至图像的左边，在图层中得到“文字”图层，图像效果如图3-138所示。

图3-138

30 选择“文字”图层，单击“图层”调板底部的“添加图层样式”按钮，在弹出的下拉菜单中选择“外发光”命令，然后在弹出的“图层样式”对话框中设置各项参数，设置完毕后单击“确定”按钮，图像效果如图3-139所示。

图3-139

31 选择工具箱中的“横排文字工具”T，在图像中输入“我的快乐童年！”，在“字符”调板中选择“幼圆”字体，在文字工具的选项栏中选择“创建文字变形”工具，在弹出的“变形文字”对话框中设置各项参数，效果如图3-140所示。

图3-140

32 选择“我的快乐童年”图层，单击“图层”调板底部的“添加图层样式”按钮，在弹出的下拉菜单中选择“渐变叠加”命令，然后在弹出的“图层样式”对话框中设置各项参数，设置完毕后单击“确定”按钮，图像效果如图3-141所示。

图3-141

33 将“我的快乐童年”图层拖动至“图层”调板底部的“创建新建图层”按钮上，创建“我的快乐童年副本”图层，选择工具箱中的“移动工具”按钮，按快捷键【Ctrl+T】进行自由变换，将文字拖动至云彩的右上方，如图3-142所示。

图3−142

34 单击“图层”调板底部的“创建新图层”按钮，创建新图层并命名为“星星”，在画笔工具选项栏中选择“交叉排线1”，将前景色设置为白色，在图像上随意地绘制，适当地调整画笔的大小，图像效果如图3−143所示。

图3−143

35 调整文字及图像的大小，完成图像的最终效果如图3−144所示。

图3−144

36 可以运用“色相/饱和度”命令对图像进行色调上的改变，如图3−145所示。

图3−145

3.7 宁静的夏天

本实例运用了图层蒙版与画笔工具的结合使人物与背景的结合更加自然，更改图层混合模式以融合图像，运用动感模糊滤镜将文字与背景制作成动感的效果，颜色的搭配更能让人体验出夏天清凉的感觉。

原始图片

最终效果

制作步骤

01 执行菜单菜单“文件｜新建”命令(或按快捷键【Ctrl+N】)，在弹出的“新建”对话框中设置参数，单击“确定”按钮，如图3-146所示。

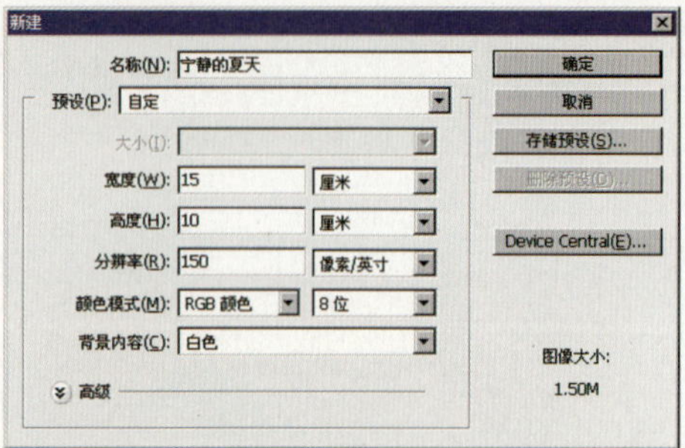

图3-146

02 打开配套光盘“第3章\宁静的夏天\底图.jpg”文件，图像效果如图3-147所示。

图3-147

03 执行菜单“滤镜｜模糊｜动感模糊”命令，在弹出的对话框中将“角度”设置为-60度，“距离”设置为38像素，图像效果如图3-148所示。

图3-148

04 打开配套光盘“第3章\孩子的童话\人物1.jpg”文件，效果如图3-149所示。

图3-149

05 选择工具箱中的“移动工具”，将“人物1”移至“宁静的夏天.psd”文件中，按快捷键【Ctrl+T】进行自由变换，将“人物”移至图像的下方，生成“人物”图层，图像效果如图3-150所示。

图3-150

06 选择“人物”图层，单击“图层”调板底部的“添加图层蒙版”按钮，选择工具箱中的“画笔工具”，将人物轮廓的多余部分擦掉，图像效果如图3-151所示。

图3-151

07 将“人物”图层拖动至“图层”调板底部的“创建新图层”按钮上，创建“人物副本”图层，将图层的混合模式设置为“滤色”，“不透明度”设置为32%，图像效果如图3-152所示。

图3-152

08 打开配套光盘“第3章\宁静的夏天\人物2.jpg”文件，效果如图3-153所示。

图3-153

09 选择工具箱中的“移动工具”，将“人物”移至“宁静的夏天.psd”文件中，按快捷键【Ctrl+T】进行自由变换，生成“人物1”图层，将人物适当的调整，图像效果如图3-154所示。

图3-154

10 选择“人物1”图层，单击“图层”调板底部的“添加图层样式”按钮fx.，在弹出的下拉菜单中 选择“投影”命令，然后在弹出的“图层样式”对话框中设置各项参数，设置完毕后单击“确定”按钮，效果如图3-155所示。

图3-155

11 选择“人物1”图层，单击“图层”调板底部的“添加图层样式”按钮fx.，在弹出的下拉菜单中 选择“描边”命令，然后在弹出的“图层样式”对话框中设置各项参数，设置完毕后单击“确定”按钮，效果如图3-156所示。

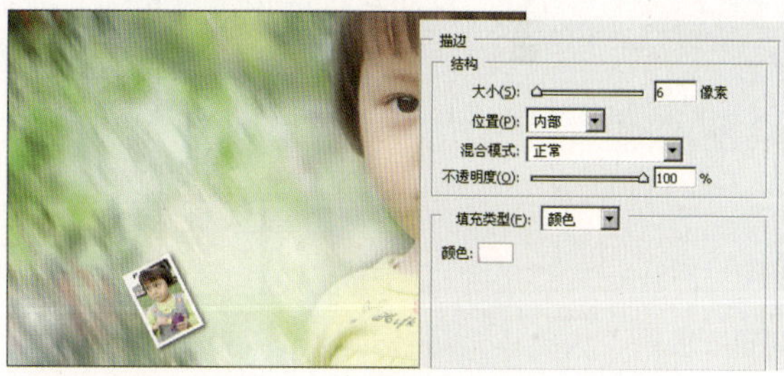

图3-156

12 打开配套光盘“第3章\宁静的夏天\人物4.jpg”文件，图像效果如图3-157所示。

图3-157

13 选择工具箱中的“移动工具”，将“人物”移至“宁静的夏天.psd”文件中，按快捷键【Ctrl+T】自由变换，生成“人物2”图层，将人物适当的调整，执行后的图像效果如图3-158所示。

图3-158

14 选择“人物2”图层，单击“图层”调板底部的“添加图层样式”按钮，在弹出的下拉菜单中选择“投影”命令，然后在弹出的“图层样式”对话框中设置各项参数，设置完毕后单击“确定”按钮，效果如图3-159所示。

图3-159

15 选择“人物2”图层，单击“图层”调板底部的“添加图层样式”按钮，在弹出的下拉菜单中选择“描边”命令，然后在弹出的“图层样式”对话框中设置各项参数，设置完毕后单击“确定”按钮，图像效果如图3-160所示。

图3-160

16 选择工具箱中的“直线工具”，将前景色设置为黑色，在图像中绘制一条直线，效果如图3-161所示。

图3-161

17 打开配套光盘“第3章\孩子的童话\人物3.jpg”文件，效果如图3-162所示。

图3-162

18 选择工具箱中的“移动工具”，将“人物”移至“宁静的夏天.psd”文件中，将该图层命名为“人物3”，图层一定要在最上层，调整照片到适合的大小和位置，如图3-163所示。

图3-163

19 选择“人物2”图层，单击鼠标右键，在弹出的快捷菜单中选择“拷贝图层样式”命令，然后选择“人物3”图层，单击鼠标右键，在弹出的快捷菜单中选择“粘贴图层样式”，得到图像效果如图3–164所示。

图3–164

20 将“人物3”图层，按快捷键【Ctrl+T】自由变换，按住【Ctrl】键，拖动图像中的节点，图像发生改变，得到的效果如图3–165所示。

图3–165

21 选择工具箱中的“横排文字工具”T，在图像中输入“The happiness’s time……”，在“字符”调板中选择“Angleterre Book”字体，将第一个字母“T”的字号设置比其他的要大一些，效果如图3–166所示。

图3–166

22 选择“文字”图层，按快捷键【Ctrl+T】自由变换，将文字整体进行旋转变换，得到的图像效果如图3–167所示。

图3–167

23 选择工具箱中的“横排文字工具”T，在图像中输入“宁静的夏天”，在字符调板中选择“汉仪中等线简”字体，按快捷键【Ctrl+T】自由变换，将文字整体进行旋转变换，效果如图3–168所示。

图3–168

24 将“宁静的夏天”图层拖动至“图层”调板底部的“创建新图层”按钮上，创建“宁静的夏天副本”图层，单击鼠标右键，在弹出的快捷菜单中选择“栅格化文字”命令，将文字进行栅格化。执行菜单“滤镜 | 模糊 | 动感模糊”命令，在弹出的“动感模糊”对话框中，设置参数，效果如图3–169所示。

图3–169

NOTEbook

读书笔记

第4章 美女人像写真照片处理

本章主要是把普通的数码美女照片中常见的一些问题进行解决，例如去除美女脸部皱纹、为美女照片上色、打造淡妆美女等，还通过对美女照片的艺术加工和处理，来制作一些美女的艺术写真照片。

4.1 为美女照片上色

如果读者有一些显得色彩单调的黑白照片，可以试着在Photoshop中将它们变成色彩丰富的照片，颜色会为图像注入活力。本例中运用了调色命令、图层混合模式，图层蒙版等技术。

原始图片

最终效果

制作步骤

01 执行菜单“文件 | 打开”命令，在弹出的“打开”对话框中选择配套光盘“第4章\为美女照片上色\素材1”文件，图像效果和“图层”调板如图4-1所示。

图4-1

02 切换到“通道”调板，单击“红”通道，将其拖动到调板底部的“创建新通道”按钮上，以复制通道，生成“红副本”通道，如图4-2所示。

图4-2

03 选择“图像 | 调整 | 色阶”命令（或按快捷键【Ctrl+L】），调出“色阶”对话框，设置完后，即可得到如图4-3所示的效果。

图4-3

04 设置前景色为黑色，使用“画笔工具”，在“红副本”通道中人物的头部和身体上进行涂抹，按快捷键【Ctrl+I】，执行“反相”操作，将通道中黑白图像的颜色进行颠倒，如图4-4所示。

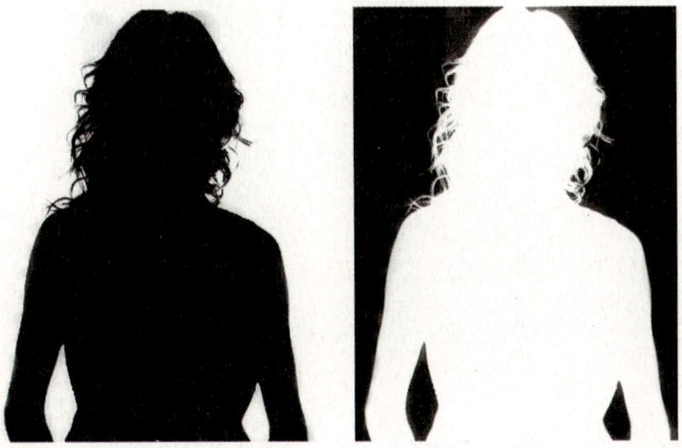

图4-4

05 按住【Ctrl】键不放，单击“红副本”通道，载入其选区，切换到“图层”调板，此时的选区效果如图4-5所示。

图4-5

06 单击“图层”调板底部的“创建新的填充或调整图层”按钮，在弹出的下拉菜单中选择“曲线”命令，设置弹出的对话框如图4-6所示。

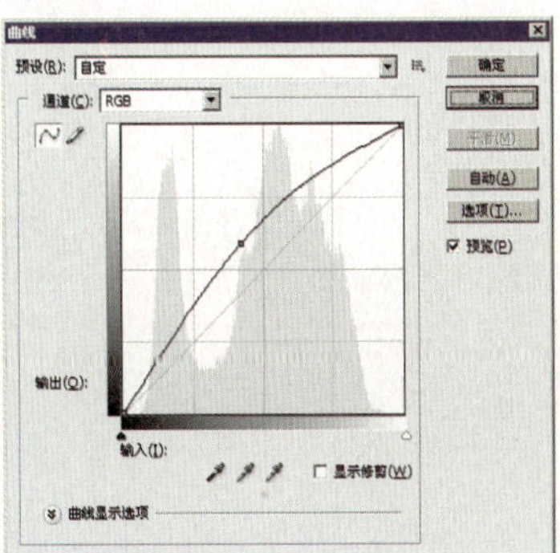

图4-6

07 设置完“曲线”命令的参数后，单击“确定”按钮，生成“曲线1”图层，此时的效果如图4-7所示。

图4-7

08 打开配套光盘“第章\为美女照片上色\素材2”文件，此时的图像效果和“图层”调板如图4-8所示。

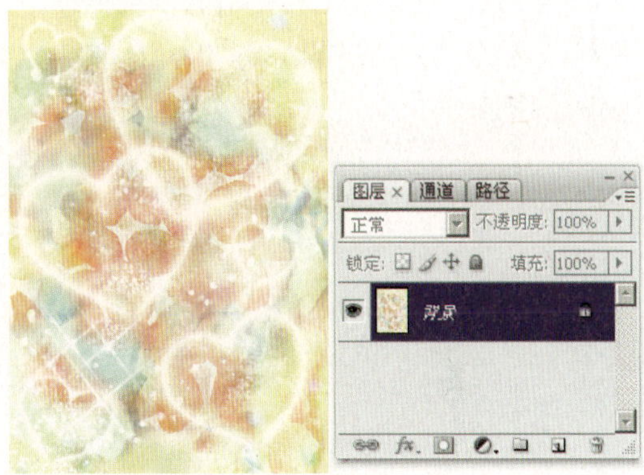

图4-8

09 使用“移动工具”将图像拖拽到“步骤1”新建的文件中生成“图层1”图层，按快捷键【Ctrl+T】，调出自由变换控制框，变换图像到如图4-9所示的状态，按【Enter】键确认操作。

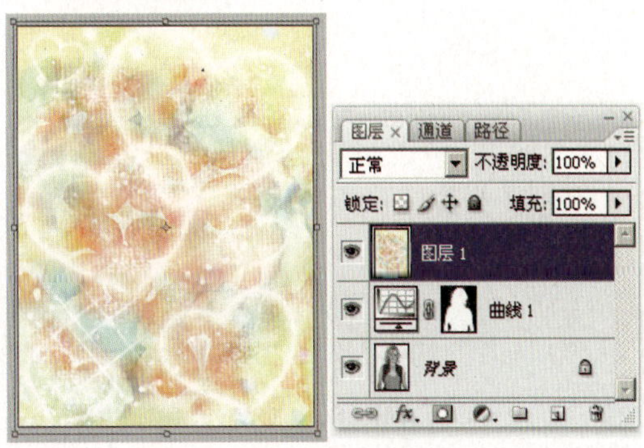

图4-9

⑩ 按住【Ctrl】键不放，单击“曲线1”图层蒙版缩览图，载入其选区，按住【Alt】键不放，单击“图层”调板底部的“添加图层蒙版”按钮，为“图层1”图层添加图层蒙版，此时选区部分的图像就被隐藏起来了，如图4-10所示。

图4-10

⑪ 单击“图层”调板底部的“创建新的填充或调整图层”按钮，在弹出的下拉菜单中选择“曲线”命令，设置弹出的对话框如图4-11所示。

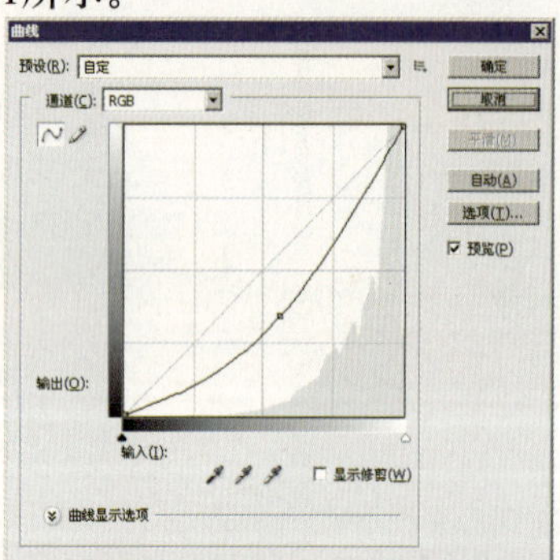

图4-11

⑫ 设置完“曲线”命令的参数后，单击“确定”按钮，生成“曲线2”图层，按快捷键【Ctrl+Alt+G】，执行“创建剪贴蒙版”操作，此时的效果如图4-12所示。

图4-12

⑬ 单击“图层”调板底部的“创建新的填充或调整图层”按钮，在弹出的下拉菜单中选择“图案”命令，设置弹出的对话框如图4-13所示。

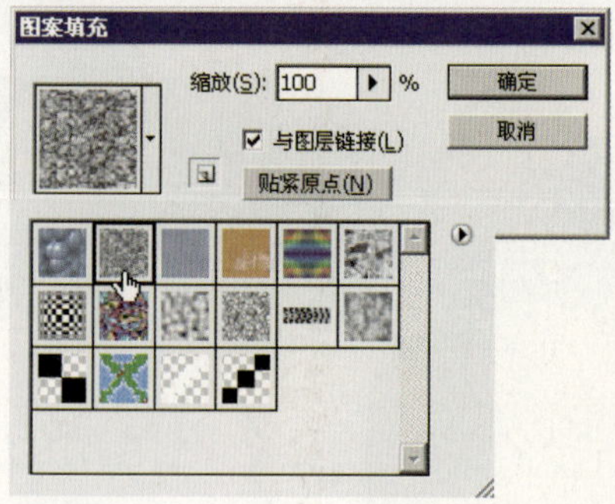

图4-13

⑭ 设置完“图案”命令的参数后，单击“确定”按钮，生成“图案填充1”图层，按快捷键【Ctrl+Alt+G】，执行“创建剪贴蒙版”操作，此时的效果如图4-14所示。

图4-14

⑮ 设置图层混合模式。设置“图案填充1”图层混合模式为“叠加”，“不透明度”为50%，得到如图4-15所示的效果。

图4-15

16 单击“图层”调板底部的“创建新的填充或调整图层”按钮，在弹出的下拉菜单中选择“渐变”命令，设置弹出的对话框选项参数。在对话框中的编辑渐变颜色选择框中单击，可以弹出“渐变编辑器”对话框，在对话框中可以编辑渐变的颜色。如图4-16所示。

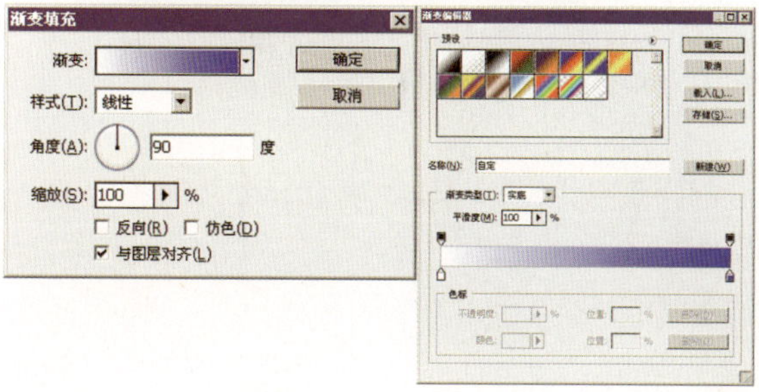

图4-16

17 设置完对话框后，单击“确定”按钮，生成“渐变填充1”图层，按快捷键【Ctrl+Alt+G】，执行“创建剪贴蒙版”操作，此时的效果如图4-17所示。

图4-17

18 设置图层混合模式。设置“渐变填充1”图层混合模式为“柔光”，“不透明度”为80%，得到如图4-18所示的效果。

图4-18

19 单击“图层”调板底部的“创建新的填充或调整图层”按钮，在弹出的菜单中选择“渐变”命令，设置弹出的对话框选项参数。在对话框中的编辑渐变颜色选择框中单击，可以弹出“渐变编辑器”对话框，在对话框中可以编辑渐变的颜色。如图4-19所示。

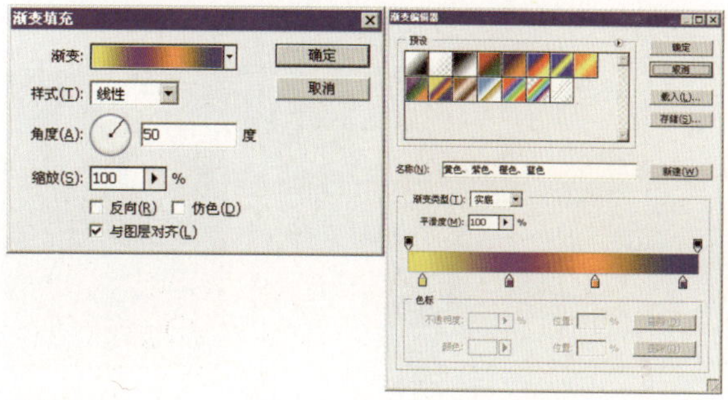

图4-19

20 设置完对话框后，单击“确定”按钮，生成“渐变填充2”图层，按快捷键【Ctrl+Alt+G】，执行“创建剪贴蒙版”操作，此时的效果如图4-20所示。

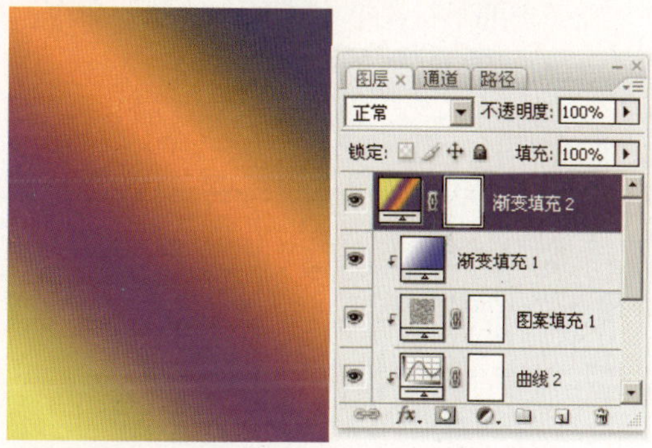

图4-20

21 设置图层混合模式。设置“渐变填充2”图层混合模式为“柔光”，得到如图4-21所示的效果。

图4-21

22 在“图层”调板底部单击“添加图层蒙版”按钮，为“图层3”图层添加蒙版，设置前景色为黑色，使用“画笔工具”设置适当的画笔大小和透明度后，在图层蒙版中涂抹，涂抹后的效果如图4-22所示。

图4-22

23 选择“渐变填充2”图层为当前图层，按住【Ctrl】键不放，单击“曲线1”图层蒙版缩览图，载入其选区，单击“图层”调板底部的“创建新的填充或调整图层”按钮，在弹出的下拉菜单中选择“纯色”命令，设置弹出的对话框如图4-23所示。

图4-23

24 设置完填充的颜色值后，单击“确定”按钮，生成“颜色填充1”图层，此时的效果如图4-24所示。

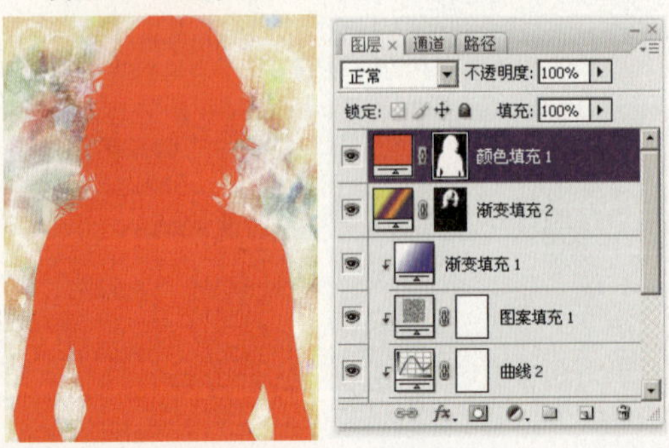

图4-24

25 设置图层混合模式。设置“颜色填充1”图层混合模式为“柔光”，“不透明度”为“20%”，得到如图4-25所示的效果。

图4-25

26 单击“颜色填充1”图层蒙版缩览图，设置前景色为黑色，使用“画笔工具”设置适当的画笔大小和透明度后，在图层蒙版中涂抹，涂抹后的效果如图4-26所示。

图4-26

27 选择“颜色填充1”图层为当前图层，按住【Ctrl】键不放，单击“颜色填充1”图层蒙版缩览图，载入其选区，单击“图层”调板底部的“创建新的填充或调整图层”按钮，在弹出的下拉菜单中选择“纯色”命令，设置弹出的对话框如图4-27所示。

图4-27

28 设置完填充的颜色值后，单击“确定”按钮，生成“颜色填充2”图层，此时的效果如图4-28所示。

图4-28

29 设置图层混合模式。设置“颜色填充2”图层混合模式为“柔光”，得到如图4-29所示的效果。

图4-29

30 单击“图层”调板底部的“创建新的填充或调整图层”按钮，在弹出的下拉菜单中选择“色相/饱和度”命令，设置弹出的对话框如图4-30所示。

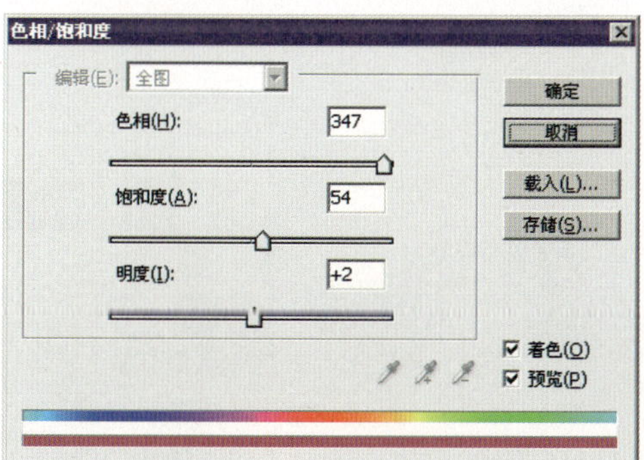

图4-30

31 设置完“色相/饱和度”命令的参数后，单击“确定”按钮，生成“色相/饱和度1”图层，此时的效果如图4-31所示。

图4-31

32 单击“色相/饱和度1”图层蒙版缩览图，设置前景色为黑色，使用“画笔工具”设置适当的画笔大小和透明度后，在图层蒙版中涂抹，涂抹的状态和“图层”调板如图4-32所示。

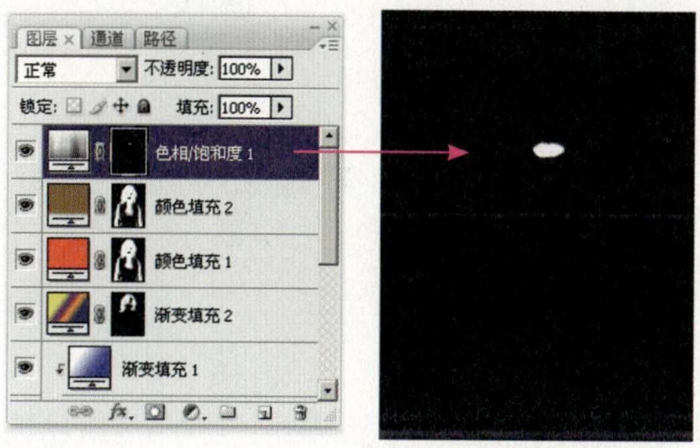

图4-32

33 涂抹“色相/饱和度1”图层蒙版后，使调整图层“色相/饱和度1”只对人物的嘴唇起作用，设置其图层“不透明度”为20%，得到如图4-33所示的效果。

图4-33

34 单击“图层”调板底部的“创建新的填充或调整图层”按钮，在弹出的下拉菜单中选择“纯色”命令，设置填充的颜色为紫色，单击“确定”按钮，生成“颜色填充3”图层，此时的效果如图4-34所示。

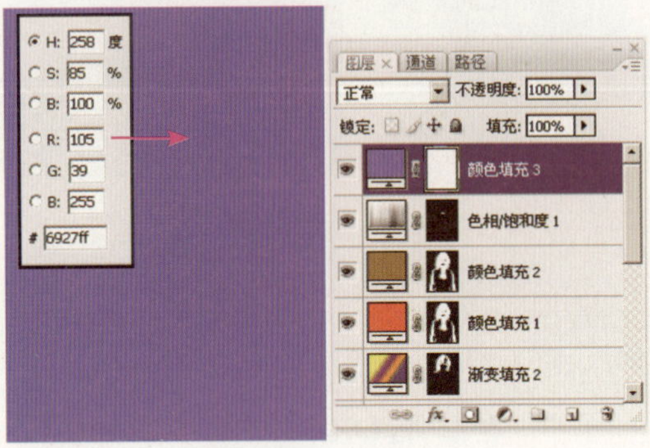

图4-34

35 设置图层混合模式。设置“颜色填充3”图层混合模式为“颜色”，“不透明度”为50%，得到如图4-35所示的效果。

图4-35

36 单击“颜色填充3”图层蒙版缩览图，设置前景色为黑色，使用“画笔工具”设置适当的画笔大小和透明度后，在图层蒙版中涂抹，涂抹后的效果如图4-36所示。

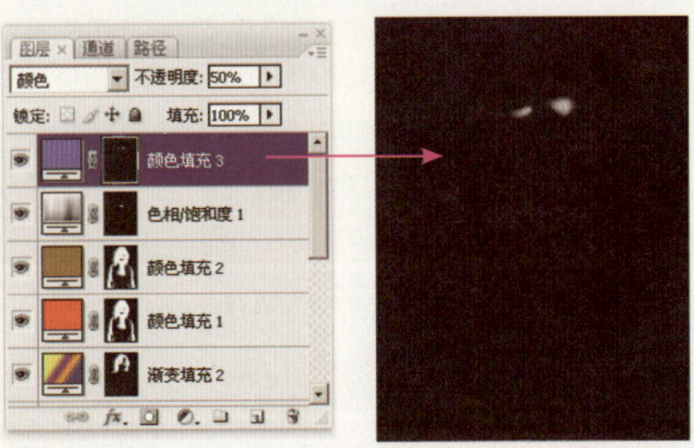

图4-36

37 涂抹“颜色填充3”图层蒙版后，使调整图层“颜色填充 3”只和人物的眼睛部分图像进行混合，得到如图4-37所示的效果。

图4-37

38 单击“图层”调板底部的“创建新的填充或调整图层”按钮，在弹出的下拉菜单中选择“色彩平衡”命令，设置弹出的对话框如图4-38所示。

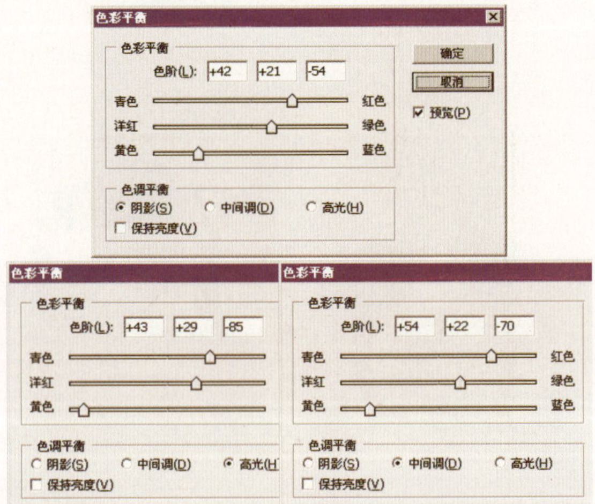

图4-38

39 设置完“色彩平衡”命令的参数后，单击“确定”按钮，生成“色彩平衡1”图层，此时的效果如图4-39所示。

图4-39

40 单击“色彩平衡1”图层蒙版缩览图，设置前景色为黑色，使用“画笔工具”设置适当的画笔大小和透明度后，在图层蒙版中涂抹，涂抹图层蒙版后的效果如图4-40所示。

图4-40

41 单击“创建新的填充或调整图层”按钮，在弹出的菜单中选择“曲线”命令，设置弹出的对话框如图4-41所示。

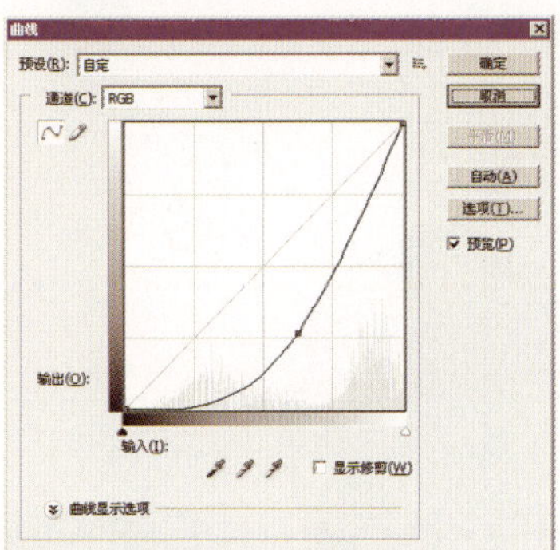

图4-41

42 设置完“曲线”命令的参数后，单击“确定”按钮，得到图层“曲线 3”，按快捷键Ctrl+Alt+G，执行菜单“创建剪贴蒙版”操作，此时的效果如图4-42所示。

图4-42

43 单击“图层”调板底部的“创建新的填充或调整图层”按钮，在弹出的下拉菜单中选择“色相/饱和度”命令，设置弹出的对话框如图4-43所示。

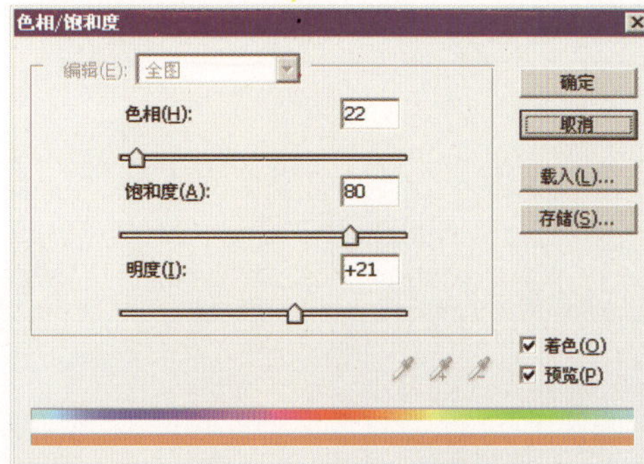

图4-43

44 设置完“色相/饱和度”命令的参数后，单击“确定”按钮，生成“色相/饱和度2”图层，此时的效果如图4-44所示。

图4-44

45 单击“色相/饱和度2”图层蒙版缩览图，设置前景色为黑色，使用“画笔工具”设置适当的画笔大小和透明度后，在图层蒙版中涂抹，涂抹后的效果如图4-45所示。

图4-45

4.2 去除美女脸部皱纹

使用修补工具和修复画笔工具可以从图像中取样，并允许在任意区域上仿制，此类工具可以去除照片上人物脸部的瑕疵。下面就使用修补工具和修复画笔工具去除人物脸部的皱纹。

原始图片

最终效果

制作步骤

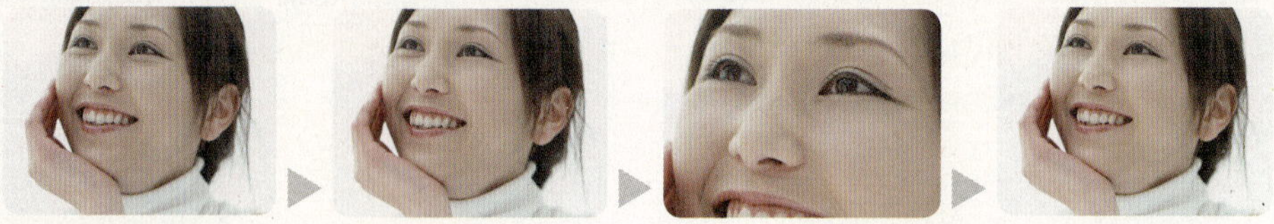

01 执行菜单“文件 | 打开”命令，在弹出的“打开”对话框中选择配套光盘“第4章\去除美女脸部皱纹\素材1”文件，此时的图像效果和“图层”调板如图4-46所示。

图4-46

02 使用“套索工具”在人物的右眼的眼袋部分绘制类似如图4-47所示的不规则选区。

图4-47

03 选择“修补工具”，将鼠标移动到选区内，按住鼠标左键向下拖动到如图4-48所示的位置。

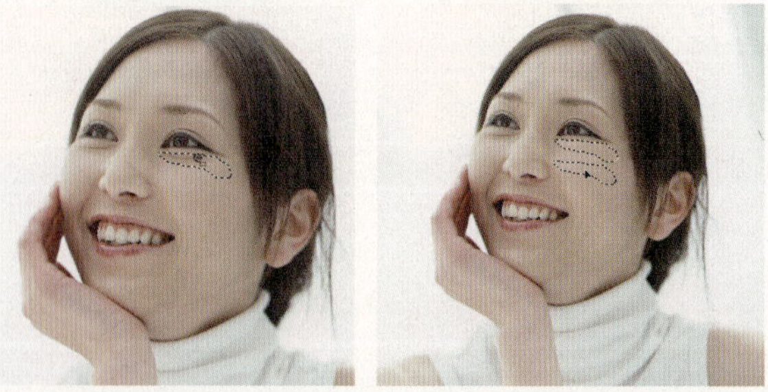

图4-48

04 释放鼠标右键，用该位置的图像替换人物的右眼眼袋，即可得到如图4-49所示的效果。

图4-49

05 使用“套索工具”在人物的左眼的眼袋部分绘制类似如图4-50所示的不规则选区。

图4-50

06 选择“修补工具”，将鼠标移动到选区内，按住鼠标左键向下拖动到如图4-51所示的位置。

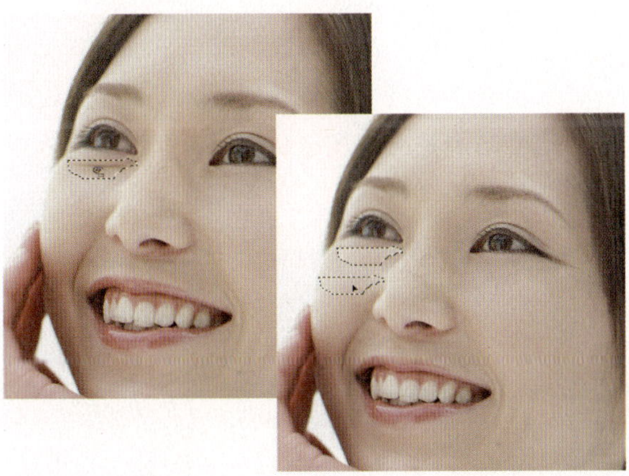

图4-51

07 释放鼠标右键，用该位置的图像替换人物的左眼眼袋，即可得到如图4-52所示的效果。

图4-52

08 选择“修复画笔工具”，设置其工具选项栏后，按住【Alt】键不放，在人物的鼻子上没有皱纹的地方单击一个取样点，然后在人物鼻子上有皱纹的地方涂抹，消除鼻子上有皱纹，如图4-53所示。

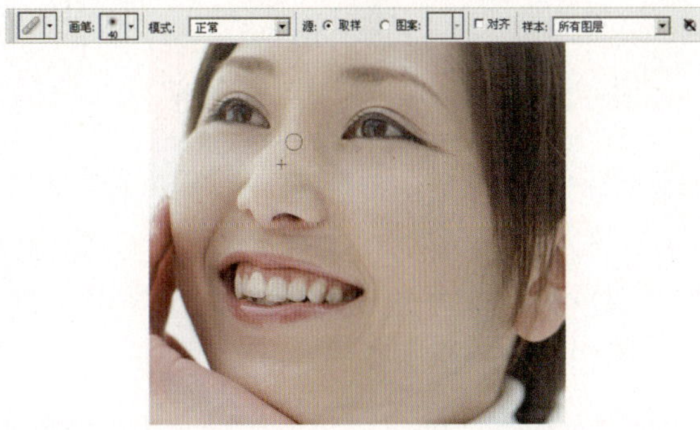

图4-53

09 继续使用“修复画笔工具”，将人物脸部其他部位的皱纹去除，如图4-54 所示。

图4-54

4.3 打造淡妆美女

人人都希望照片中的自己看起来很美丽，留下美好的回忆。下面就利用Photoshop美女化妆展现完美的脸庞。本例涉及的知识比较多，包括调色命令、画笔工具、图层混合模式等技术。

原始图片

最终效果

制作步骤

01 执行菜单“文件 | 打开”命令，在弹出的“打开”对话框中选择配套光盘“第4章\打造淡妆美女\素材1”文件，此时的图像效果和图层调板如图4-55所示。

图4—55

02 在“图层”调板中拖动“背景”图层到“创建新图层”按钮上，释放鼠标生成“背景副本”图层，将其混合模式改为“滤色”，得到如图4-56所示的效果。

图4—56

03 单击“图层”调板底部的“添加图层蒙版”按钮，为“背景副本”图层添加蒙版，设置前景色为黑色，使用“画笔工具”设置适当的画笔大小和透明度后，在图层蒙版中涂抹，得到如图4-57所示的效果。

图4—57

04 单击“图层”调板底部的“创建新的填充或调整图层”按钮，在弹出的下拉菜单中选择“色彩平衡”命令，设置弹出的对话框如图4-58所示。

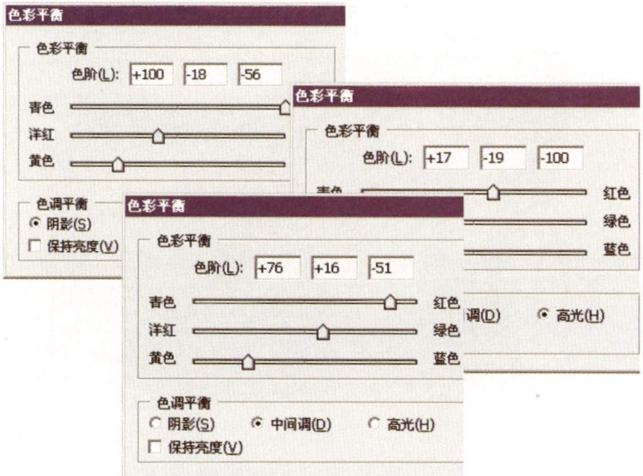

图4-58

05 设置完“色彩平衡”命令的参数后，单击“确定”按钮，生成“色彩平衡1”图层，此时的效果如图4-59所示。

图4-59

06 单击“色彩平衡1”图层蒙版缩览图，设置前景色为黑色，使用“画笔工具”设置适当的画笔大小和透明度后，在图层蒙版中涂抹，得到如图4-60所示的效果。

图4-60

07 单击“图层”调板底部的“创建新的填充或调整图层”按钮，在弹出的下拉菜单中选择“色相/饱和度”命令，设置弹出的对话框如图4-61所示。

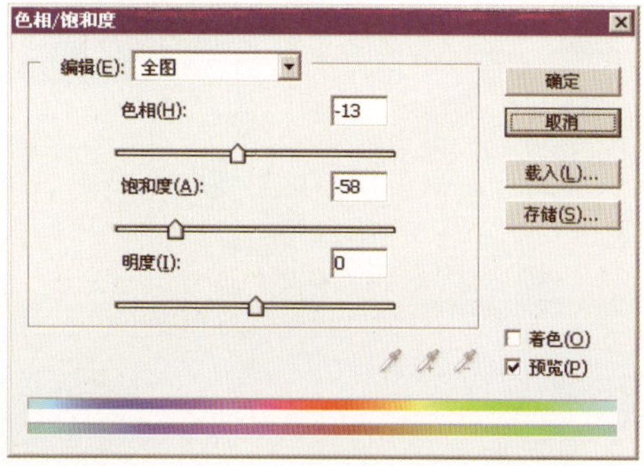

图4-61

08 设置完“色相/饱和度”命令的参数后，单击“确定”按钮，生成“色相/饱和度1”图层，按快捷键【Ctrl+Alt+G】，执行“创建剪贴蒙版”操作，此时的效果如图4-62所示。

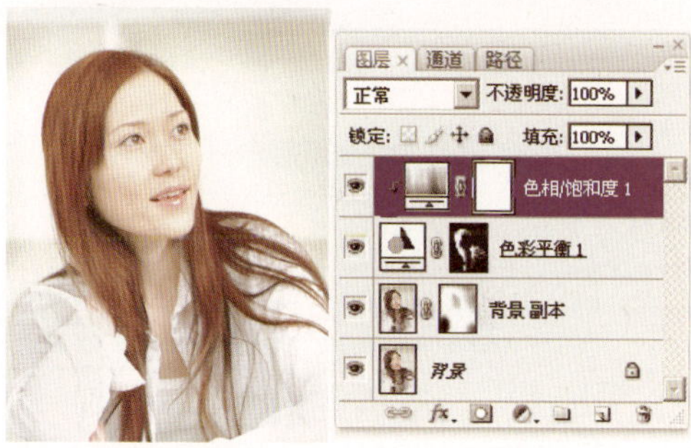

图4-62

09 设置前景色为白色，新建一个图层，生成“图层1”图层。选择“画笔工具”设置适当的画笔大小和透明度后，在“图层1”图层的人物头发高光处进行涂抹，得到如图4-63所示的效果。

图4-63

10 设置“图层1”图层混合模式为“叠加”，得到如图4-64所示的效果。

图4-64

11 单击“图层”调板底部的“创建新的填充或调整图层”按钮，在弹出的下拉菜单中选择“色彩平衡”命令，设置弹出的对话框如图4-65所示。

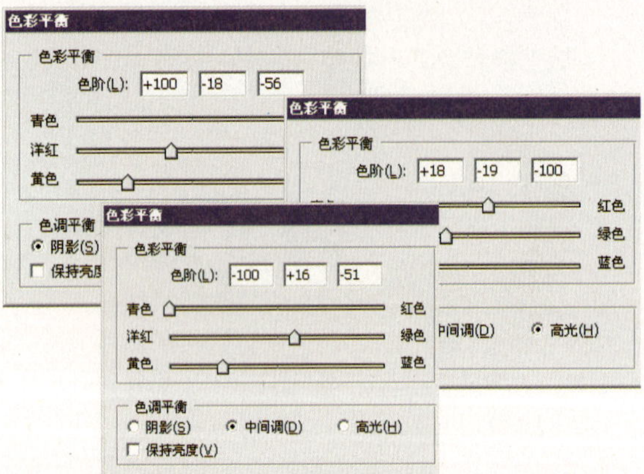

图4-65

12 设置完“色彩平衡”命令的参数后，单击“确定”按钮，生成“色彩平衡2”图层，此时的效果如图4-66所示。

图4-66

13 按住【Alt】键不放，在“图层”调板上拖动“色彩平衡1”图层蒙版缩览图到“色彩平衡2”图层名称上释放鼠标，以复制图层蒙版，得到如图6-67所示的效果。

图4-67

14 设置前景色为黑色，新建一个图层，生成“图层2”图层。选择“画笔工具”设置适当的画笔大小和透明度后，在“图层2”图层人物的眉毛处进行涂抹，得到如图4-68所示的效果。

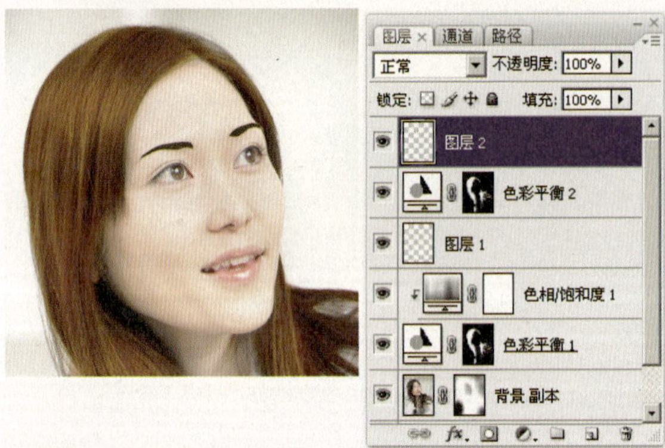

图4-68

15 选择菜单“滤镜｜模糊｜高斯模糊”命令，设置弹出对话框中的参数后，单击“确定”按钮。得到如图4-69所示的效果。

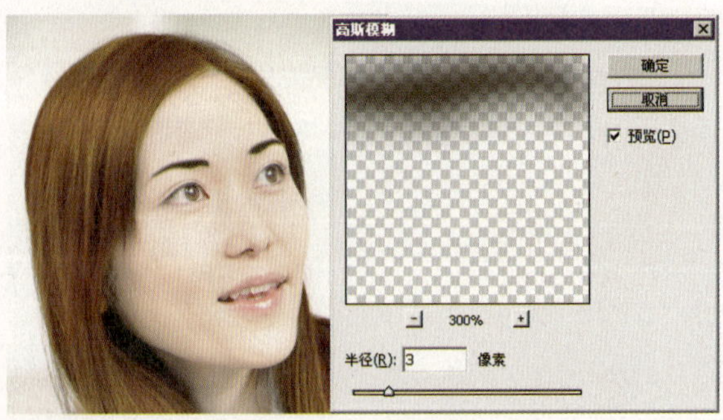

图4-69

16 设置图层属性。设置“图层2”图层混合模式为“正片叠底”，“不透明度”为12%，得到如图4-70所示的效果。

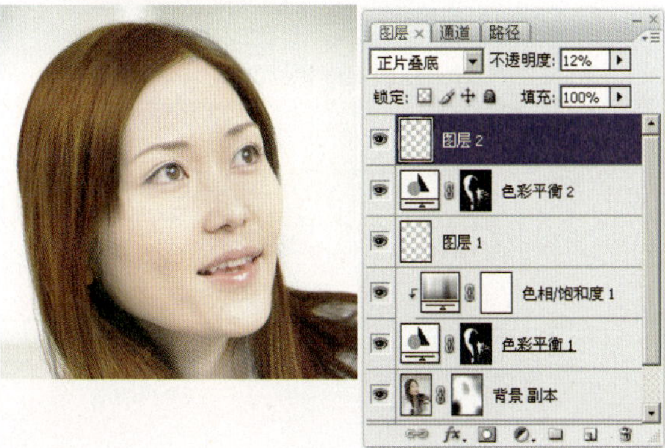

图4-70

17 按快捷键【Ctrl+Shift+Alt+E】，执行“盖印”操作，生成“图层3”图层，选择“加深工具”，设置其工具选项栏后，在人物的眼睫毛处进行涂抹，以加深人物的睫毛，如图4-71所示。

图4-71

18 选择“修复画笔工具”，设置其工具选项栏后，按住【Alt】键不放，在人物的脸部皮肤上单击一个取样点，然后在人物眼袋上涂抹，去除人物的眼袋，如图4-72所示。

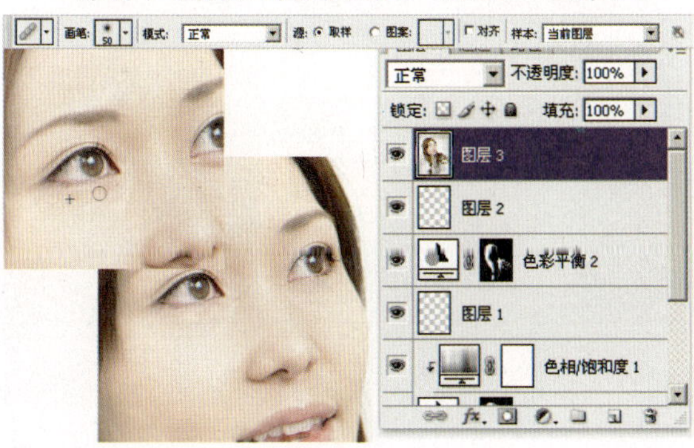

图4-72

19 设置前景色为黑色，新建一个图层，生成“图层4”图层。选择“画笔工具”，设置适当的画笔大小和透明度后，在“图层4”图层的人物下眼角处进行涂抹，得到如图4-73所示的效果。

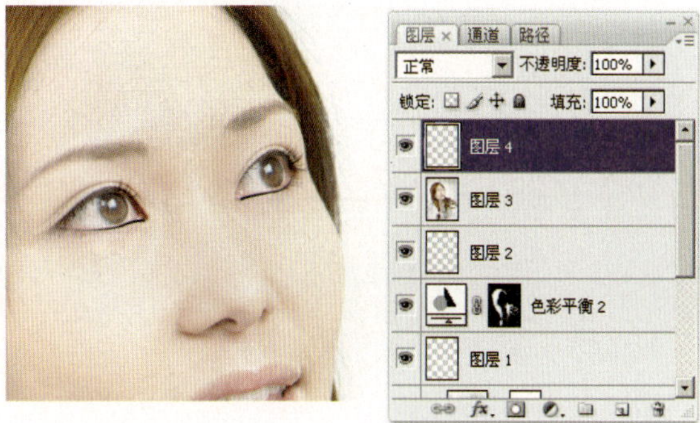

图4-73

20 选择菜单“滤镜 | 模糊 | 高斯模糊”命令，设置弹出对话框中的参数后，单击“确定”按钮。得到如图4-74所示的效果。

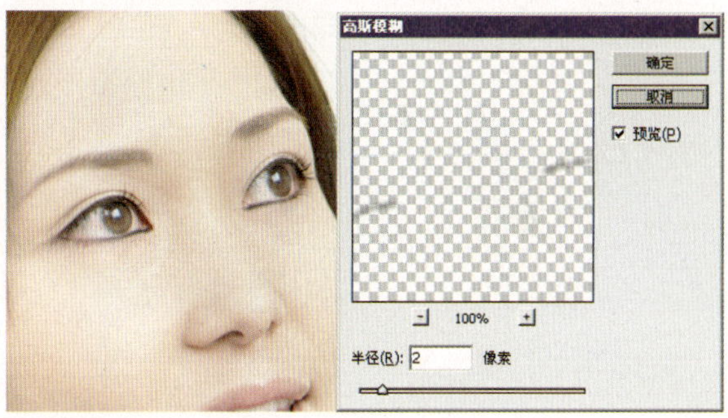

图4-74

21 设置“图层4”图层混合模式为“正片叠底”，“不透明度”为30%，得到如图4-75所示的效果。

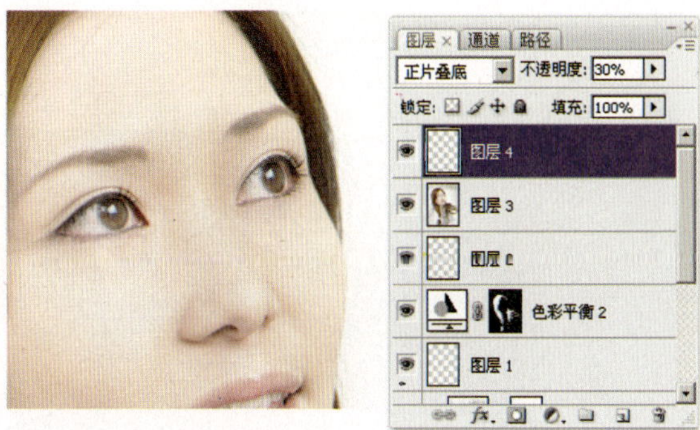

图4-75

(22) 设置前景色为（R：225、G：195、B：182），新建一个图层，生成“图层5”图层，按快捷键【Alt+Delete】，用前景色填充“图层5”图层，得到如图4-76所示的效果。

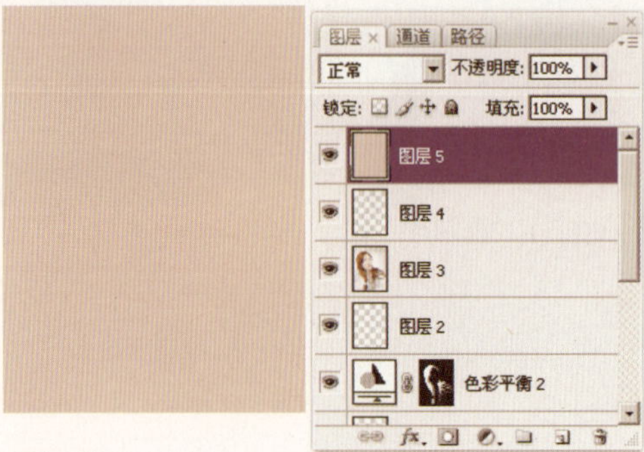

图4-76

(23) 设置“图层5”图层混合模式为“颜色加深”，“不透明度”为25%，得到如图4-77所示的效果。

图4-77

(24) 单击“图层”调板底部的“添加图层蒙版”按钮，为“图层5”图层添加蒙版，设置前景色为黑色，使用“画笔工具”设置适当的画笔大小和透明度后，在图层蒙版中涂抹，得到如图4-78所示的效果。

图4-78

(25) 单击“图层”调板底部的“创建新的填充或调整图层”按钮，在弹出的下拉菜单中选择“色相/饱和度”命令，设置弹出的对话框如图4-79所示。

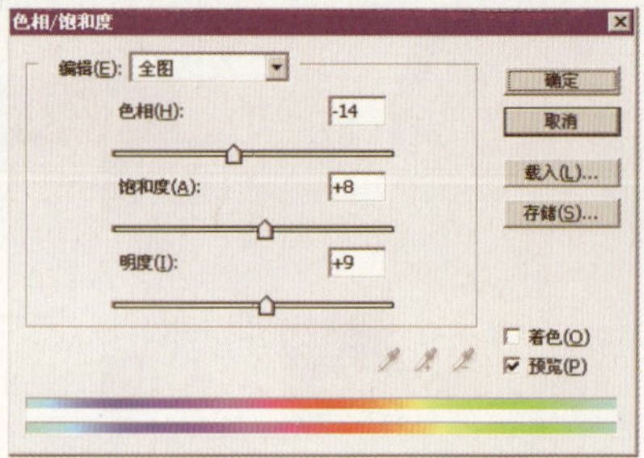

图4-79

(26) 设置完“色相/饱和度”命令的参数后，单击“确定”按钮，生成“色相/饱和度2”图层，按快捷键【Ctrl+Alt+G】，执行“创建剪贴蒙版”操作，此时的效果如图4-80所示。

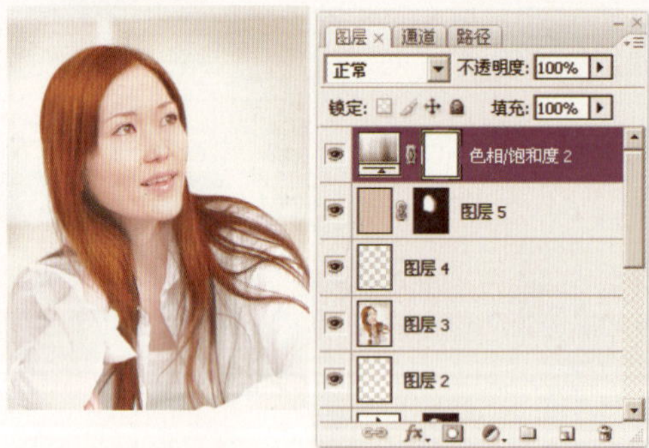

图4-80

(27) 单击“色相/饱和度2”图层蒙版缩览图，设置前景色为黑色，使用“画笔工具”设置适当的画笔大小和透明度后，在图层蒙版中涂抹，得到如图4-81所示的效果。

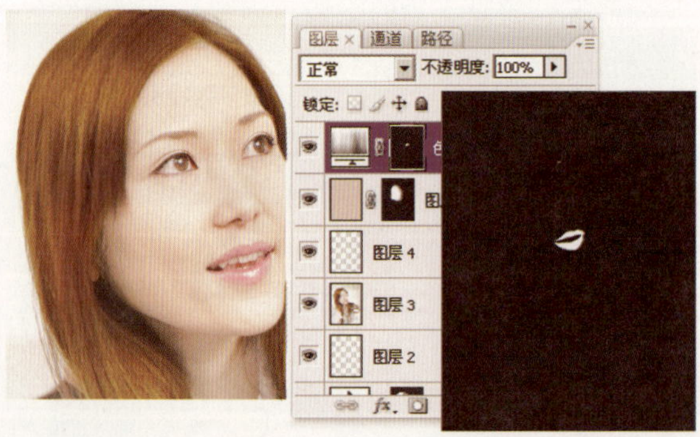

图4-81

(28) 设置前景色为（R：113、G：52、B：117），新建一个图层，生成“图层6”图层。选择“画笔工具”，设置适当的画笔大小和透明度后，在“图层6”图层的人物眼睛上方进行涂抹，得到如图4-82所示的效果。

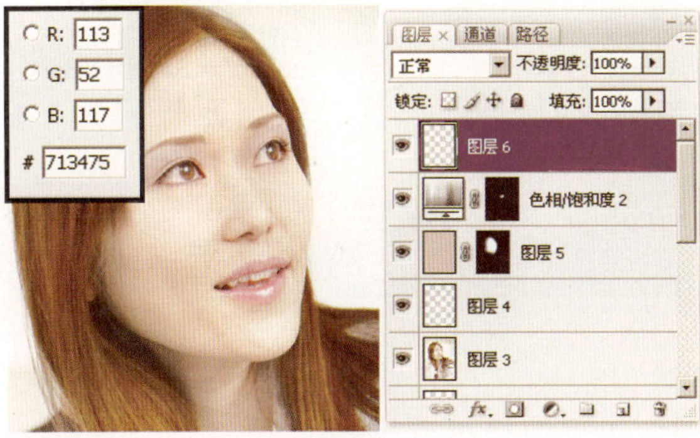

图4-82

(29) 设置“图层6”图层混合模式为“强光”，得到如图4-83所示的效果。

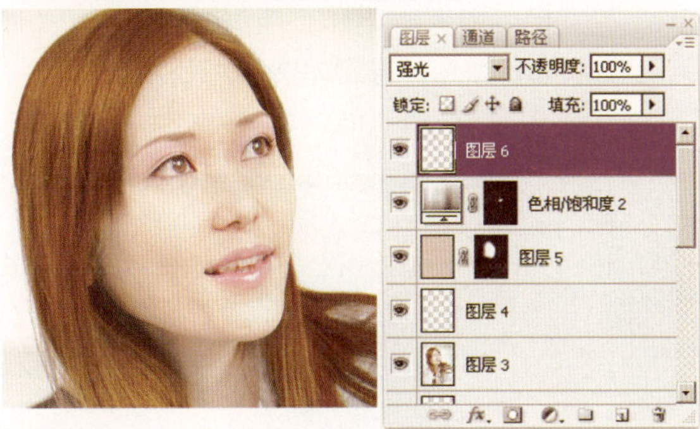

图4-83

(30) 设置前景色为（R：82、G：87、B：254），新建一个图层，生成“图层7”图层。选择“画笔工具”，设置适当的画笔大小和透明度后，在“图层7”图层的人物眼睛上方进行涂抹，得到如图4-84所示的效果。

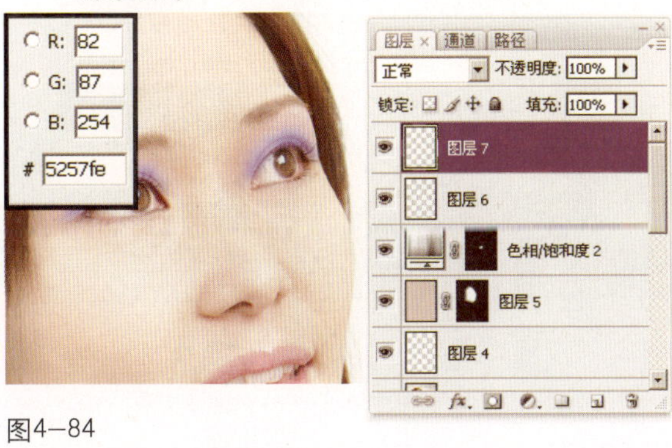

图4-84

(31) 设置“图层7”图层混合模式为“颜色”，“不透明度”为70%，得到如图4-85所示的效果。

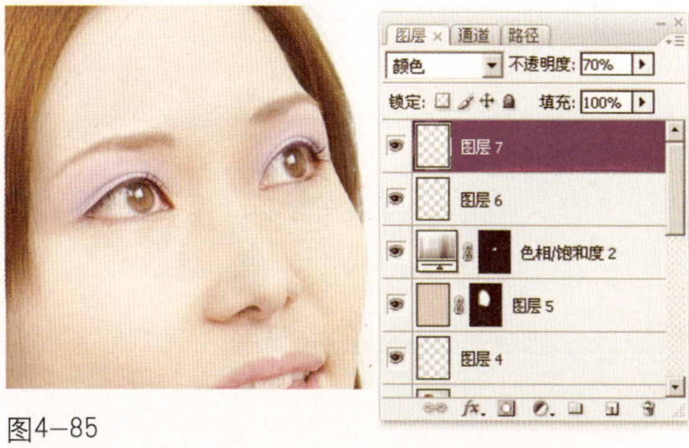

图4-85

(32) 设置前景色为（R：162、G：162、B：162），新建一个图层，生成“图层8”图层。按快捷键【Alt+Delete】，用前景色填充“图层8”图层，得到如图4-86所示的效果。

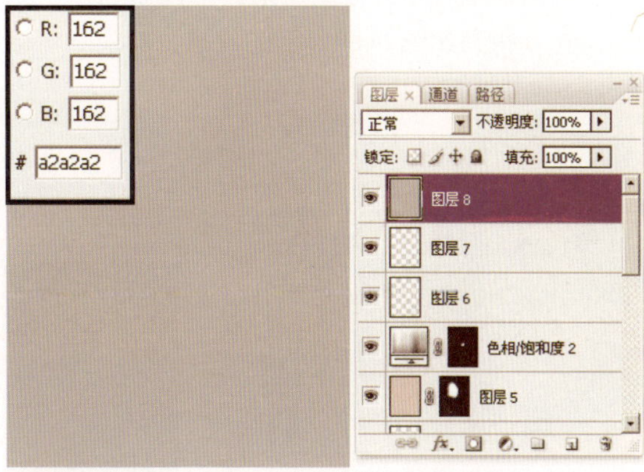

图4-86

(33) 选择菜单“滤镜｜杂色｜添加杂色”命令，设置弹出对话框中的参数后，单击“确定”按钮。得到如图4-87所示的效果。

图4-87

34 设置“图层8”图层混合模式为“颜色减淡”，得到如图4-88所示的效果。

图4-88

35 单击“图层”调板底部的“添加图层蒙版”按钮，为“图层8”图层添加蒙版，设置前景色为黑色，使用“画笔工具”设置适当的画笔大小和透明度后，在图层蒙版中涂抹，得到如图4-89所示的效果。

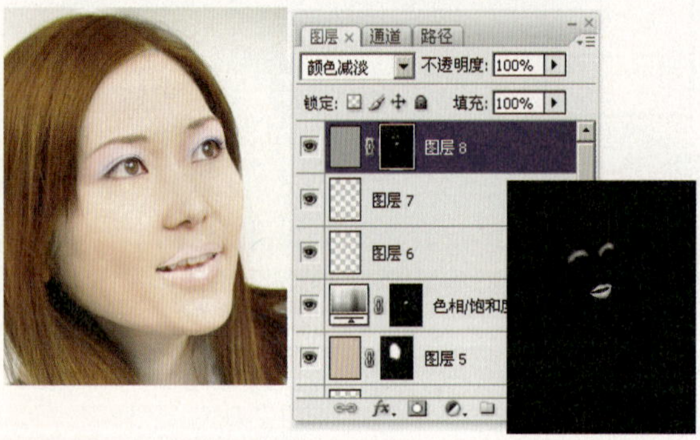

图4-89

36 单击“图层”调板底部的“创建新的填充或调整图层”按钮，在弹出的下拉菜单中选择“色阶”命令，设置弹出的对话框如图4-90所示。

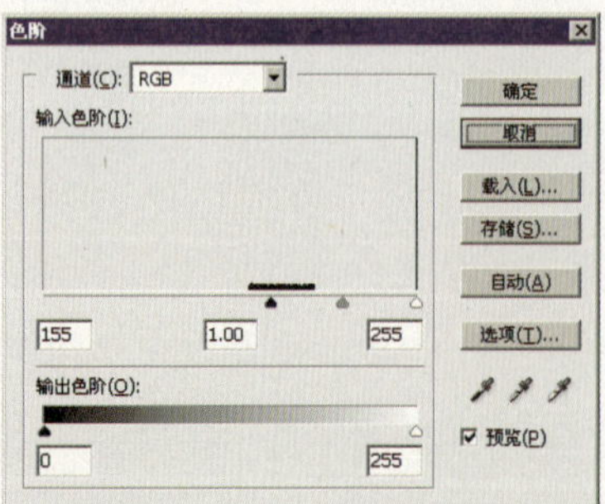

图4-90

37 设置完“色阶”命令的参数后，单击“确定”按钮，生成“色阶1”图层，按快捷键【Ctrl+Alt+G】，执行“创建剪贴蒙版”操作，此时的效果如图4-91所示。

图4-91

38 设置前景色为（R：248、G：81、B：138），新建一个图层，生成“图层9”图层。选择“画笔工具”，设置适当的画笔大小和透明度后，在“图层9”图层的人物脸部进行涂抹，得到如图4-92所示的效果。

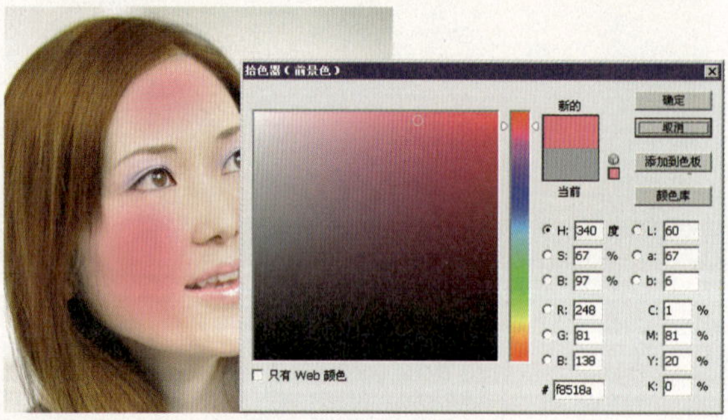

图4-92

39 设置“图层9”图层混合模式为“柔光”，“不透明度”为60%，得到如图4-93所示的效果。

图4-93

4.4 双色调美女艺术写真照片

本实例将一组普通的个人照片制作成双色调美女艺术写真照片，其中运用了Photoshop的通道混合器、曲线、图层混合模式制作照片的双调效果，还运用了图层剪贴蒙版、形状图层等技术。

原始图片

最终效果

制作步骤

01 执行菜单“文件|新建”命令（或按快捷键【Ctrl+N】），设置弹出的“新建”对话框如图4–94所示，单击“确定”按钮，即可创建一个新的空白文件。

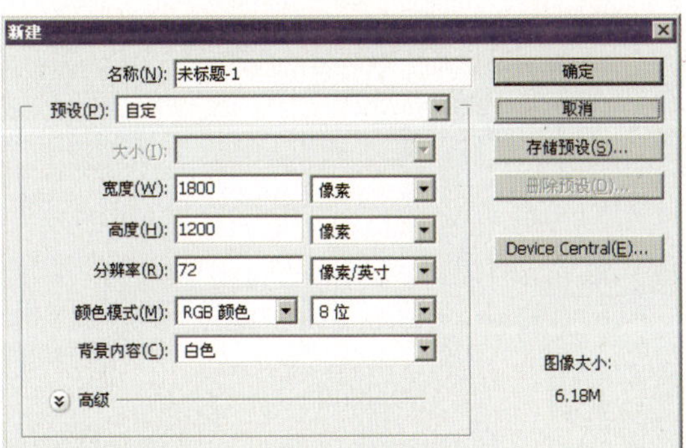

图4–94

02 设置前景色为黄色，选择“矩形工具”，在工具选项栏中单击“形状图层”按钮，在图像窗口的右侧绘制长条矩形，生成“形状1”图层，如图4–95所示。

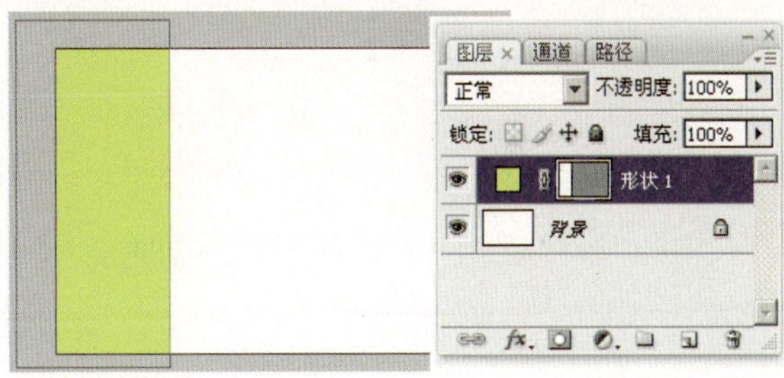

图4–95

03 继续设置不同的前景色，使用“矩形工具”，在图像窗口中绘制宽度相等的长条矩形，依次生成“形状2”、“形状3”、“形状4”图层，如图4–96所示。

图4–96

04 选择“形状1”图层为当前图层，打开配套光盘“第4章\双色调美女艺术写真照片\素材1”文件，此时的图像效果和“图层”调板如图4-97所示。

图4-97

05 使用“移动工具”将图像拖动到“步骤1”新建的文件中，生成“图层1”图层。按快捷键【Ctrl+Alt+G】，执行“创建剪贴蒙版”操作，按快捷键【Ctrl+T】，调出自由变换控制框，变换图像到如图4-98所示的状态。按【Enter】键确认操作。

图4-98

06 单击“图层”调板底部的“创建新的填充或调整图层”按钮，在弹出的下拉菜单中选择“通道混合器”命令，设置弹出的对话框如图4-99所示。

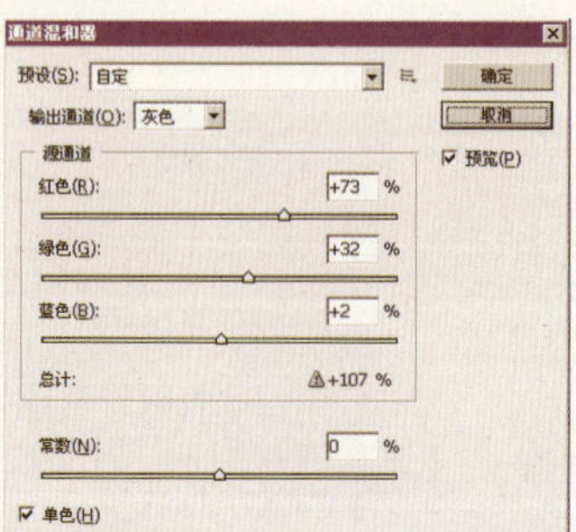

图4-99

07 设置完“通道混合器”命令的参数后，单击“确定”按钮，生成“通道混合器1”图层，按快捷键【Ctrl+Alt+G】，执行“创建剪贴蒙版”操作，此时的效果如图4-100所示。

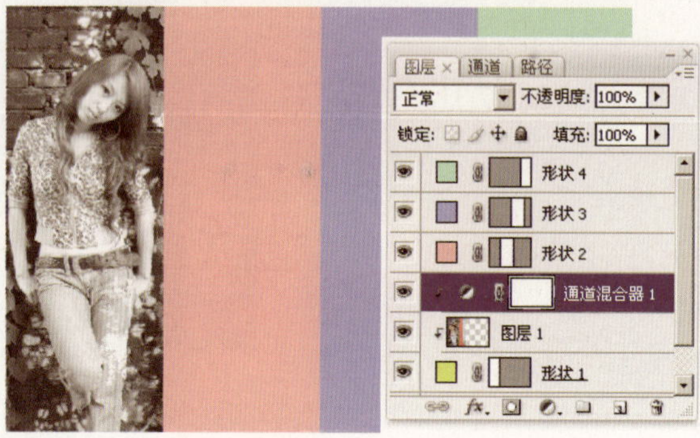

图4-100

08 单击“图层”调板底部的“创建新的填充或调整图层”按钮，在弹出的下拉菜单中选择“曲线”命令，设置完“曲线”命令的参数后，单击“确定”按钮，生成“曲线1”图层。按快捷键【Ctrl+Alt+G】，执行“创建剪贴蒙版”操作，此时的效果如图4-101所示。

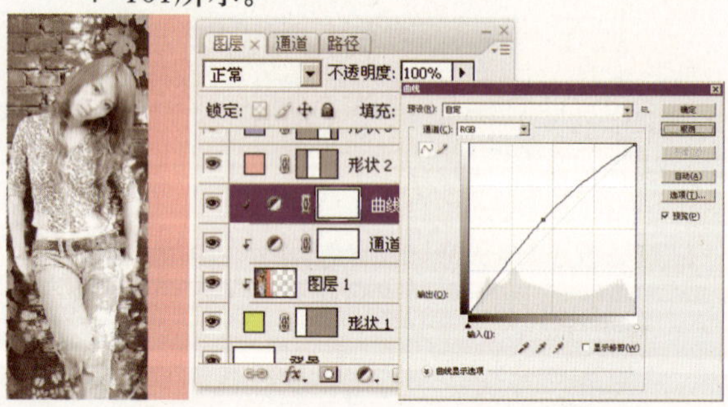

图4-101

09 设置“曲线1”图层混合模式为“柔光”，得到如图4-102所示的效果。

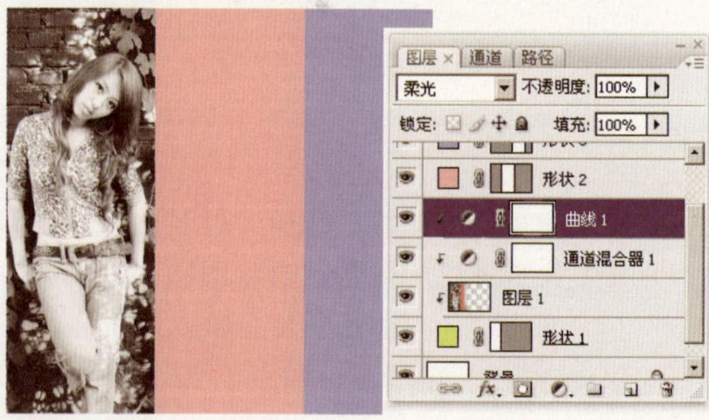

图4-102

10 选择“形状2”图层为当前图层，打开配套光盘“第4章\双色调美女艺术写真照片\素材2”文件，此时的图像效果和“图层”调板如图4-103所示。

图4-103

11 使用“移动工具”将图像拖动到“步骤1”新建的文件中，生成“图层2”图层。按快捷键【Ctrl+Alt+G】，执行“创建剪贴蒙版”操作，按快捷键【Ctrl+T】，调出自由变换控制框，变换图像到如图4-104所示的状态。按【Enter】键确认操作。

图4-104

12 单击“图层”调板底部的“创建新的填充或调整图层”按钮，在弹出的下拉菜单中选择“通道混合器”命令，设置弹出的对话框如图4-105所示。

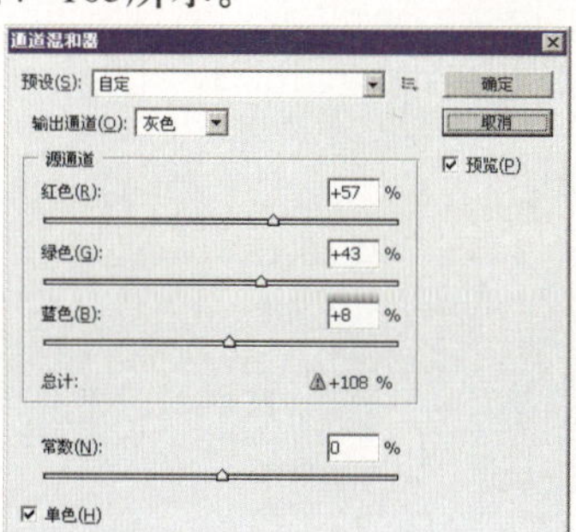

图4-105

13 设置完“通道混合器”命令的参数后，单击“确定”按钮，生成“通道混合器2”图层，按快捷键【Ctrl+Alt+G】，执行“创建剪贴蒙版”操作，此时的效果如图4-106所示。

图4-106

14 单击“图层”调板底部的“创建新的填充或调整图层”按钮，在弹出的下拉菜单中选择“曲线”命令，设置完“曲线”命令的参数后，单击“确定”按钮，生成“曲线2”图层，按快捷键【Ctrl+Alt+G】，执行“创建剪贴蒙版”操作，此时的效果如图4-107所示。

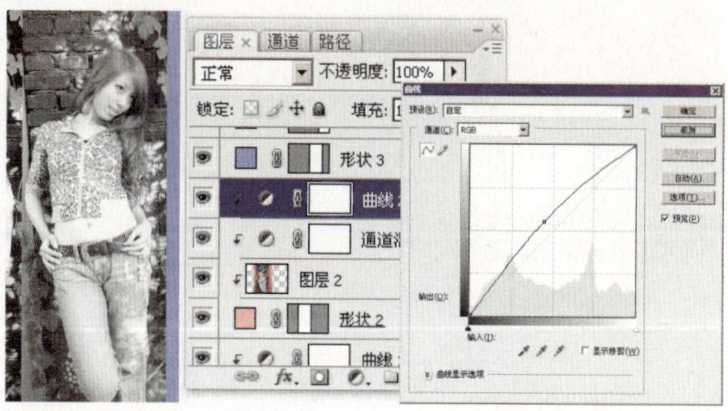

图4-107

15 设置“曲线2”图层混合模式为“柔光”，得到如图4-108所示的效果。

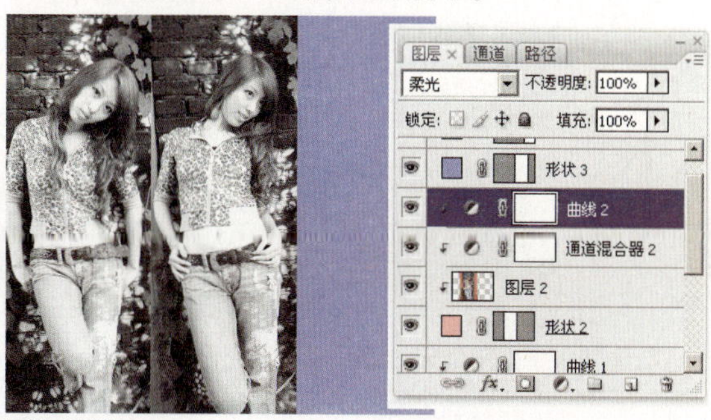

图4-108

16 选择“形状3”图层为当前图层，打开配套光盘“第章\双色调美女艺术写真照片\素材3”文件，此时的图像效果和“图层”调板如图4-109所示。

图4-109

17 使用“移动工具”将图像拖动到“步骤1”新建的文件中，生成“图层3”图层，按快捷键【Ctrl+Alt+G】，执行“创建剪贴蒙版”操作，按快捷键【Ctrl+T】，调出自由变换控制框，变换图像到如图4-110所示的状态，按【Enter】键确认操作。

图4-110

18 单击“图层”调板底部的“创建新的填充或调整图层”按钮，在弹出的下拉菜单中选择“通道混合器”命令，设置弹出的对话框如图4-111所示。

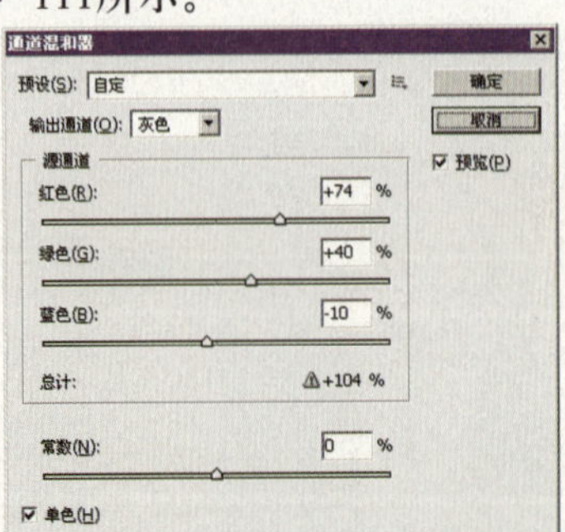

图4-111

19 设置完“通道混合器”命令的参数后，单击“确定”按钮，生成“通道混合器3”图层。按快捷键【Ctrl+Alt+G】，执行“创建剪贴蒙版”操作，此时的效果如图4-112所示。

图4-112

20 单击“图层”调板底部的“创建新的填充或调整图层”按钮，在弹出的下拉菜单中选择“曲线”命令，设置完“曲线”命令的参数后，单击“确定”按钮，生成“曲线3”图层，按快捷键【Ctrl+Alt+G】，执行“创建剪贴蒙版”操作，此时的效果如图4-113所示。

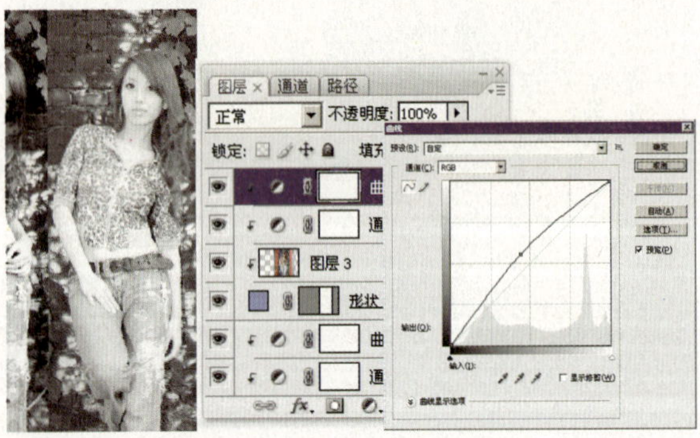

图4-113

21 设置“曲线3”图层混合模式为“柔光”，得到如图4-114所示的效果。

图4-114

22 选择“形状4”图层为当前图层，打开配套光盘“第章\双色调美女艺术写真照片\素材4”文件，此时的图像效果和“图层”调板如图4-115所示。

图4-115

23 使用“移动工具”将图像拖动到“步骤1”新建的文件中，生成“图层4”图层，按快捷键【Ctrl+Alt+G】，执行“创建剪贴蒙版”操作，按快捷键【Ctrl+T】，调出自由变换控制框，变换图像到如图4-116所示的状态，按【Enter】键确认操作。

图4-116

24 单击“图层”调板底部的“创建新的填充或调整图层”按钮，在弹出的下拉菜单中选择“通道混合器”命令，设置弹出的对话框如图4-117所示。

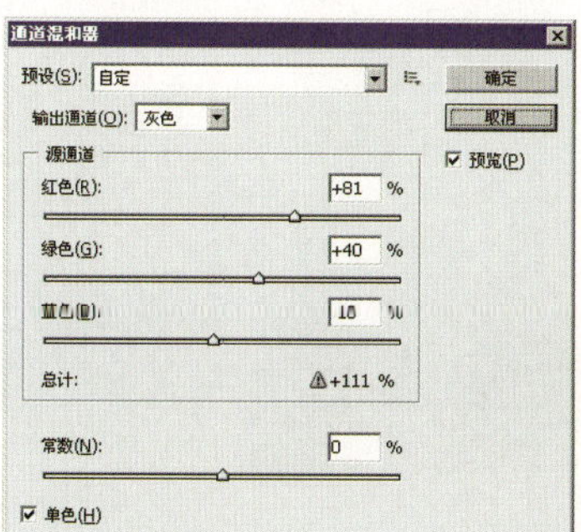

图4-117

25 设置完“通道混合器”命令的参数后，单击“确定”按钮，生成“通道混合器4”图层。按快捷键【Ctrl+Alt+G】，执行“创建剪贴蒙版”操作，此时的效果如图4-118所示。

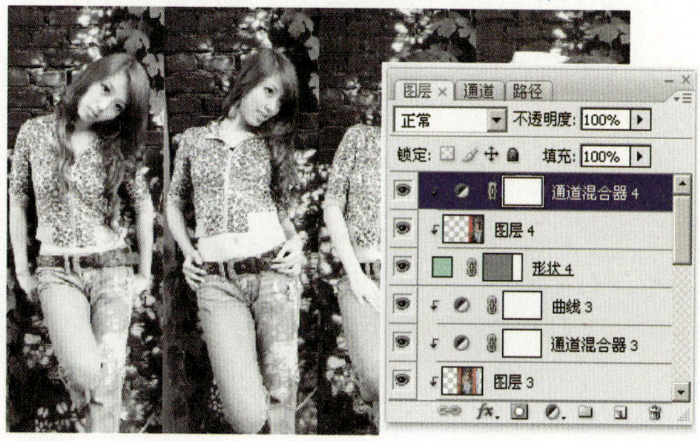

图4-118

26 单击“图层”调板底部的“创建新的填充或调整图层”按钮，在弹出的下拉菜单中选择“曲线”命令，设置完“曲线”命令的参数后，单击“确定”按钮，生成“曲线4”图层，按快捷键【Ctrl+Alt+G】，执行“创建剪贴蒙版”操作，此时的效果如图4-119所示。

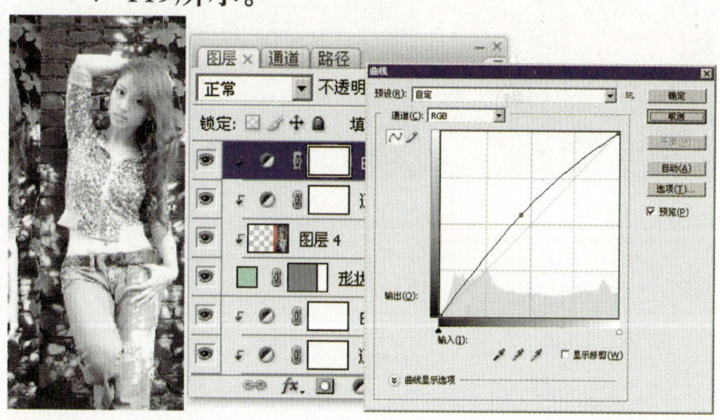

图4-119

27 设置“曲线4”图层混合模式为“柔光”，得到如图4-120所示的效果。

图4-120

28 设置前景色为淡褐色，选择“矩形工具”，在工具选项栏中单击“形状图层”按钮，在图像窗口的右侧绘制长条矩形，生成“形状5”图层，如图4-121所示。

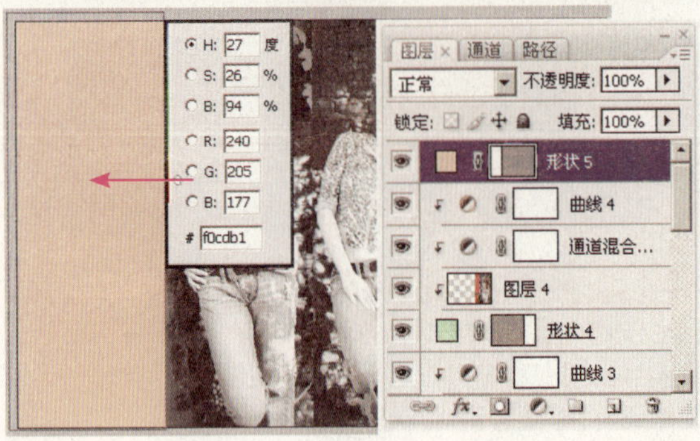

图4-121

29 设置“形状5”图层混合模式为“颜色加深”，得到如图4-122所示的效果。

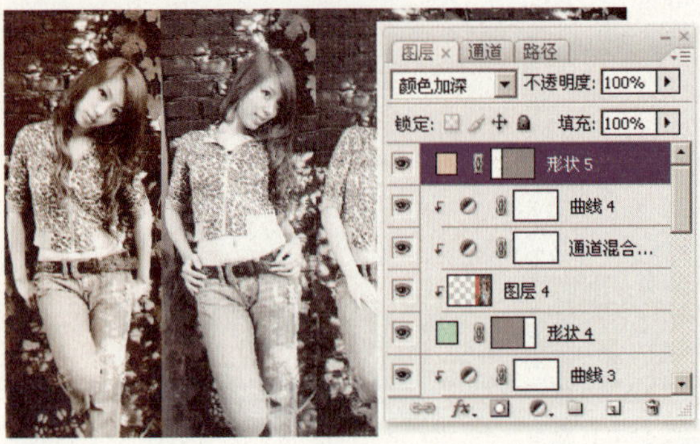

图4-122

30 继续使用“矩形工具”，在图像窗口中绘制不同颜色的长条矩形，依次生成“形状6”、“形状7”、“形状8”图层，如图4-123所示。

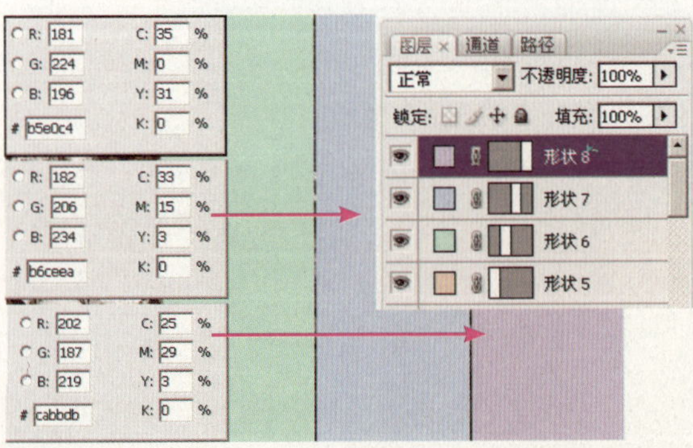

图4-123

31 设置“形状6”、“形状7”、“形状8”图层混合模式为“颜色加深”，得到如图4-124所示的效果。

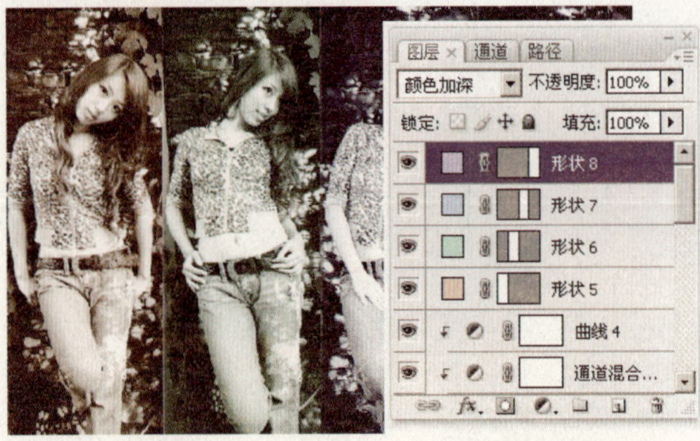

图4-124

32 单击“图层”调板底部的“创建新的填充或调整图层”按钮，在弹出的下拉菜单中选择“色相/饱和度”命令，设置弹出的对话框如图4-125所示。

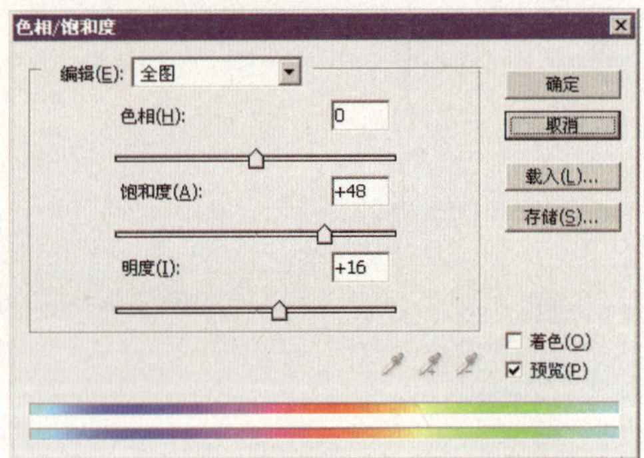

图4-125

33 设置完“色相/饱和度”命令的参数后，单击“确定”按钮，生成“色相/饱和度1”图层，此时的效果如图4-126所示。

图4-126

34 使用“矩形工具”，在工具选项栏中单击“形状图层”按钮，在图像窗口中绘制不同颜色的长条矩形，依次生成“形状9”、“形状10”、“形状11”，如图4-127所示。

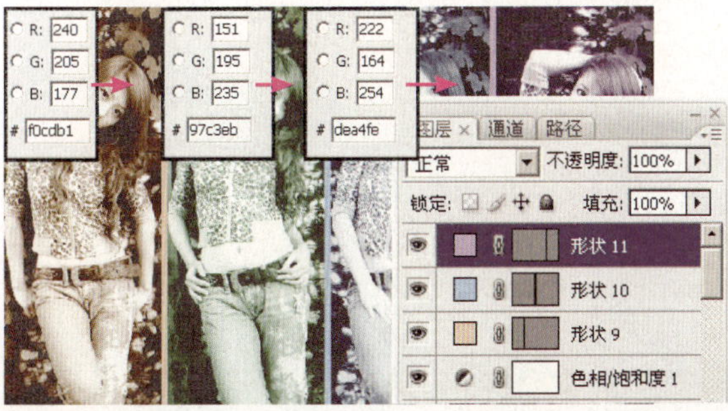

图4-127

35 选择“形状9”图层为当前图层，单击“添加图层样式”按钮，在弹出的下拉菜单中选择“斜面和浮雕”命令，设置完弹出的对话框后，单击“确定”按钮。得到如图4-128所示的效果。

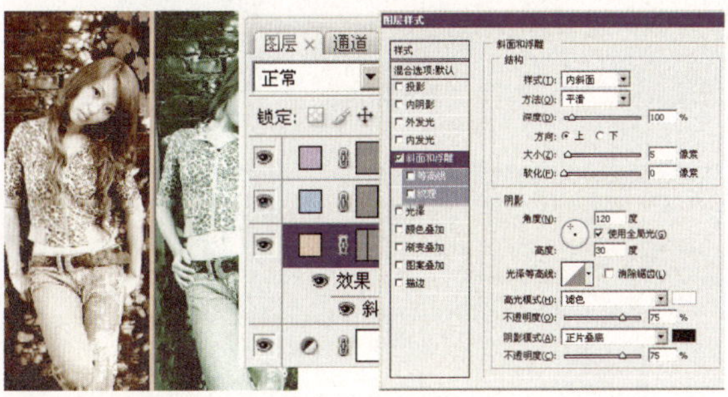

图4-128

36 在“形状9”图层名称上右击，在弹出的快捷菜单中选择“拷贝图层样式”命令，然后分别用右击“形状10”、“形状11”图层名称，在弹出的快捷菜单中选择“粘贴图层样式”命令，得到如图4-129所示的效果。

图4-129

37 打开配套光盘“第4章\双色调美女艺术写真照片\素材5”文件，此时的图像效果和“图层”调板如图4-130所示。

图4-130

38 使用“移动工具”将图像拖动到“步骤1”新建的文件中，生成“图层5”图层。按快捷键【Ctrl+T】，调出自由变换控制框，变换图像到如图4-131所示的状态。按【Enter】键确认操作。

图4-131

39 选择“图层5”图层为当前图层，按快捷键【Ctrl+J】，复制“图层5”图层，生成“图层5副本”图层，设置混合模式为“滤色”，“不透明度”为70%，得到如图4-132所示的效果。

图4-132

4.5 怀旧风格美女艺术照

本实例将普通的个人照片制作成怀旧风格的美女艺术照，其中运用了Photoshop中的滤镜技术、调色命令、图层蒙版、图层混合模式等技术。

原始图片

最终效果

制作步骤

01 执行菜单“文件|新建”命令(或按快捷键【Ctrl+N】)，设置弹出的“新建”对话框如图4-133所示。单击“确定”按钮，即可创建一个新的空白文件。

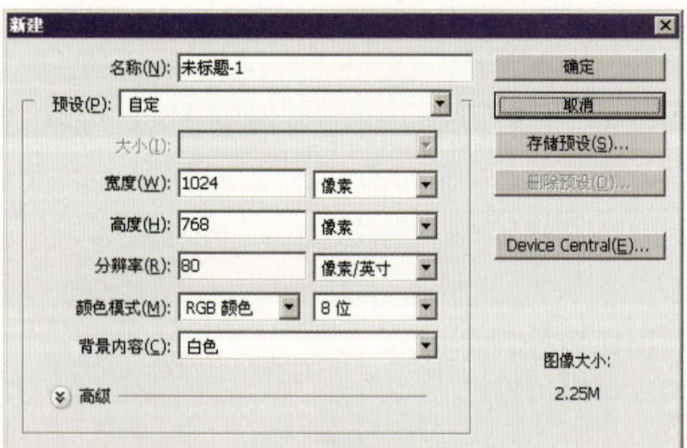

图4-133

02 单击“图层”调板底部的“创建新的填充或调整图层”按钮，在弹出的下拉菜单中选择“渐变”命令，设置弹出的对话框如图4-134所示。在对话框中的编辑渐变颜色选择框中单击，可以弹出“渐变编辑器”对话框，在对话框中可以编辑渐变的颜色。

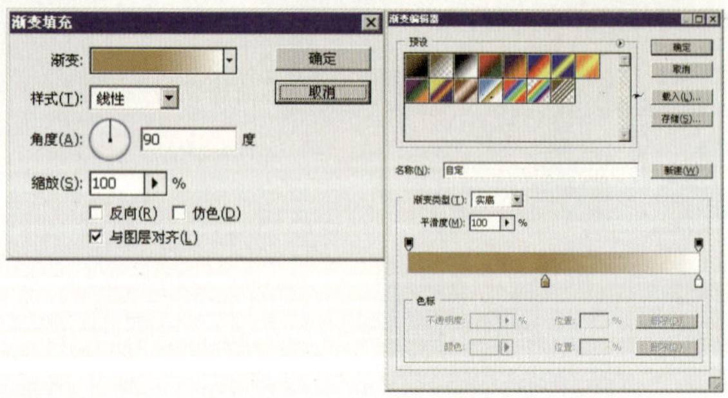

图4-134

03 设置完对话框后，单击“确定”按钮，生成“渐变填充1”图层，此时的效果如图4-135所示。

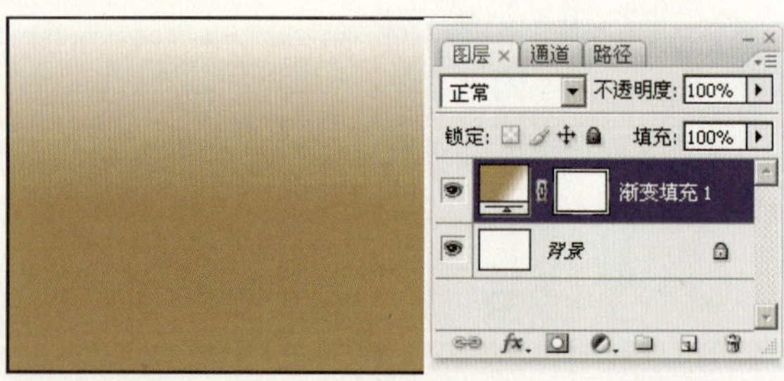

图4-135

04 单击“图层”调板底部的“创建新图层”按钮，新建一个图层，生成“图层1”图层，设置前景色为黑色，设置背景色为白色，选择菜单“滤镜｜渲染｜云彩”命令，按【Ctrl+F】键多次重复运用分层云彩命令，得到类似如图4-136所示的效果。

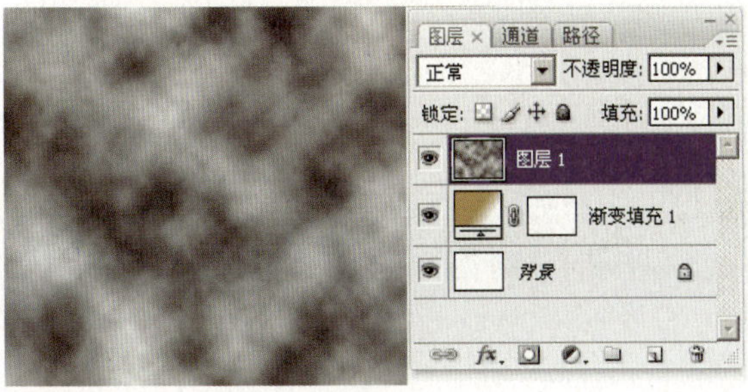

图4-136

技巧○提示

因为“云彩”是随机效果的滤镜，使用一次不一定能得到所需要的效果，所以需要多次重复运用。

05 设置“图层1”图层混合模式为“正片叠底”，得到如图4-137所示的效果。

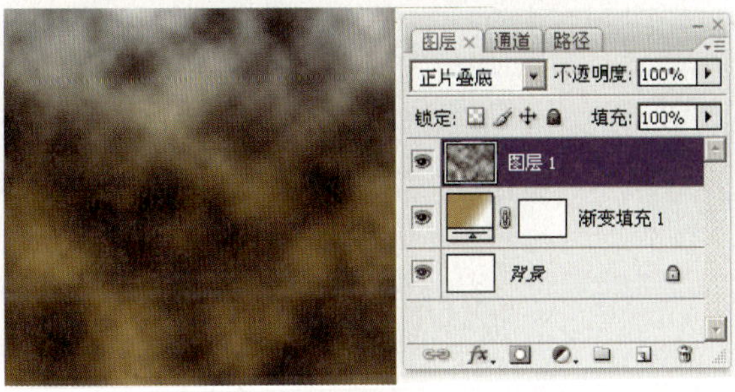

图4-137

06 单击“图层”调板底部的“创建新的填充或调整图层”按钮，在弹出的下拉菜单中选择“色相/饱和度”命令，设置弹出的对话框如图4-138所示。

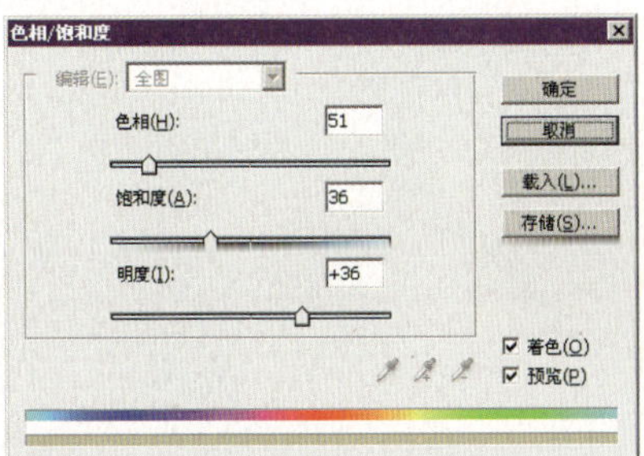

图4-138

07 设置完“色相/饱和度”命令的参数后，单击“确定”按钮，生成“色相/饱和度1”图层，此时的效果如图4-139所示。

图4-139

08 选择“图层1”图层为当前图层，按快捷键【Ctrl+J】，复制“图层1”图层，生成“图层1副本”图层，按快捷键【Shift+Ctrl+]】，将其置于图层的最上方，设置其图层混合模式为“叠加”，得到如图4-140所示的效果。

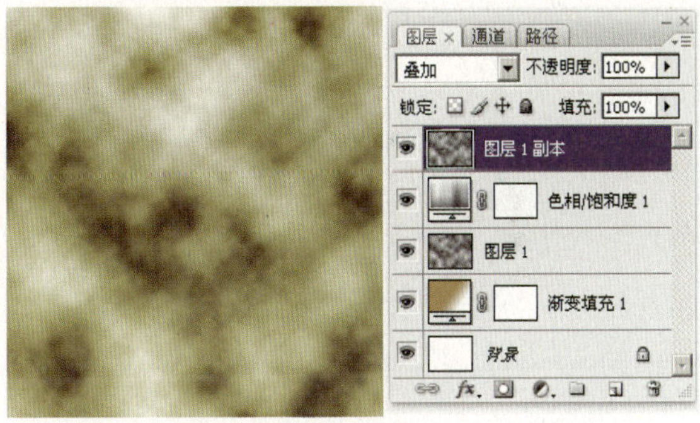

图4-140

09 选择菜单“滤镜｜像素化｜马赛克”命令，设置弹出对话框中的参数后，得到如图4-141所示的效果。

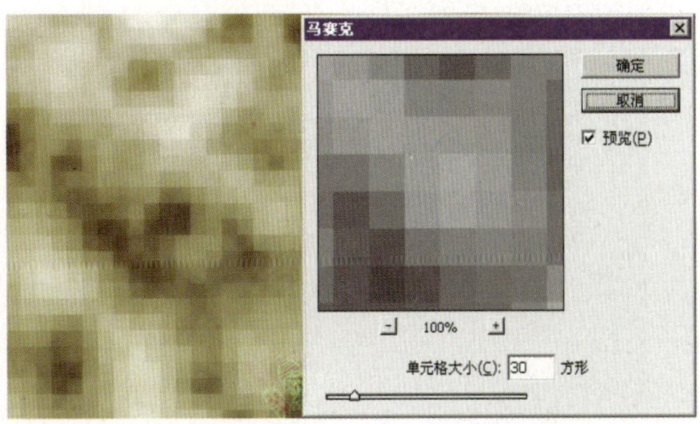

图4-141

10 单击“图层”调板底部的“添加图层蒙版”按钮，为“图层1副本”图层添加蒙版，设置前景色为黑色，使用“画笔工具”设置适当的画笔大小和透明度后，在图层蒙版中涂抹，其涂抹状态和“图层”调板如图4-142所示。

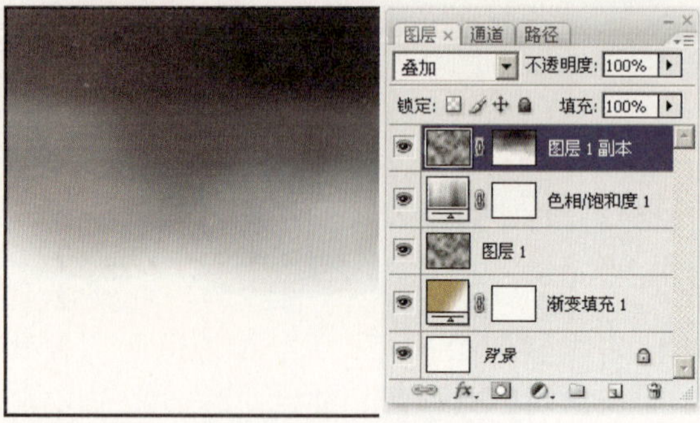

图4-142

11 涂抹图层蒙版后的“图层1副本”图层的图像和下面的图像融合在一起，其效果如图4-143所示。

图4-143

12 打开配套光盘“第4章\怀旧风格美女艺术照\素材1”文件，此时的图像效果和“图层”调板如图4-144所示。

图4-144

13 使用“移动工具”将图像拖动到“步骤1”新建的文件中，生成“图层2”图层。按快捷键【Ctrl+T】，调出自由变换控制框，变换图像到如图4-145所示的状态。按【Enter】键确认操作。

图4-145

14 单击“图层”调板底部的“添加图层蒙版”按钮，为“图层2”图层添加蒙版，设置前景色为黑色，使用“画笔工具”设置适当的画笔大小和透明度后，在图层蒙版中涂抹，其涂抹状态和“图层”调板如图4-146所示。

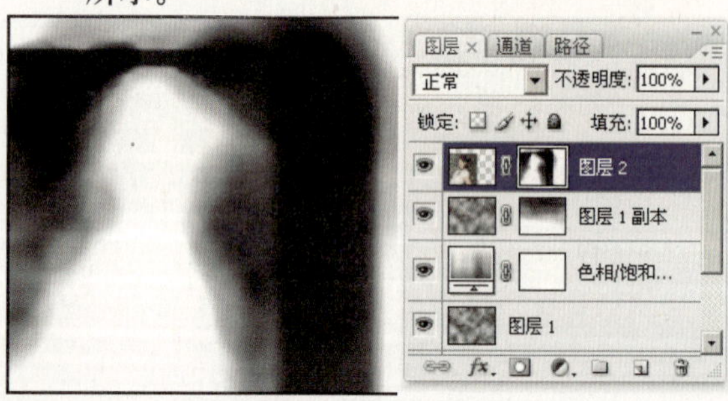

图4-146

15 涂抹图层蒙版后的“图层2”图层的图像边缘和下面的图像融合在一起，其效果如图4-147所示。

图4-147

16 单击“图层”调板底部的“创建新的填充或调整图层”按钮，在弹出的下拉菜单中选择“色阶”命令，设置弹出的对话框如图4-148所示。

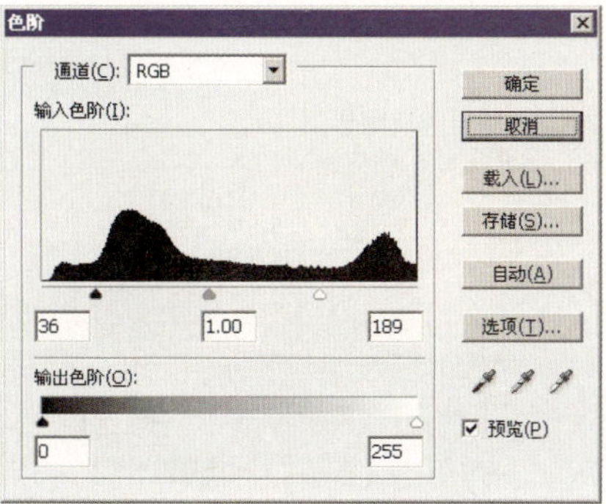

图4-148

17 设置完“色阶”命令的参数后，单击“确定”按钮，生成“色阶1”图层。按快捷键【Ctrl+Alt+G】，执行“创建剪贴蒙版”操作，此时的效果如图4-149所示。

图4-149

18 单击“图层”调板底部的“创建新的填充或调整图层”按钮，在弹出的下拉菜单中选择“色相/饱和度”命令，设置弹出的对话框如图4-150示。

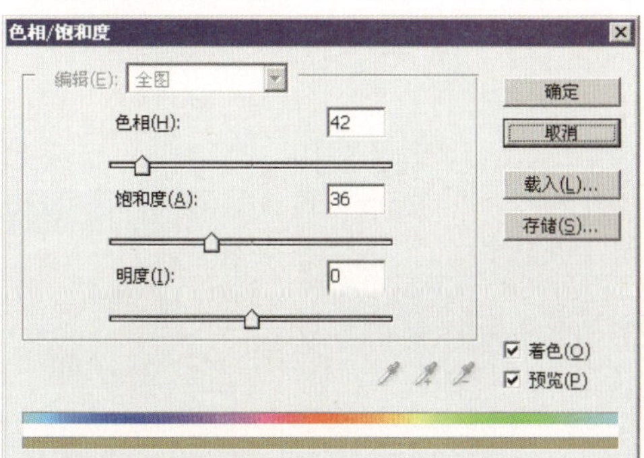

图4-150

19 设置完“色相/饱和度”命令的参数后，单击“确定”按钮，生成“色相/饱和度2”图层。按快捷键【Ctrl+Alt+G】，执行“创建剪贴蒙版”操作，此时的效果如图4-151所示。

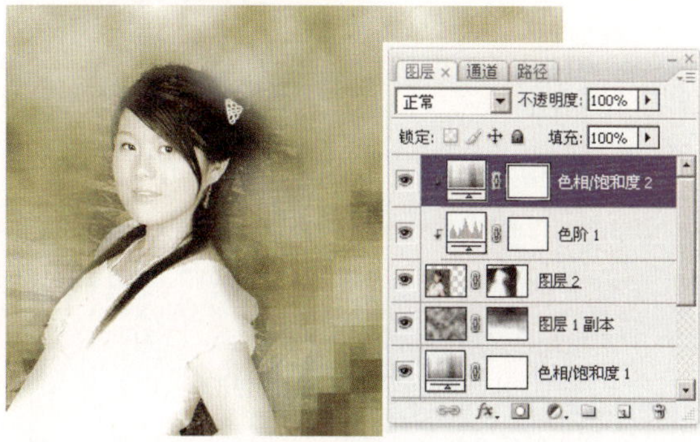

图4-151

20 打开配套光盘“第4章\怀旧风格美女艺术照\素材2”文件，此时的图像效果和“图层”调板如图4-152所示。

图4-152

21 使用“移动工具”将图像拖动到“步骤1”新建的文件中，生成“图层3”图层。按快捷键【Ctrl+T】，调出自由变换控制框，变换图像到如图4-154所示的状态。按【Enter】键确认操作。

图4-153

22 单击“图层”调板底部的“添加图层蒙版”按钮，为“图层3”图层添加蒙版，设置前景色为黑色，使用“画笔工具”设置适当的画笔大小和透明度后，在图层蒙版中涂抹，其涂抹状态和“图层”调板如图4-154所示。

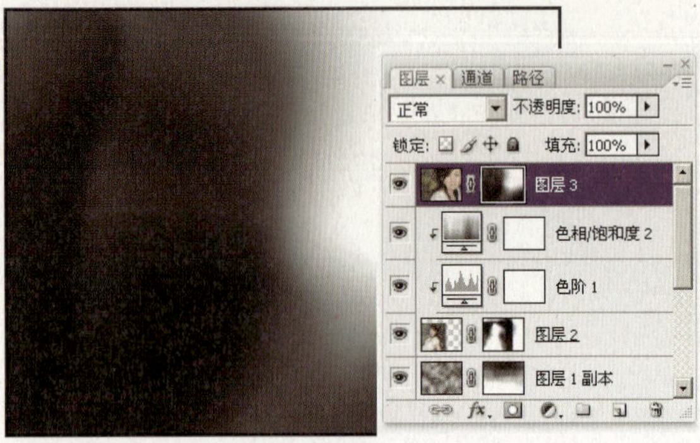

图4-154

23 涂抹图层蒙版后的“图层3”图层的图像边缘和下面的图像融合在一起，其效果如图4-155所示。

图4-155

24 选择菜单“滤镜|杂色|添加杂色”命令，设置弹出对话框中的参数后，单击“确定”按钮，得到如图4-156所示的效果。

图4-156

25 设置“图层3”图层混合模式为“亮度”，得到如图4-157所示的效果。

图4-157

26 选择“图层3”图层为当前图层，按快捷键【Ctrl+J】，复制“图层3”图层，生成“图层3副本”图层，设置混合模式为“叠加”，“不透明度”为70%，得到如图4-158所示的效果。

图4-158

27 选择“图层1”图层为当前图层，按快捷键【Ctrl+J】，复制“图层1”图层，生成“图层1副本2”图层。按快捷键【Shift+Ctrl+]】，将其置于图层的最上方，使图层属性恢复到正常的状态，得到如图4-159所示的效果。

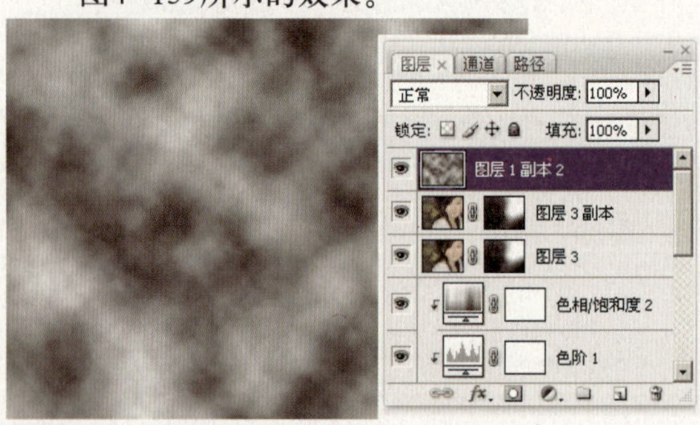

图4-159

28 选择菜单“滤镜|渲染|纤维”命令，设置弹出对话框中的参数后，得到如图4-160所示的效果。

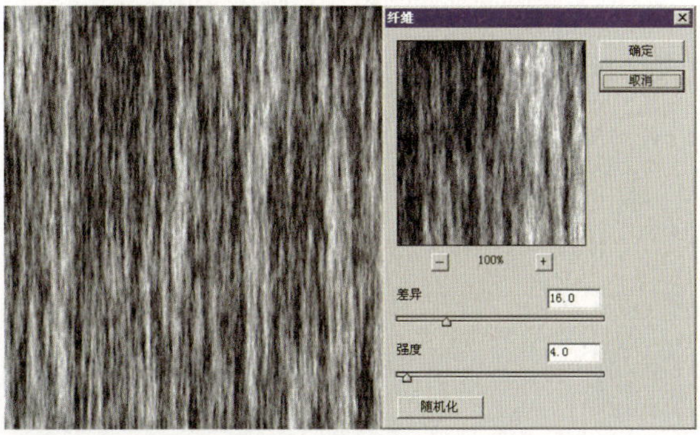

图4-160

29 选择菜单“滤镜|模糊|动感模糊”命令，设置弹出对话框中的参数后，得到如图4-161所示的效果。

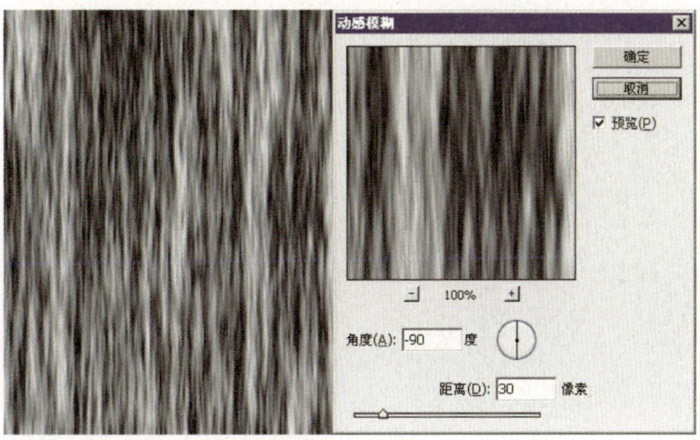

图4-161

30 选择“图层1副本2”图层，执行菜单“滤镜|风格化|查找边缘”命令，得到如图4-162所示的效果。

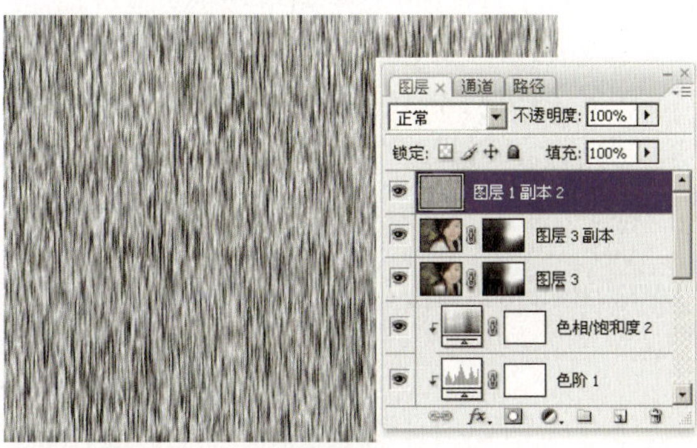

图4-162

31 选择菜单“滤镜|模糊|动感模糊”命令，设置弹出对话框中的参数后，得到如图4-163所示的效果。

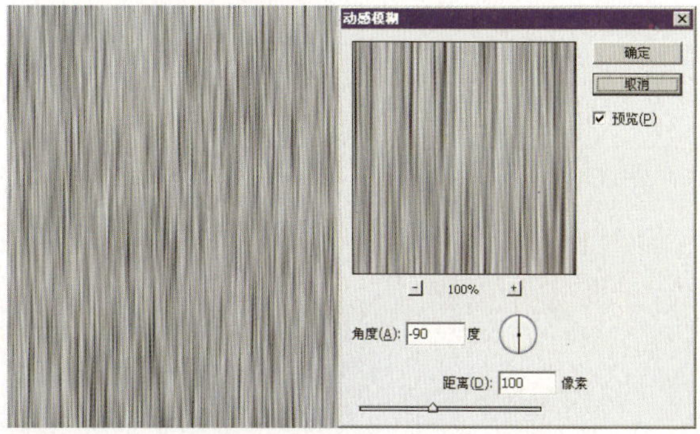

图4-163

32 设置“图层1副本2”图层混合模式为“颜色加深”，“不透明度”为80%，得到如图4-164所示的效果。

图4-164

33 单击“创建新的填充或调整图层”按钮，在弹出的菜单中选择“色阶”命令，设置弹出的对话框如图4-165所示。

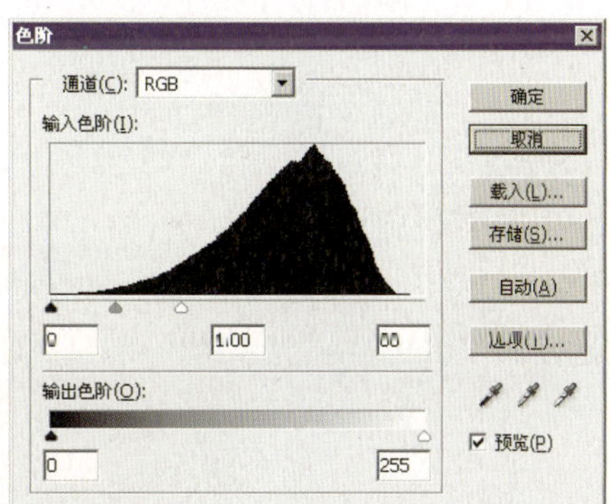

图4-165

34 设置完“色阶”命令的参数后，单击“确定”按钮，生成“色阶2”图层。按快捷键【Ctrl+Alt+G】，执行“创建剪贴蒙版”操作，此时的效果如图4-166所示。

图4-166

35 选择“图层1副本2”和“色阶2”图层，按快捷键【Ctrl+Alt+E】，执行“盖印”操作，将得到的新图层重命名为“图层4”，按快捷键【Ctrl+T】，调出自由变换控制框，将图像旋转90度，变换图像到如图4-167所示的状态。按【Enter】键确认操作。

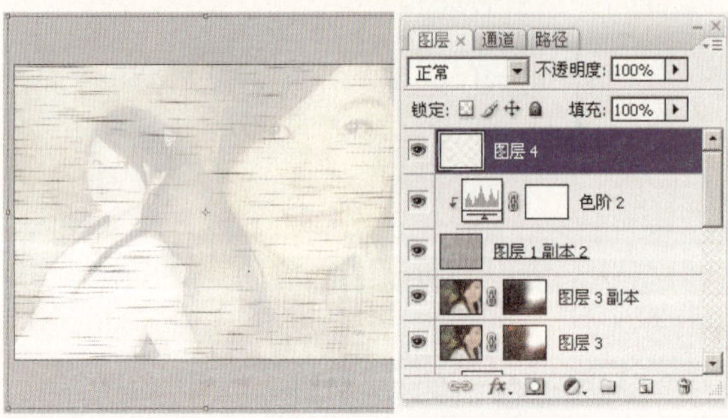

图4-167

36 设置“图层1副本2”图层混合模式为“颜色加深”，“不透明度”为80%，得到如图4-168所示的效果。

图4-168

37 设置前景色为黑色，选择“矩形工具”，在工具选项栏中单击“形状图层”按钮，在封面的中间绘制黑色长条矩形，生成“形状1”图层，如图4-169所示。

图4-169

38 选择“矩形工具”，在工具选项栏中单击“从形状区域减去”按钮，在黑色矩形的左上方绘制矩形，如图4-170所示。

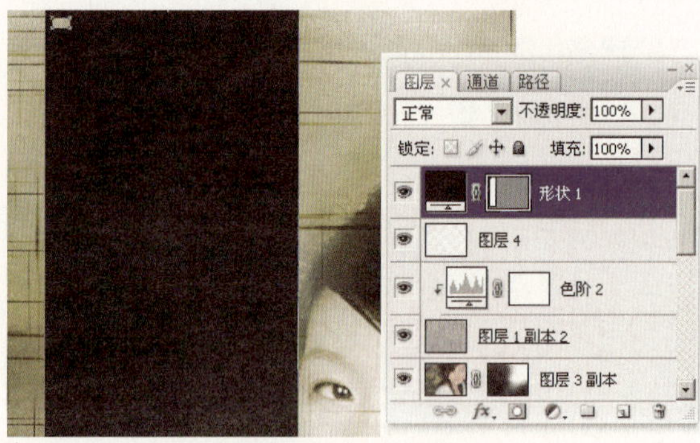

图4-170

39 使用“路径选择工具”选择上一步绘制的矩形，按快捷键【Ctrl+Alt+T】，调出自由变换复制框，将矩形下移动，按【Enter】键确认操作。按快捷键【Ctrl+Shift+Alt+T】多次，复制并变换图像到如图4-171所示的状态。

图4-171

40 使用“路径选择工具”选择黑色矩形框左侧一行的矩形，也就是上一步绘制的矩形，按快捷键【Ctrl+Alt+T】，调出自由变换复制框，将变换复制框向右移动到如图4-172所示的位置，按【Enter】键确认操作。

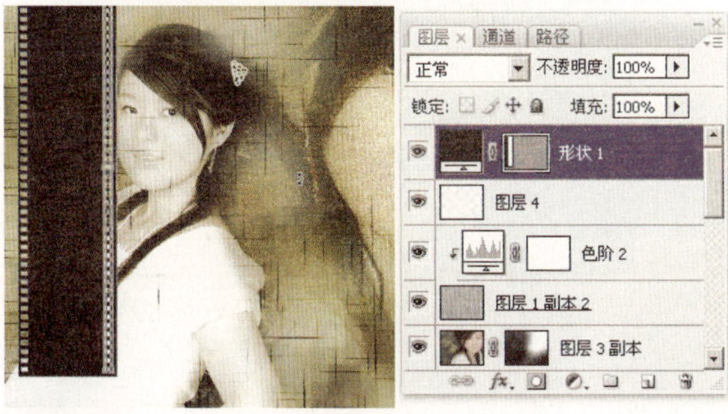

图4-172

41 选择“图层1”图层，将图像全部选取，按快捷键【Ctrl+C】。单击“添加图层蒙版”按钮，为“形状1”添加图层蒙版，按住【Alt】键不放，单击“形状1”图层蒙版，使其处于编辑状态。按快捷键【Ctrl+V】，图层蒙版中的状态如图4-173所示。按快捷键【Ctrl+D】取消选区。

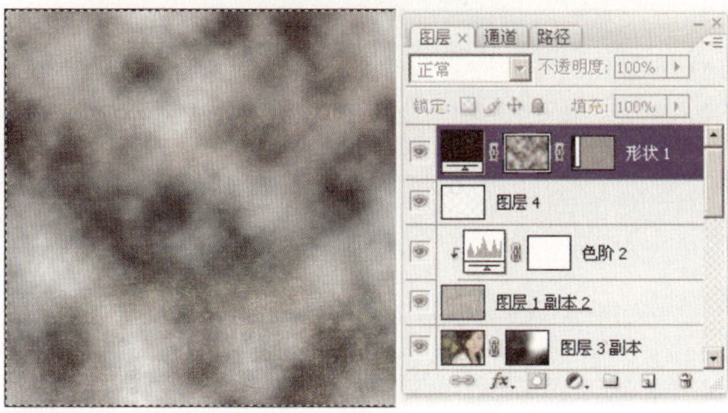

图4-173

42 选择菜单“滤镜 | 渲染 | 纤维”命令，设置弹出对话框中的参数后，得到如图4-174所示的效果。

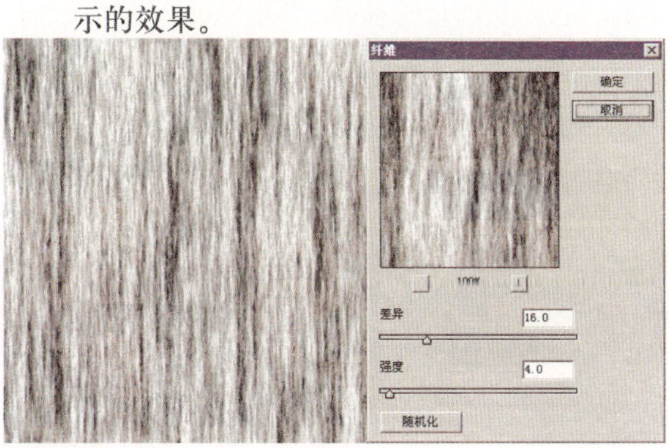

图4-174

43 按住【Alt】键不放，单击“形状1”图层蒙版，使图像窗口恢复到图层显示的效果，如图4-175所示。

图4-175

44 设置“形状1”图层混合模式为“叠加”，“不透明度”为80%，得到如图4-176所示的效果。

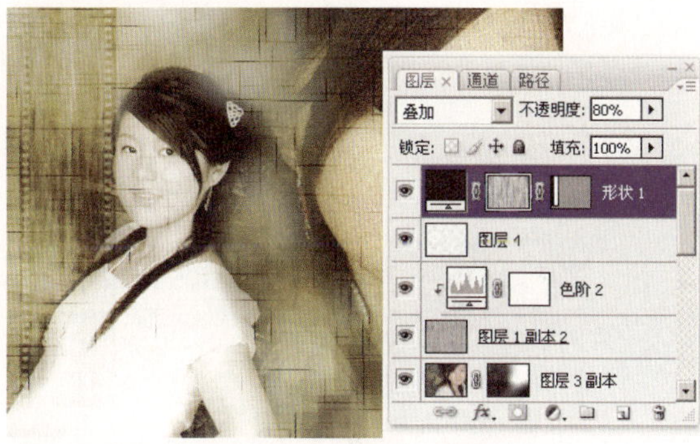

图4-176

45 单击“形状1”图层蒙版缩览图，设置前景色为黑色，使用“画笔工具”设置适当的画笔大小和透明度后，在图层蒙版中涂抹，其涂抹状态和“图层”调板如图4-177所示。

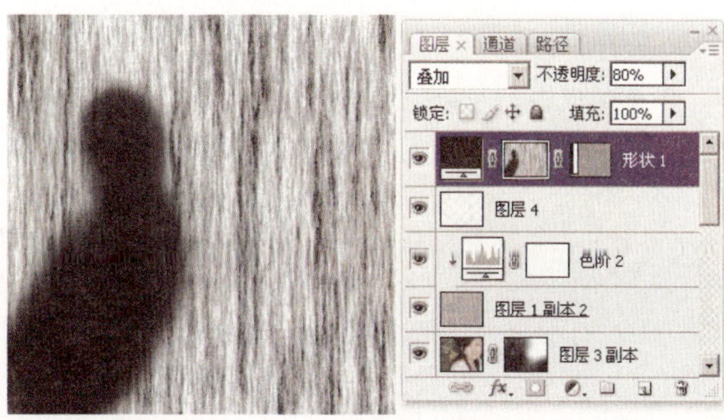

图4-177

46 涂抹“形状1”图层蒙版后，此时的左侧人物图像上的胶片就被隐藏了起来，其效果如图4–178所示。

图4–178

47 选择“形状1”图层为当前图层，按快捷键【Ctrl+J】，复制“形状1”图层，生成“形状1副本”图层，设置该图层的填充颜色为白色，使用“路径选择工具”选择“形状1副本”路径剪贴蒙版中的路径，按快捷键【Ctrl+T】，调出自由变换控制框，变换图像到如图4–179所示的状态。按【Enter】键确认操作。

图4–179

48 单击“形状1副本”图层蒙版缩览图，设置前景色为黑色，使用“画笔工具”设置适当的画笔大小和透明度后，在图层蒙版中涂抹，其涂抹状态和“图层”调板如图4–180所示。

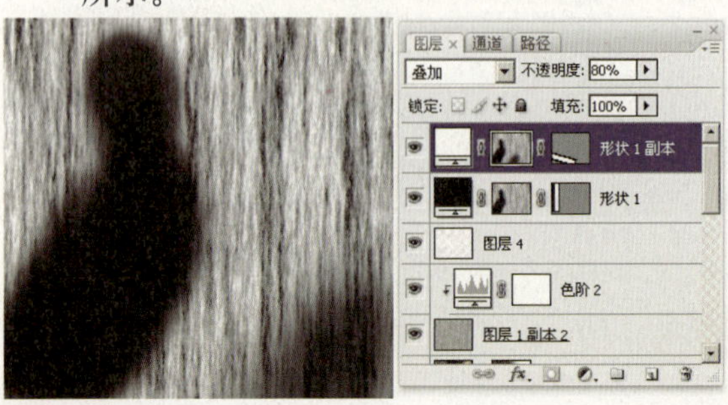

图4–180

49 涂抹“形状1副本”图层蒙版后，此时的胶片右侧的边缘和背景就融合到了一起，其效果如图4–181所示。

图4–181

50 选择“形状1副本”图层为当前图层，按快捷键【Ctrl+J】，复制“形状1”图层，生成“形状1副本”图层，如图4–182所示。

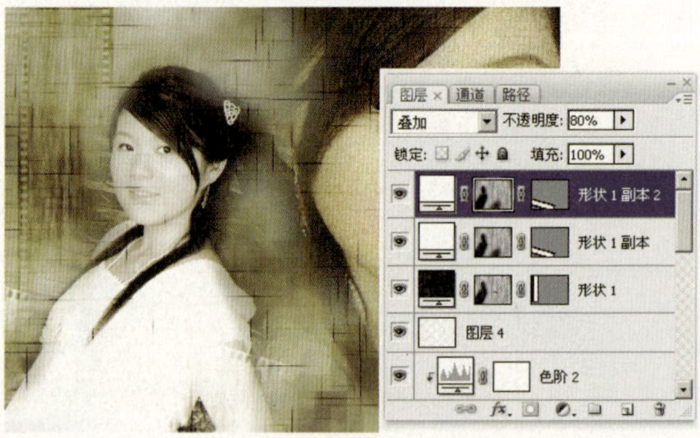

图4–182

51 选择“图层1副本”图层为当前图层，按快捷键【Ctrl+J】，复制“图层1副本”图层，生成“图层1副本3”图层。按快捷键【Shift+Ctrl+]】将其置与图层的最上方，得到如图4–183所示的效果。

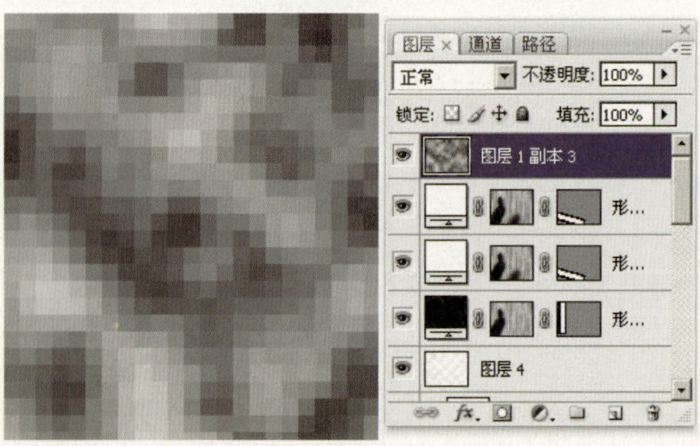

图4–183

52 选择菜单“滤镜 | 素描 | 铬黄”命令，设置弹出对话框中的参数后，得到如图4-184所示的效果。

图4-184

53 设置“图层1副本3”图层混合模式为“颜色加深”，得到如图4-185所示的效果。

图4-185

54 单击“图层”调板底部的“添加图层蒙版”按钮，为“图层1副本3”图层添加蒙版，设置前景色为黑色，使用“画笔工具”设置适当的画笔大小和透明度后，在图层蒙版中涂抹，其涂抹状态和“图层”调板如图4-186所示。

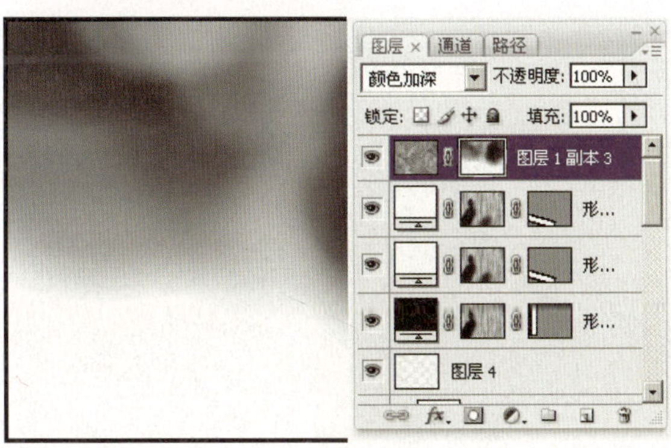

图4-186

55 在“图层1副本3”图层蒙版中涂抹后，人物脸部多余的图像就被隐藏起来，其效果如图4-187所示。

图4-187

56 选择“图层1”图层为当前图层，按快捷键【Ctrl+J】，复制“图层1”图层，生成“图层1副本4”图层。按快捷键【Shift+Ctrl+]】，将其置于图层的最上方，使图层属性恢复到正常的状态，得到如图4-188所示的效果。

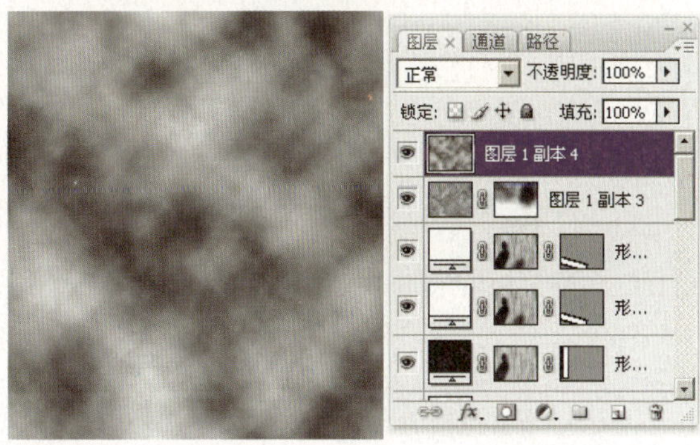

图4-188

57 选择菜单“滤镜 | 像素化 | 铜版雕刻”命令，设置弹出对话框中的参数后，单击“确定”按钮，得到如图4-189所示的效果。

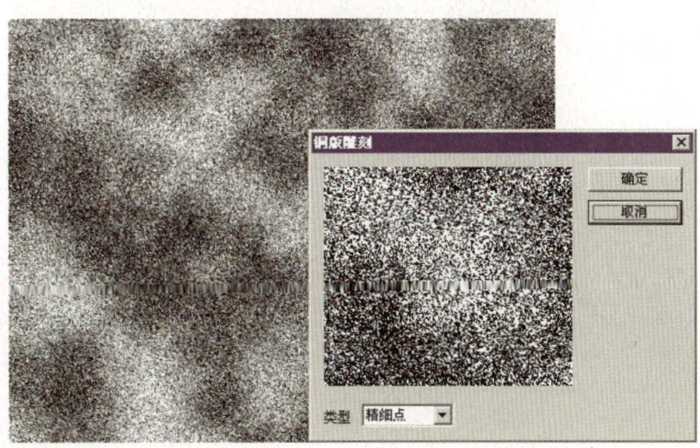

图4-189

58 选择菜单“滤镜｜模糊｜动感模糊”命令，设置弹出对话框中的参数后，单击“确定”按钮，得到如图4-190所示的效果。

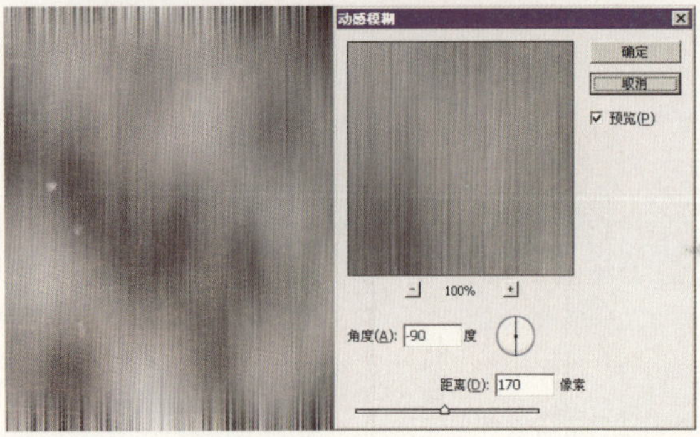

图4-190

59 选择“矩形选框工具”，在图像左上侧部分框选，单击“图层”调板底部的“添加图层蒙版”按钮，为“图层1副本4”图层添加蒙版，此时选区以外部分的图像就被隐藏起来了，如图4-191所示。

图4-191

60 设置“图层1副本4”图层混合模式为“滤色”，得到如图4-192所示的效果。

图4-192

61 单击“图层1副本4”图层蒙版缩览图，设置前景色为黑色，使用“画笔工具”设置适当的画笔大小和透明度后，在图层蒙版中涂抹，其涂抹状态和“图层”调板如图4-193所示。

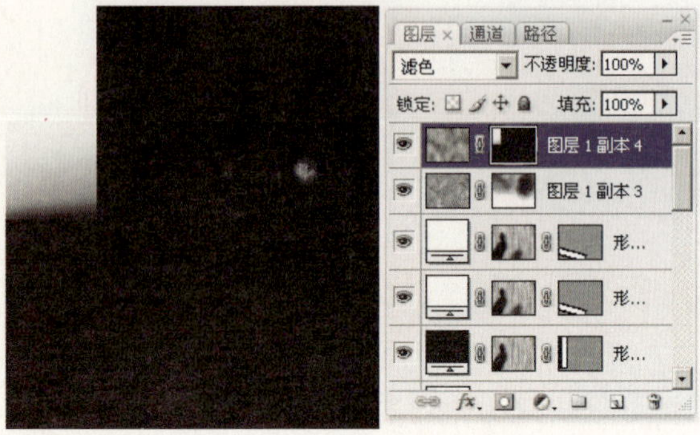

图4-193

62 在“图层1副本4” 的图层蒙版中涂抹后，图像和下方的背景就有了一定的过渡效果，如图4-194所示。

图4-194

63 设置前景色为白色，使用“横排文字工具”，设置适当字体和字号，在图像左上角输入文字，得到相应的文字图层，如图4-195所示。

图4-195

64 切换到“通道”调板，单击调板底部的“创建新通道”按钮，新建一个通道“Alpha1”。选择菜单“滤镜｜渲染｜云彩”命令，按【Ctrl+F】键多次重复运用分层云彩命令，得到类似如图4-196所示的效果。

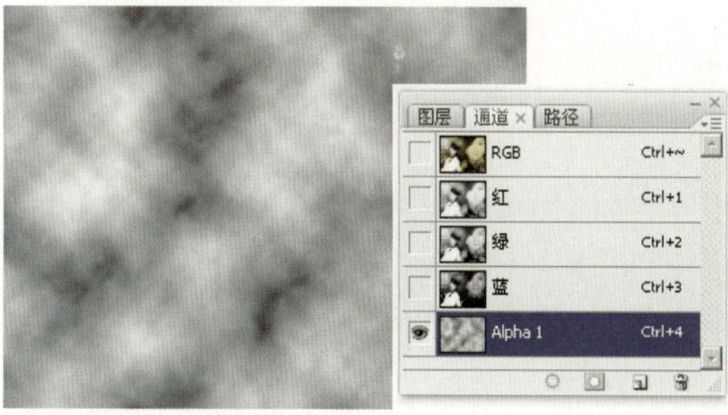

图4-196

65 执行菜单“滤镜｜风格化｜查找边缘”命令，即可得到如图4-197所示的效果。

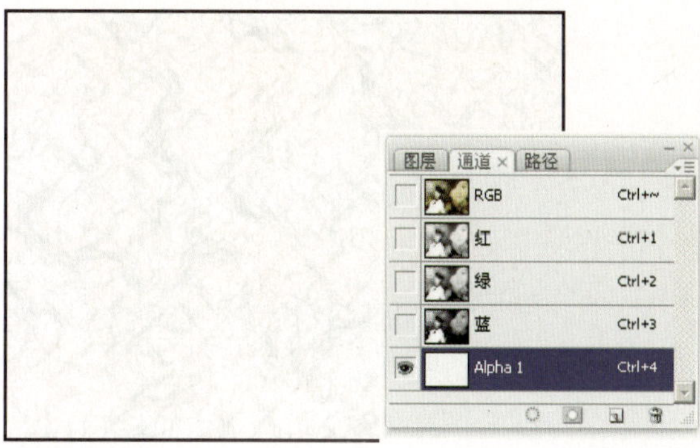

图4-197

66 选择菜单“图像｜调整｜色阶”命令（或按快捷键【Ctrl+L】），弹出“色阶”对话框，设置完后，得到如图4-198所示的效果。

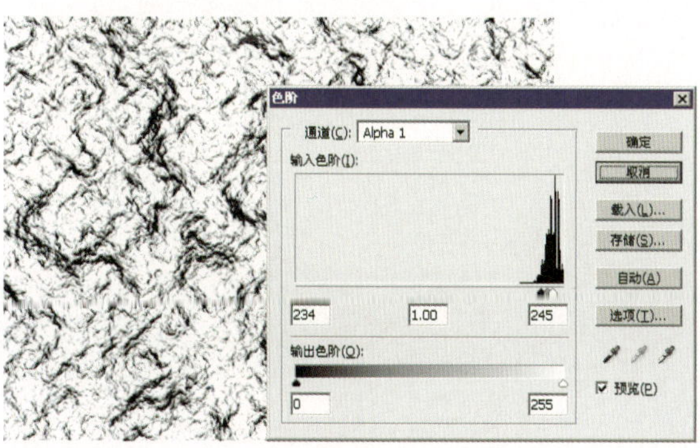

图4-198

67 按住【Ctrl】键不放，单击通道“Alpha1”，载入其选区，切换到“图层”调板，选择“图层1副本4”图层上方的文字图层，单击“添加图层蒙版”按钮，为其添加图层蒙版，此时选区以外部分的图像就被隐藏起来了，如图4-199所示。

图4-199

68 单击“图层”调板底部的“添加图层样式”按钮，在弹出的下拉菜单中选择“外发光”命令，设置弹出的“外发光”面板后，选择“渐变叠加”选项，然后设置弹出的“渐变叠加”面板，具体设置如图4-200所示。

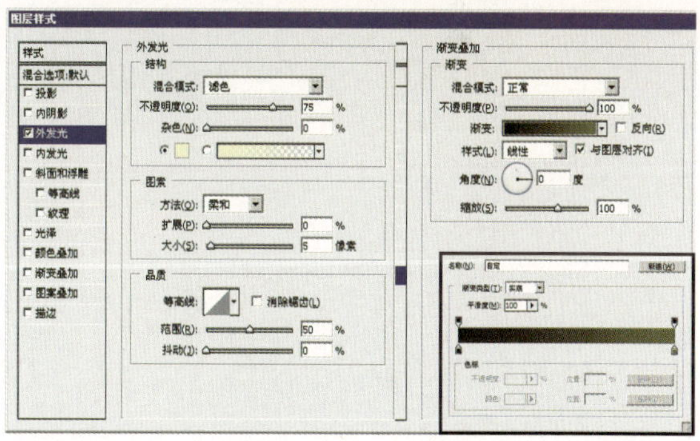

图4-200

69 设置完“图层样式”命令的参数后，单击“确定”按钮，即可得到如图4-201所示的效果。

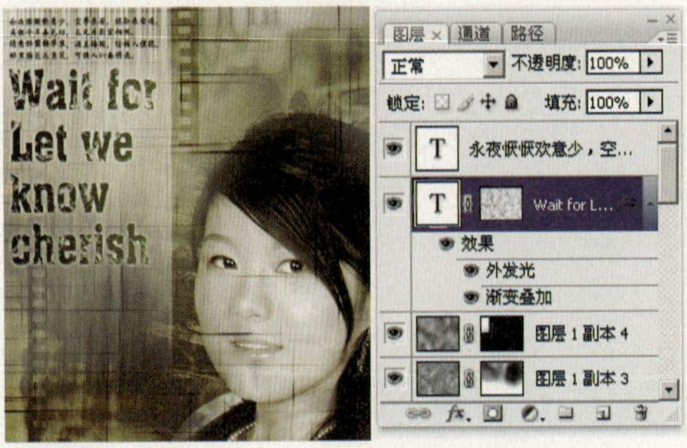

图4–201

70 选择“色相/饱和度2”图层为当前图层，单击“图层”调板底部的“创建新图层”按钮，新建一个图层，生成“图层5”图层。设置前景色为黑色，使用“画笔工具”设置适当的画笔大小和透明度后，在图层中进行涂抹，涂抹的状态和“图层”调板如图4–202所示。

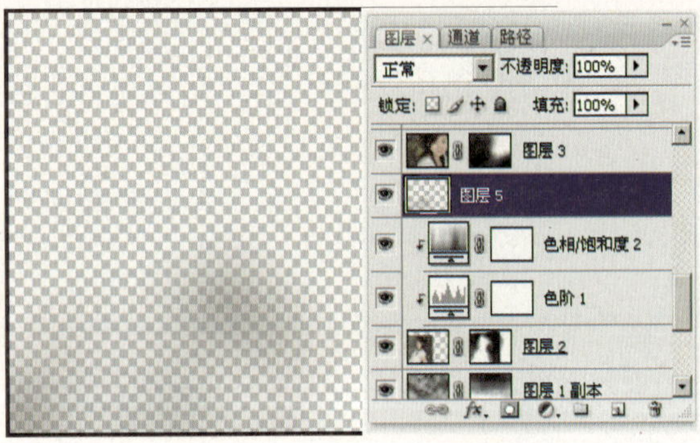

图4–202

71 在“图层5”图层中涂抹后，图像的左下方就显得变化丰富了一些，其效果如图4–203所示。

图4–203

第5章 环境人像照片修饰技法

由于在拍摄数码照片时，不可避免的会碰见一些环境对人物照片的影响，例如：投影在身上的阴影、雾天人像照片、夜景人像照片、阴暗角落的人像照片等，这些照片都会因为环境的原因，导致照片的效果不佳。本章将通过运用Photoshop对这些问题进行处理。

5.1 去除投影在身上的阴影

由于光线照射的原因，导致照片人物的脸部有许多树叶的投影，影响了人物的整体效果。下面运用Photoshop中的曲线命令、图层蒙版和图层混合模式等技术，去除人物脸部的投影。

原始图片

最终效果

制作步骤

01 执行菜单“文件｜打开”命令，在弹出的“打开”对话框中选择配套光盘“第5章\去除投影在身上的阴影\素材1”文件，此时的图像效果和“图层”调板如图5-1所示。

图5-1

02 单击“图层”调板底部的“创建新的填充或调整图层”按钮，在弹出的下拉菜单中选择“曲线”命令，设置弹出的对话框如图5-2所示。

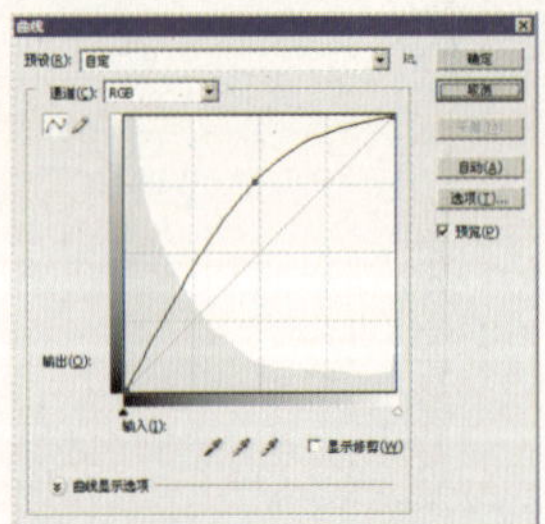

图5-2

03 设置完“曲线”命令的参数后，单击“确定”按钮，生成“曲线1”图层，此时的效果如图5-3所示。

图5-3

04 单击“曲线1”图层蒙版缩览图，设置前景色为黑色，使用“画笔工具”设置适当的画笔大小和透明度后，在图层蒙版中涂抹，涂抹后的效果如图5-4所示。

图5-4

05 按快捷键【Ctrl+Shift+Alt+E】，执行“盖印”操作，生成“图层1”图层，此时的“图层”调板和图像效果如图5-5所示。

图5-5

06 设置“图层1”图层混合模式为“滤色”，得到如图5-6所示的效果。

图5-6

07 单击“图层”调板底部的“添加图层蒙版”按钮，为“图层1”图层添加蒙版，设置前景色为黑色，使用“画笔工具”设置适当的画笔大小和透明度后，在图层蒙版中涂抹，涂抹后的效果如图5-7所示。

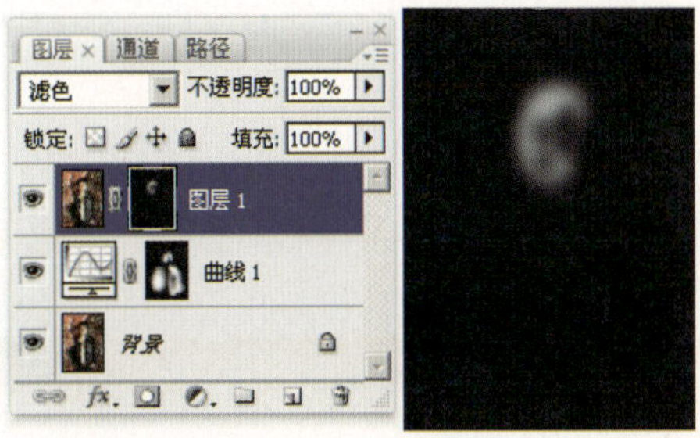

图5-7

08 涂抹“图层1”图层蒙版后，图像中人物脸部上的投影就减淡了，如图5-8所示。图5-9所示为整体的图像效果。

图5-8

图5-9

5.2 雾天人像照片的修饰

由于天气的原因使得拍摄照片有一种雾蒙蒙的感觉，颜色对比度也不是很强。下面用Photoshop中的图层混合模式、曲线、渐变填充等命令对照片进行调整。

原始图片

最终效果

制作步骤

01 执行菜单“文件｜打开”命令，在弹出的“打开”对话框中选择配套光盘“第5章\雾天人像照片的修饰\素材1”文件，此时的图像效果和“图层”调板如图5-10所示。

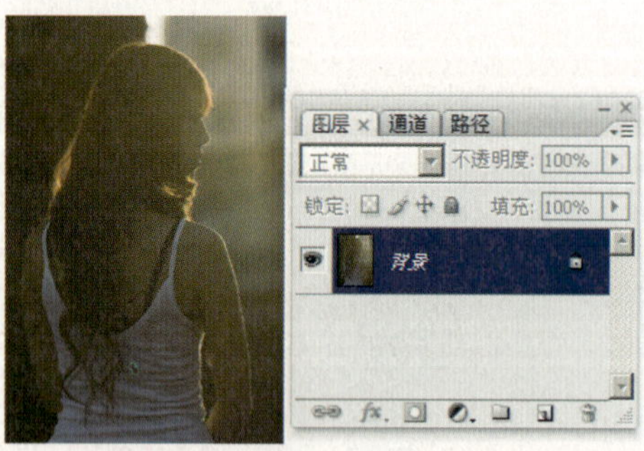

图5-10

02 在“图层”调板中拖动“背景”图层到“创建新图层”按钮上，释放鼠标生成“背景副本”图层，设置其图层混合模式为“叠加”，得到如图5-11所示的效果。

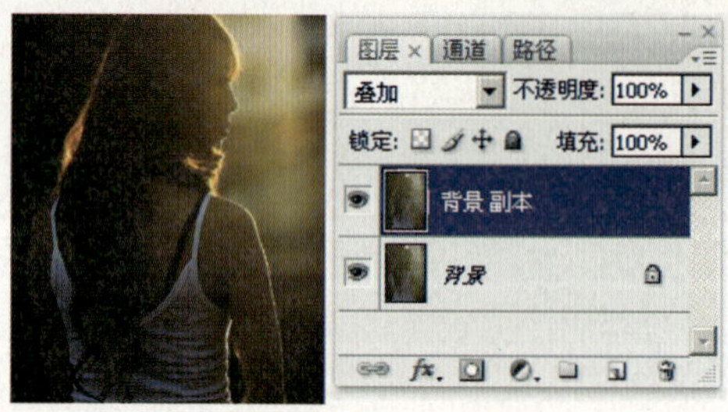

图5-11

03 单击“图层”调板底部的“添加图层蒙版”按钮，为“背景副本”图层添加蒙版，设置前景色为黑色，使用“画笔工具”设置适当的画笔大小和透明度后，在图层蒙版中涂抹，涂抹后的效果如图5-12所示。

图5-12

04 选择“背景副本”图层为当前图层，按快捷键【Ctrl+J】，复制“背景副本”图层，生成“背景副本2”图层，得到如图5−13所示的效果。

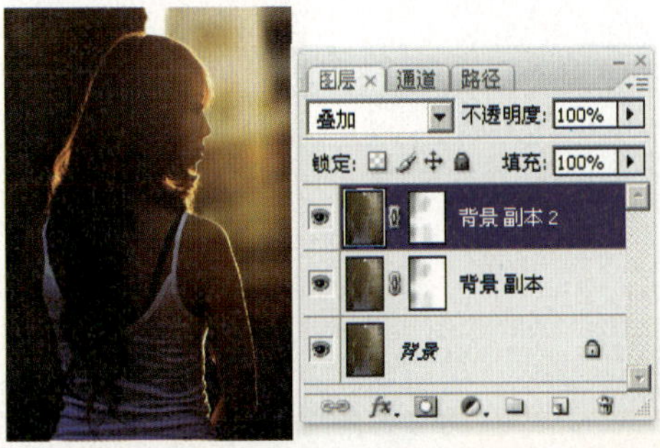

图5−13

05 选择“滤镜 | 模糊 | 高斯模糊”命令，设置弹出对话框中的参数后，单击“确定”按钮，得到如图5−14所示的效果。

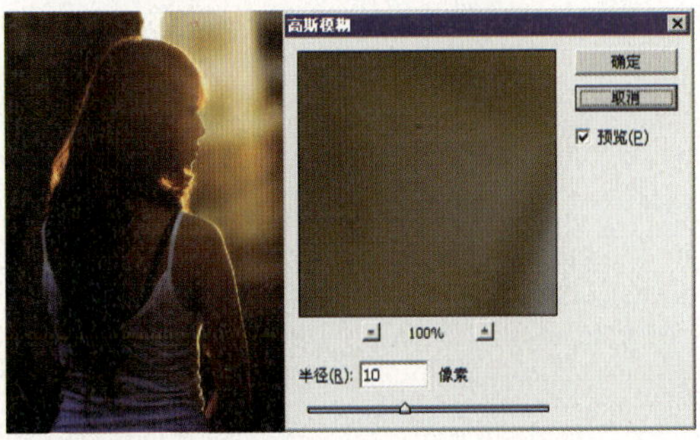

图5−14

06 单击“图层”调板底部的“创建新的填充或调整图层”按钮，在弹出的下拉菜单中选择“曲线”命令，设置弹出的对话框如图5−15所示。

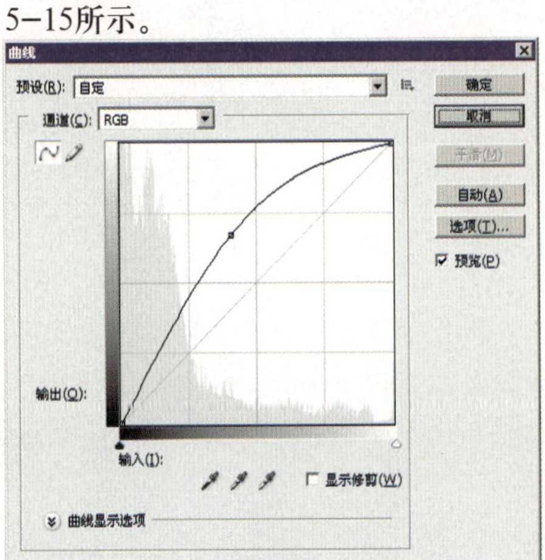

图5−15

07 设置完“曲线”命令的参数后，单击“确定”按钮，生成“曲线1”图层，此时的效果如图5−16所示。

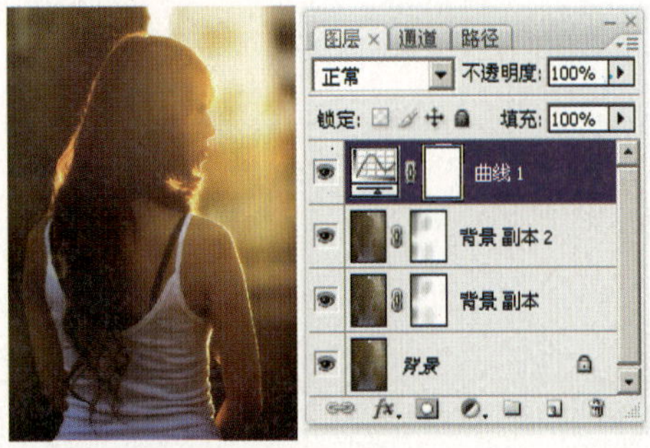

图5−16

08 单击“曲线1”图层蒙版缩览图，设置前景色为黑色，使用“画笔工具”设置适当的画笔大小和透明度后，在图层蒙版中涂抹，涂抹后的效果如图5−17所示。

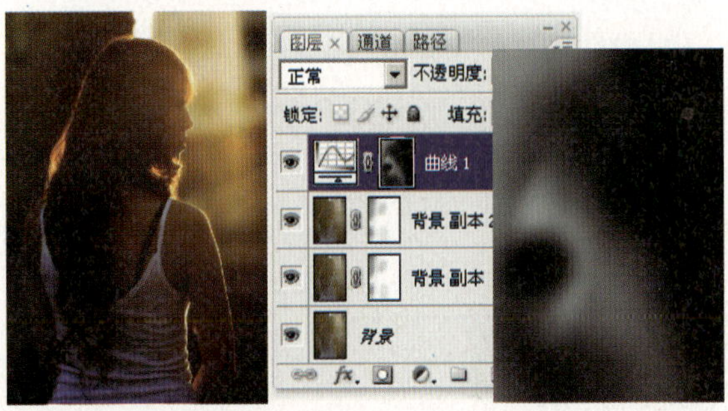

图5−17

09 单击“图层”调板底部的“创建新的填充或调整图层”按钮，在弹出的下菜单中选择“渐变”命令，设置弹出的对话框如图5−18所示。在对话框中的编辑渐变颜色选择框中单击，可以弹出“渐变编辑器”对话框，在对话框中可以编辑渐变的颜色。

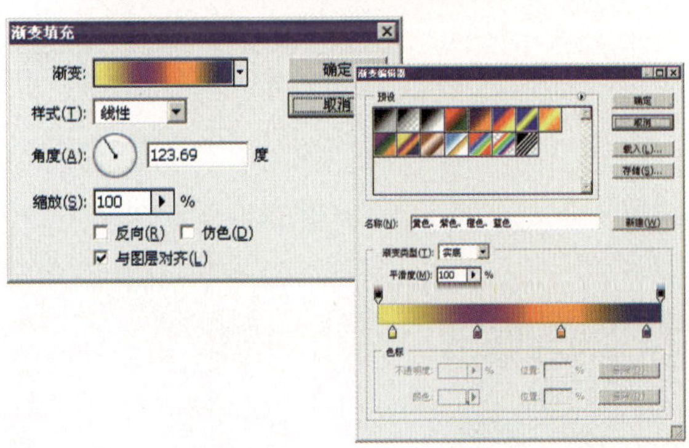

图5−18

10 设置完对话框后，单击“确定”按钮，生成“渐变填充1”图层，此时的效果如图5-19所示。

图5-19

11 设置“渐变填充1”图层混合模式为“色相”，“不透明度”为70%，得到如图5-20所示的效果。

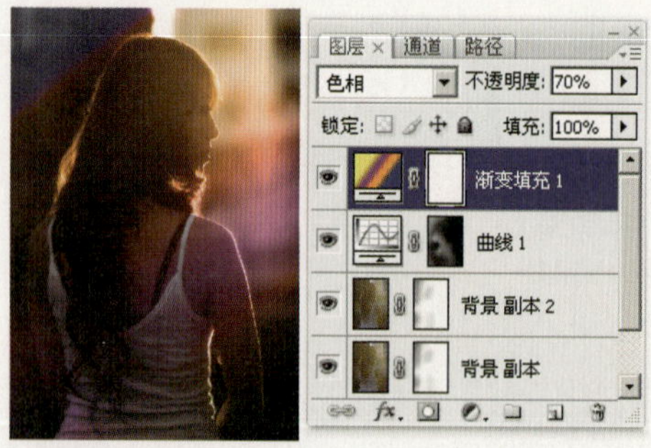

图5-20

12 单击“渐变填充1”图层蒙版缩览图，设置前景色为黑色，使用“画笔工具”设置适当的画笔大小和透明度后，在图层蒙版中涂抹，涂抹后的效果如图5-21所示。

图5-21

5.3 夜景人像照片的修饰

由于夜晚的光线暗淡，拍摄的照片显得有些灰朦朦的感觉，照片的对比也不是太好。下面用Photoshop中的调色、图层蒙版、图层混合模式等命令对照片进行调整。

原始图片

最终效果

制作步骤

01 执行菜单“文件｜打开”命令，在弹出的“打开”对话框中选择配套光盘“第5章\夜景人像照片的修饰\素材1”文件，此时的图像效果和“图层”调板如图5-22所示。

图5-22

02 按快捷键【Ctrl+Alt+～】载入选区；按快捷键【Ctrl+J】复制选区内容，自动生成“图层1”图层，如图5-23所示。

图5-23

03 单击“图层”调板底部的“创建新的填充或调整图层”按钮，在弹出的下拉菜单中选择“曲线”命令，设置弹出的对话框如图5-24所示。

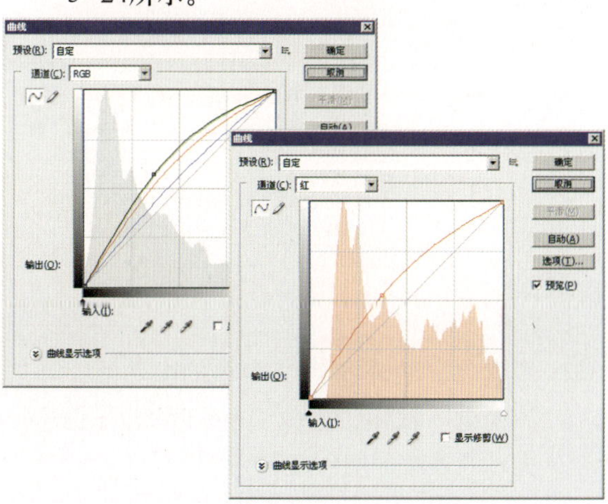

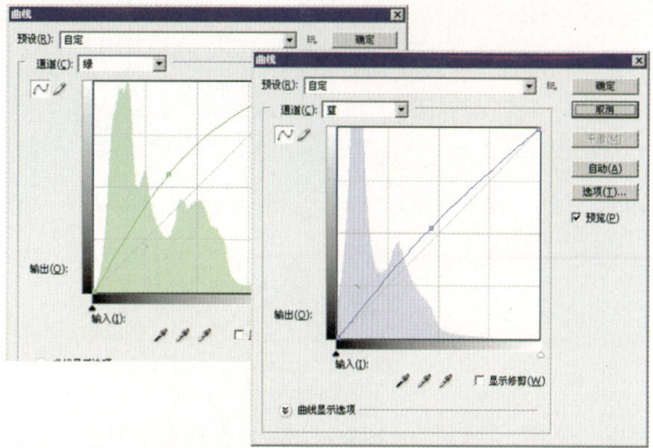

图5-24

04 设置完“曲线”命令的参数后，单击“确定”按钮，生成“曲线1”图层，按快捷键【Ctrl+Alt+G】，执行“创建剪贴蒙版”操作，此时的效果如图5-25所示。

图5-25

05 单击“图层”调板底部的“创建新的填充或调整图层”按钮，在弹出的下拉菜单中继续选择“曲线”命令，设置弹出的对话框如图5-26所示。

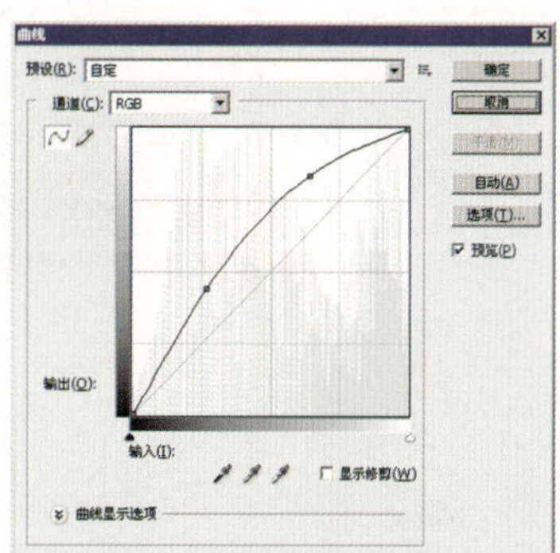

图5-26

06 设置完“曲线”命令的参数后，单击“确定”按钮，生成“曲线2”图层，此时的效果如图5-27所示。

图5-27

07 单击“图层”调板底部的“创建新的填充或调整图层”按钮，在弹出的下拉菜单中选择“色彩平衡”命令，设置弹出的对话框如图5-28所示。

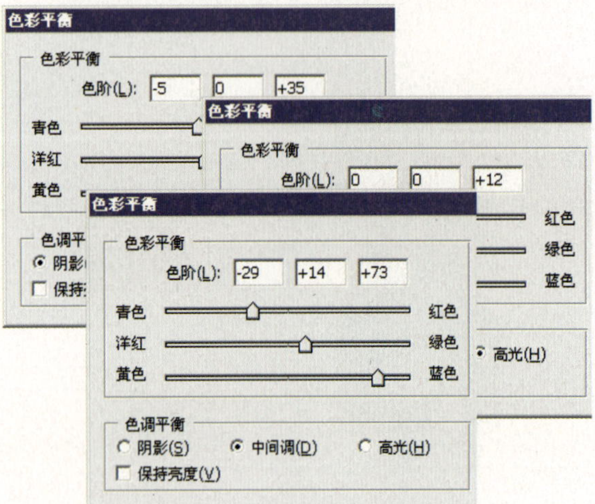

图5-28

08 设置完“色彩平衡”命令的参数后，单击“确定”按钮，生成“色彩平衡1”图层，此时的效果如图5-29所示。

图5-29

09 单击“图层”调板底部的“创建新的填充或调整图层”按钮，在弹出的下拉菜单中选择“色阶”命令，设置弹出的对话框如图5-30所示。

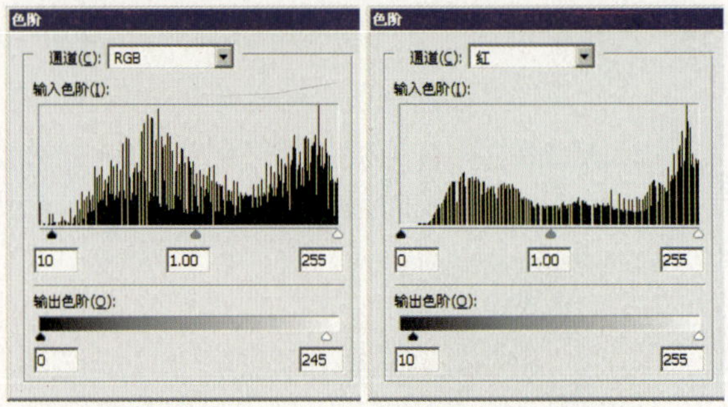

图5-30

10 设置完“色阶”命令的参数后，单击“确定”按钮，生成“色阶1”图层，此时的效果如图5-31所示。

图5-31

11 单击“图层”调板底部的“创建新的填充或调整图层”按钮，在弹出的菜单中选择“色彩平衡”命令，设置弹出的对话框如图5-32所示。

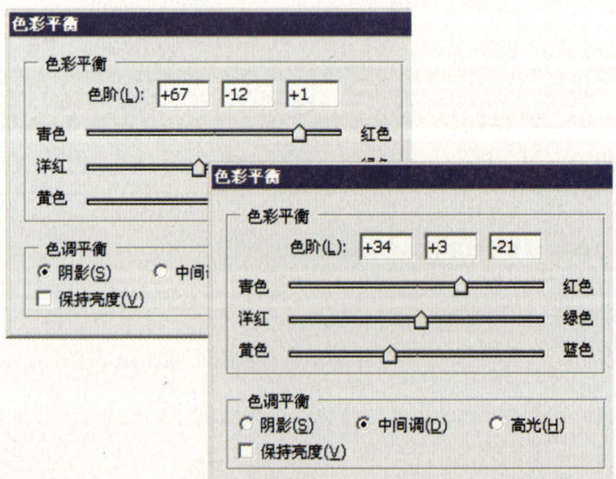

图5-32

12 设置完“色彩平衡”命令的参数后，单击“确定”按钮，生成“色彩平衡2”图层，此时的效果如图5-33所示。

图5—33

13 设置“色彩平衡2”图层的“不透明度”为30%，得到如图5—34所示的效果。

图5—34

14 单击“色彩平衡2”图层蒙版缩览图，设置前景色为黑色，使用“画笔工具”设置适当的画笔大小和透明度后，在图层蒙版中涂抹，涂抹后的效果如图5—35所示。

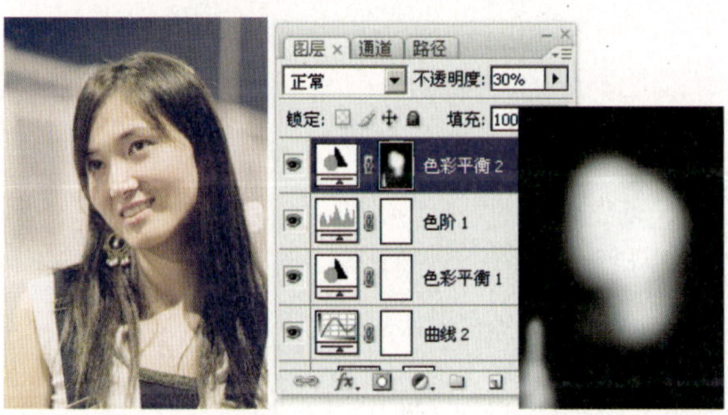

图5—35

15 单击“图层”调板底部的“创建新的填充或调整图层”按钮，在弹出的下拉菜单中选择“纯色”命令，在弹出的对话框中设置填充的颜色值为（R：187、G：161、B：127），单击“确定”按钮，生成“颜色填充1”图层，此时的效果如图5—36所示。

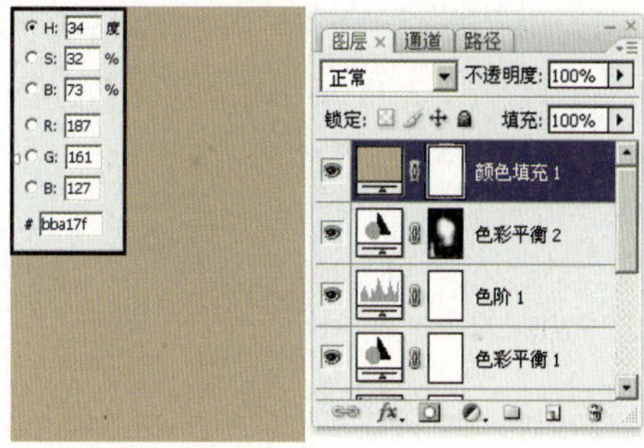

图5—36

16 设置“颜色填充1”图层混合模式为“颜色”，“不透明度”为30%，得到如图5—37所示的效果。

图5—37

17 单击“颜色填充1”图层蒙版缩览图，设置前景色为黑色，使用“画笔工具”设置适当的画笔大小和透明度后，在图层蒙版中涂抹，涂抹后的效果如图5—38所示。

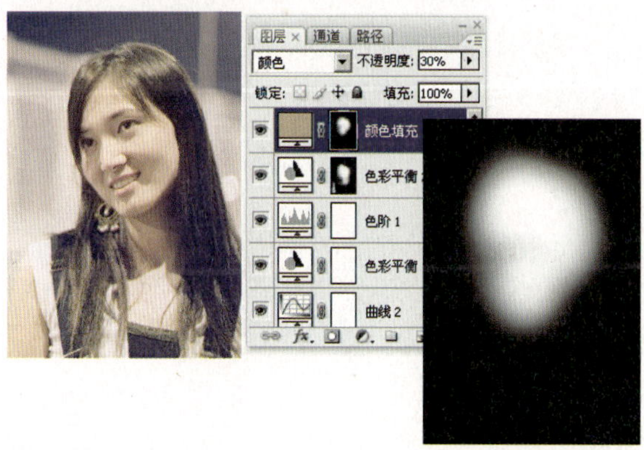

图5—38

18 单击“图层”调板底部的“创建新的填充或调整图层”按钮，在弹出的下拉菜单中选择“色相/饱和度”命令，设置弹出的对话框如图5—39所示。

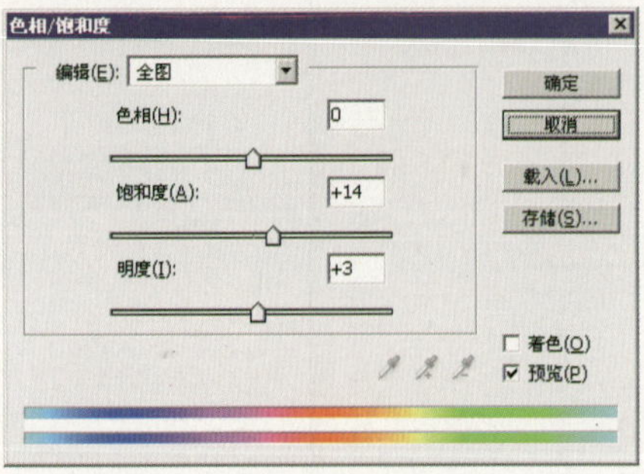

图5-39

19 设置完“色相/饱和度”命令的参数后，单击“确定”按钮，生成“色相/饱和度1”图层，此时的效果如图5-40所示。

图5-40

20 按快捷键【Ctrl+Shift+Alt+E】，执行“盖印”操作，生成“图层2”图层，设置图层混合模式为“柔光”，“不透明度”为60%，得到如图5-41所示的效果。

图5-41

21 选择“图层2”图层为当前图层，按快捷键【Ctrl+J】，复制“图层2”图层，生成“图层2副本”图层，设置图层混合模式为“正片叠底”，“不透明度”为60%，得到如图5-42所示的效果。

图5-42

22 单击“图层”调板底部的“添加图层蒙版”按钮，为“图层2副本”图层添加蒙版，设置前景色为黑色，使用“画笔工具”设置适当的画笔大小和透明度后，在图层蒙版中涂抹，涂抹后的效果如图5-43所示。

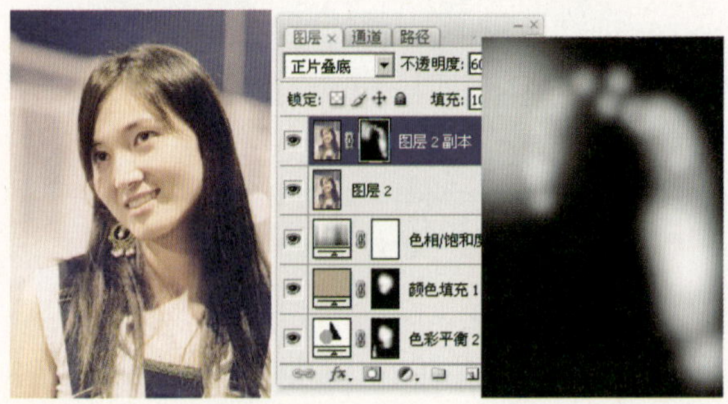

图5-43

23 按住【Alt】键不放，在“图层”调板上将“图层2”图层拖动到“图层2副本”图层的上方，以复制和调整图层顺序，生成“图层2副本2”图层，设置图层混合模式为“正片叠底”，“不透明度”为100%，得到如图5-44所示的效果。

图5-44

24 单击“图层”调板底部的“添加图层蒙版”按钮，为“图层2副本2”图层添加蒙版，设置前景色为黑色，使用“画笔工具”设置适当的画笔大小和透明度后，在图层蒙版中涂抹，涂抹图层蒙版后的效果如图5–45所示。

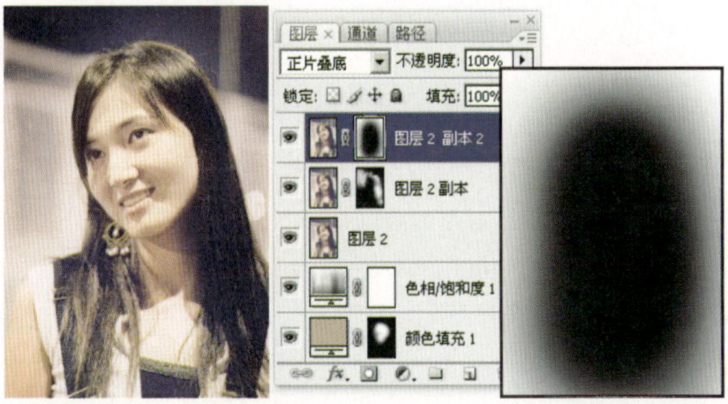

图5–45

25 单击“图层”调板底部的“创建新的填充或调整图层”按钮，在弹出的下拉菜单中选择“亮度/对比度”命令，设置弹出的对话框如图5–46所示。

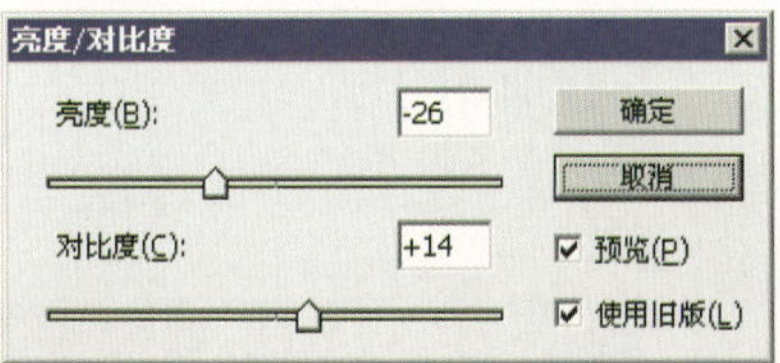

图5–46

> **技巧 提示**
>
> 还可以通过执行菜单“图层｜新建调整图层｜亮度/对比度”命令，调出“亮度/对比度”对话框。

26 设置完“亮度/对比度”命令的参数后，单击“确定”按钮，生成“亮度/对比度1”图层，此时的效果如图5–47所示。

图5–47

5.4 受环境色影响的照片修饰

由于人物周围的整体环境显得有些偏蓝，使得人物图像也偏蓝，看后给人一种不舒服的感觉。下面用Photoshop中的调色命令和图层混合模式等技术对照片进行调整。

原始图片

最终效果

制作步骤

01 执行菜单“文件 | 打开”命令，在弹出的“打开”对话框中选择配套光盘“第5章\受环境色影响的照片修饰\素材1”文件，此时的图像效果和“图层”调板如图5-48所示。

图5-48

02 单击“图层”调板底部的“创建新的填充或调整图层”按钮，在弹出的下拉菜单中选择“曲线”命令，设置弹出的对话框如图5-49所示。

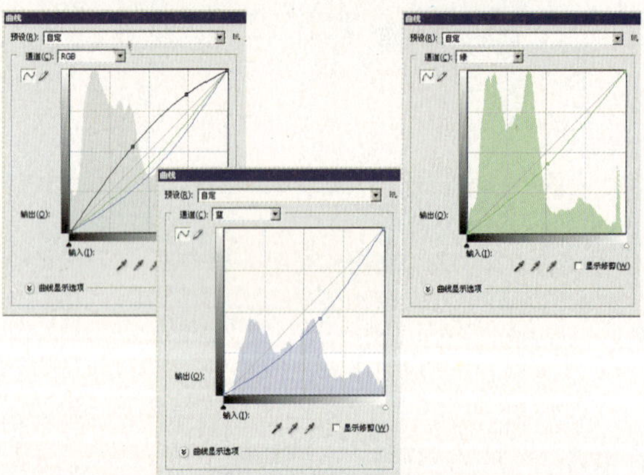

图5-49

03 设置完“曲线”命令的参数后，单击“确定”按钮，生成“曲线1”图层，此时的效果如图5-50所示。

图5-50

04 单击“图层”调板底部的“创建新的填充或调整图层”按钮，在弹出的下拉菜单中选择“色彩平衡”命令，设置弹出的对话框如图5-51所示。

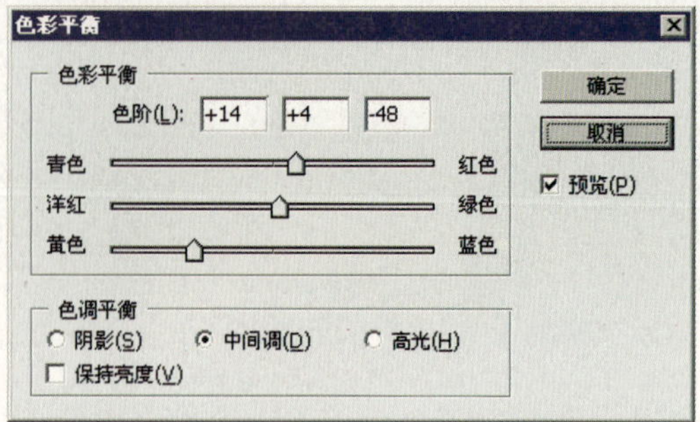

图5-51

05 设置完“色彩平衡”命令的参数后，单击“确定”按钮，生成“色彩平衡1”图层，此时的效果如图5-52所示。

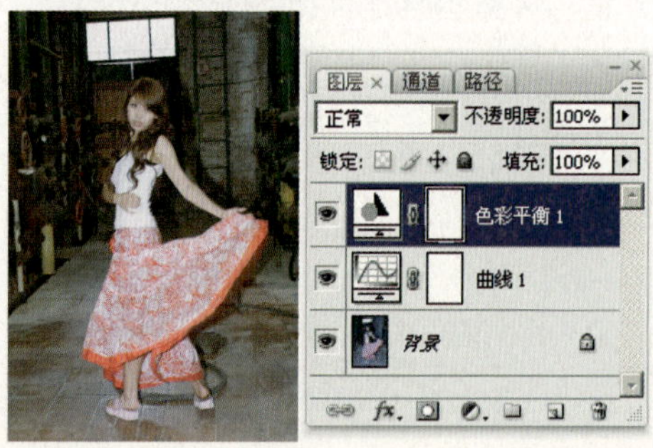

图5-52

06 单击“图层”调板底部的“创建新的填充或调整图层”按钮，在弹出的下拉菜单中选择“色相/饱和度”命令，设置弹出的对话框如图5-53和图5-54所示。

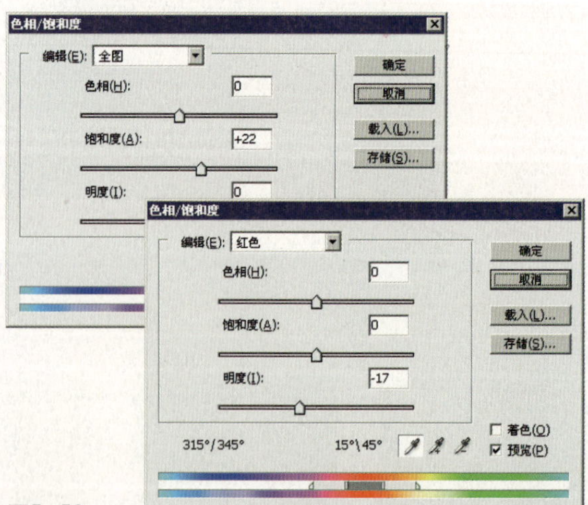

图5-53

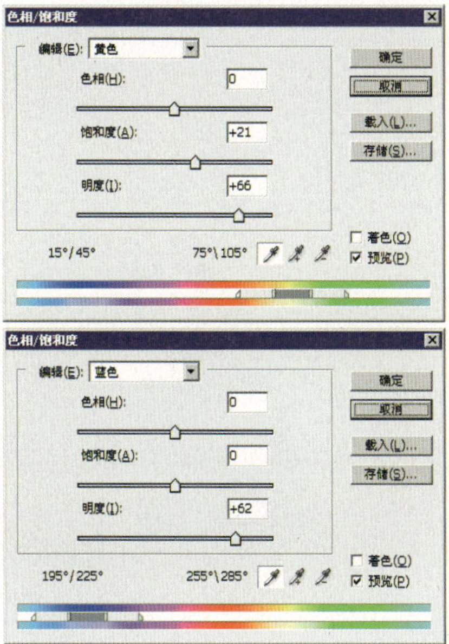

图5-54

07 设置完“色相/饱和度”命令的参数后，单击“确定”按钮，生成“色相/饱和度1”图层，此时的效果如图5-55所示。

图5-55

08 按快捷键【Ctrl+Shift+Alt+E】，执行“盖印”操作，生成“图层1”图层，设置图层混合模式为“叠加”，得到如图5-56所示的效果。

图5-56

09 执行菜单“滤镜 | 模糊 | 高斯模糊”命令，设置弹出对话框中的参数后，单击“确定”按钮，得到如图5-57所示的效果。

图5-57

10 单击“图层”调板底部的“添加图层蒙版”按钮，为“图层1”图层添加蒙版，设置前景色为黑色，使用“画笔工具”设置适当的画笔大小和透明度后，在图层蒙版中涂抹，其涂抹状态和“图层”调板如图5-58所示。涂抹图层蒙版得到如图5-59所示的图像效果。

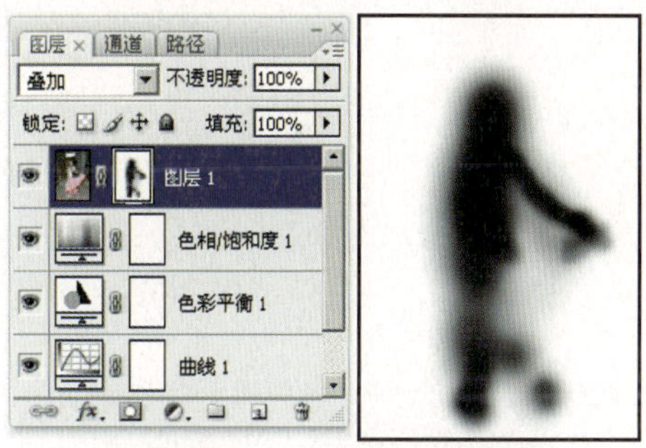

图5-58

图5-59

5.5 阴暗角落人像照片的修饰

由于楼梯中的光线不好，所有拍摄出的照片比较昏暗。下面用Photoshop中的调色命令、图层蒙版、图层混合模式将照片调整的更亮一些。

原始图片

最终效果

制作步骤

01 执行菜单“文件 | 打开”命令，在弹出的“打开”对话框中选择配套光盘“第5章\阴暗角落人像照片的修饰\素材1”文件，此时的图像效果和“图层”调板如图5-60所示。

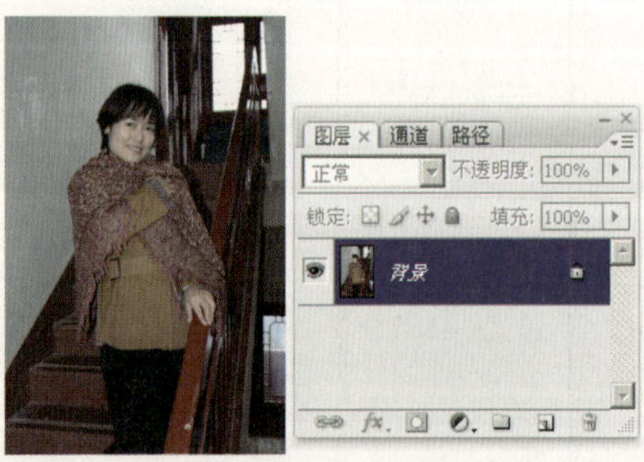

图5-60

02 单击“图层”调板底部的“创建新的填充或调整图层”按钮，在弹出的下拉菜单中选择“曲线”命令，设置弹出的对话框如图5-61所示。

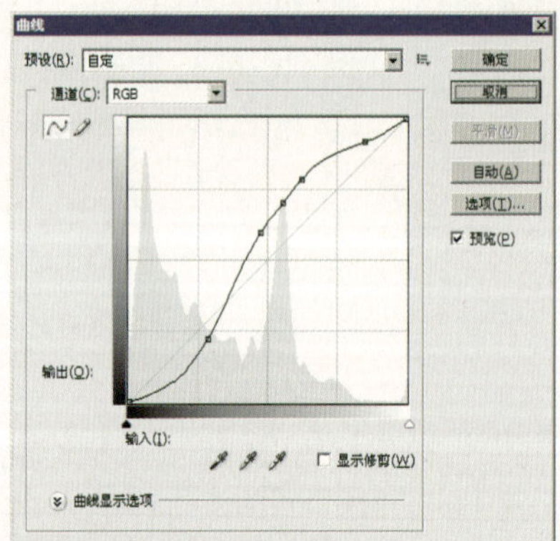

图5-61

03 设置完“曲线”命令的参数后，单击“确定”按钮，得到图层“曲线 1”，此时的效果如图5-62所示。

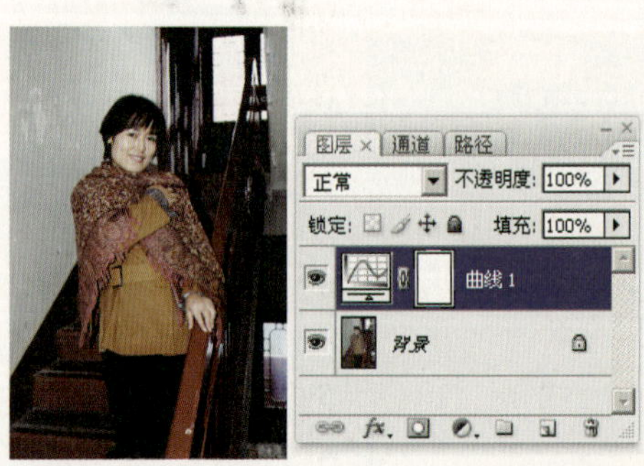

图5-62

04 设置“曲线1”图层的“不透明度”为48%，得到如图5-63所示的效果。

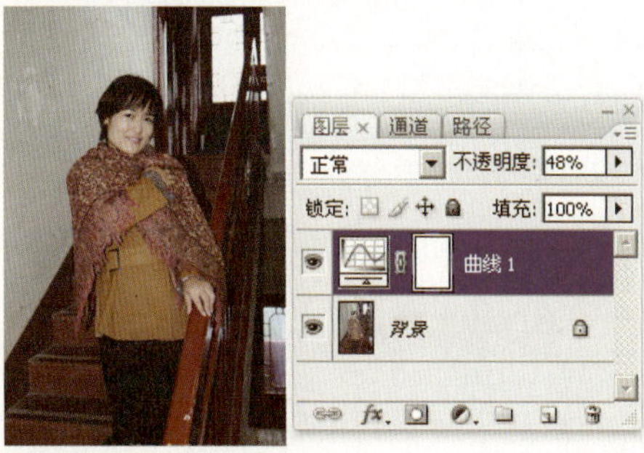

图5-63

05 在“图层”调板中拖动“背景”图层到“创建新图层”按钮上，释放鼠标得到“背景副本”图层，按快捷键【Shift+Ctrl+]】将其置于图层的最上方，设置图层混合模式为“滤色”，此时的图像效果如图5-64所示。

06 单击“图层”调板底部的“添加图层蒙版”按钮，为“背景副本”图层添加蒙版，设置前景色为黑色，使用“画笔工具”设置适当的画笔大小和透明度后，在图层蒙版中涂抹，涂抹图层蒙版得到如图5-65所示的图像效果。

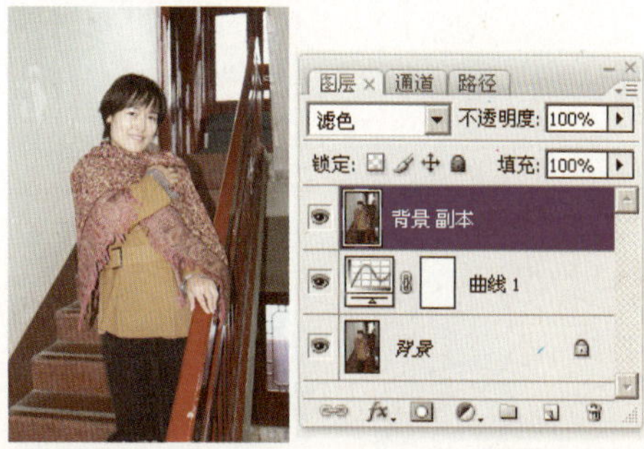

图5-64

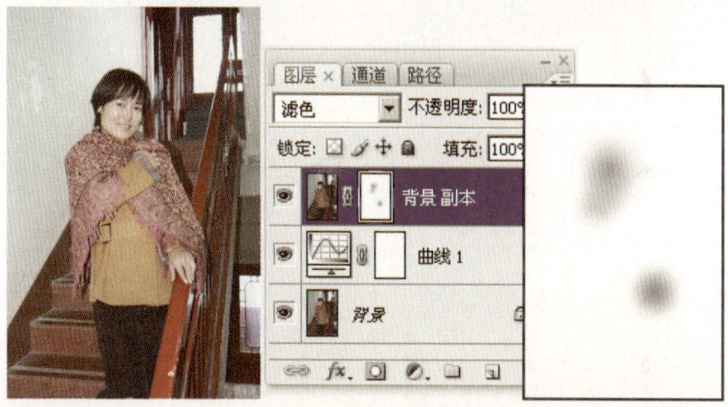

图5-65

5.6 改变人物背景季节

本实例的照片是在深秋季节拍摄的，照片显得灰暗没有一点生机。下面用色彩平衡命令结合图层蒙版，将照片的背景变成春天的景色，使照片充满生机。

原始图片

最终效果

制作步骤

01 执行菜单“文件 | 打开”命令，在弹出的“打开”对话框中选择配套光盘“第5章\改变人物背景季节\素材1”文件，此时的图像效果和“图层”调板如图5-66所示。

图5-66

02 在“图层”调板中拖动“背景”图层到“创建新图层”按钮上，释放鼠标生成“背景副本”图层，设置图层混合模式为“滤色”，得到如图5-67所示的效果。

图5-67

03 单击“图层”调板底部的“添加图层蒙版”按钮，为“背景副本”图层添加蒙版，设置前景色为黑色，使用“画笔工具”设置适当的画笔大小和透明度后，在图层蒙版中涂抹，涂抹图层蒙版得到如图5-68所示的图像效果。

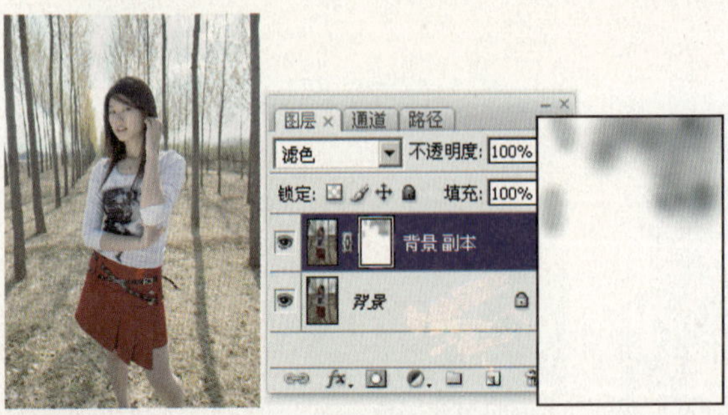

图5-68

04 单击“图层”调板底部的“创建新的填充或调整图层”按钮，在弹出的下拉菜单中选择“色彩平衡”命令，设置弹出的对话框如图5-69所示。

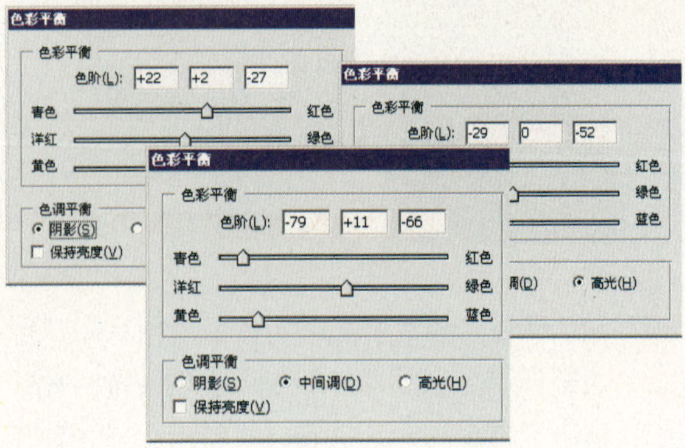

图5-69

05 设置完“色彩平衡”命令的参数后，单击“确定”按钮，生成“色彩平衡1”图层，此时的效果如图5-70所示。

图5-70

06 单击“色彩平衡1”图层蒙版缩览图，设置前景色为黑色，使用“画笔工具”设置适当的画笔大小和透明度后，在图层蒙版中涂抹，涂抹后的效果如图5-71所示。

图5-71

5.7 晚会人像照片的修饰

这是一张在晚会中拍摄的照片，由于环境光的影响使得人物皮肤的颜色也不正常，人物整体图像显得暗淡不突出。下面用Photoshop中的技术对其进行调整。

原始图片

最终效果

制作步骤

01 执行菜单“文件｜打开”命令，在弹出的“打开”对话框中选择配套光盘“第5章\晚会人像照片的修饰\素材1”文件，此时的图像效果和图层调板如图5-72所示。

图5-72

02 在“图层”调板中拖动“背景”图层到“创建新图层”按钮上，释放鼠标生成“背景副本”图层，设置图层混合模式为“滤色”，得到如图5-73所示的效果。

图5-73

03 单击“图层”调板底部的“添加图层蒙版”按钮，为“背景副本”图层添加蒙版，设置前景色为黑色，使用“画笔工具”设置适当的画笔大小和透明度后，在图层蒙版中涂抹，其涂抹状态和“图层”调板如图5-74所示。

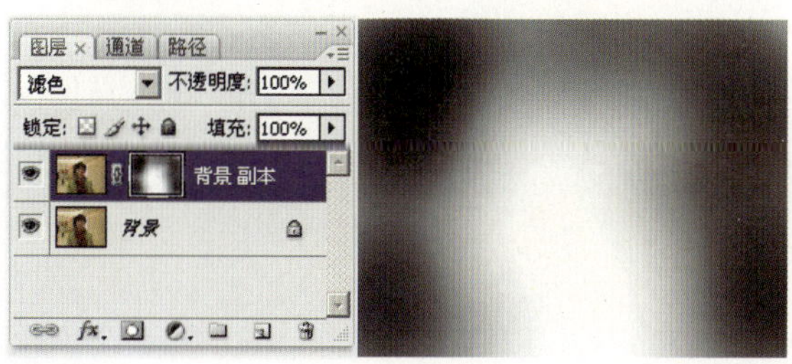

图5-74

04 涂抹“背景副本”图层蒙版后，此时除人物图像以外的部分都恢复到了没有设置混合模式的正常状态，其效果如图5–75所示。

图5–75

05 单击“图层”调板底部的“创建新的填充或调整图层”按钮，在弹出的下拉菜单中选择“曲线”命令，设置弹出的对话框如图5–76所示。

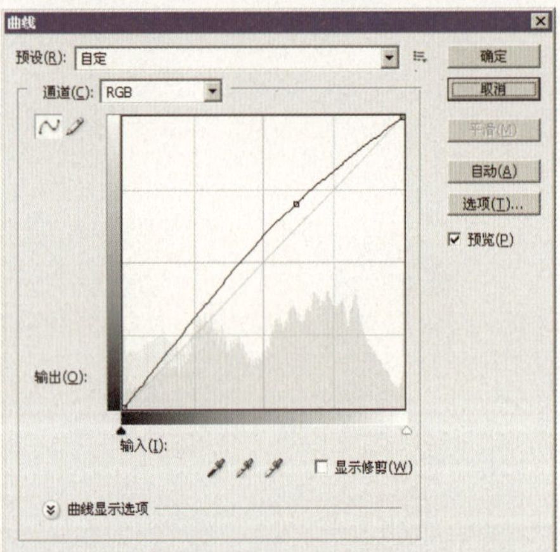

图5–76

06 设置完“曲线”命令的参数后，单击“确定”按钮，生成“曲线1”图层，此时的效果如图5–77所示。

图5–77

07 单击“曲线1”图层蒙版缩览图，设置前景色为黑色，使用“画笔工具”设置适当的画笔大小和透明度后，在图层蒙版中涂抹，其涂抹状态和“图层”调板如图5–78所示。

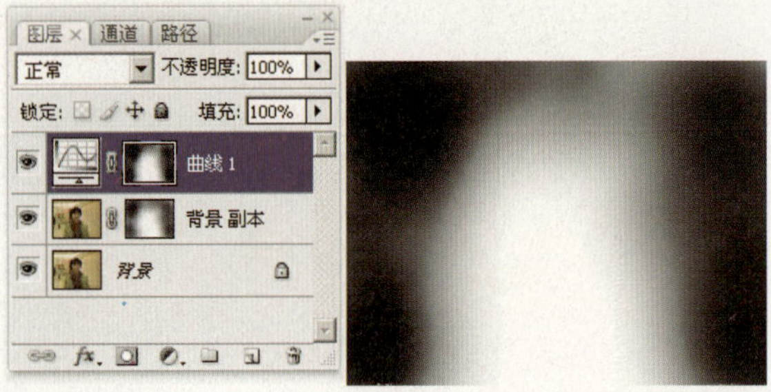

图5–78

08 涂抹“曲线1”图层蒙版后，被涂抹的位置就不受调整图层“曲线 1”的影响了，其效果如图5–79所示。

图5–79

09 单击“图层”调板底部的“创建新的填充或调整图层”按钮，在弹出的下拉菜单中选择“色彩平衡”命令，设置弹出的对话框如图5–80所示。

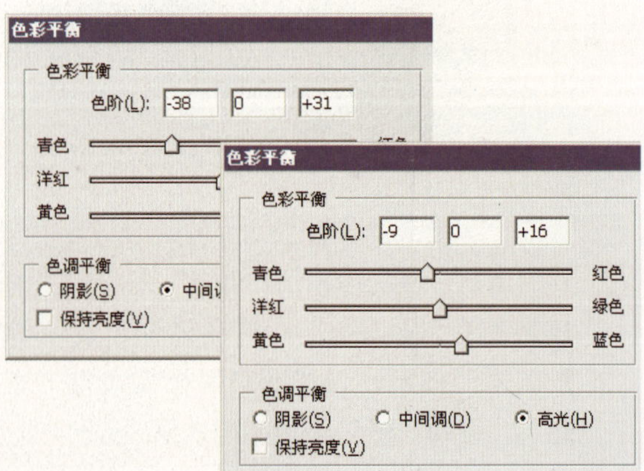

图5–80

10 设置完“色彩平衡”命令的参数后，单击“确定”按钮，生成“色彩平衡1”图层，此时的效果如图5–81所示。

图5–81

11 按快捷键【Ctrl+Shift+Alt+E】，执行“盖印”操作，生成“图层1”图层，设置图层混合模式为“滤色”，“不透明度”为20%，得到如图5–82所示的效果。

图5–82

12 执行菜单“滤镜|模糊|高斯模糊”命令，设置弹出对话框中的参数后，单击“确定”按钮，得到如图5–83所示的效果。

图5–83

13 单击“图层”调板底部的“添加图层蒙版”按钮，为“图层1”图层添加蒙版，设置前景色为黑色，使用“画笔工具”设置适当的画笔大小和透明度后，在图层蒙版中涂抹，其涂抹状态和“图层”调板如图5–84所示。

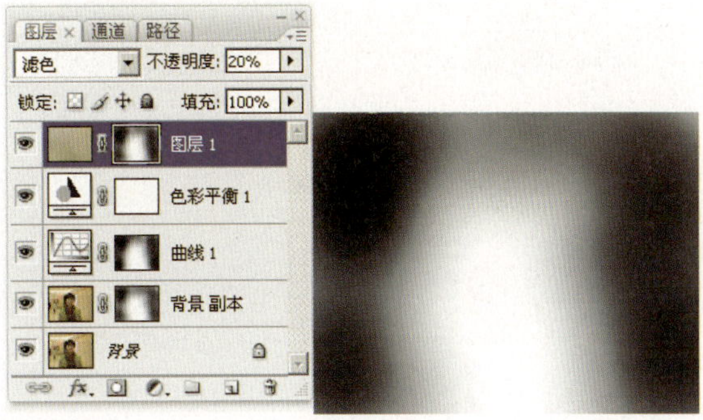

图5–84

14 涂抹“图层1”图层蒙版后，此时“图层1”图层被涂抹的部分就不和下方的图层进行混合，使其下方的图层恢复的原来的图像效果，如图5–85所示。

图5–85

15 设置前景色为白色，新建一个图层，生成“图层2”图层，使用“画笔工具”设置适当的画笔大小和透明度后，在“图层2”图层中人物的眼睛上单击，绘制人物眼睛上的高光，如图5–86所示。

图5–86

16 单击“图层”调板底部的“创建新的填充或调整图层”按钮，在弹出的下拉菜单中选择“色阶”命令，设置弹出的对话框如图5-87所示。

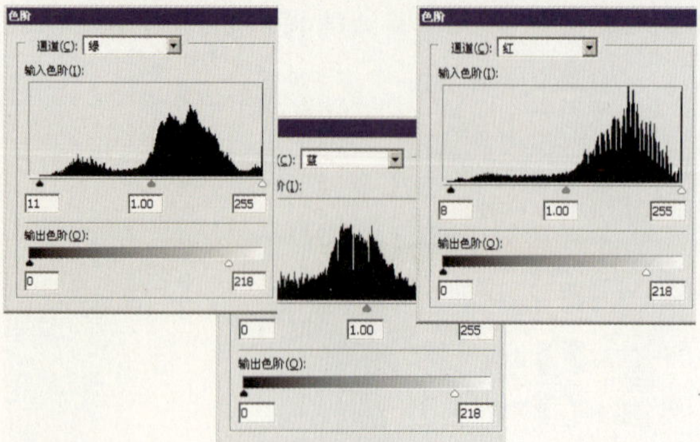

图5-87

17 设置完“色阶”命令的参数后，单击“确定”按钮，生成“色阶1”图层，此时的效果如图5-88所示。

图5-88

18 单击“色阶1”图层蒙版缩览图，设置前景色为黑色，使用“画笔工具”设置适当的画笔大小和透明度后，在图层蒙版中涂抹，其涂抹状态和“图层”调板如图5-89所示。

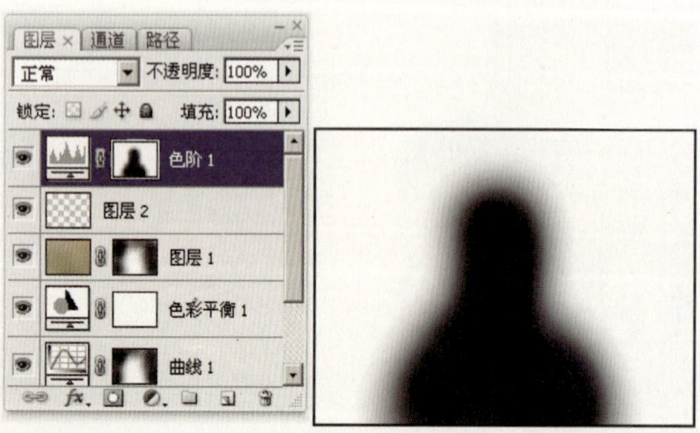

图5-89

19 涂抹“色阶1”图层蒙版后，被涂抹的位置就不受调整图层“色阶1”的影响了，其效果如图5-90所示。

图5-90

20 单击“图层”调板底部的“创建新的填充或调整图层”按钮，在弹出的下拉菜单中选择“色相/饱和度”命令，设置弹出的对话框如图5-91所示。

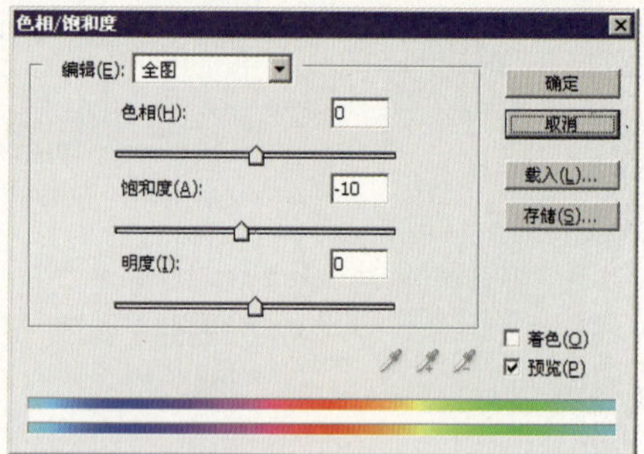

图5-91

21 设置完“色相/饱和度”命令的参数后，单击“确定”按钮，生成“色相/饱和度1”图层，此时的效果如图5-92所示。

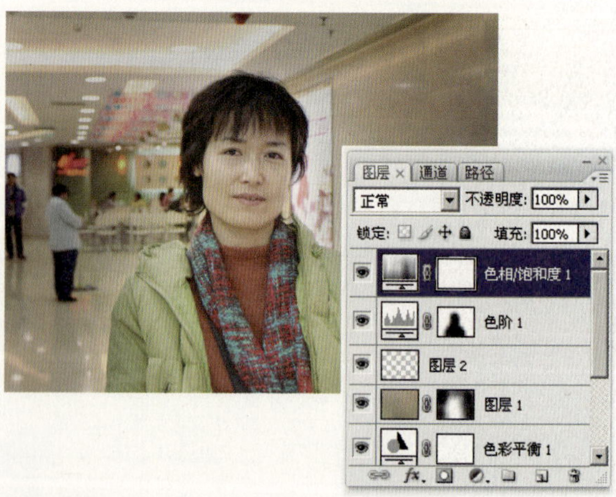

图5-92

5.8 杂乱背景人像照片的修饰

本实例的照片在拍摄时由于主体人物处在人群之中，显得主体人物的背景非常杂乱。下面用Photoshop中的高斯模糊和图层蒙版技术将主体人物突出出来。

原始图片

最终效果

制作步骤

01 执行菜单“文件 | 打开”命令，在弹出的“打开”对话框中选择配套光盘“第5章\杂乱背景人像照片的修饰\素材1”文件，此时的图像效果和“图层”调板如图5-93所示。

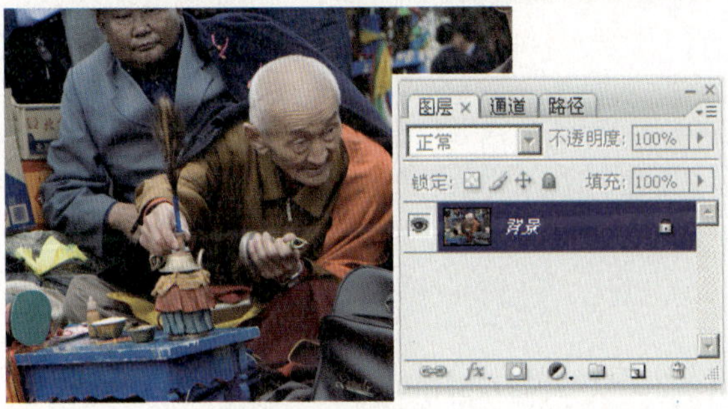

图5-93

02 在“图层”调板中拖动“背景”图层到“创建新图层”按钮上，释放鼠标生成“背景副本”图层。执行菜单“滤镜 | 模糊 | 高斯模糊”命令，设置弹出对话框中的参数后，单击“确定”按钮，得到如图5-94所示的效果。

03 单击“图层”调板底部的“添加图层蒙版”按钮，为“背景副本”图层添加蒙版，设置前景色为黑色，使用“画笔工具”设置适当的画笔大小和透明度后，在图层蒙版中涂抹，其涂抹状态和“图层”调板如图5-95所示。

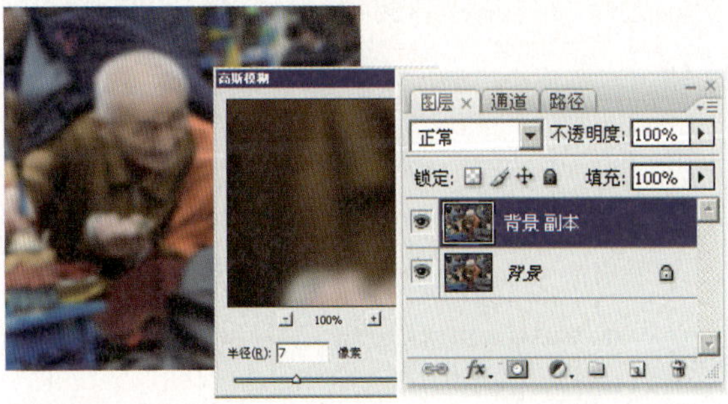

图5-94

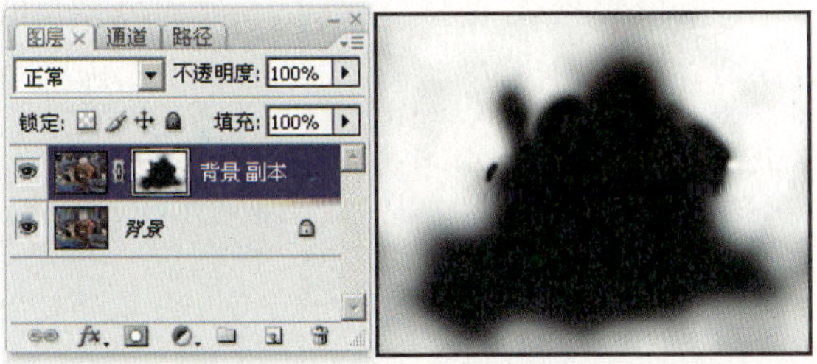

图5-95

04 涂抹“背景副本”图层蒙版后，此时除人物图像以外的部分都具有一种模糊虚化的效果，如图5-96所示。

图5-96

05 在“图层”调板中拖动“背景”图层到“创建新图层”按钮上，释放鼠标生成“背景副本2”图层，按快捷键【Shift+Ctrl+]】将其置于图层的最上方，此时的图像效果和“图层”调板如图5-97所示。

图5-97

06 执行菜单“滤镜 | 模糊 | 高斯模糊”命令，设置弹出对话框中的参数后，单击“确定”按钮，得到如图5-98所示的效果。

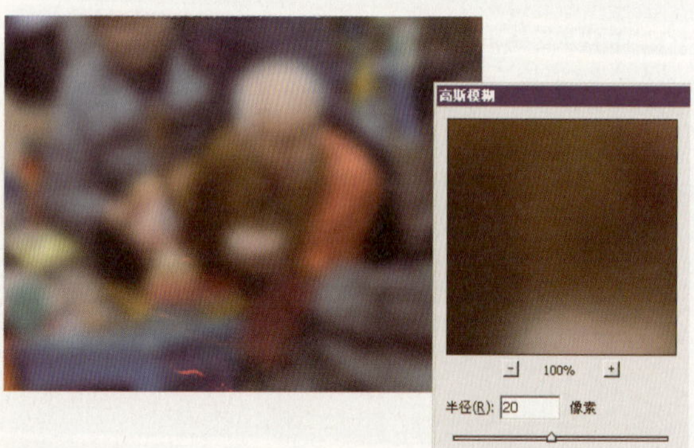

图5-98

07 设置“背景副本2”图层混合模式为“叠加”，得到如图5-99所示的效果。

图5-99

08 按住【Alt】键不放，在“图层”调板上拖动“背景副本”图层蒙版缩览图到“背景副本2”图层名称上释放鼠标，以复制图层蒙版，得到如图5-100所示的效果。

图5-100

09 按快捷键【Ctrl+Shift+Alt+E】，执行“盖印”操作，生成“图层1”图层，设置图层混合模式为“柔光”，“不透明度”为60%，得到如图5-101所示的效果。

图5-101

10 执行菜单“滤镜 | 模糊 | 高斯模糊”命令，设置弹出对话框中的参数后，单击“确定”按钮，得到如图5-102所示的效果。

图5-102

11 单击“图层”调板底部的“创建新的填充或调整图层”按钮，在弹出的下拉菜单中选择“曲线”命令，设置弹出的对话框后，单击“确定”按钮，生成“曲线1”图层，此时的效果如图5-103所示。

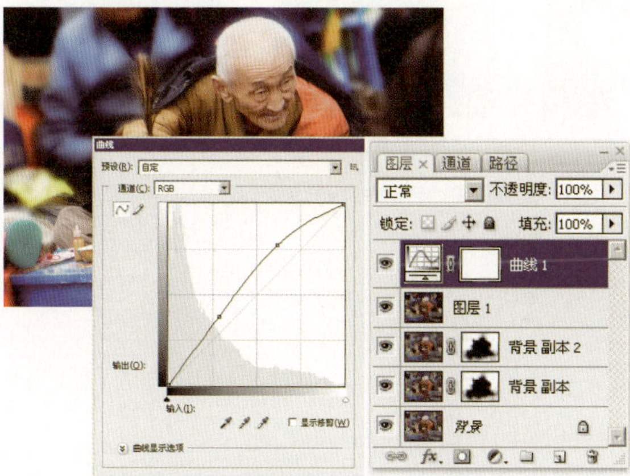

图5-103

12 单击“曲线1”图层蒙版缩览图，设置前景色为黑色，使用“画笔工具”设置适当的画笔大小和透明度后，在图层蒙版中涂抹，涂抹图层蒙版后的效果如图5-104所示。

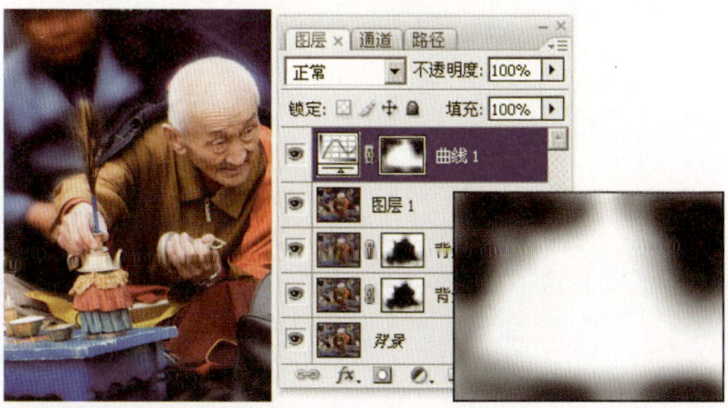

图5-104

13 单击“图层”调板底部的“创建新的填充或调整图层”按钮，在弹出的下拉菜单中选择“亮度/对比度”命令，设置弹出的对话框后，单击“确定”按钮，生成“亮度/对比度1”图层，此时的效果如图5-105所示。

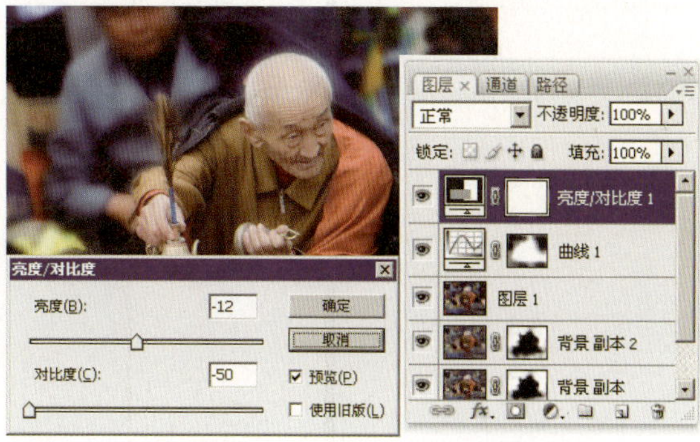

图5-105

14 单击“亮度/对比度1”图层蒙版缩览图，设置前景色为黑色，使用“画笔工具”设置适当的画笔大小和透明度后，在图层蒙版中涂抹，其涂抹状态和“图层”调板如图5-106所示。

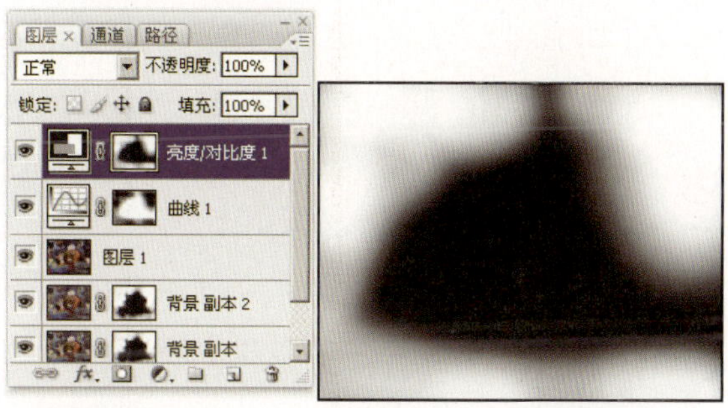

图5-106

15 涂抹“亮度/对比度1”图层蒙版后，被涂抹的位置就不受调整图层“亮度/对比度”的影响了，其效果如图5-107所示。

图5-107

5.9 直线光线下人像修饰

本实例的照片是在直线光下拍摄的，整体图像显得有些曝光过渡的感觉。下面用Photoshop中的曲线、色相/饱和度等调色命令对其进行调整。

原始图片

最终效果

制作步骤

01 执行菜单“文件｜打开”命令，在弹出的“打开”对话框中选择配套光盘“第5章\直线光线下人像修饰\素材1”文件，此时的图像效果和图层调板如图5–108所示。

图5–108

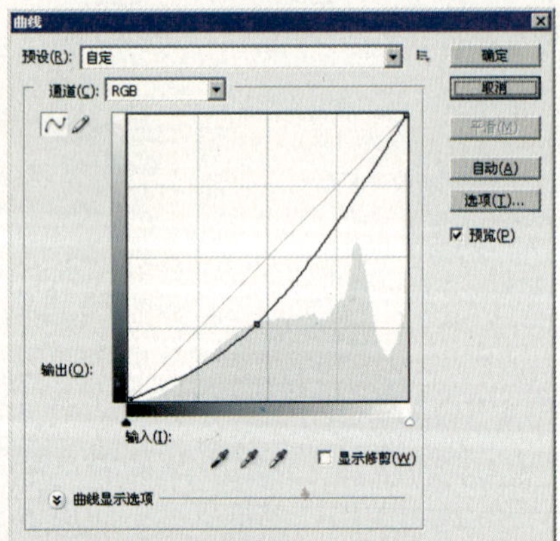

图5–109

02 单击“图层”调板底部的“创建新的填充或调整图层”按钮，在弹出的下拉菜单中选择“曲线”命令，设置弹出的对话框如图5–109所示。

03 设置完“曲线”命令的参数后，单击“确定”按钮，生成“曲线1”图层，此时的效果如图5–110所示。

图5–110

04 单击“曲线1”图层蒙版缩览图，设置前景色为黑色，使用“画笔工具”设置适当的画笔大小和透明度后，在图层蒙版中涂抹，涂抹后的效果如图5−111所示。

图5−111

05 单击“图层”调板底部的“创建新的填充或调整图层”按钮，在弹出的下拉菜单中选择“色相/饱和度”命令，设置弹出的对话框如图5−112所示。

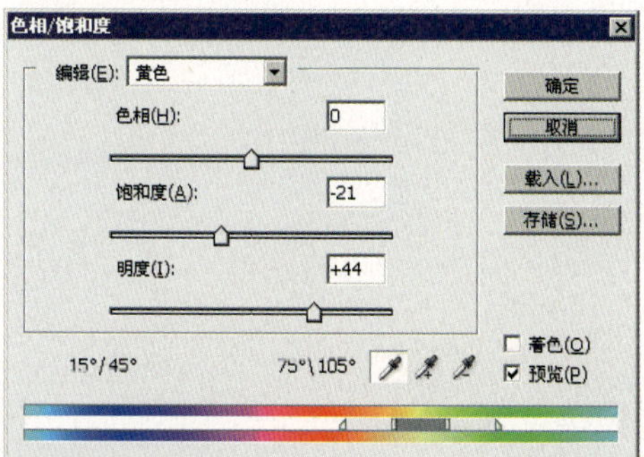

图5−112

06 设置完“色相/饱和度”命令的参数后，单击“确定”按钮，生成“色相/饱和度1”图层，此时的效果如图5−113所示。

图5−113

07 单击“色相/饱和度1”图层蒙版缩览图，设置前景色为黑色，使用“画笔工具”设置适当的画笔大小和透明度后，在图层蒙版中涂抹，涂抹后的效果如图5−114所示。

图5−114

08 单击“图层”调板底部的“创建新的填充或调整图层”按钮，在弹出的下拉菜单中选择“曲线”命令，设置弹出的对话框如图5−115所示。

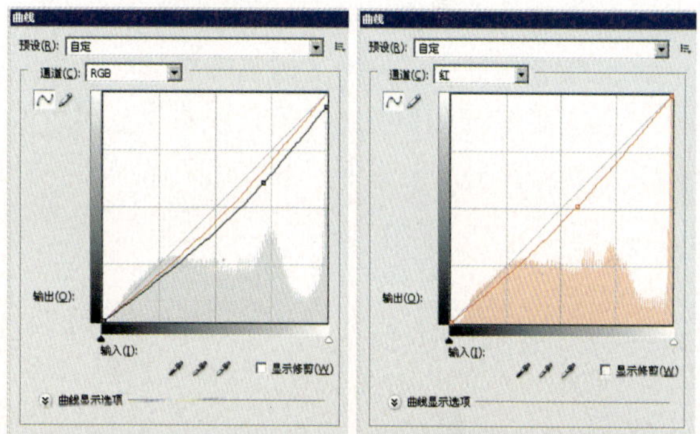

图5−115

09 设置完“曲线”命令的参数后，单击“确定”按钮，生成“曲线2”图层，此时的效果如图5−116所示。

图5−116

10 单击“曲线2”图层蒙版缩览图，设置前景色为黑色，使用“画笔工具”设置适当的画笔大小和透明度后，在图层蒙版中涂抹，涂抹后的效果如图5−117所示。

图5-117

图5-118

11 按快捷键【Ctrl+Shift+Alt+E】，执行“盖印”操作，得到“图层1”图层，设置图层混合模式为“滤色”，得到如图5-118所示的效果。

12 单击“图层”调板底部的“添加图层蒙版”按钮，为“图层1”图层添加蒙版，设置前景色为黑色，使用“画笔工具”设置适当的画笔大小和透明度后，在图层蒙版中涂抹，涂抹后的效果如图5-119所示。

图5-119

5.10 自然光下的人像照片修饰

本实例的照片是在自然光下拍摄的照片，照片人物的脸部颜色显得有些偏色。下面用Photoshop中的曲线、色彩平衡等调色命令对其进行调整。

原始图片

最终效果

制作步骤

01 执行菜单“文件 | 打开”命令，在弹出的“打开”对话框中选择配套光盘“第5章\自然光下的人像照片修饰\素材1”文件，此时的图像效果和“图层”调板如图5-120所示。

图5-120

02 单击“图层”调板底部的“创建新的填充或调整图层”按钮，在弹出的下拉菜单中选择“曲线”命令，设置弹出的对话框如图5-121所示。

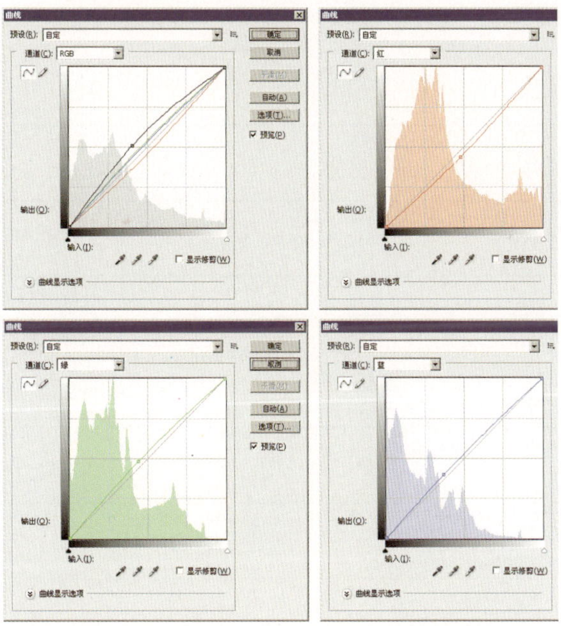

图5-121

03 设置完“曲线”命令的参数后，单击“确定”按钮，生成“曲线1”图层，此时的效果如图5-122所示。

图5-122

04 单击“图层”调板底部的“创建新的填充或调整图层”按钮，在弹出的下拉菜单中选择“色彩平衡”命令，设置弹出的对话框如图5-123所示。

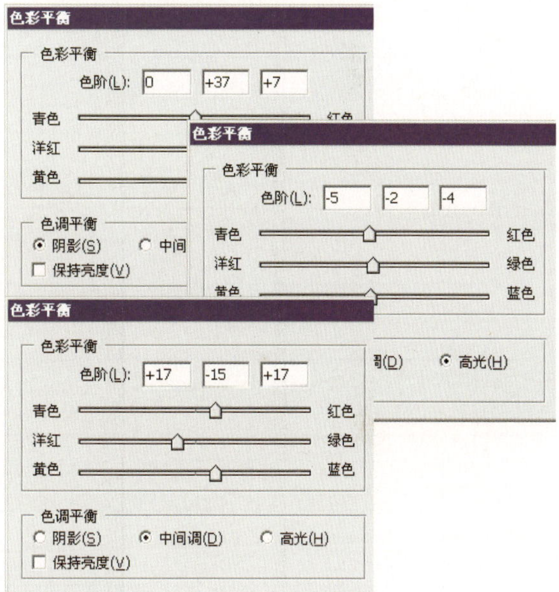

图5-123

05 设置完“色彩平衡”命令的参数后，单击“确定”按钮，生成“色彩平衡1”图层，此时的效果如图5-124所示。

图5-124

NOTEbook

读书笔记

第6章
旅游风景照片艺术处理

设计的不断发展使艺术与我们的距离越来越近，通过Photoshop这一软件的简单处理，可以使普普通通的旅游风景照片产生各式各样特殊的视觉效果。本章将学习制作风景油画效果、复古照片效果、古建筑艺术照、旧电影胶片效果、水墨风景画效果等。

6.1 制作水墨风景画效果

在本实例中将要学习利用Photoshop的各种滤镜效果、曲线等功能，将图片处理成水墨画效果。这种效果色调单一、意境深远，具有中国传统的特色。

原始图片

最终效果

制作步骤

01 执行菜单“文件 | 打开”命令，在弹出的“打开”对话框中选择配套光盘“第6章\制作水墨风景画效果\素材1”文件，此时的图像效果和“图层”调板如图6-1所示。

图6-1

02 单击“图层”调板底部的“创建新的填充或调整图层”按钮，在弹出的下拉菜单中选择“色阶”命令，设置弹出的对话框如图6-2所示。

03 设置完“色阶”命令的参数后，单击“确定”按钮，生成“色阶1”图层，按快捷键【Ctrl+Alt+G】，执行“创建剪贴蒙版”操作，此时的效果如图6-3所示。

图6—2

图6—3

04 按快捷键【Ctrl+Shift+Alt+E】，执行“盖印”操作，生成“图层1”图层，按快捷键【Ctrl+J】，复制“图层1”图层，生成“图层1副本”图层，隐藏“图层1副本”图层，选择“图层1”为当前图层，如图6-4所示。

图6-4

05 执行菜单“滤镜 | 模糊 | 特殊模糊”命令，设置弹出对话框中的参数后，单击“确定”按钮，得到如图6-5所示的效果。

图6-5

06 按快捷键【Ctrl+J】，复制“图层1”图层，生成“图层1副本2”图层，设置图层混合模式为“颜色加深”，“不透明度”为70%，得到如图6-6所示的效果。

图6-6

07 选择“图层1副本2”图层，执行菜单“滤镜 | 艺术效果 | 水彩”命令，设置弹出对话框中的参数后，单击“确定”按钮，得到如图6-7所示的效果。

图6-7

08 选择并显示“图层1副本”图层，执行菜单“滤镜 | 艺术效果 | 调色”命令，设置弹出对话框中的参数后，单击“确定”按钮，得到如图6-8所示的效果。

图6-8

09 设置“图层1副本”图层混合模式为“叠加”，“不透明度”为50%，得到如图6-9所示的效果。

图6-9

10 单击“图层”调板底部的“创建新的填充或调整图层”按钮◐，在弹出的下拉菜单中选择“曲线”命令，设置完“曲线”命令的参数后，单击“确定”按钮，生成“曲线1”图层，此时的效果如图6-10所示。

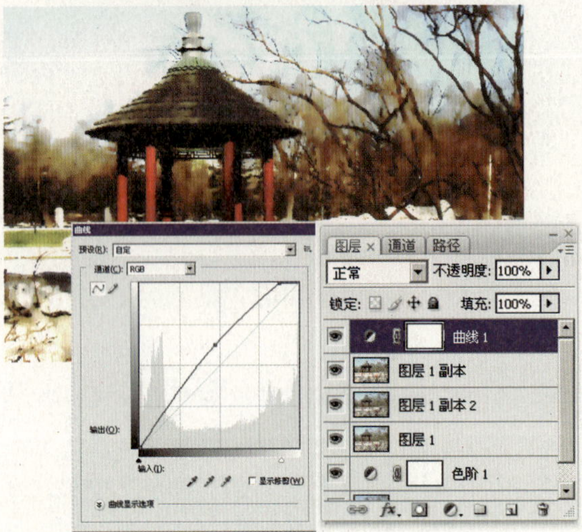

图6-10

11 单击“图层”调板底部的“创建新的填充或调整图层”按钮◐，在弹出的下拉菜单中选择“色相/饱和度”命令，设置弹出的对话框如图6-11所示。

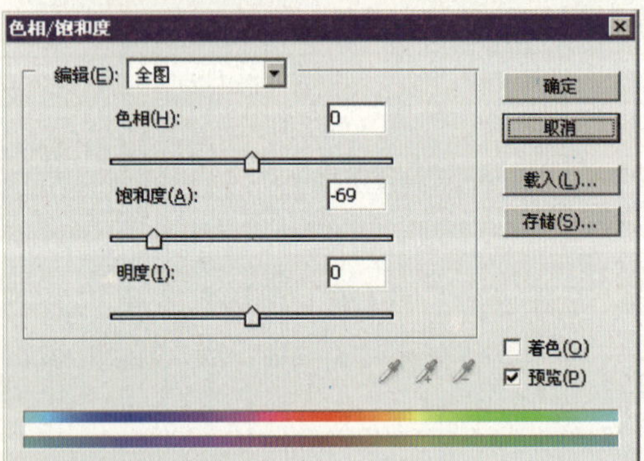

图6-11

12 设置完“色相/饱和度”命令的参数后，单击“确定”按钮，生成“色相/饱和度1”图层，此时的效果如图6-12所示。

13 新建一个图层，生成“图层2”图层，使用“矩形选框工具”⬚，在图像窗口中绘制一个矩形选框，如图6-13所示。

图6-12

图6-13

14 按快捷键【Ctrl+Alt+D】，设置弹出的“羽化选区”对话框后，按快捷键【Ctrl+Shift+I】，执行“反选”操作，如图6-14所示。

图6-14

15 设置前景色为白色，按快捷键【Alt+Delete】用前景色填充选区，按快捷键【Ctrl+D】取消选区，得到如图6-15所示的效果。

图6–15

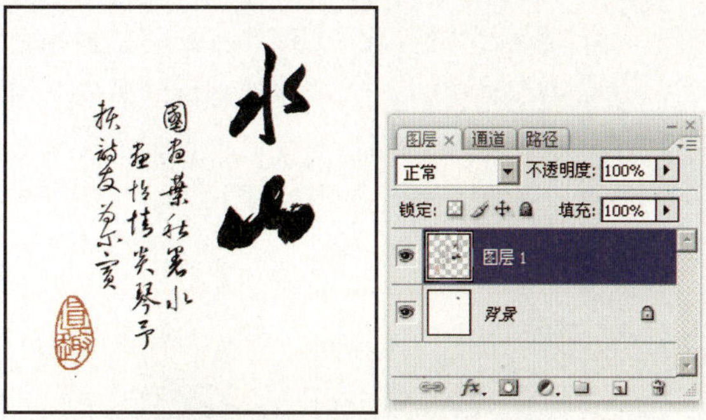

图6–16

16 打开配套光盘“第6章\制作水墨风景画效果\素材2”文件，此时的图像效果和图层调板如图6–16所示。

17 使用“移动工具”将文字图像拖动到“步骤1”打开的文件中生成“图层3”图层，按快捷键【Ctrl+T】，调出自由变换控制框，变换图像到图像的左上角，得到如图6–17所示的效果。

图6–17

6.2 制作下雪的效果

如果拍摄了一张风景照片，想在照片上显现出下雪的景色，利用Photoshop就可以轻松实现。本实例将运用铜版雕刻、动感模糊、阈值等技术来实现。

原始图片

最终效果

制作步骤

01 执行菜单“文件丨打开”命令，在弹出的“打开”对话框中选择配套光盘“第6章\制作下雪的效果\素材1”文件，此时的图像效果和“图层”调板如图6−18所示。

图6−18

02 在“图层”调板中拖动“背景”图层到“创建新图层”按钮上，释放鼠标生成“背景副本”图层，将图层混合模式改为“滤色”，“不透明度”为58%，得到如图6−19所示的效果。

图6−19

03 单击“图层”调板底部的“创建新的填充或调整图层”按钮，在弹出的下拉菜单中选择“渐变”命令，设置弹出的对话框如图6−20所示。在对话框中的编辑渐变颜色选择框中单击，可以弹出“渐变编辑器”对话框，在对话框中可以编辑渐变的颜色。

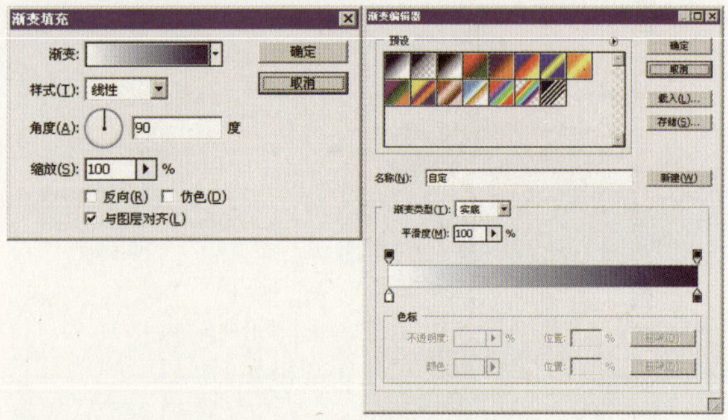

图6−20

04 设置完对话框后，单击“确定”按钮，生成“渐变填充1”图层，此时的效果如图6−21所示。

图6−21

05 将“渐变填充1”图层混合模式改为“色相”，“不透明度”为63%，得到如图6−22所示的效果。

图6−22

06 设置前景色为（R：146、G：157、B：180），新建一个图层，生成“图层1”图层，选择“画笔工具”设置适当的画笔大小和透明度后，在“图层7”图层中进行涂抹，得到如图6−23所示的效果。

图6–23

07 切换到“通道”调板，单击底部的“创建新通道”按钮，新建一个通道“Alpha1”，如图6–24所示。

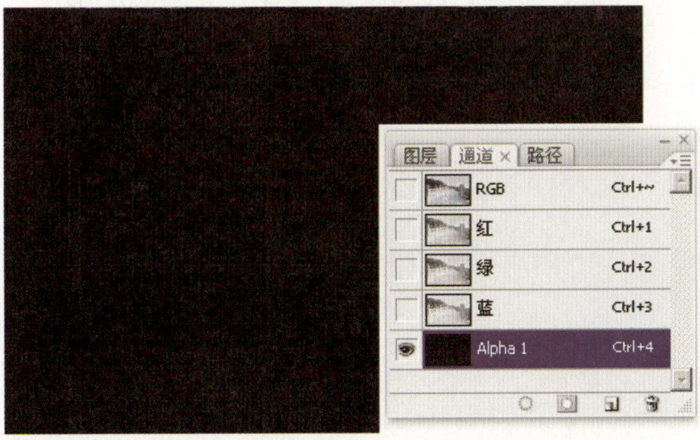

图6–24

08 执行菜单“滤镜 | 像素化 | 铜版雕刻”命令，设置弹出对话框中的参数后，单击“确定”按钮，得到如图6–25所示的效果。

图6–25

09 执行菜单“滤镜 | 模糊 | 高斯模糊”命令，设置弹出对话框中的参数后，单击“确定”按钮，得到如图6–26所示的效果。

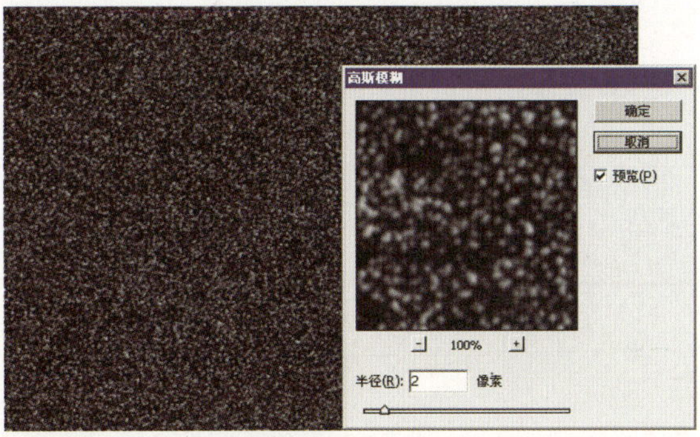

图6–26

10 选择“图像 | 调整 | 阈值”命令，调出“阈值”命令对话框，设置完对话框后，即可得到如图6–27所示的效果。

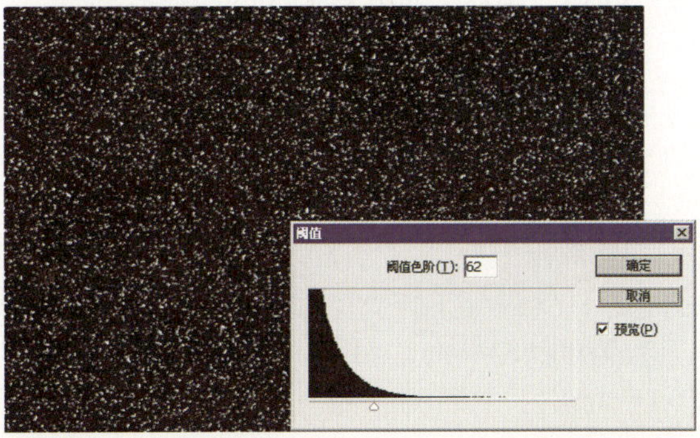

图6–27

11 按住【Ctrl】键不放，单击通道“Alpha1”，载入其选区，切换到“图层”调板，新建一个图层，生成“图层2”图层，设置前景色为白色，按快捷键【Alt+Delete】用前景色填充选区，按快捷键【Ctrl+D】取消选区，得到如图6–28所示的效果。

图6–28

12 执行菜单“滤镜 | 模糊 | 动感模糊”命令，设置弹出对话框中的参数后，单击“确定”按钮，得到如图6−29所示的效果。

图6−29

13 单击“图层”调板底部的“创建新的填充或调整图层”按钮，在弹出的下拉菜单中选择“曲线”命令，设置弹出的对话框如图6−30所示。

14 设置完“曲线”命令的参数后，单击“确定”按钮，得到图层“曲线 1”，此时的效果如图6−31所示。

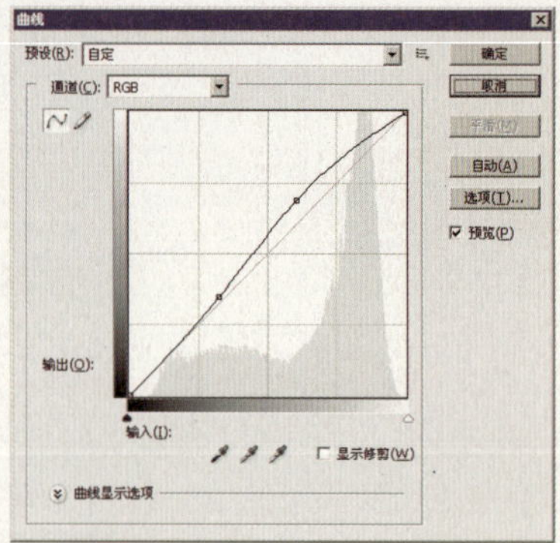

图6−30

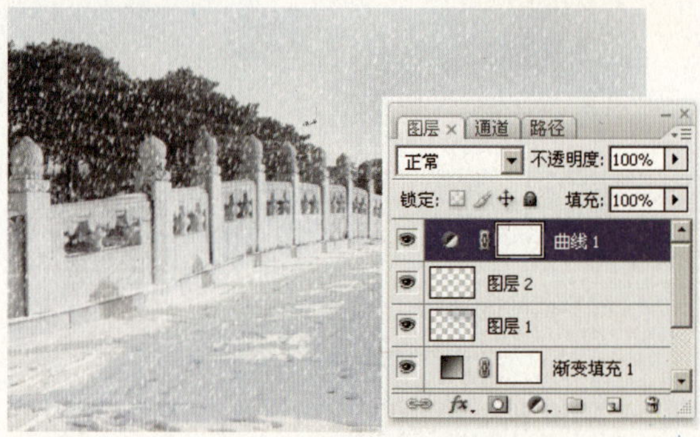

图6−31

6.3 制作古建筑艺术照

一般拍出来的照片，一点也不加工的话，有点单调，缺乏一些艺术效果。下面将介绍一种将普通素材照片制作成富有强烈艺术效果的照片。

原始图片

最终效果

制作步骤

01 执行菜单“文件|打开”命令，在弹出的“打开”对话框中选择配套光盘“第6章\制作古建筑艺术照\素材1”文件，此时的图像效果和“图层”调板如图6-32所示。

图6-32

02 按快捷键【Ctrl+J】五次，复制“背景”图层，生成“图层1”图层及其4个副本图层，选择“背景”图层，隐藏“图层1”图层及其4个副本图层，如图6-33所示。

图6-33

03 单击“图层”调板底部的“创建新的填充或调整图层”按钮，在弹出的下拉菜单中选择“阈值”命令，设置完“阈值”命令的参数后，单击“确定”按钮，生成“阈值1”图层，图像效果如图6-34所示。

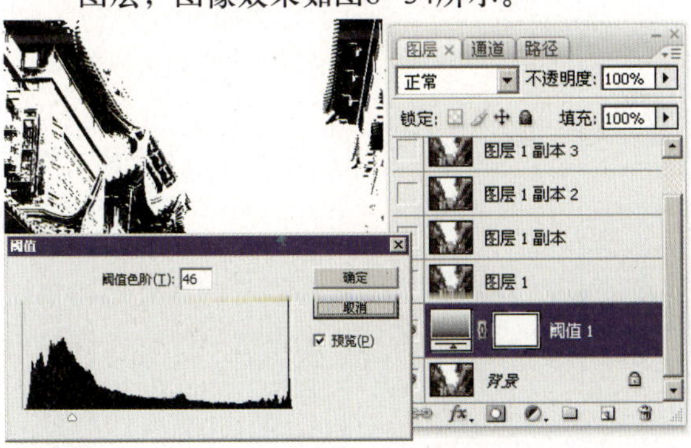

图6-34

04 单击“图层”调板底部的“创建新的填充或调整图层”按钮，在弹出的下拉菜单中选择“色相/饱和度”命令，设置弹出的对话框如图6-35所示。

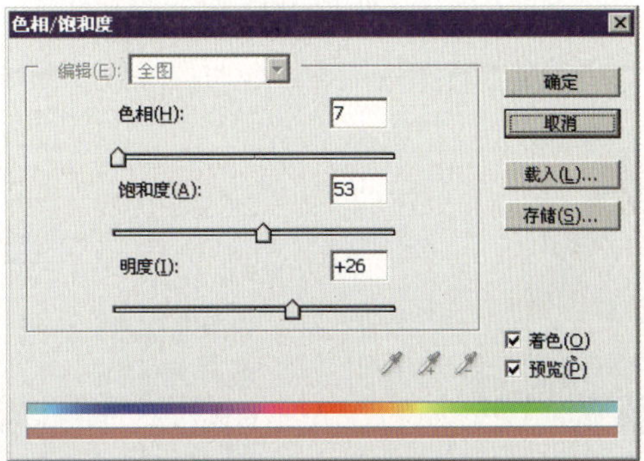

图6-35

05 设置完“色相/饱和度”命令的参数后，单击“确定”按钮，生成“色相/饱和度1”图层，得到如图6-36所示图像效果。

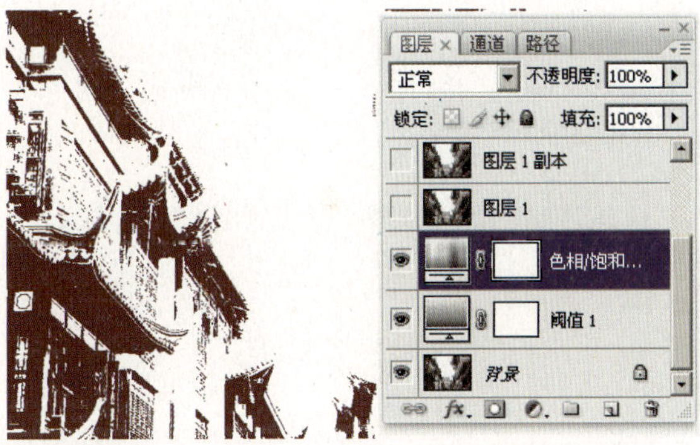

图6-36

06 选择并显示“图层1”图层，设置“不透明度”为40%，得到如图6-37所示的效果。

图6-37

07 单击“图层”调板底部的“创建新的填充或调整图层”按钮，在弹出的下拉菜单中选择“阈值”命令，设置完“阈值”命令的参数后，单击“确定”按钮，生成“阈值2”图层，按快捷键【Ctrl+Shift+G】，执行“创建剪贴蒙版”操作，图像效果如图6–38所示。

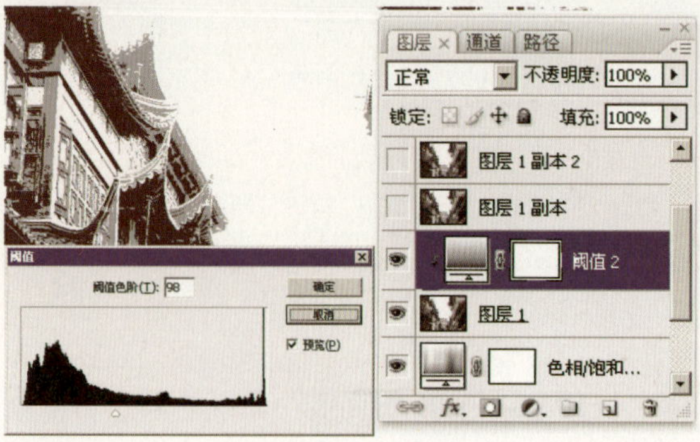

图6–38

08 单击“图层”调板底部的“创建新的填充或调整图层”按钮，在弹出的下拉菜单中选择“色相/饱和度”命令，设置弹出的对话框如图6–39所示。

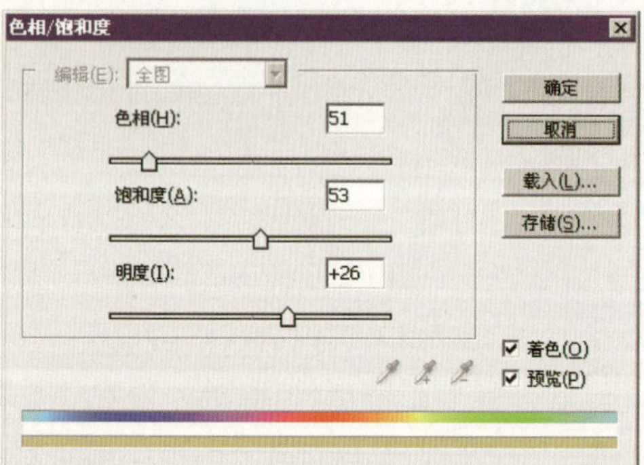

图6–39

09 设置完“色相/饱和度”命令的参数后，单击“确定”按钮，生成“色相/饱和度2”图层，按快捷键【Ctrl+Shift+G】，执行“创建剪贴蒙版”操作，得到如图6–40所示图像效果。

10 选择并显示“图层1副本”图层，设置“不透明度”为20%，得到如图6–41所示的效果。

图6–40

图6–41

11 建立颜色调整图层。单击“创建新的填充或调整图层”按钮，在弹出的下拉菜单中选择“阈值”命令，设置完“阈值”命令的参数后，单击“确定”按钮，得到图层“阈值 3”，按快捷键Ctrl+Shift+G，执行菜单“创建剪贴蒙版”操作，图像效果如图6–42所示。

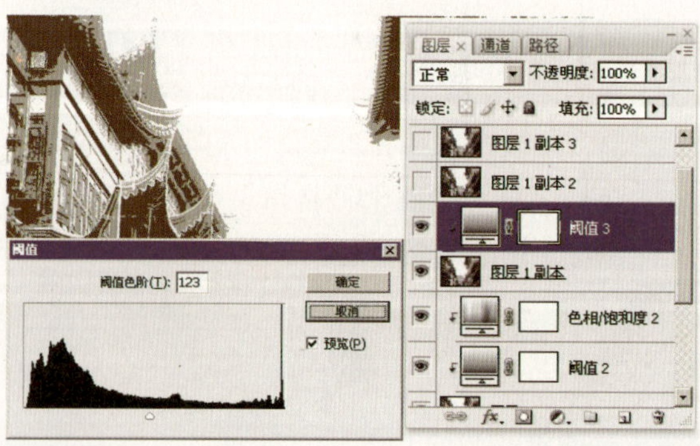

图6–42

12 单击“图层”调板底部的“创建新的填充或调整图层”按钮，在弹出的下拉菜单中选择“色相/饱和度”命令，设置弹出的对话框如图6–43所示。

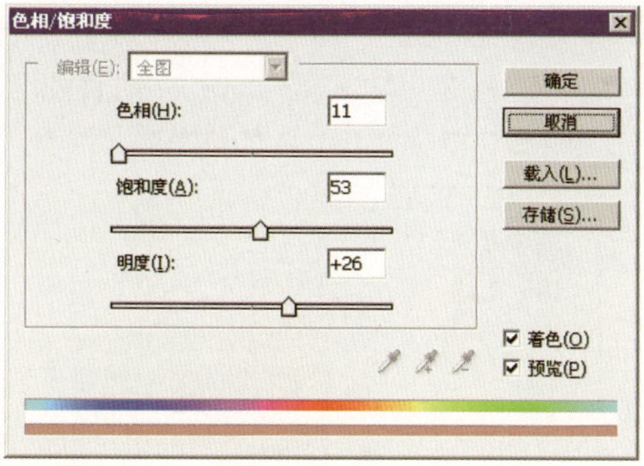

图6–43

13 设置完“色相/饱和度”命令的参数后，单击“确定”按钮，生成“色相/饱和度3”图层，按快捷键【Ctrl+Shift+G】，执行“创建剪贴蒙版”操作，得到如图6–44所示图像效果。

图6–44

14 选择并显示“图层1副本2”图层，设置图层混合模式为“颜色”，得到如图6–45所示的效果。

图6–45

15 选择并显示“图层1副本3”图层，设置图层混合模式为“线性加深”，“填充”为20%，得到如图6–46所示的效果。

图6–46

16 选择并显示“图层1副本4”图层，设置图层混合模式为“正片叠底”，得到如图6–47所示的效果。

图6–47

17 单击“图层”调板底部的“创建新的填充或调整图层”按钮，在弹出的下拉菜单中选择“色阶”命令，设置弹出的对话框如图6–48所示。

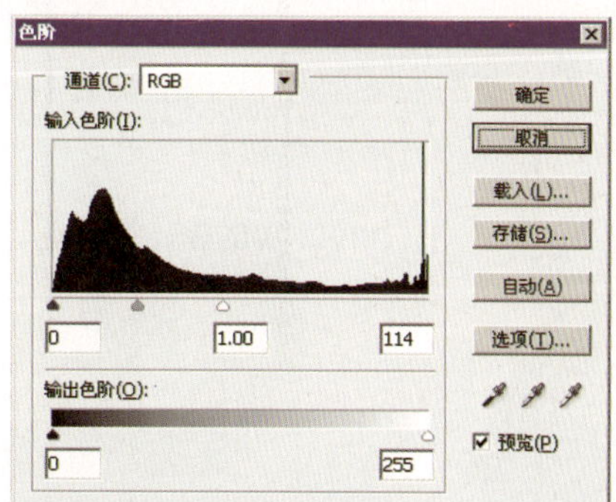

图6–48

18 设置完“色阶”命令的参数后，单击“确定”按钮，生成“色阶1”图层，按快捷键【Ctrl+Shift+G】，执行“创建剪贴蒙版”操作，得到如图6–49所示图像效果。

图6-49

19 按快捷键【Ctrl+Shift+Alt+E】，执行“盖印”操作，生成“图层2”图层，设置图层混合模式为“滤色”，得到如图6-50所示的效果。

图6-50

20 单击“图层”调板底部的“添加图层蒙版”按钮，为“图层2”图层添加蒙版，设置前景色为黑色，背景色为白色，使用“渐变工具”设置渐变类型为从前景色到背景色，在图层蒙版中从上往下绘制渐变，得到如图6-51所示的效果。

图6-51

21 打开配套光盘“第6章\制作古建筑艺术照\素材2”文件，此时的图像效果和“图层”调板如图6-52所示。

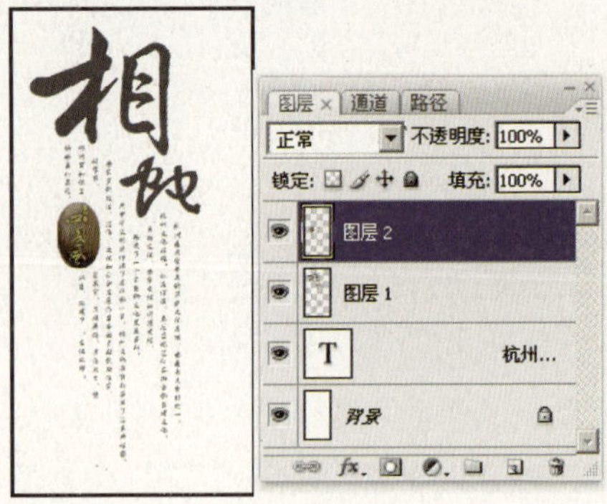

图6-52

22 使用“移动工具”将文字图像拖动到“步骤1”打开的文件中生成相应图层，调整图像到图像中间如图6-53所示的位置。

图6-53

23 选择“图层3”图层，单击“图层”调板底部的“添加图层样式”按钮，在弹出的下拉菜单中选择“外发光”命令，设置完“外发光”面板后，单击“确定”按钮，得到如图6-54所示的效果。

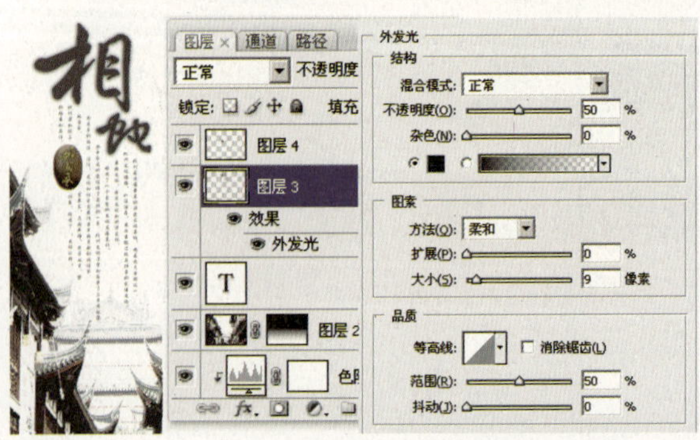

图6-54

24 在“图层3”图层名称上右击，在弹出的下拉菜单中选择“拷贝图层样式”命令，然后用右击文字图层的名称，在弹出的下拉菜单中选择“粘贴图层样式”命令，得到如图6-55所示的效果。

图6-55

6.4 为建筑添加霓虹灯效果

使用Photoshop可以为在夜晚拍摄的建筑照片上添加霓虹灯文字效果。本实例将运用文字工具和图层样式等技术来完成霓虹灯效果。

原始图片

最终效果

制作步骤

01 执行菜单“文件 | 打开”命令，在弹出的“打开”对话框中选择配套光盘“第6章\为建筑添加霓虹灯效果\素材1”文件，此时的图像效果和“图层”调板如图6-56所示。

图6-56

02 设置前景色颜色值为白色，使用“横排文字工具”T，设置适当字体和字号，在图像中输入文字，得到相应的文字图层，如图6-57所示。

图6-57

03 文字图层的图层名称上单击右键，在弹出的菜单中选择“转换为形状”命令，按快捷键【Ctrl+T】，调出自由变换控制框，变换图像到如图6-58所示的状态，按【Enter】键确认操作。

图6-58

技巧 提示

当文字被转换为形状后，文字就不能再进行编辑了，所以在转换之前，首先要确定所删格化的文字是最终编辑好的、无需再修改的文字。

04 选择“中国街”图层，单击“图层”底部的“添加图层样式”按钮fx，在弹出的下拉菜单中选择“投影”命令，设置弹出的“投影”面板后，单击“外发光”选项，然后设置弹出的“内发光”面板，此时的效果如图6-59所示。

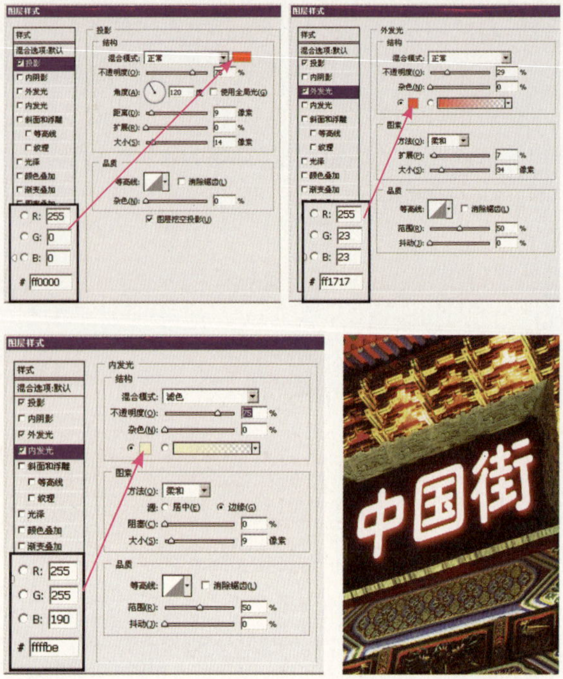

图6-59

05 继续在“图层样式”对话框中设置“斜面和浮雕”、“渐变叠加”、“描边”选项参数，具体选项设置和图像效果如图6-60所示。

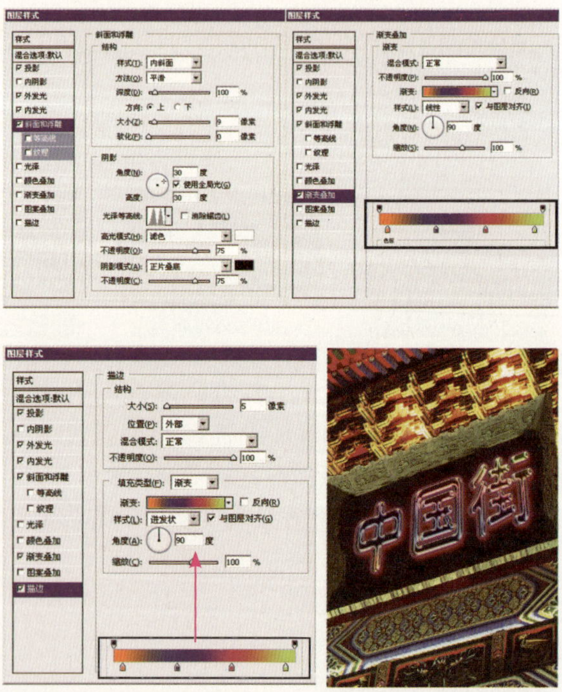

图6-60

06 设置完“图层样式”对话框后单击“确定”按钮，即可得到如图6-61所示的效果。

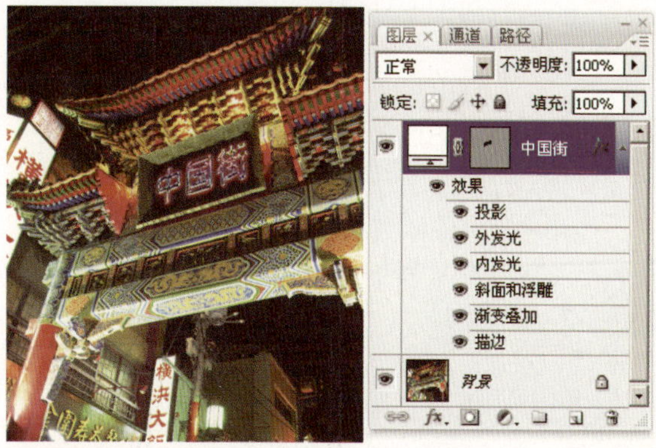

图6-61

6.5 为照片添加光线四射的效果

本实例带领大家利用Photoshop的工具为林阴照片添加光线四射的照射效果。本实例将要学习Photoshop中的径向模糊和图层混合模式等技术。

原始图片

最终效果

制作步骤

01 执行菜单“文件 | 打开”命令，在弹出的“打开”对话框中选择配套光盘“第6章\为照片添加光线四射的效果\素材1”文件，此时的图像效果和“图层”调板如图6-62所示。

图6-62

02 在“图层”调板中拖动“背景”图层到“创建新图层”按钮上，释放鼠标生成“背景副本”图层，将图层混合模式改为“滤色”，“不透明度”为67%，得到如图6-63所示的效果。

图6-63

03 单击“图层”调板底部的“添加图层蒙版”按钮，为“背景副本”图层添加蒙版，设置前景色为黑色，使用“画笔工具”设置适当的画笔大小和透明度后，在图层蒙版中涂抹，其涂抹状态和“图层”调板如图6-64所示。

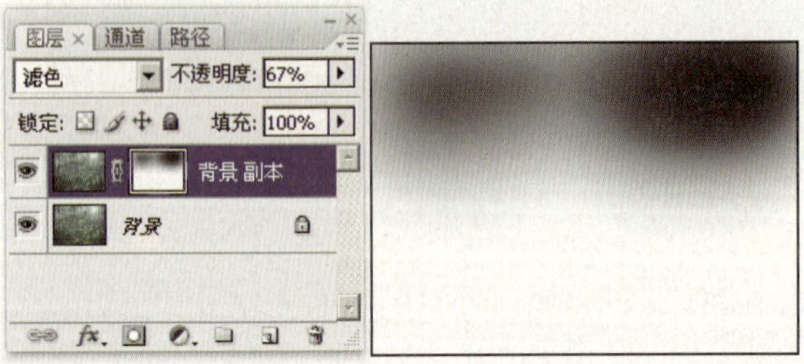

图6-64

04 在“背景副本”图层蒙版中涂抹后，图像上方的亮度就降低了，其效果如图6-65所示。

图6-65

05 在“图层”调板中拖动“背景”图层到“创建新图层”按钮上，释放鼠标生成“背景副本2”图层，按快捷键【Shift+Ctrl+]】将其置于图层的最上方，此时的图像效果如图6-66所示。

图6-66

06 执行菜单“滤镜 | 模糊 | 高斯模糊”命令，设置弹出对话框中的参数后，单击“确定”按钮，得到如图6-67所示的效果。

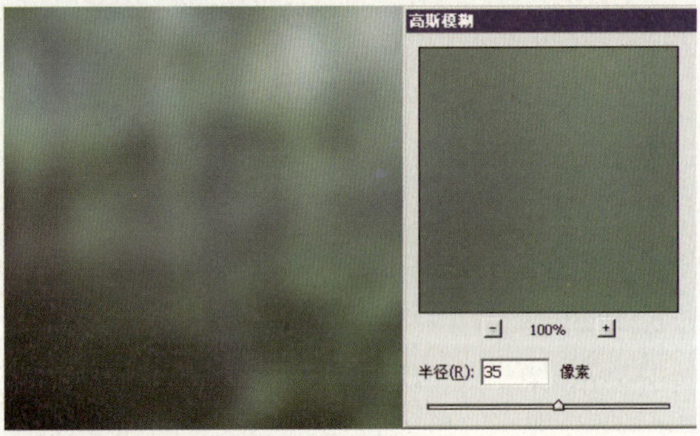

图6-67

07 设置“背景副本2”图层混合模式为“叠加”，“不透明度”为95%，得到如图6-68所示的效果。

图6-68

08 单击“图层”调板底部的“添加图层蒙版”按钮，为“背景副本2”图层添加蒙版，设置前景色为黑色，使用“画笔工具”设置适当的画笔大小和透明度后，在图层蒙版中涂抹，其涂抹状态和“图层”调板如图6–69所示。

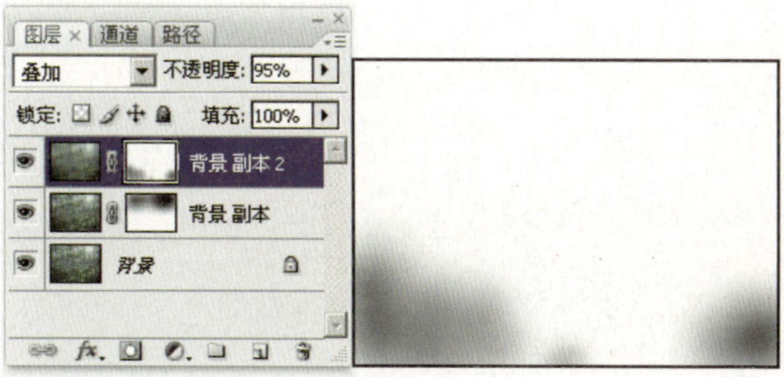

图6–69

09 在“背景副本2”图层蒙版中涂抹后，图像中阴影较暗地方的细节就显现了出来，其效果如图6–70所示。

图6–70

10 切换到“通道”调板，单击“红”通道，将其拖动到调板底部的“创建新通道”按钮上，以复制通道，得到“红副本”通道，如图6–71所示。

图6–71

11 按住【Ctrl】键不放，单击“红副本”通道，载入其选区，切换到“图层”调板，按快捷键【Shift+Ctrl+C】，执行“合并拷贝”操作，按快捷键【Ctrl+V】，执行“粘贴”操作，生成“图层1”图层，如图6–72所示。

图6–72

12 按快捷键【Ctrl+D】取消选区，执行菜单“滤镜｜模糊｜径向模糊”命令，设置弹出对话框中的参数后，单击“确定”按钮，得到如图6–73所示的效果。

图6–73

13 按【Ctrl+F】两次重复运用“径向模糊”命令，使模糊的效果更细腻，此时的效果如图6–74所示。

图6–74

14 设置“图层1”图层混合模式为“变亮”，得到如图6–75所示的效果。

图6–75

15 单击“图层”调板底部的“添加图层蒙版”按钮，为“图层1”图层添加蒙版，设置前景色为黑色，使用“画笔工具”设置适当的画笔大小和透明度后，在图层蒙版中涂抹，其涂抹状态和“图层”调板如图6–76所示。

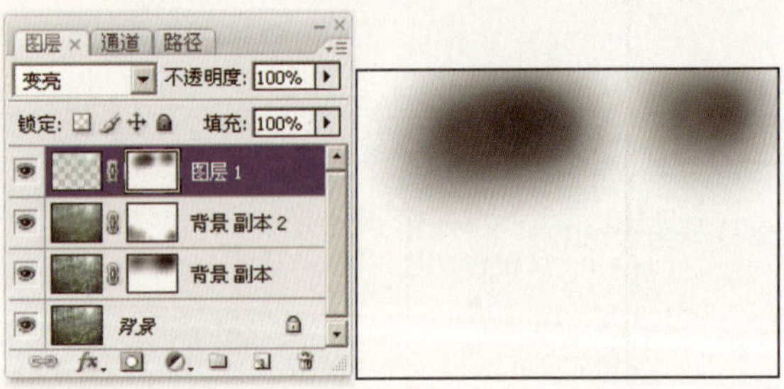

图6–76

16 在“图层1”图层蒙版中涂抹后，图像上方多余的光线就被隐藏了起来，其效果如图6–77所示。

图6–77

17 按快捷键【Ctrl+J】，复制“图层1”图层，生成“图层1副本”图层。设置“背景副本2”图层混合模式为“亮光”，“不透明度”为70%，得到如图6–78所示的效果。

图6–78

18 单击“图层1副本”图层蒙版缩览图，设置前景色为黑色，使用“画笔工具”设置适当的画笔大小和透明度后，在图层蒙版中涂抹，得到如图6–79所示的效果。

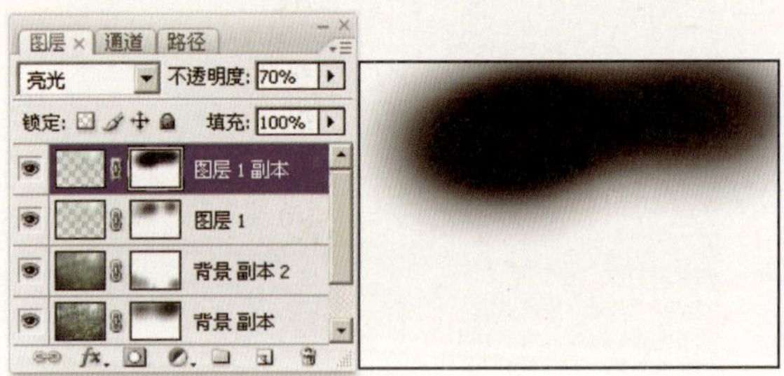

图6–79

19 在“图层1副本”图层蒙版中涂抹后，图像上方多余的光线就被隐藏了起来，其效果如图6–80所示。

图6–80

6.6 制作旧电影胶片效果

旧电影胶片效果会给人一种时间久远的历史厚重感。本实例就来制作这样一张照片，运用到了Photoshop中的颗粒、图层混合模式、调色命令等技术。

原始图片

最终效果

制作步骤

01 执行菜单“文件｜打开”命令，在弹出的“打开”对话框中选择配套光盘“第6章\制作旧电影胶片效果\素材1”文件，此时的图像效果和“图层”调板如图6-81所示。

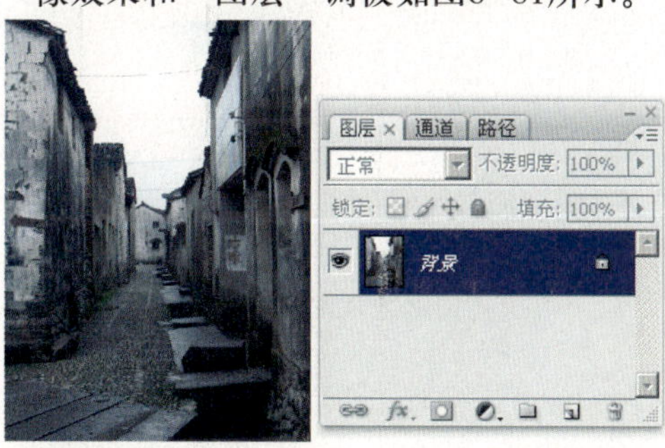

图6-81

图6-82

02 单击“图层”调板底部的“创建新的填充或调整图层”按钮，在弹出的下拉菜单中选择“色阶”命令，设置弹出的对话框如图6-82所示。

03 设置完“曲线”命令的参数后，单击“确定”按钮，生成“色阶1”图层，此时的效果如图6-83所示。

图6-83

04 单击“图层”调板底部的“创建新的填充或调整图层”按钮，在弹出的下拉菜单中选择“渐变映射”命令，设置弹出的对话框如图6–84所示。在对话框中的编辑渐变颜色选择框中单击，可以弹出“渐变编辑器”对话框，在对话框中可以编辑渐变映射的颜色。

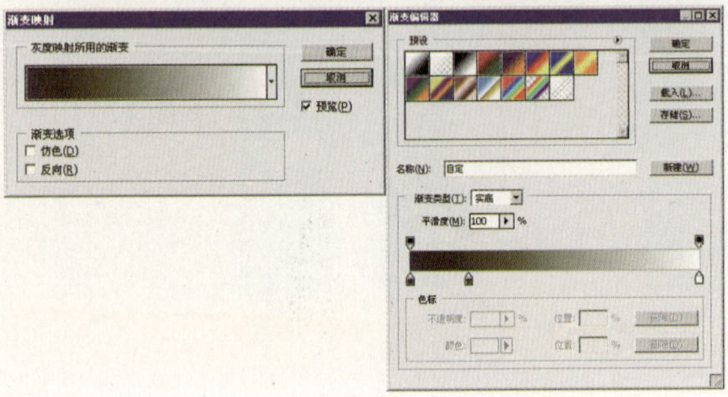

图6–84

05 设置完对话框后，单击“确定”按钮，生成“渐变映射1”图层，此时的效果如图6–85所示。

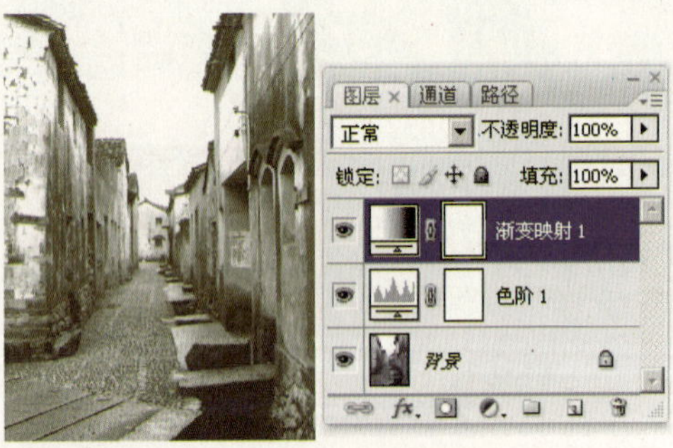

图6–85

06 执行菜单“滤镜|纹理|颗粒”命令，设置弹出对话框中的参数后，单击“确定”按钮，得到如图6–86所示的效果。

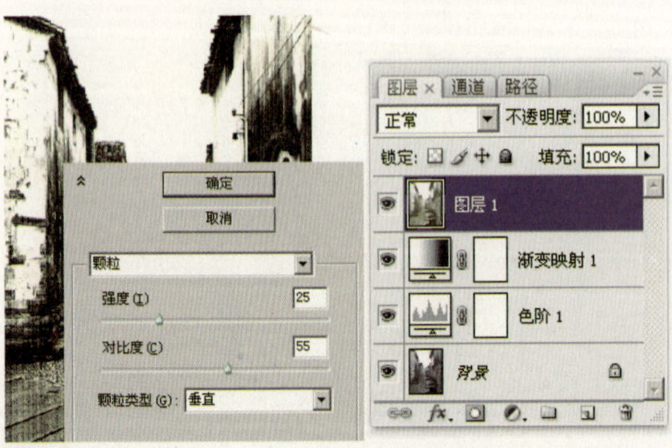

图6–86

07 单击“图层”调板底部的“创建新的填充或调整图层”按钮，在弹出的下拉菜单中选择“色相/饱和度”命令，设置弹出的对话框如图6–87所示。

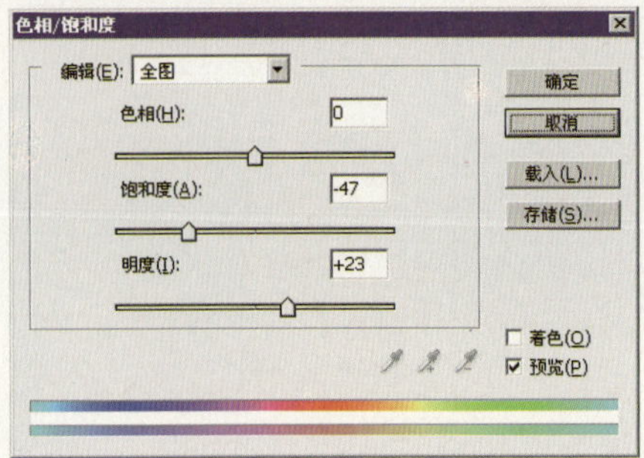

图6–87

08 设置完“色相/饱和度”命令的参数后，单击“确定”按钮，生成“色相/饱和度1”图层，此时的效果如图6–88所示。

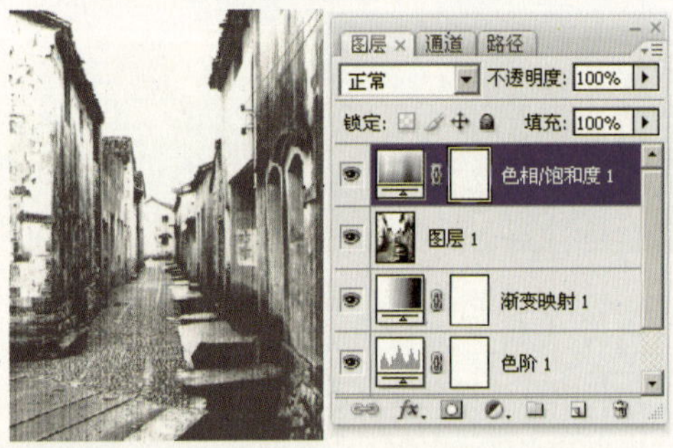

图6–88

09 单击“图层”调板底部的“创建新的填充或调整图层”按钮，在弹出的下拉菜单中选择“亮度/对比度”命令，设置弹出的对话框后，单击“确定”按钮，生成“亮度/对比度1”图层，此时的效果如图6–89所示。

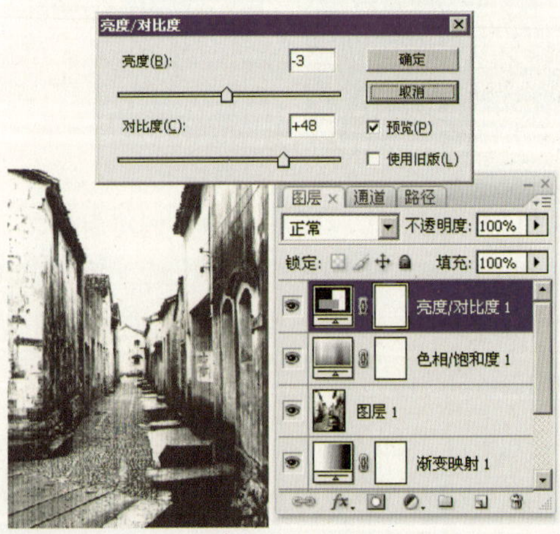

图6–89

6.7 制作风景油画效果

本实例应用了Photoshop的各种调色命令，以及通道、滤镜及图层混合模式等，来创建照片的油画效果。通过本实例的学习，读者可以学习到特殊的效果底纹以及制作油画效果的方法和技巧。

原始图片

最终效果

制作步骤

01 执行菜单“文件 | 打开”命令，在弹出的“打开”对话框中选择配套光盘“第6章\制作风景油画效果\素材1”文件，此时的图像效果和“图层”调板如图6–90所示。

图6–90

02 在“图层”调板中拖动“背景”图层到“创建新图层”按钮上，释放鼠标生成“背景副本”图层，设置图层混合模式为“滤色”，“不透明度”为40%，得到如图6–91所示的效果。

图6–91

03 执行菜单“滤镜 | 渲染 | 光照效果”命令，设置弹出的“光照效果”对话框后，单击“确定”按钮，此时的效果如图6–92所示。

图6–92

04 新建一个图层，生成“图层2”图层。设置前景色为黑色，背景色为白色，执行菜单“滤镜｜渲染｜云彩”命令，得到类似如图6–93所示的效果。

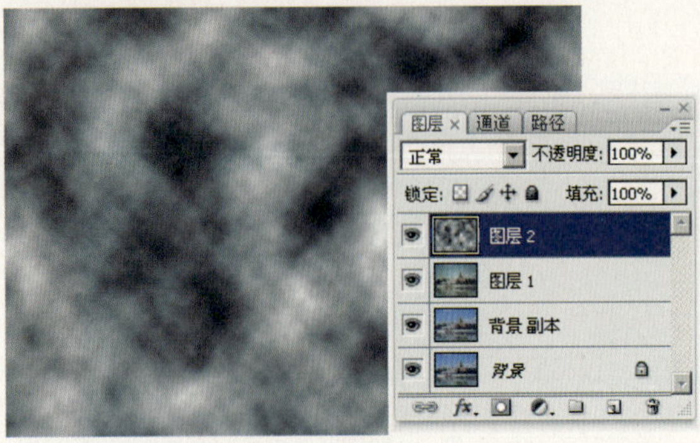

图6–93

05 执行菜单“滤镜｜艺术效果｜调色刀”命令，在弹出对话框中设置“描边大小”为20、“描边细节”为1、“软化度”为0，得到如图6–94所示的效果。

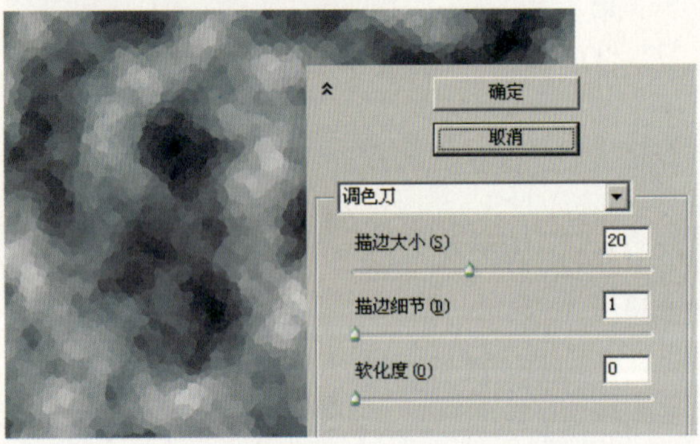

图6–94

06 执行菜单“滤镜｜艺术效果｜海报边缘”命令，在弹出对话框中设置“边缘厚度”为2、“边缘强度”为0、“海报化”为2，得到如图6–95所示的效果。

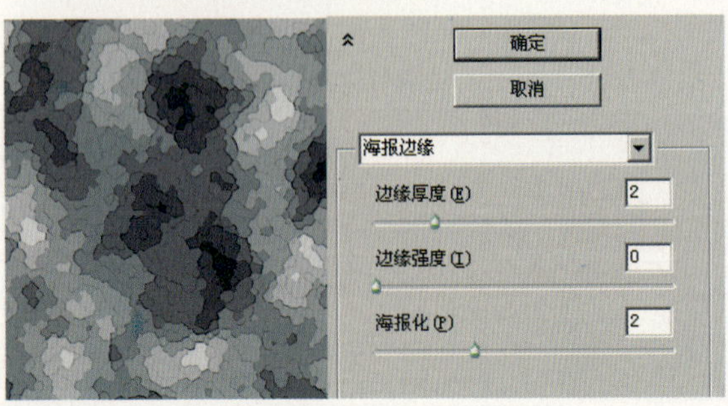

图6–95

07 设置“图层2”图层混合模式为“柔光”，使其与下方图层混合，此时的效果如图6–96所示。

图6–96

08 选中“图层1”图层，按快捷键【Ctrl+J】，生成“图层1副本”图层，将“图层1副本”图层调整到所有图层上方，如图6–97所示。

图6–97

09 执行菜单“滤镜｜艺术效果｜绘画涂抹”命令，设置弹出对话框后，得到如图6–98所示的效果。

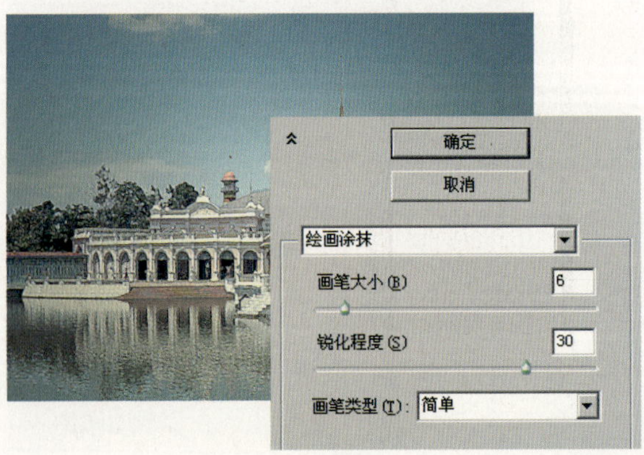

图6–98

10 设置“图层1副本”图层混合模式为“叠加”，此时的效果和“图层”调板如图6–99所示。

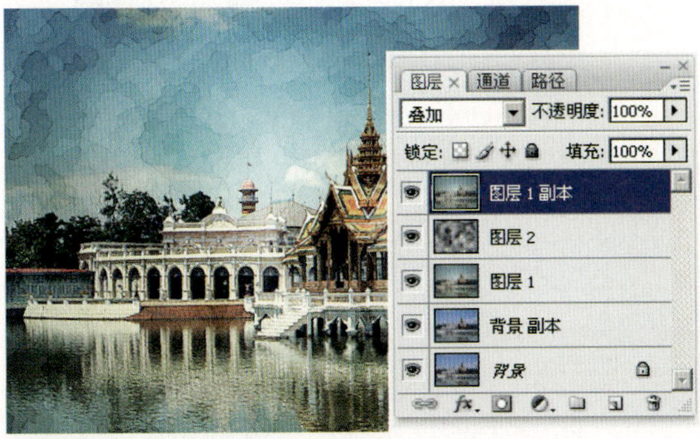

图6–99

11 单击“图层”调板底部的“添加图层蒙版”按钮，为“图层1副本”图层添加蒙版，设置前景色为黑色，使用画笔工具设置适当的画笔大小和透明度后，在图层蒙版中涂抹，其涂抹状态和“图层”调板如图6–100所示。

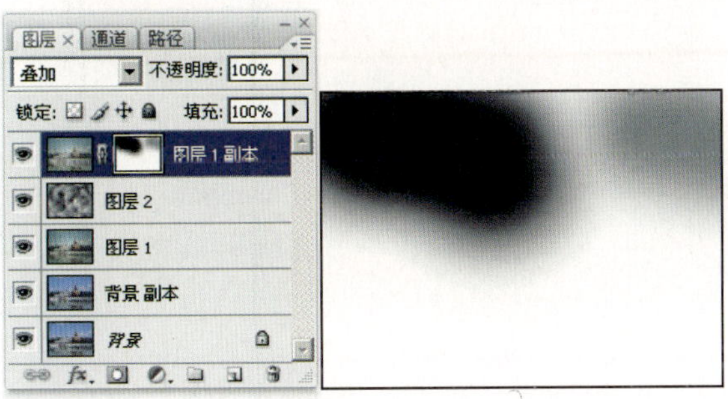

图6–100

12 涂抹“图层1”图层蒙版后，图像中被涂抹的地方对比度就被降低了，效果如图6–101所示。

图6–101

13 单击“图层”调板底部的“创建新的填充或调整图层”按钮，在弹出的下拉菜单中选择“亮度/对比度”命令，设置弹出的对话框参数后，单击“确定”按钮，生成“亮度/对比度1”图层，得到如图6–102所示的效果。

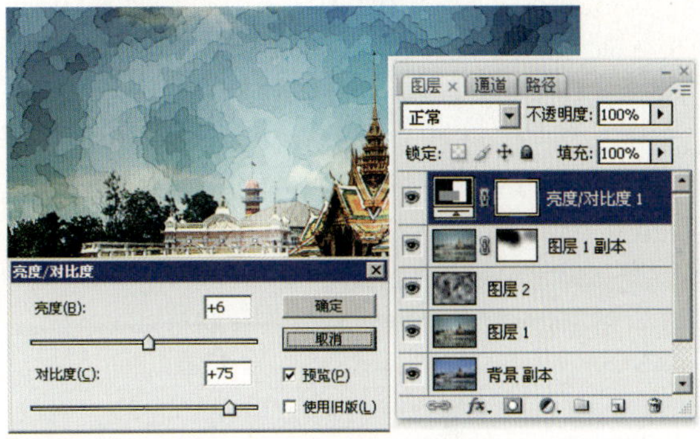

图6–102

14 单击“亮度/对比度1”图层蒙版缩览图，设置前景色为黑色，使用画笔工具设置适当的画笔大小和透明度后，在图层蒙版中涂抹，其涂抹状态和“图层”调板如图6–103所示。

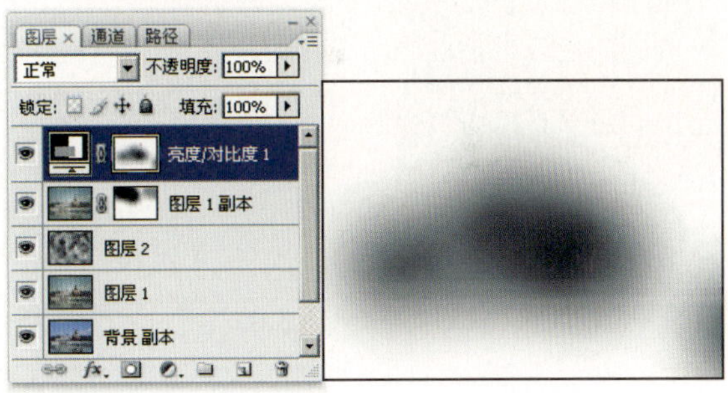

图6–103

15 涂抹“亮度/对比度1”图层蒙版后，图像中被涂抹的地方就不受调整图层的影响了，效果如图6–104所示。

图6–104

16 单击“图层”调板底部的“创建新图层”按钮，新建“图层3”图层，并将其填充为黑色，如图6-105所示。

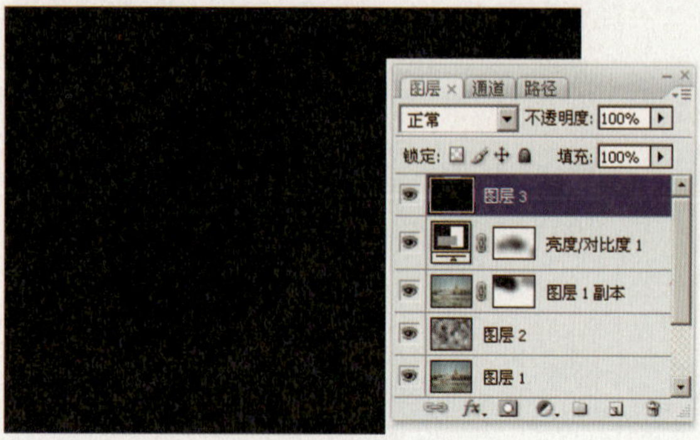

图6-105

17 执行菜单“滤镜|纹理|纹理化”命令，在弹出的“纹理化”对话框中设置各项参数后，单击“确定”按钮，得到如图6-106所示的效果。

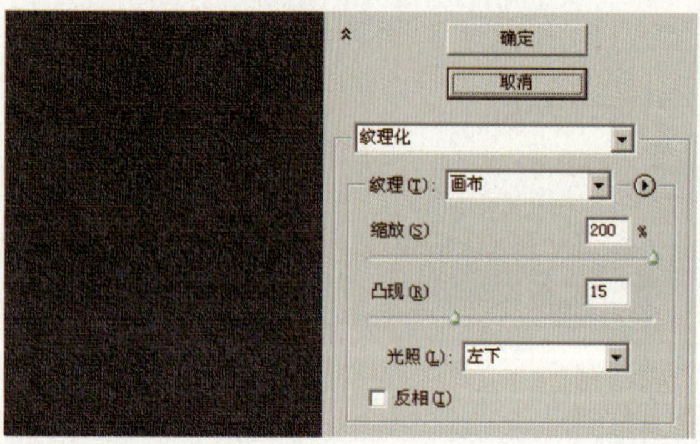

图6-106

18 将“图层3”图层混合模式设置为“滤色”，此时的效果和“图层”调板如图6-107所示。

图6-107

19 单击“图层”调板底部的“创建新的填充或调整图层”按钮，在弹出的下拉菜单中选择“通道混合器”命令，设置弹出的对话框如图6-108所示。

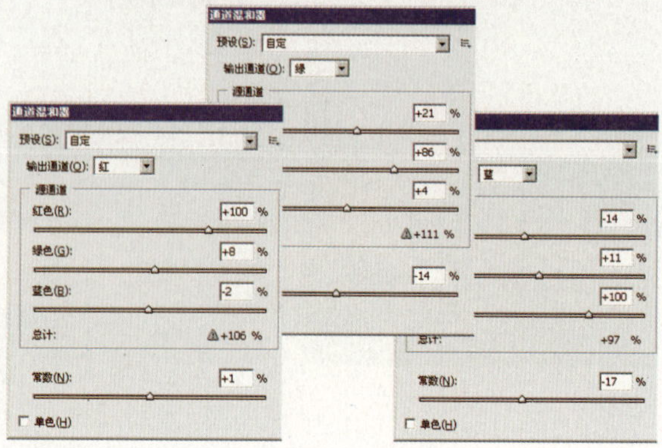

图6-108

20 设置完“通道混合器”命令的参数后，单击“确定”按钮，生成“通道混合器1”图层，得到如图6-109所示的效果。

图6-109

21 按快捷键【Shift+Ctrl+Alt+E】，执行“盖印”操作，生成新图层“图层4”。新建一个图层，生成“图层5”图层，将该图层调整到“图层4”图层的下方，设置前景色为白色，按快捷键【Alt+Delete】用前景色填充“图层5”图层，如图6-110所示。

图6-110

22 切换到“通道”调板，新建一个通道“Alpha1”，此时通道中的状态和“通道”调板如图6–111所示。

图6–111

23 按【Ctrl+A】全选图像，执行菜单“选择 | 修改 | 边界”命令，设置弹出对话框后，得到如图6–112所示的选区效果。

图6–112

24 设置前景色为白色，按快捷键【Alt+Delete】用前景色填充选区，按快捷键【Ctrl+D】取消选区，得到如图6–113所示的效果。

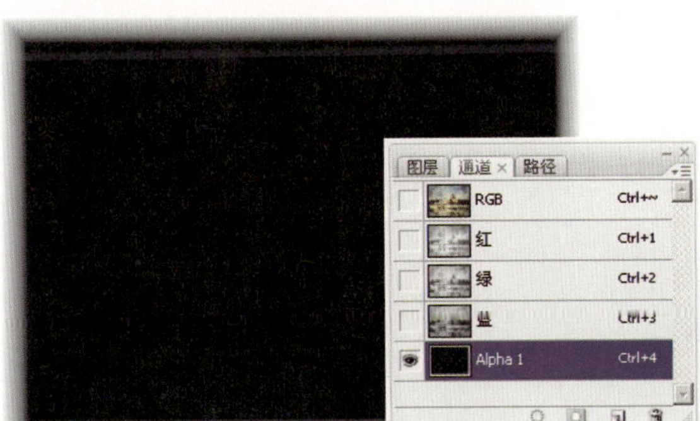

图6–113

25 执行菜单“滤镜 | 扭曲 | 玻璃”命令，设置弹出对话框后，得到如图6–114所示的效果。

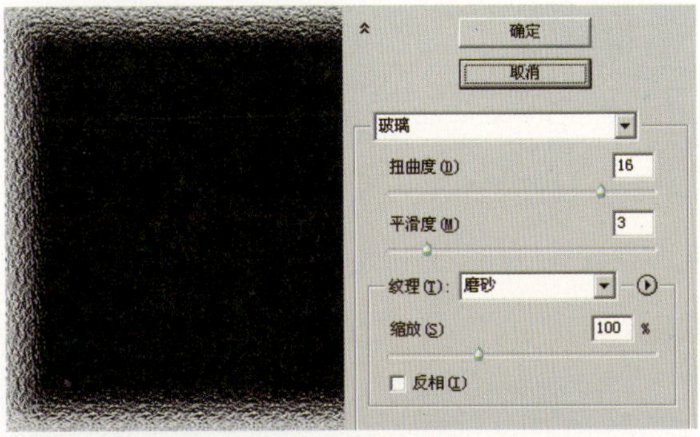

图6–114

26 按住【Ctrl】键单击通道“Alpha1”，载入其选区，切换到“图层”调板，选择“图层4”图层，如图6–115所示。

图6–115

27 按住【Alt】键不放，单击“图层”调板底部的“添加图层蒙版”按钮，为“图层4”图层添加蒙版，得到如图6–116所示的效果。

图6–116

6.8 制作复古照片效果

使用动感模糊滤镜和图层蒙版制作局部动感效果，用添加杂色滤镜和图层混合模式为照片增加颗粒仿旧效果，添加调整图层为照片添加仿旧的彩色效果。

原始图片

最终效果

制作步骤

01 执行菜单“文件|打开”命令，在弹出的“打开”对话框中选择配套光盘“第6章\制作复古照片效果\素材1”文件，此时的图像效果和”图层“调板如图6-117所示。

图6-117

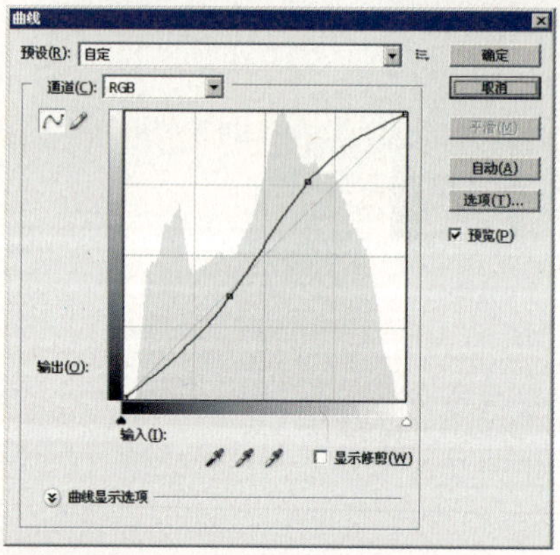

图6—118

02 单击“图层”调板底部的“创建新的填充或调整图层”按钮，在弹出的下拉菜单中选择“曲线”命令，设置弹出的对话框如图6-118所示。

03 设置完“曲线”命令的参数后，单击“确定”按钮，生成“曲线1”图层，此时的效果如图6-119所示。

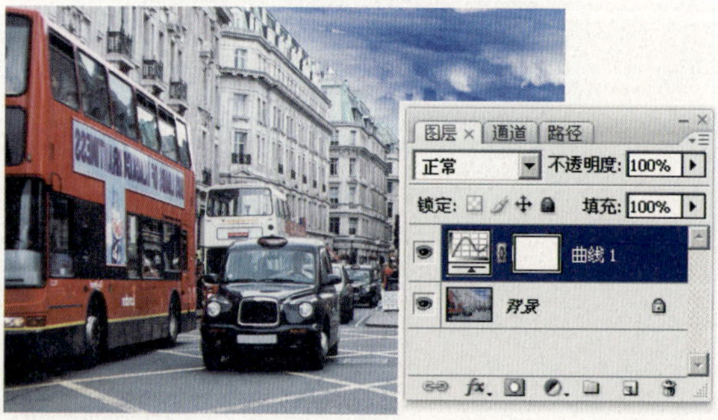

图6—119

04 单击“图层”调板底部的“创建新的填充或调整图层”按钮，在弹出的下拉菜单中选择“色彩平衡”命令，设置弹出的对话框如图6–120所示。

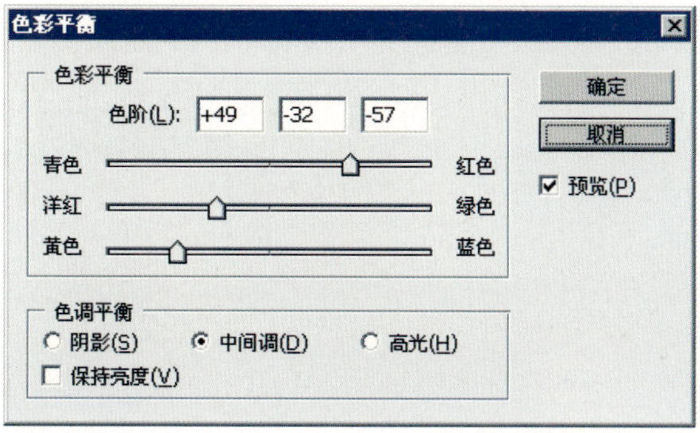

图6–120

05 设置完“色彩平衡”命令的参数后，单击“确定”按钮，生成“色彩平衡1”图层，此时的效果如图6–121所示。

图6–121

06 按快捷键【Ctrl+Shift+Alt+E】，执行“盖印”操作，生成“图层1”图层。执行菜单“滤镜 | 模糊 | 动感模糊”命令，设置弹出对话框中的参数后，单击“确定”按钮，得到如图6–122所示的效果。

图6–122

07 单击“图层”调板底部的“添加图层蒙版”按钮，为“图层1”图层添加蒙版，设置前景色为黑色，使用“画笔工具”设置适当的画笔大小和透明度后，在图层蒙版中涂抹，其涂抹状态和图层面板如图6–123所示。

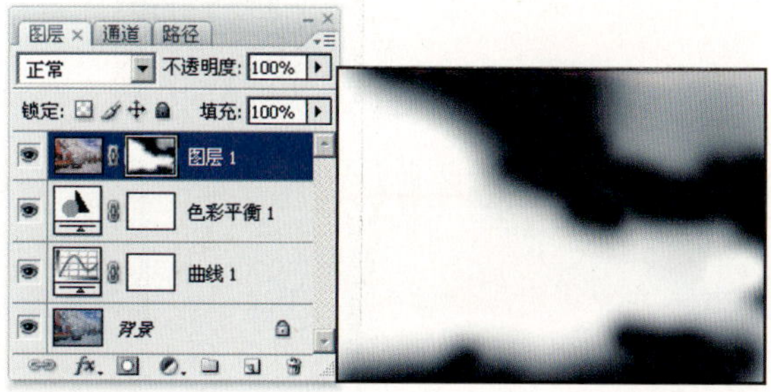

图6–123

08 在“图层1”图层蒙版中涂抹后，图像中被涂抹的位置就恢复到了正常的清晰状态，其效果如图6–124所示。

图6–124

09 设置前景色为黑色，背景色为白色，新建一个图层，生成“图层2”图层。执行菜单“滤镜 | 渲染 | 云彩”命令，按【Ctrl+F】多次重复运用分层云彩命令，得到类似如图6–125所示的效果。

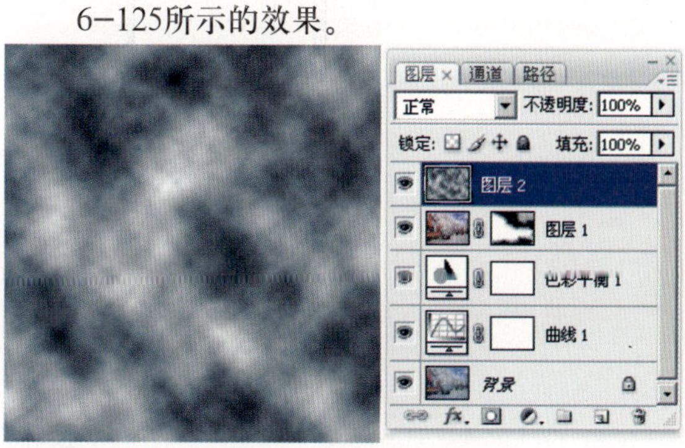

图6–125

10 执行菜单“滤镜 | 杂色 | 添加杂色”命令，设置弹出对话框中的参数后，单击“确定”按钮，得到如图6-126所示的效果。

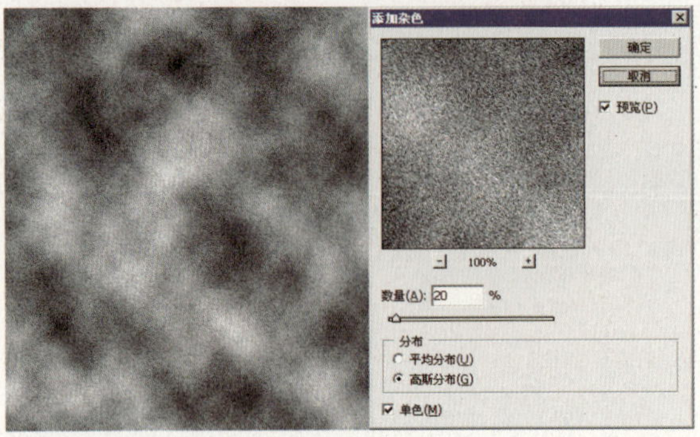

图6-126

11 设置“图层2”图层混合模式为“叠加”，得到如图6-127所示的效果。

图6-127

12 单击“图层”调板底部的“创建新的填充或调整图层”按钮，在弹出的下拉菜单中选择“渐变”命令，设置弹出的对话框如图6-128所示。在对话框中的编辑渐变颜色选择框中单击，可以弹出“渐变编辑器”对话框，在对话框中可以编辑渐变的颜色。

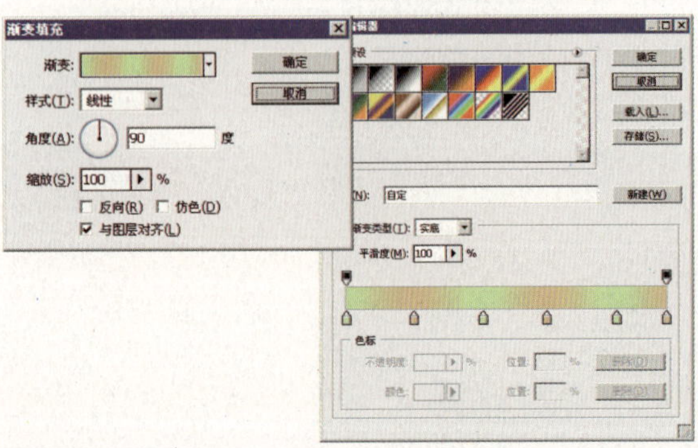

图6-128

13 设置完对话框后，单击“确定”按钮，生成“渐变填充1”图层，此时的效果如图6-129所示。

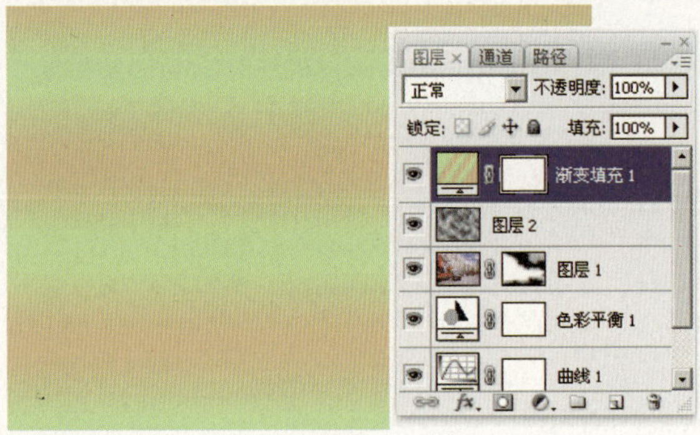

图6-129

14 设置“渐变填充1”图层混合模式为“变亮”，得到如图6-130所示的效果。

图6-130

15 按快捷键【Ctrl+J】，复制“渐变填充1”图层，生成“渐变填充1副本”图层，设置“渐变填充1副本”图层混合模式为“叠加”，”不透明度“为25%，得到如图6-131所示的效果。

图6-131

⑯ 使用“横排文字工具”T和“直线工具”╲，在图像的右上角输入文字和绘制直线，生成相应的图层，设置文字和直线的颜色值为（R：255、G：218、B：154），如图6–132所示。

图6–132

⑰ 设置“形状1”图层和文字图层的图层混合模式为“叠加”，得到如图6–133所示的效果。

图6–133

NOTEbook

读书笔记

第7章

艺术婚纱照片处理

大多数婚纱照都由专业的影楼摄影师拍摄，在取光、构图、布景方面也较普通摄影用户专业得多。在精心设计下拍摄完成的婚纱照片，基本上不用作太多的补救工作，画面效果已经很漂亮，但是缺少一些锦上添花的细致修饰。本章主要介绍一些简单的婚纱照片抠图和婚纱照的艺术处理。

7.1 婚纱照片简单抠图

本实例将介绍如何对一般的婚纱照片进行抠取。利用通道技术抠取人物秀发，也是本例的一个重点内容。下面将仔细讲述具体的操作步骤。

原始图片

最终效果

制作步骤

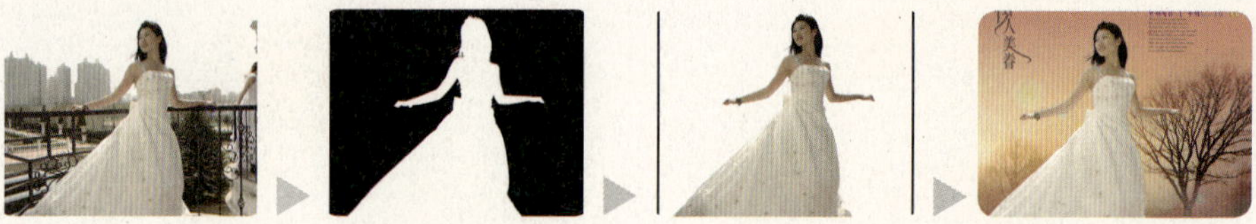

01 执行菜单“文件 | 打开”命令，在弹出的“打开”对话框中选择配套光盘“第7章\婚纱照片简单抠图\素材1”文件，此时的图像效果和“图层”调板如图7-1所示。

图7-1

02 选择“钢笔工具”，在工具选项栏中单击“路径”按钮，沿着人物的轮廓绘制封闭路径，如图7-2所示。

03 按快捷键【Ctrl+Enter】将路径转换为选区，切换到“通道”调板，单击底部的“创建新通道”按钮，新建一个通道“Alpha1”用白色填充选区，按快捷键【Ctrl+D】取消选区，得到如图7-3所示的效果。

图7-2

图7-3

04 切换到“通道”调板，单击“蓝”通道，将其拖动到调板底部的“创建新通道”按钮 上，以复制通道，生成“蓝副本”通道，如图7–4所示。

图7–4

05 选择“蓝副本”通道，按快捷键【Ctrl+I】，执行菜单“反相”操作，将通道中黑白图像的颜色进行颠倒，如图7–5所示。

图7–5

06 调整图像色阶。执行菜单“图像 | 调整 | 色阶”命令(或按快捷键【Ctrl+L】)，设置完弹出的“色阶”命令对话框后，单击“确定”按钮，得到如图7–6所示的效果。

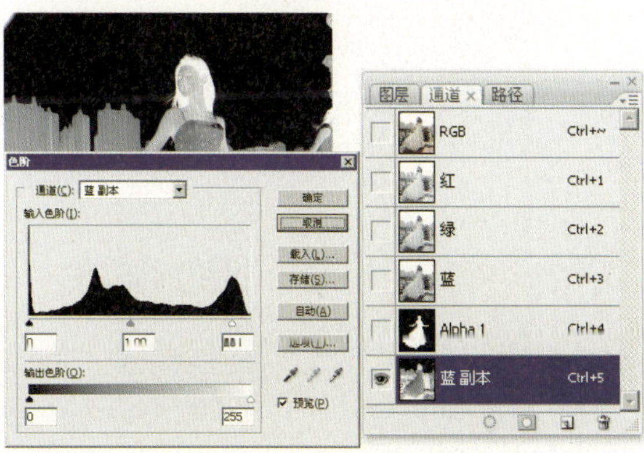

图7–6

07 使用套索工具在人物头发边缘部分绘制类似如图7–7所示的不规则选区。

图7–7

08 保持选择状态，按快捷键【Ctrl+Alt+D】，调出“羽化选区”对话框，设置对话框中的参数后得到如图7–8所示的选区效果。

图7–8

09 执行菜单“图像 | 调整 | 色阶”命令(或按快捷键【Ctrl+L】)，设置完弹出的“色阶”对话框后，单击“确定”按钮，得到如图7–9所示的效果。

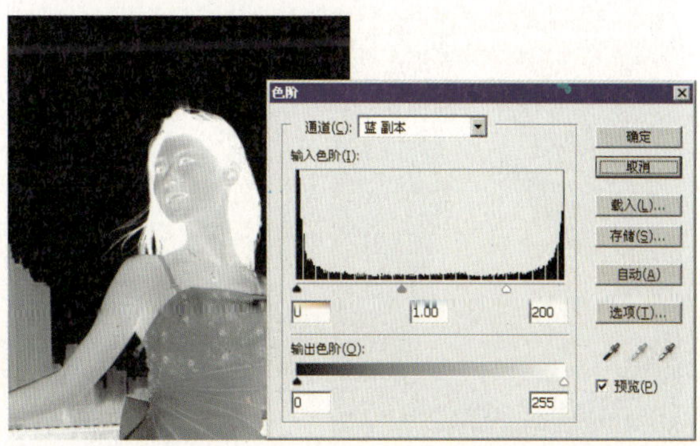

图7–9

(10) 选择“蓝副本”通道，设置前景色为黑色，使用“画笔工具”设置适当的画笔大小和透明度后，将人物头发以外的部分涂抹成黑色，如图7-10所示。

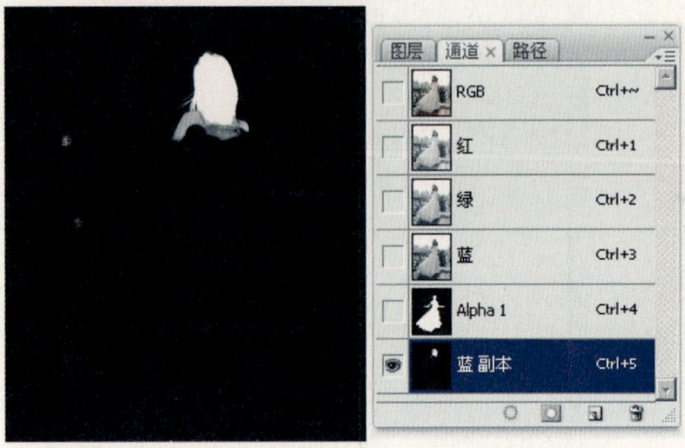

图7-10

(11) 执行菜单“图像 | 计算”命令，设置弹出的“计算”对话框如图7-11所示。

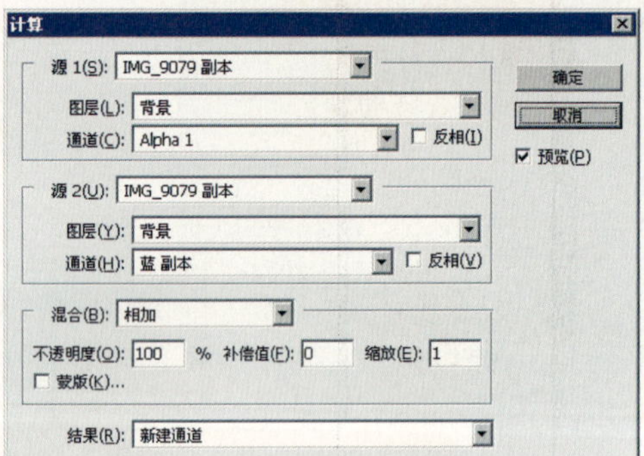

图7-11

(12) 设置完对话框后，单击“确定”按钮，生成“Alpha2”通道，此时人物的身体和人物头发的选区就制作完成了，如图7-12所示。

图7-12

(13) 按住【Ctrl】键不放，单击“Alpha2”通道，载入其选区，切换到“图层”调板，选择“背景”图层为当前图层，按快捷键【Ctrl+J】，复制选区内的图像，生成“图层1”图层，如图7-13所示。

图7-13

(14) 选择“背景”图层为当前图层，单击调板底部的“创建新图层”按钮，新建一个图层，生成“图层2”图层，并填充白色，得到如图7-14所示的效果。图7-15所示为更换背景后的效果。

图7-14

图7-15

7.2 透明婚纱去除背景

在抠取婚纱人物的过程中，技术上必须要保持婚纱的半透明效果，所以要采用Photoshop中的通道技术。下面将仔细讲述具体的操作步骤。

原始图片

最终效果

制作步骤

01 执行菜单“文件 | 打开”命令，在弹出的“打开”对话框中选择配套光盘“第7章\透明婚纱去除背景\素材1”文件，此时的图像效果和“图层”调板如图7-16所示。

图7-16

02 切换到“通道”调板，执行菜单菜单“图像 | 计算”命令，设置弹出的“计算”对话框如图7-17所示。

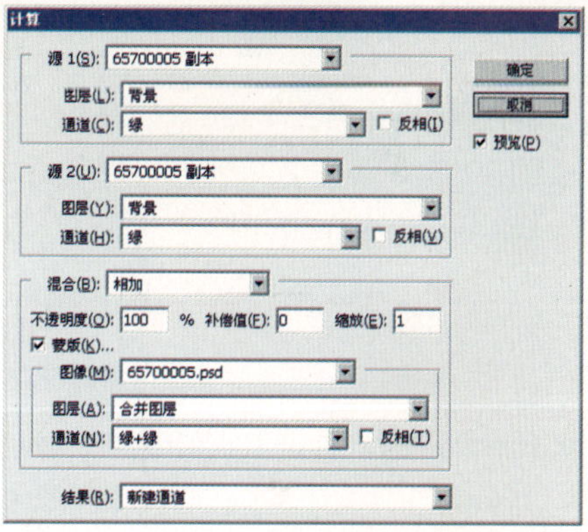

图7-17

03 设置完对话框后，单击“确定”按钮，生成“Alpha1”通道，此时的效果如图7-18所示。

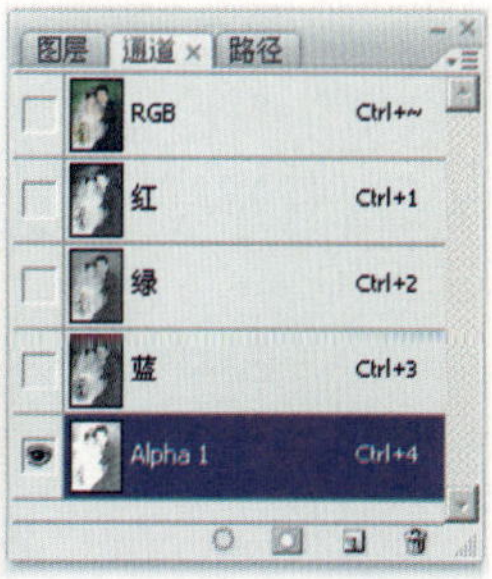

图7-18

04 选择“Alpha1”通道，按快捷键【Ctrl+I】，执行菜单“反相”操作，将通道中黑白图像的颜色进行颠倒，如图7-19所示。

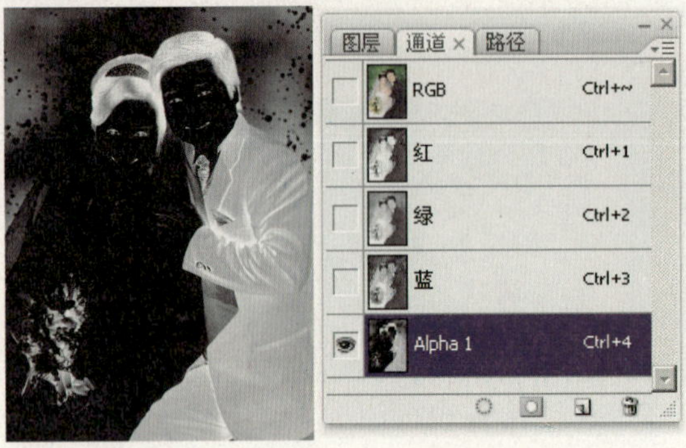

图7-19

05 执行菜单“图像｜调整｜色阶”命令(或按快捷键【Ctrl+L】)，设置弹出的“色阶”对话框如图7-20所示。

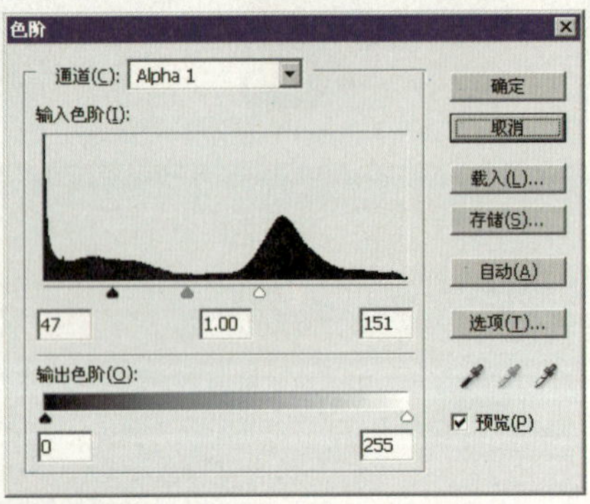

图7-20

06 设置完弹出的“色阶”对话框后，单击“确定”按钮，此时的效果和“通道”调板如图7-21所示的效果。

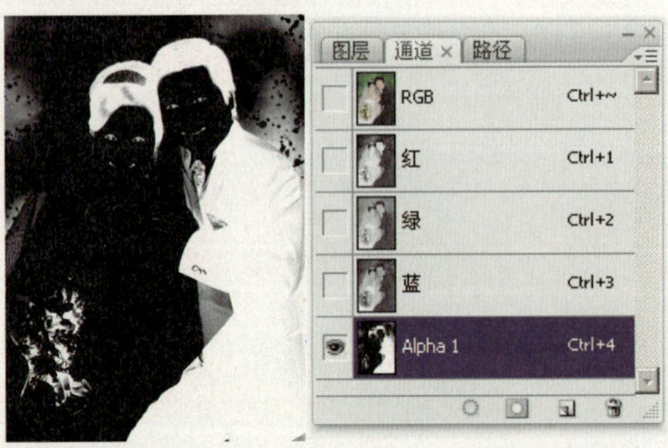

图7-21

07 选择“Alpha1”通道，设置前景色为黑色，使用“画笔工具”设置适当的画笔大小和透明度后，将人物头发以外的部分涂抹成黑色，如图7-22所示。

图7-22

08 切换到“通道”调板，单击“红”通道，将其拖动到调板底部的“创建新通道”按钮上，以复制通道，生成“红副本”通道，如图7-23所示。

图7-23

09 选择“红副本”通道，使用“画笔工具”设置适当的画笔大小和透明度后，在“红副本”通道中涂抹，制作出如图7-24所示的效果。

图7-24

10 执行菜单“图像 | 调整 | 色阶”命令(或按快捷键【Ctrl+L】)，设置弹出的“色阶”对话框如图7-25所示。

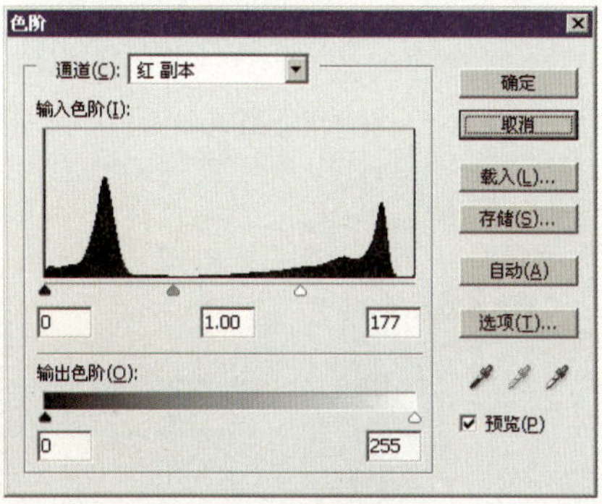

图7-25

11 设置完弹出的“色阶”对话框后，单击“确定”按钮，此时的效果和“通道”调板如图7-26所示的效果。

图7-26

12 切换到“通道”调板，执行菜单“图像 | 计算”命令，设置弹出的“计算”命令对话框如图7-27所示。

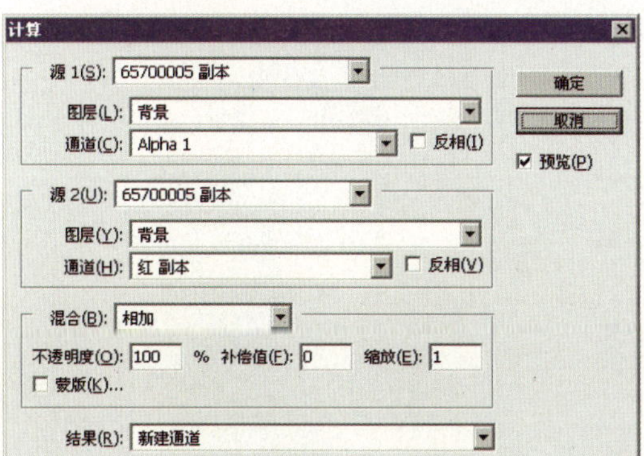

图7-27

13 设置完对话框后，单击“确定”按钮，生成“Alpha2”通道，此时的效果如图7-28所示。

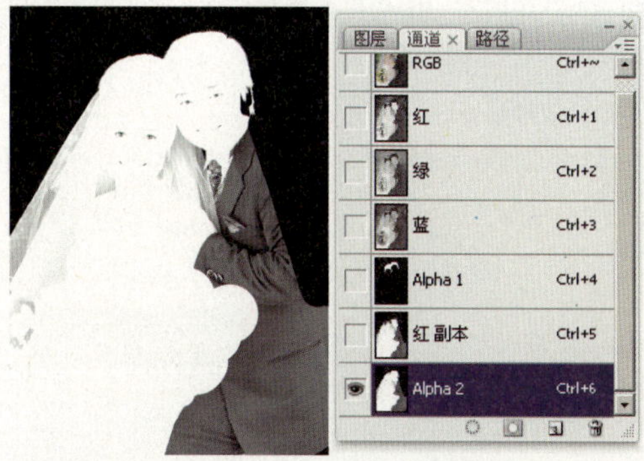

图7-28

14 按住【Ctrl】键不放，单击“Alpha2”通道，载入其选区，切换到“图层”调板，选择“背景”图层为当前图层，按快捷键【Ctrl+J】，复制选区内的图像，生成“图层1”图层，如图7-29所示。

图7-29

15 选择“钢笔工具”，在工具选项栏中单击“路径”按钮，沿着人物的轮廓绘制封闭路径，如图7-30所示。

图7-30

16 按【Ctrl+Enter】将路径转换为选区，选择“背景”图层为当前图层，按快捷键【Ctrl+J】，复制选区内的图像，生成“图层2”图层，如图7-31所示。

图7-31

17 选择“背景”图层为当前图层，单击“图层”调板底部的“创建新图层”按钮，新建一个图层，生成“图层3”图层，并填充红色，得到如图7-32所示的效果。

图7-32

18 选择“图层1”和“图层2”图层，按快捷键【Ctrl+E】将其合并为“图层 1”图层，单击“锁定透明像素”按钮，设置前景色为白色，使用“画笔工具”在人物的婚纱上进行涂抹，得到如图7-33所示的效果。

图7-33

19 单击“图层”调板底部的“创建新的填充或调整图层”按钮，在弹出的下拉菜单中选择“色相/饱和度”命令，在弹出的对话框中不进行设置，单击“确定”按钮，生成“色相/饱和度1”图层，设置图层混合模式为“滤色”，此时的效果如图7-34所示。

图7-34

20 单击“色相/饱和度1”图层蒙版缩览图，设置前景色为黑色，使用“画笔工具”设置适当的画笔大小和透明度后，在图层蒙版中涂抹，得到如图7-35所示的效果。图7-36所示为更换背景后的效果。

图7-35

图7-36

7.3 制作新娘艺术写真

本实例主要介绍了Photoshop中的一些调色技巧，将普通的新娘照片制作成艺术写真的效果，制作好的艺术写真照片比普通照片的色彩更加饱满，使照片看起来更加漂亮。

原始图片

最终效果

制作步骤

01 执行菜单“文件 | 打开”命令，在弹出的“打开”对话框中选择配套光盘“第7章\制作新娘艺术写真\素材1”文件，此时的图像效果和“图层”调板如图7-37所示。

图7-37

02 在“图层”调板中拖动“背景”图层到“创建新图层”按钮上，释放鼠标生成“背景副本”图层，将图层混合模式改为“颜色加深”，“不透明度”为25%，得到如图7-38所示的效果。

图7-38

03 单击“图层”调板底部的“创建新的填充或调整图层”按钮，在弹出的下拉菜单中选择“曲线”命令，设置弹出的对话框如图7-39所示。

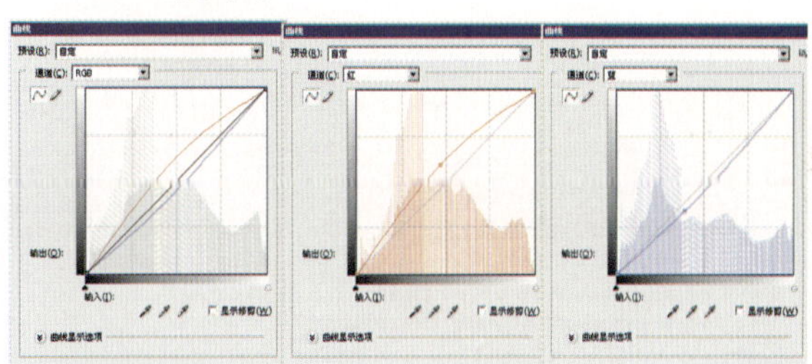
图7-39

04 设置完“曲线”命令的参数后，单击“确定”按钮，生成“曲线1”图层，此时的效果如图7-40所示。

图7-40

05 设置“曲线1”图层混合模式为“滤色”，得到如图7-41所示效果。

图7-41

06 单击“图层”调板底部的“创建新的填充或调整图层”按钮，在弹出的下拉菜单中选择“色相/饱和度”命令，设置弹出的对话框如图7-42所示。

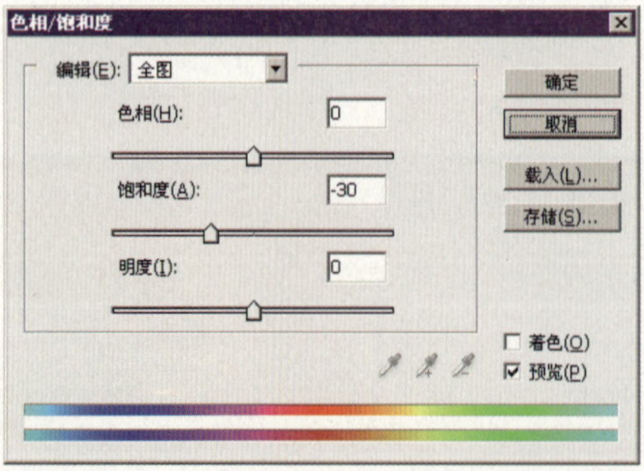

图7-42

07 设置完“色相/饱和度”命令的参数后，单击“确定”按钮，生成“色相/饱和度1”图层，此时的效果如图7-43所示。

图7-43

08 单击“图层”调板底部的“创建新的填充或调整图层”按钮，在弹出的下拉菜单中选择“亮度/对比度”命令，设置弹出的对话框参数后，单击“确定”按钮，生成“亮度/对比度1”图层，此时的效果如图7-44所示。

图7-44

09 设置前景色为（R：68、G：54、B：13），新建一个图层，得到“图层 1”，按快捷键【Alt+Delete】，用前景色填充“图层 1”，得到如图7-45所示的效果。

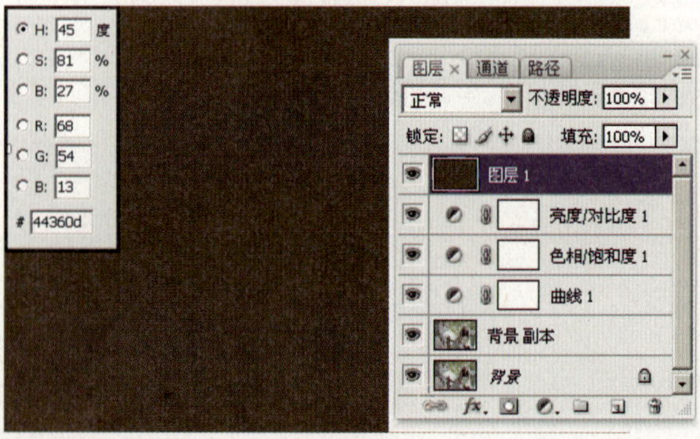

图7-45

10 设置“图层1”图层混合模式为“颜色”，得到如图7−46所示效果。

图7−46

11 单击“图层”调板底部的“添加图层蒙版”按钮，为“图层1”图层添加蒙版，设置前景色为黑色，使用“画笔工具”设置适当的画笔大小和透明度后，在图层蒙版中涂抹，其涂抹状态和“图层”调板如图7−47所示。

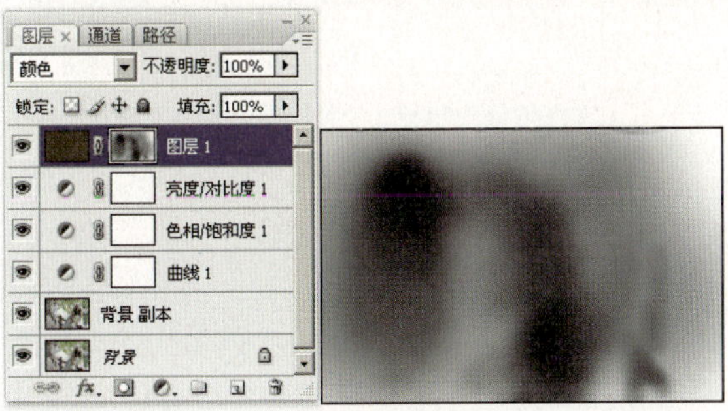

图7−47

12 涂抹图层蒙版后，“图层1”图层蒙版中被涂抹的部分，黄色成分有所降低，此时的效果如图7−48所示。

图7−48

13 单击“图层”调板底部的“创建新的填充或调整图层”按钮，在弹出的下拉菜单中选择“通道混合器”命令，设置弹出的对话框如图7−49所示。

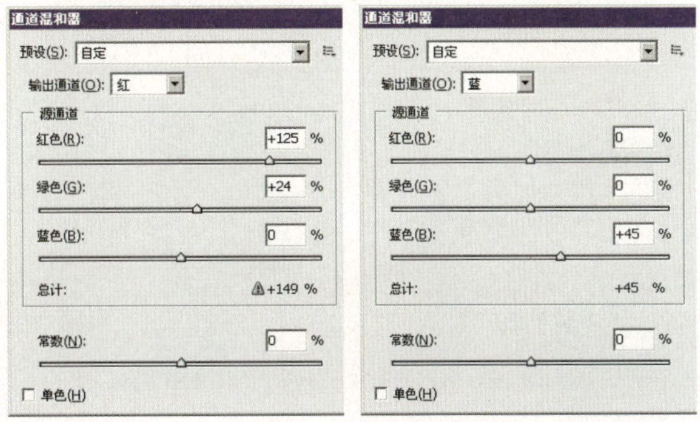

图7−49

14 设置完“通道混合器”命令的参数后，单击“确定”按钮，生成“通道混合器1”图层，此时的效果如图7−50所示。

图7−50

15 单击“通道混合器1”图层蒙版缩览图，设置前景色为黑色，使用“画笔工具”设置适当的画笔大小和透明度后，在图层蒙版中涂抹，其涂抹状态和“图层”调板如图7−51所示。

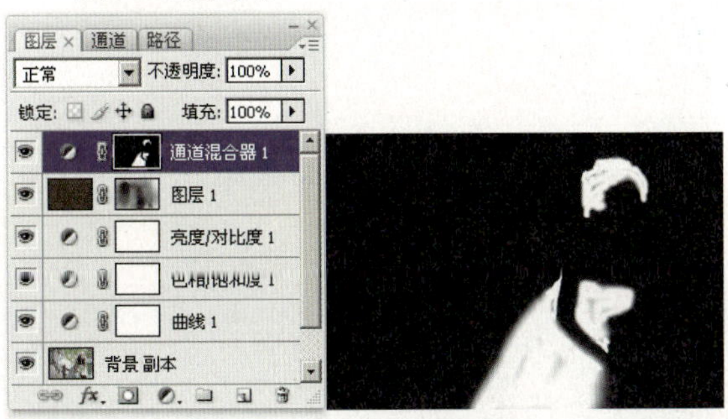

图7−51

16 涂抹“图层 1”的图层蒙版后，除人物的衣服以外的所有图像颜色恢复到了正常的状态，此时的效果如图7-52所示。

图7-52

17 单击“图层”调板底部的“创建新的填充或调整图层”按钮，在弹出的下拉菜单中选择“色相/饱和度”命令，设置弹出的对话框如图7-53所示。

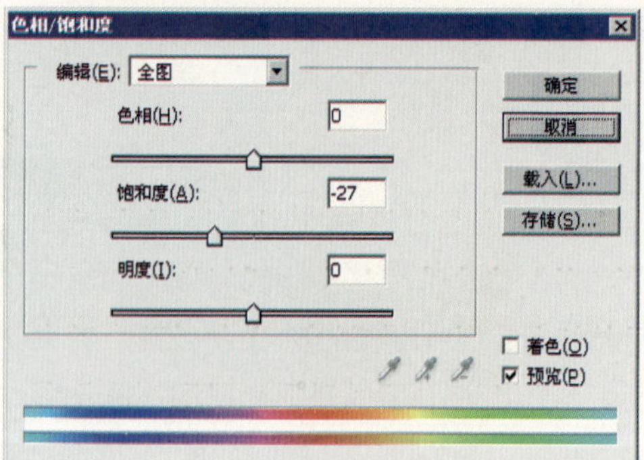

图7-53

18 设置完“色相/饱和度”命令的参数后，单击“确定”按钮，生成“色相/饱和度 2”图层，按快捷键【Ctrl+Alt+G】，执行菜单“创建剪贴蒙版”操作，此时的效果如图7-54所示。

图7-54

19 按快捷键【Ctrl+Shift+Alt+E】，执行菜单“盖印”操作，生成“图层2”图层，此时的效果和“图层”调板如图7-55所示。

图7-55

20 切换到“通道”调板，在“通道”调板中单击“红”通道，执行菜单“图像 | 应用图像”命令，设置弹出的对话框如图7-56所示。

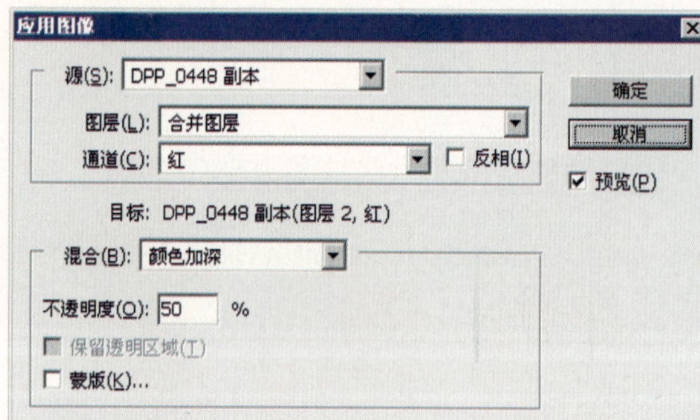

图7-56

21 设置完“应用图像”命令对话框后，单击“确定”按钮，此时的效果和“通道”调板如图7-57所示。

图7-57

22 在“通道”调板中单击“绿”通道，执行菜单“图像|应用图像”命令，设置弹出的对话框如图7−58所示，

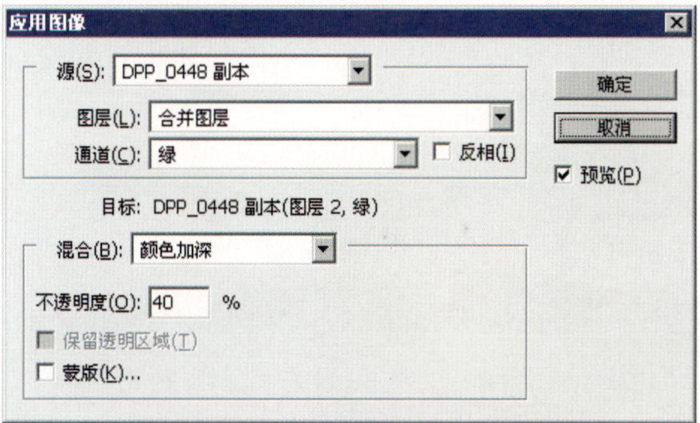

图7−58

23 设置完“应用图像”对话框后，单击“确定”按钮，此时的效果和“通道”调板如图7−59所示。

图7−59

24 在“通道”调板中单击“蓝”通道，执行菜单“图像|应用图像”命令，设置弹出的对话框如图7−60所示。

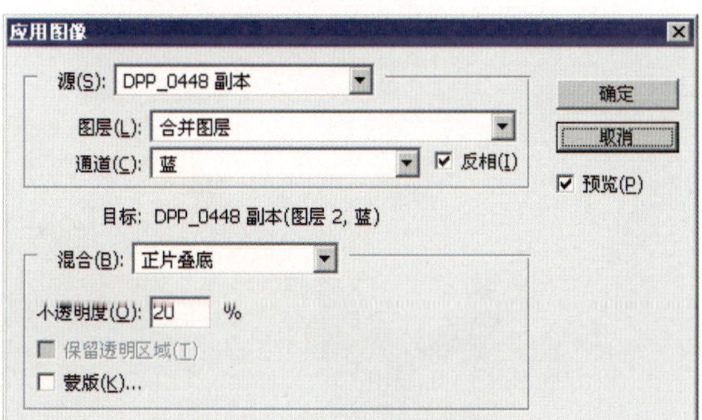

图7−60

25 设置完“应用图像”对话框后，单击“确定”按钮，此时的效果和“通道”调板如图7−61所示。

图7−61

26 切换到“图层”调板，设置“图层2”图层混合模式为“柔光”，“不透明度”为50%，得到如图7−62所示的效果。

图7−62

27 选择“图层2”图层为当前图层，按快捷键【Ctrl+J】，复制“图层2”图层，生成“图层2副本”图层，将该图层混合模式改为“正常”，“不透明度”为100%，得到如图7−63所示的效果。

图7−63

28 执行菜单“滤镜 | 模糊 | 高斯模糊”命令，设置弹出对话框中的参数后，单击“确定”按钮，得到如图7-64所示的效果。

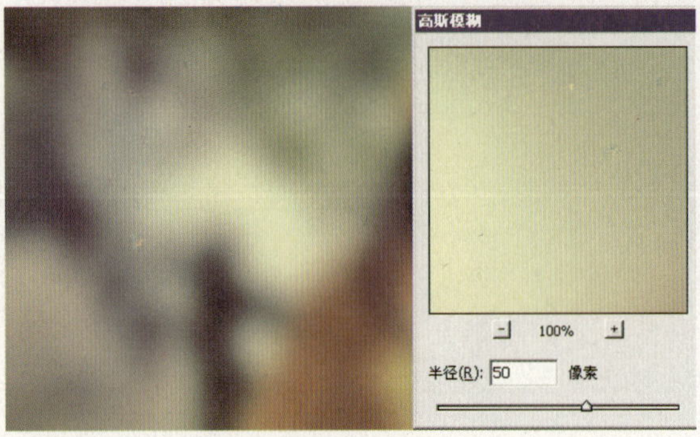

图7-64

29 设置“图层2副本”图层混合模式为“叠加”，得到如图7-65所示的效果。

图7-65

30 单击“图层”调板底部的“添加图层蒙版”按钮，为“图层2副本”图层添加蒙版，设置前景色为黑色，使用“画笔工具”设置适当的画笔大小和透明度后，在图层蒙版中涂抹，得到如图7-66所示的效果。

图7-66

31 单击“图层”调板底部的“创建新的填充或调整图层”按钮，在弹出的下拉菜单中选择“亮度/对比度”命令，设置完“亮度/对比度”命令的参数后，单击“确定”按钮，生成“亮度/对比度2”图层，此时的效果如图7-67所示。

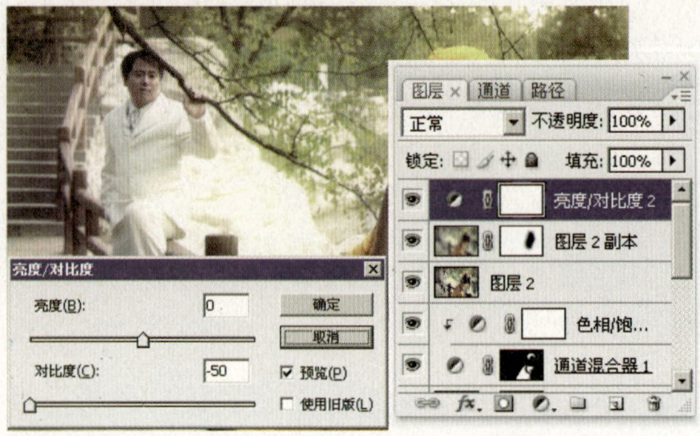

图7-67

32 单击“图层”调板底部的“创建新的填充或调整图层”按钮，在弹出的下拉菜单中选择“色相/饱和度”命令，设置弹出的对话框如图7-68所示。

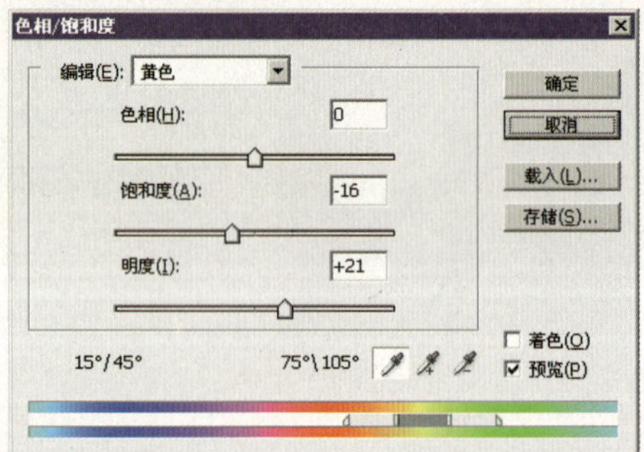

图7-68

33 设置完“色相/饱和度”命令的参数后，单击“确定”按钮，生成“色相/饱和度3”图层，此时的效果如图7-69所示。

图7-69

34 按快捷键【Ctrl+Shift+Alt+E】，执行菜单“盖印”操作，生成“图层3”图层，使用“移动工具”将“图层3”图层中的图像向下移动一些，如图7-70所示。

图7-70

35 设置前景色为黑色，选择“矩形工具”，在工具选项栏中单击“形状图层”按钮，在图像的上下边缘绘制黑色的长条形状，得到“形状1”图层，如图7-71所示。

图7-71

7.4 古希腊河畔主题婚纱照设计

通过“古希腊河畔”主题婚纱照设计制作，读者可以掌握Photoshop软件中的渐变填充图层、图层混合模式、图层蒙版、调色命令等技巧。下面将仔细讲述具体的操作步骤。

原始图片

最终效果

制作步骤

01 执行菜单“文件 | 新建”命令(或按快捷键【Ctrl+N】)，设置弹出的“新建”对话框如图7-72所示，单击“确定”按钮即可创建一个新的空白文件。

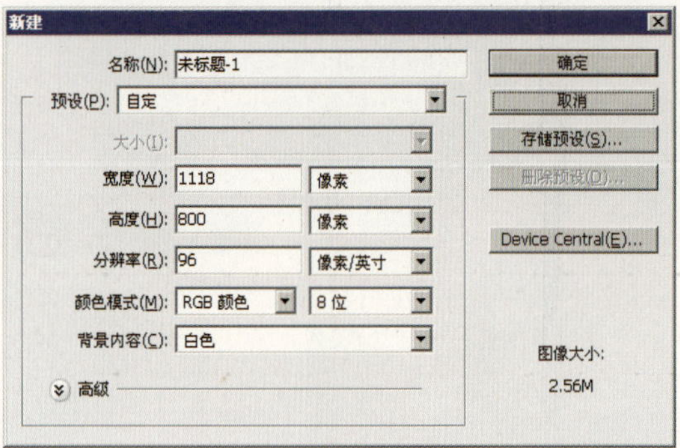

图7-72

02 单击“图层”调板底部的“创建新的填充或调整图层”按钮，在弹出的下拉菜单中选择“渐变”命令，设置弹出的对话框如图7-73所示。在对话框中的编辑渐变颜色选择框中单击，可以弹出“渐变编辑器”对话框，在对话框中可以编辑渐变的颜色。

图7-73

03 设置完对话框后，单击“确定”按钮，得到“渐变填充1”图层，此时的效果如图7-74所示。

图7-74

04 设置前景色为（R：16、G：46、B：135），新建一个图层，生成“图层1”图层，使用“画笔工具”设置适当的画笔大小和透明度后，在“图层1”图层中进行涂抹，其涂抹的状态如图7-75所示。

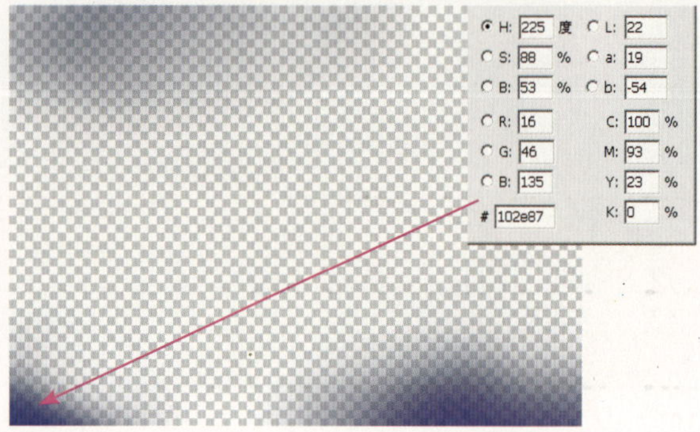

图7-75

05 使用“画笔工具”，涂抹“图层1”图层后，图像中被涂抹的地方色调就变暗了，得到如图7-76所示的效果。

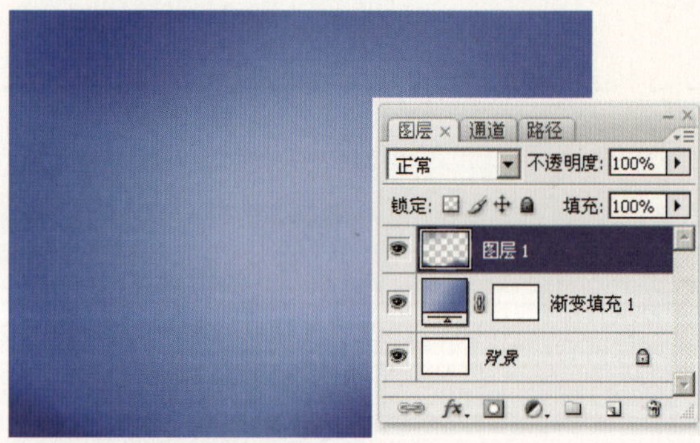

图7-76

06 打开配套光盘中的“第7章\古希腊河畔主题婚纱照设计\素材1”文件，此时的图像效果和“图层”调板如图7-77所示。

图7-77

07 使用“移动工具”将图像拖动到“步骤1”新建的文件中生成“图层2”图层，按快捷键【Ctrl+T】，调出自由变换控制框，变换图像到如图7-78所示的状态，按Enter键确认操作。

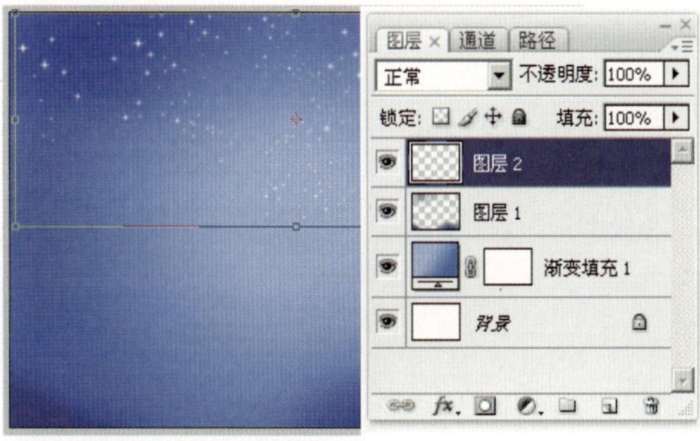

图7-78

08 设置“图层2”图层混合模式为“叠加”，得到如图7-79所示的效果。

图7-79

09 选择“图层2”图层为当前图层，按快捷键【Ctrl+J】，复制“图层2”图层，生成“图层2副本”，得到如图7-80所示的效果。

图7-80

10 打开配套光盘中的“第7章\古希腊河畔主题婚纱照设计\素材2”文件，此时的效果和“图层”调板如图7-81所示。

图7-81

11 使用“移动工具”将图像拖动到“步骤1”新建的文件中生成“图层3”图层，按快捷键【Ctrl+T】，调出自由变换控制框，变换图像到如图7-82所示的状态，按【Enter】键确认操作。

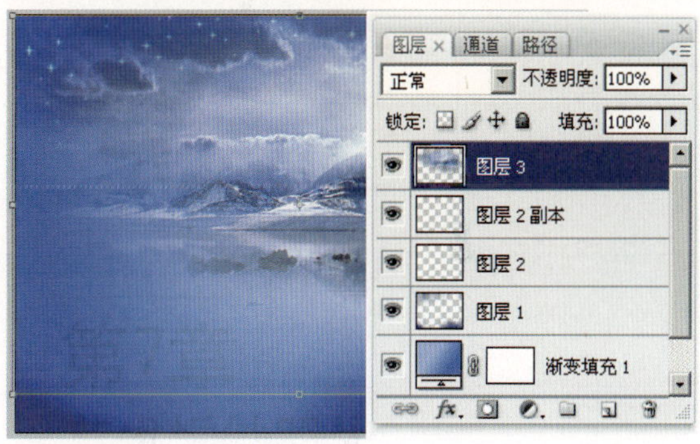

图7-82

12 设置“图层3”图层混合模式为“强光”，得到如图7-83所示的效果。

图7-83

13 打开配套光盘中的“第7章\古希腊河畔主题婚纱照设计\素材3”文件，此时的效果和“图层”调板如图7-84所示。

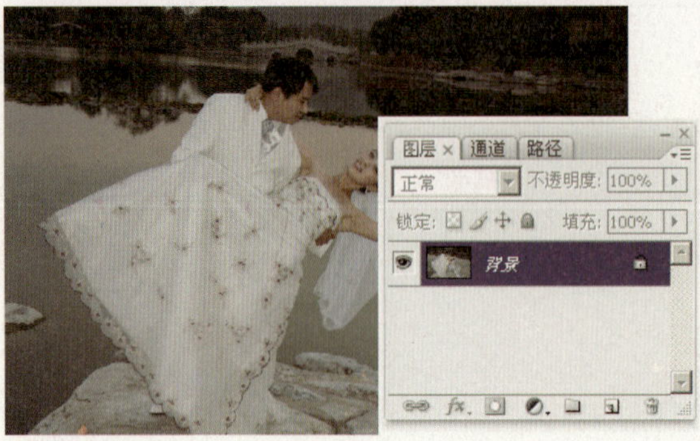

图7-84

14 使用“移动工具”将图像拖动到“步骤1”新建的文件中生成“图层4”图层，按快捷键【Ctrl+T】，调出自由变换控制框，变换图像到如图7-85所示的状态，按【Enter】键确认操作。

图7-85

15 设置“图层4”图层混合模式为“叠加”，“不透明度”为50%，得到如图7-86所示的效果。

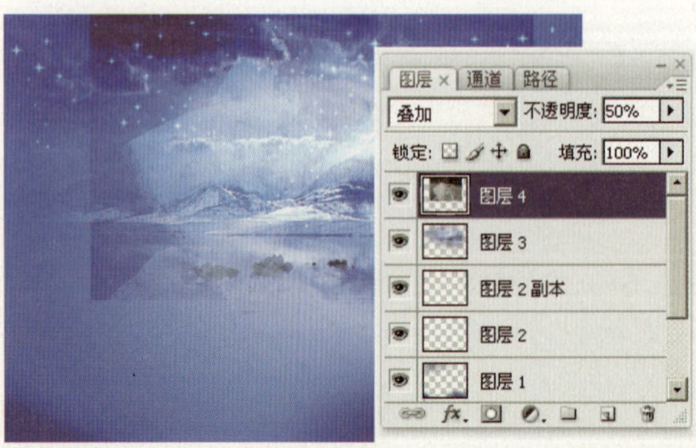

图7-86

16 单击“图层”调板底部的“添加图层蒙版”按钮，为“图层4”图层添加蒙版，设置前景色为黑色，使用“画笔工具”设置适当的画笔大小和透明度后，在图层蒙版中涂抹，其涂抹状态和“图层”调板如图7-87所示。

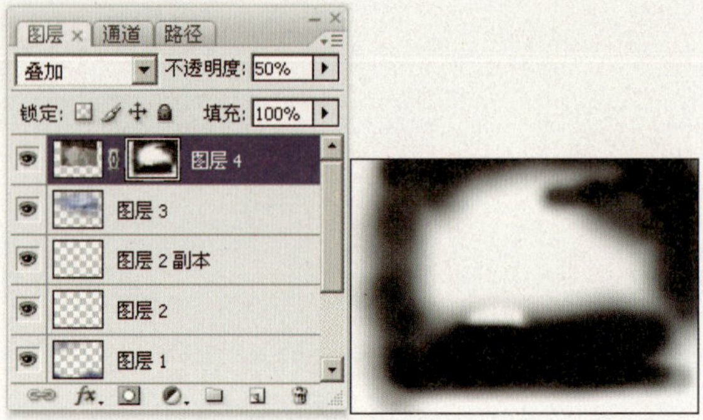

图7-87

17 涂抹“图层4”图层蒙版后，图像的边缘和背景也就有了一定的过渡效果，其效果如图7-88所示。

图7-88

18 在“图层”调板中，按快捷键【Ctrl+J】，复制“图层”图层，生成“图层4副本”图层，将其图层蒙版删除，图层混合模式改为“正常”，如图7-89所示。

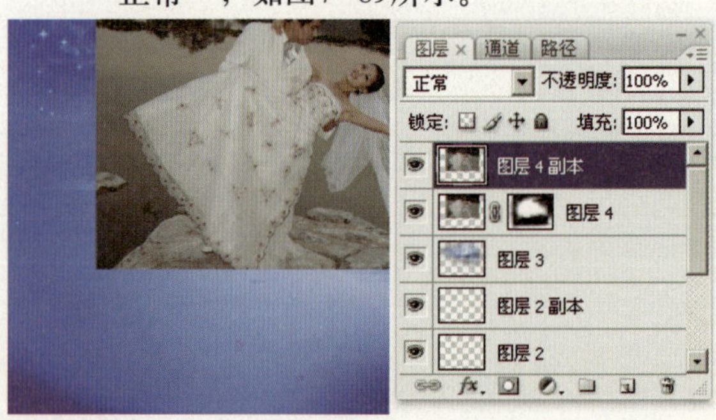

图7-89

19 单击“图层”调板底部的“添加图层蒙版”按钮，为“图层4副本”图层添加蒙版，设置前景色为黑色，使用“画笔工具”设置适当的画笔大小和透明度后，在图层蒙版中涂抹，其涂抹状态和“图层”调板如图7–90所示。

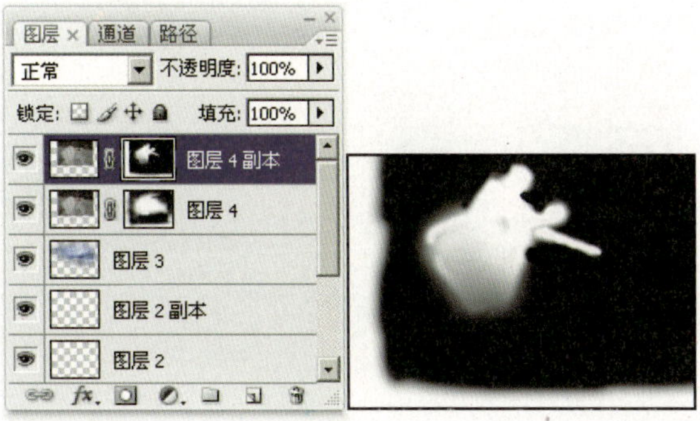

图7–90

20 涂抹“图层4副本”图层蒙版后， 除人物以外的其他图像都隐藏了起来，其效果如图7–91所示。

图7–91

21 单击“图层”调板底部的“创建新的填充或调整图层”按钮，在弹出的下拉菜单中选择“曲线”命令，设置弹出的对话框如图7–92所示。

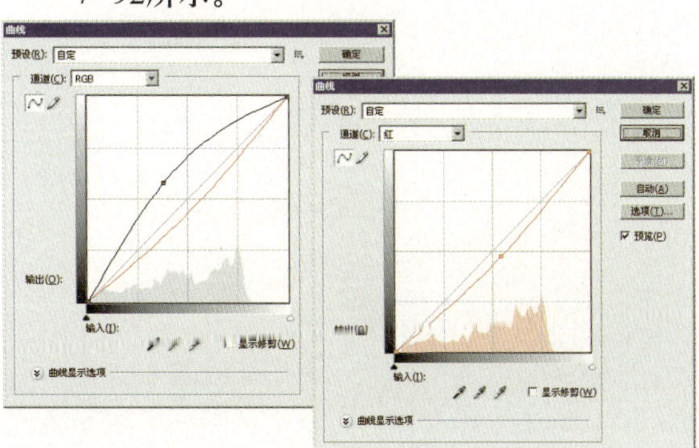

图7–92

22 设置完“曲线”命令的参数后，单击“确定”按钮，生成“曲线1”图层，按快捷键【Ctrl+Alt+G】，执行菜单“创建剪贴蒙版”操作，此时的效果如图7–93所示。

图7–93

23 单击“图层”调板底部的“创建新的填充或调整图层”按钮，在弹出的下拉菜单中选择“色彩平衡”命令，设置弹出的对话框如图7–94所示。

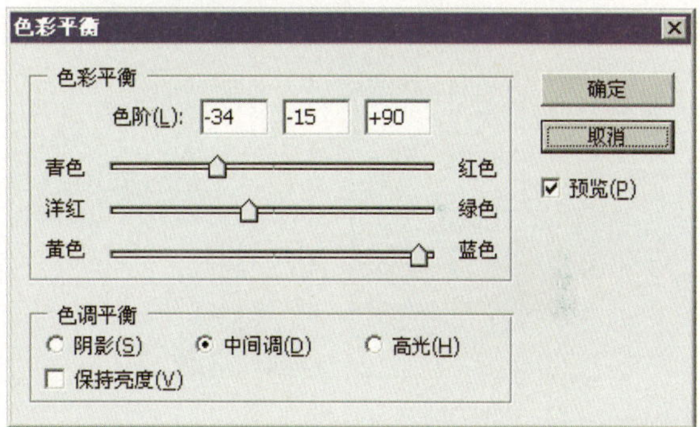

图7–94

24 设置完“色彩平衡”命令的参数后，单击“确定”按钮，生成“色彩平衡1”图层，按快捷键【Ctrl+Alt+G】，执行菜单“创建剪贴蒙版”操作，此时的效果如图7–95所示。

图7–95

25 打开配套光盘中的“第7章\古希腊河畔主题婚纱照设计\素材4”文件，此时的效果和图层调板如图7-96所示。

图7-96

26 使用“移动工具”将图像拖动到“步骤1”新建的文件中生成“图层5”图层，按快捷键【Ctrl+T】，调出自由变换控制框，变换图像到如图7-97所示的状态，按【Enter】键确认操作。

图7-97

27 设置“图层5”图层混合模式为“叠加”，得到如图7-98所示的效果。

图7-98

28 单击“图层”调板底部的“添加图层蒙版”按钮，为“图层5”图层添加蒙版，设置前景色为黑色，使用“画笔工具”设置适当的画笔大小和透明度后，在图层蒙版中涂抹，其涂抹状态和“图层”调板如图7-99所示。

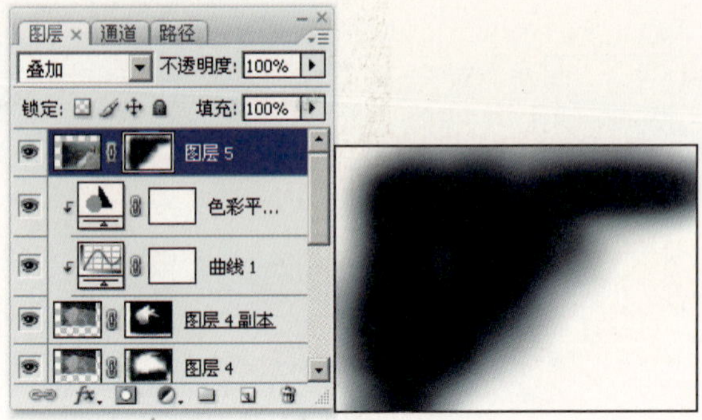

图7-99

29 涂抹“图层5”图层蒙版后，图像的边缘和背景也就有了一定的过渡效果，其效果如图7-100所示。

图7-100

30 在“图层”调板中，按快捷键【Ctrl+J】，复制“图层5”图层，生成“图层5副本”图层，将其图层蒙版删除，图层混合模式改为“正常”，如图7-101所示。

图7-101

31 单击“图层”调板底部的“添加图层蒙版”按钮，为“图层5副本”图层添加蒙版，设置前景色为黑色，使用“画笔工具”设置适当的画笔大小和透明度后，在图层蒙版中涂抹，其涂抹状态和“图层”调板如图7-102所示。

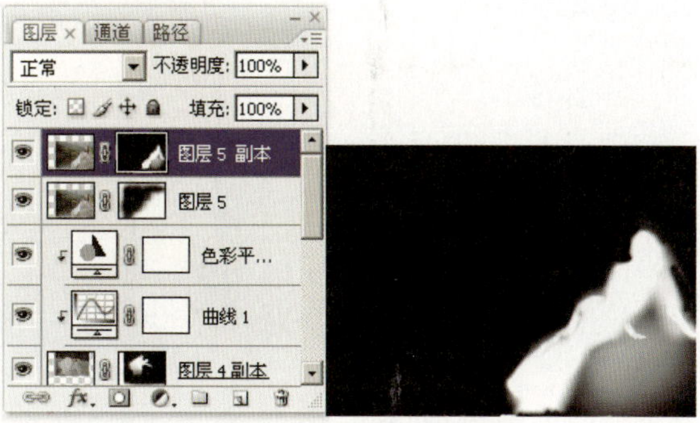

图7-102

32 涂抹“图层5副本”图层蒙版后， 除人物以外的其他图像都隐藏了起来，其效果如图7-103所示。

图7-103

33 单击“图层”调板底部的“创建新的填充或调整图层”按钮，在弹出的下拉菜单中选择“曲线”命令，设置弹出的对话框如图7-104所示。

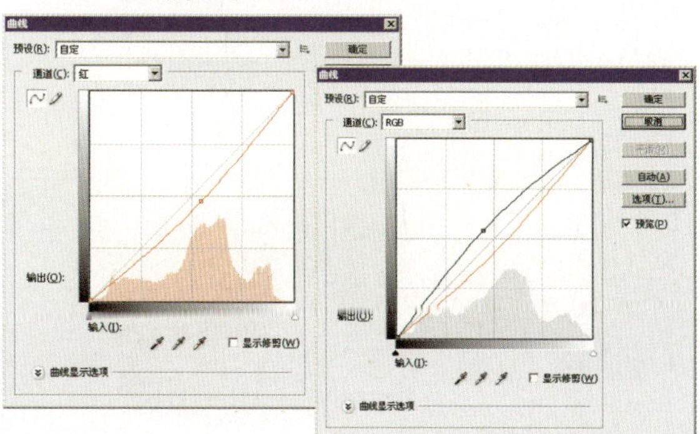

图7-104

34 设置完“曲线”命令的参数后，单击“确定”按钮，得到图层“曲线 2”，按快捷键Ctrl+Alt+G，执行菜单“创建剪贴蒙版”操作，此时的效果如图7-105所示。

图7-105

35 单击“创建新的填充或调整图层”按钮，在弹出的下拉菜单中选择“色彩平衡”命令，设置弹出的对话框如图7-106所示。

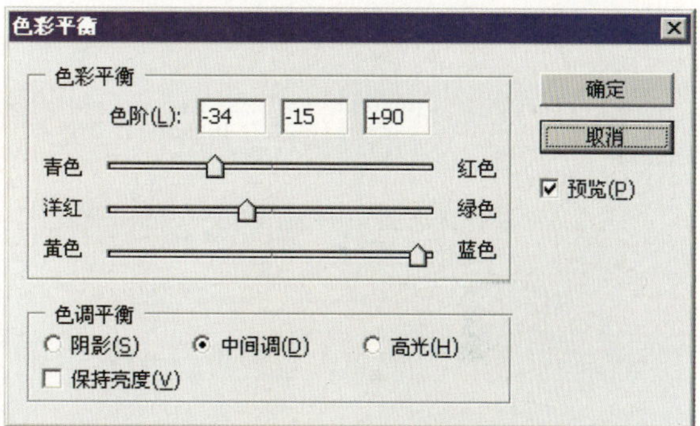

图7-106

36 设置完“色彩平衡”命令的参数后，单击 “确定”按钮，得到图层“色彩平衡2”，按快捷键【Ctrl+Alt+G】，执行菜单“创建剪贴蒙版”操作，此时的效果如图7-107所示。

图7-107

37 单击“图层”调板底部的“创建新的填充或调整图层”按钮，在弹出的下拉菜单中选择“色阶”命令，设置弹出的对话框如图7-108所示。

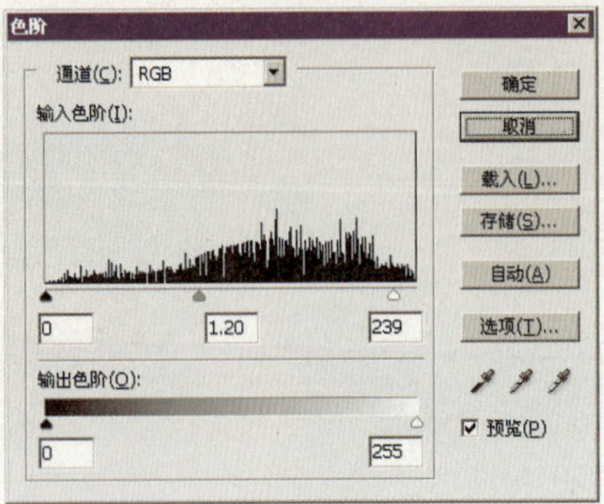

图7-108

38 设置完“色阶”对话框参数后，单击“确定”按钮，生成“色阶1”图层，按快捷键【Ctrl+Alt+G】，执行菜单“创建剪贴蒙版”操作，此时的效果如图7-109所示。

图7-109

39 打开配套光盘中的“第7章\古希腊河畔主题婚纱照设计\素材5”文件，此时的效果和“图层”调板如图7-110所示。

图7-110

40 使用“移动工具”将图像拖动到“步骤1”新建的文件中生成“图层6”图层，按快捷键【Ctrl+T】，调出自由变换控制框，变换图像到如图7-111所示的状态，按【Enter】键确认操作。

图7-111

41 设置“图层6”图层混合模式为“叠加”，得到如图7-112所示的效果。

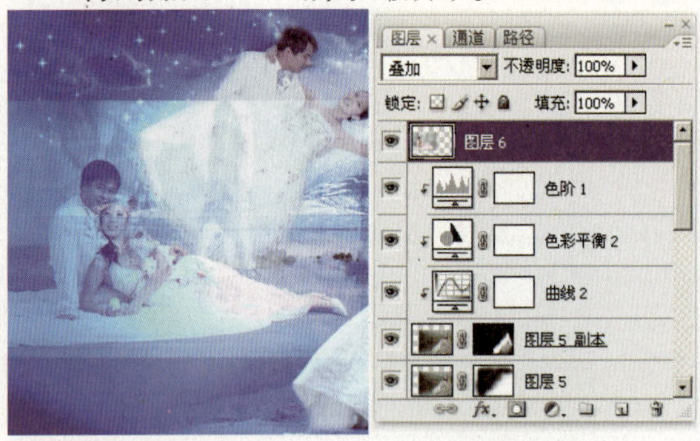

图7-112

42 单击“图层”调板底部的“添加图层蒙版”按钮，为“图层6”图层添加蒙版，设置前景色为黑色，使用“画笔工具”设置适当的画笔大小和透明度后，在图层蒙版中涂抹，其涂抹状态和“图层”调板如图7-113所示。

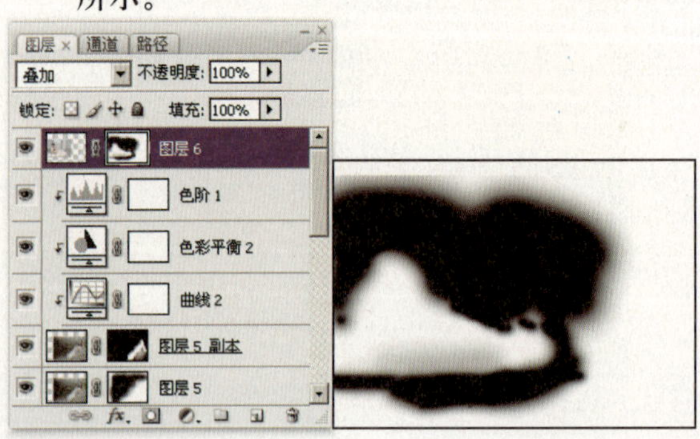

图7-113

43 涂抹“图层6”图层蒙版后，图像的边缘和背景也就有了一定的过渡效果，其效果如图7-114所示。

图7-114

44 在“图层”调板中，按快捷键【Ctrl+J】，复制“图层6”图层，生成“图层6副本”图层，将其图层蒙版删除，图层混合模式改为“正常”，如图7-115所示。

图7-115

45 单击“图层”调板底部的“添加图层蒙版”按钮，为“图层6副本”图层添加蒙版，设置前景色为黑色，使用“画笔工具”设置适当的画笔大小和透明度后，在图层蒙版中涂抹，其涂抹状态和“图层”调板如图7-116所示。

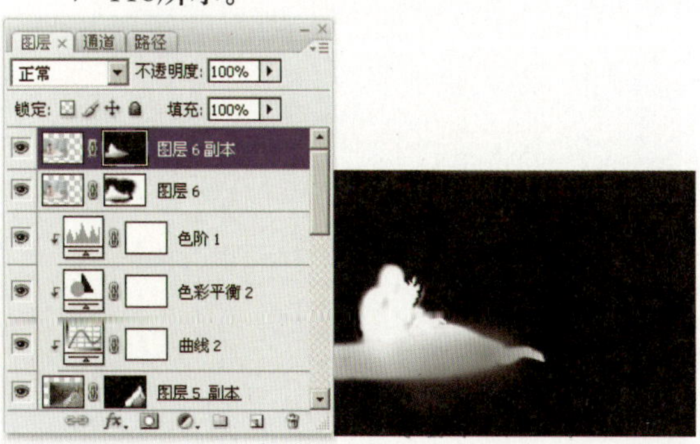

图7-116

46 涂抹“图层6副本”图层蒙版后，除人物以外的其他图像都隐藏了起来，其效果如图7-117所示。

图7-117

47 单击“图层”调板底部的“创建新的填充或调整图层”按钮，在弹出的下拉菜单中选择“曲线”命令，设置弹出的对话框如图7-118所示。

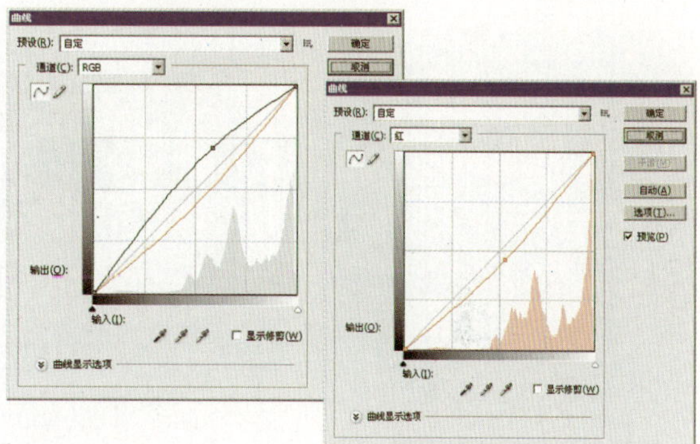

图7-118

48 设置完“曲线”对话框参数后，单击“确定”按钮，生成“曲线3”图层，按快捷键【Ctrl+Alt+G】，执行菜单“创建剪贴蒙版”操作，此时的效果如图7-119所示。

图7-119

49 单击“图层”调板底部的“创建新的填充或调整图层”按钮，在弹出的下拉菜单中选择“色彩平衡”命令，设置弹出的对话框如图7-120所示。

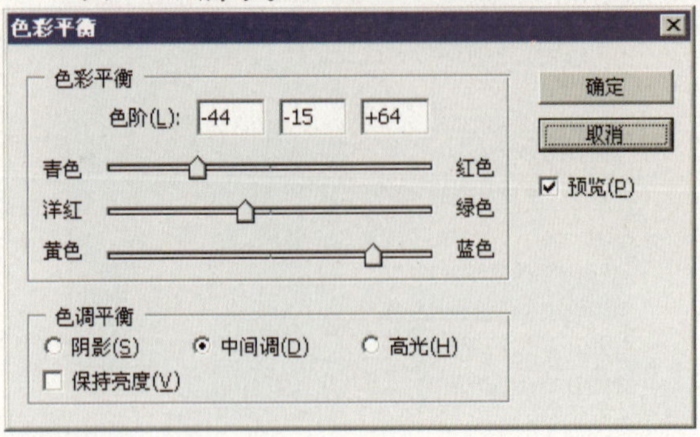

图7-120

50 设置完“色彩平衡”对话框参数后，单击“确定”按钮，生成“色彩平衡3”图层，按快捷键【Ctrl+Alt+G】，执行菜单“创建剪贴蒙版”操作，此时的效果如图7-121所示。

图7-121

51 选择“色彩平衡1”图层为当前图层，打开配套光盘中的“第7章\古希腊河畔主题婚纱照设计\素材6”文件，此时的效果和“图层”调板如图7-122所示。

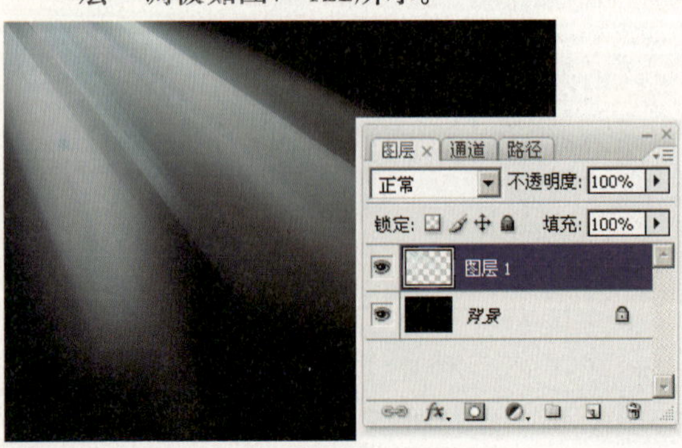

图7-122

52 使用“移动工具”将图像拖动到“步骤1”新建的文件中生成“图层7”图层，按快捷键【Ctrl+T】，调出自由变换控制框，变换图像到如图7-123所示的状态，按【Enter】键确认操作。

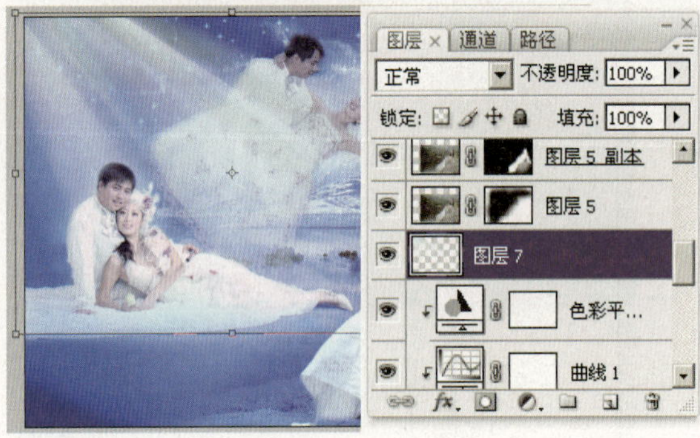

图7-123

53 设置“图层7”图层混合模式为“滤色”，得到如图7-124所示的效果。

图7-124

54 打开配套光盘中的“第7章\古希腊河畔主题婚纱照设计\素材7”文件，此时的效果和图层调板如图7-125所示。

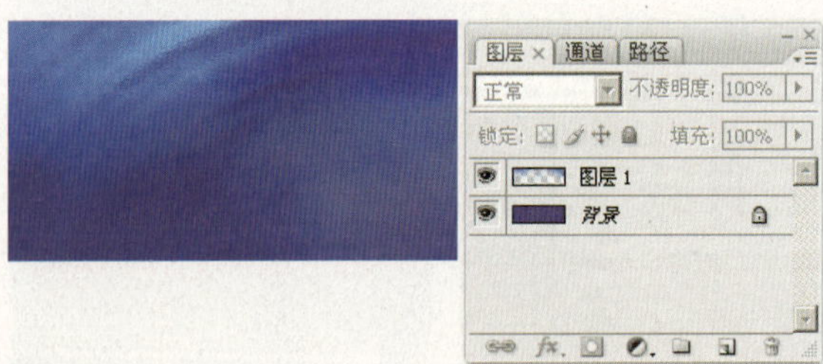

图7-125

55 使用“移动工具”将图像拖动到“步骤1”新建的文件中生成“图层8”图层，按快捷键【Ctrl+T】，调出自由变换控制框，变换图像到如图7-126所示的状态，按【Enter】键确认操作。

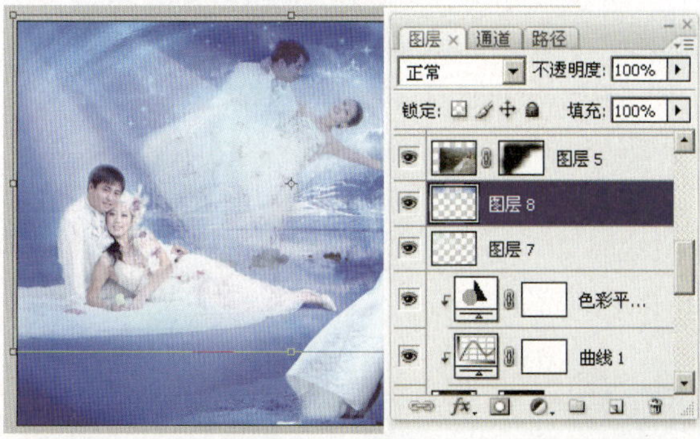

图7-126

56 选择“色彩平衡3”图层为当前操作图层，打开配套光盘中的“第7章\古希腊河畔主题婚纱照设计\素材8”文件，此时的效果和“图层”调板如图7-127所示。

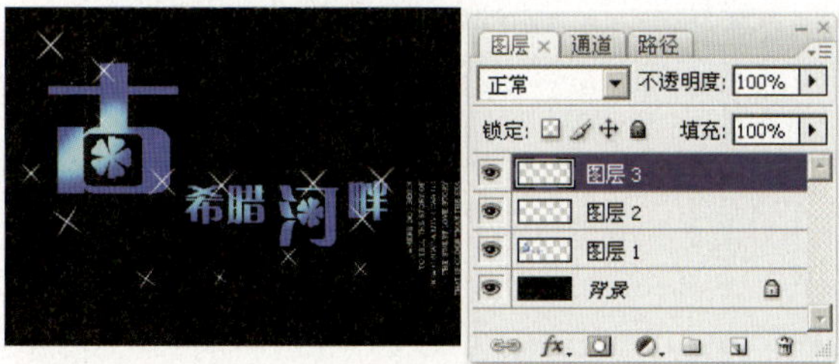

图7-127

57 使用“移动工具”将“第7章\古希腊河畔主题婚纱照设计\素材8”中的“图层1”、“图层2”、“图层3”文字内容拖动到“步骤1”新建的文件中，生成相应的图层，选择“图层9”、“图层10”和“图层11”图层，按快捷键【Ctrl+T】，调出自由变换控制框，变换图像到如图7-128所示的状态，按【Enter】键确认操作。

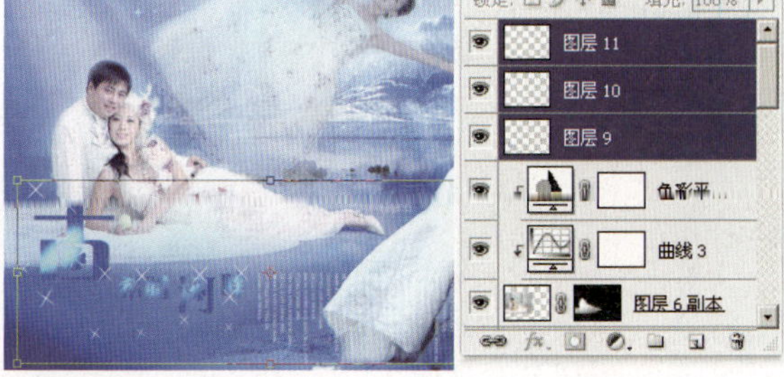

图7-128

58 选择“图层9”，单击“图层”调板底部的“添加图层样式”按钮，在弹出的下拉菜单中选择“渐变叠加”命令，设置弹出的“渐变叠加”面板后，单击“描边”选项，然后设置弹出的“描边”面板，具体设置如图7-129所示。

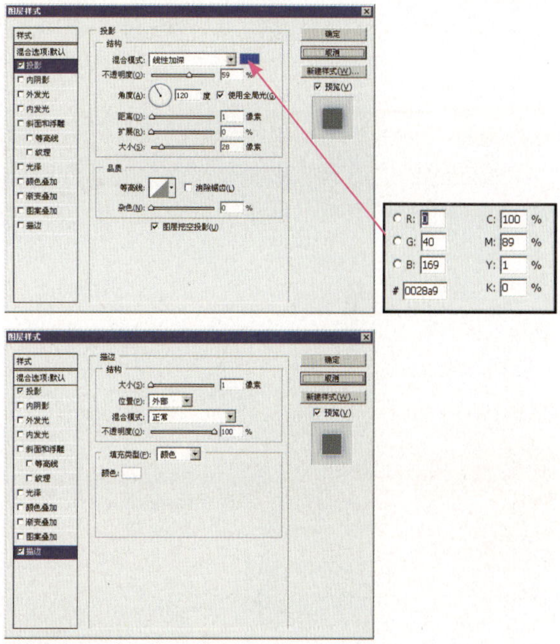

图7-129

59 设置完“图层样式”对话框后，单击“确定”按钮，即可得到如图7-130所示的效果。

图7-130

60 设置“图层10”图层混合模式为“叠加”，得到如图7-131所示的效果。

图7-131

61 选择“图层11”图层为当前图层，打开配套光盘中的“第7章\古希腊河畔主题婚纱照设计\素材9”文件，此时的效果和“图层”调板如图7-132所示。

图7-132

62 使用“移动工具”将图像拖动到“步骤1”新建的文件中生成“图层12”图层，按快捷键【Ctrl+T】，调出自由变换控制框，变换图像到如图7-133所示的状态，按【Enter】键确认操作。

图7-133

63 设置“图层12”图层混合模式为“叠加”，得到如图7-134所示的效果。

图7-134

7.5 古香古色主题婚纱照设计

通过“古香古色”主题婚纱照设计制作，读者可以掌握Photoshop软件中的图层混合模式、图层蒙版、图层剪切蒙版等技巧。下面将仔细讲述具体的操作步骤。

原始图片

最终效果

制作步骤

01 执行菜单“文件 | 新建”命令(或按快捷键【Ctrl+N】)，设置弹出的“新建”对话框如图7-135所示，单击“确定”按钮即可创建一个新的空白文件。

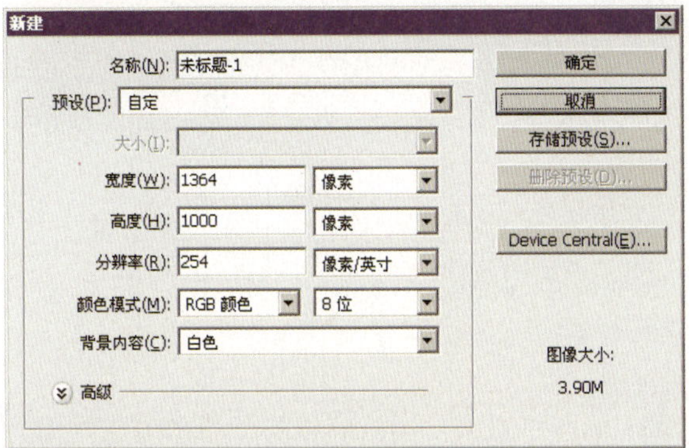

图7-135

02 打开配套光盘中的“第7章\古香古色主题婚纱照设计\素材1”文件，此时的效果和“图层”调板如图7-136所示。

图7-136

03 使用“移动工具”将图像拖动到“步骤1”新建的文件中生成“图层1”图层，按快捷键【Ctrl+T】，调出自由变换控制框，变换图像到如图7-137所示的状态，按【Enter】键确认操作。

图7-137

04 打开配套光盘中的“第7章\古香古色主题婚纱照设计\素材2”文件，此时的效果和“图层”调板如图7-138所示。

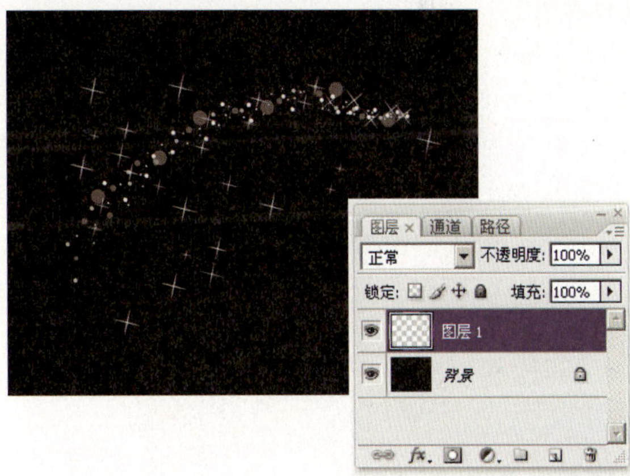

图7-138

05 使用“移动工具”将图像拖动到“步骤1”新建的文件中生成“图层2”图层，按快捷键【Ctrl+T】，调出自由变换控制框，变换图像到如图7-139所示的状态，按【Enter】键确认操作。

图7–139

06 设置“图层2”图层混合模式为“叠加”，得到如图7–140所示的效果。

图7–140

07 按快捷键【Ctrl+Alt+T】，调出自由变换复制框，将图像水平翻转、移动到如图7–141所示的状态，按【Enter】键确认操作，生成“图层2副本”图层。

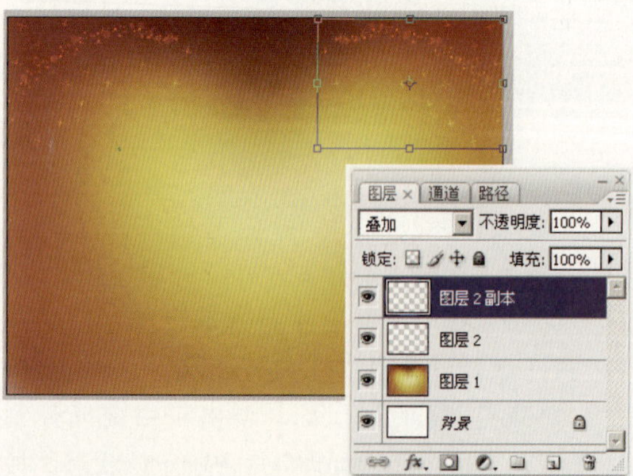

图7–141

08 设置前景色为白色，选择“自定形状工具”，在工具选项栏中单击“形状图层”按钮，在图像中绘制心形，生成“形状1”图层，如图7–142所示。

图7–142

09 单击“图层”调板底部的“添加图层样式”按钮，在弹出的下拉菜单中选择“外发光”命令，设置弹出的“外发光”命令对话框如图7–143所示。

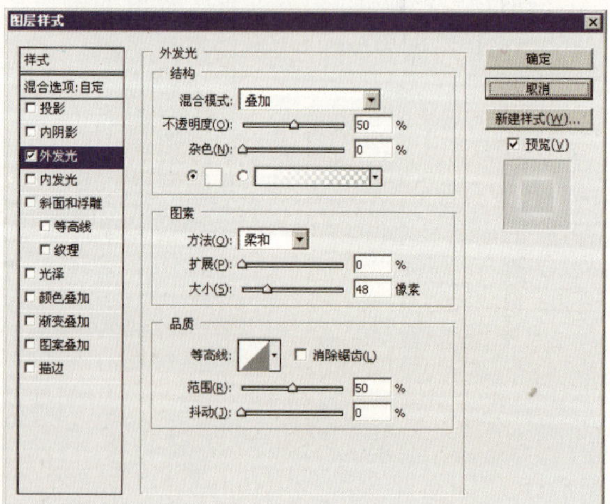

图7–143

10 设置完“外发光”对话框后，单击“确定”按钮，然后设置“形状1”图层“填充”为0%，得到如图7–144所示的效果。

图7—144

11 打开配套光盘中的“第7章\古香古色主题婚纱照设计\素材3”文件，此时的效果和“图层”调板如图7—145所示。

图7—145

12 使用“移动工具”将图像拖动到“步骤1”新建的文件中生成“图层3”图层，按快捷键【Ctrl+T】，调出自由变换控制框，变换图像到如图7—146所示的状态，按【Enter】键确认操作。

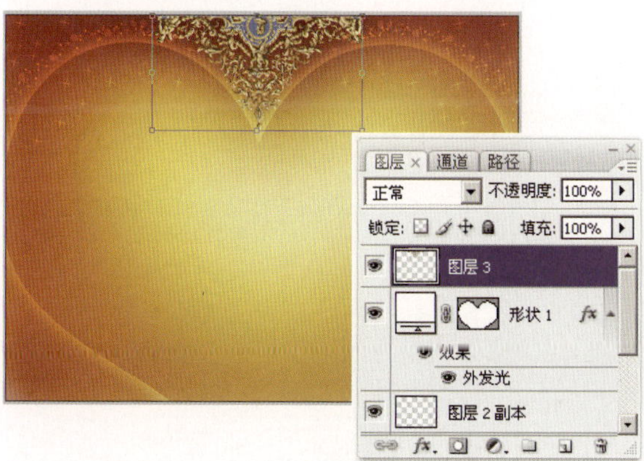

图7—146

13 设置“图层3”图层混合模式为“叠加”，得到如图7—147所示的效果。

图7—147

14 选择“图层3”图层为当前图层，按快捷键【Ctrl+J】，复制“图层3”图层，生成“图层3副本”图层，设置图层混合模式为“柔光”，得到如图7—148所示的效果。

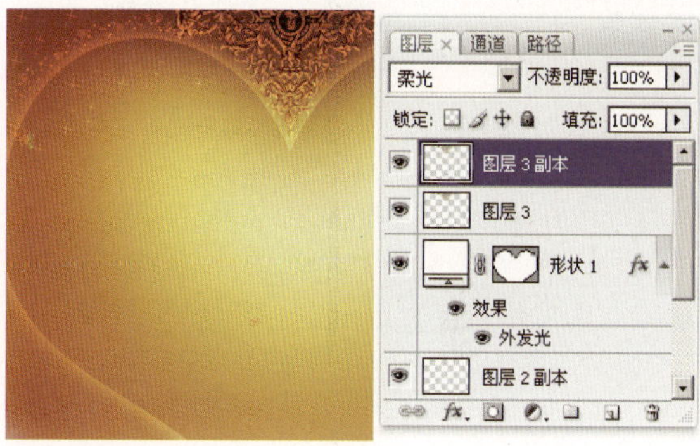

图7—148

15 打开配套光盘中的“第7章\古香古色主题婚纱照设计\素材4”图像文件，此时的效果和“图层”调板如图7—149所示。

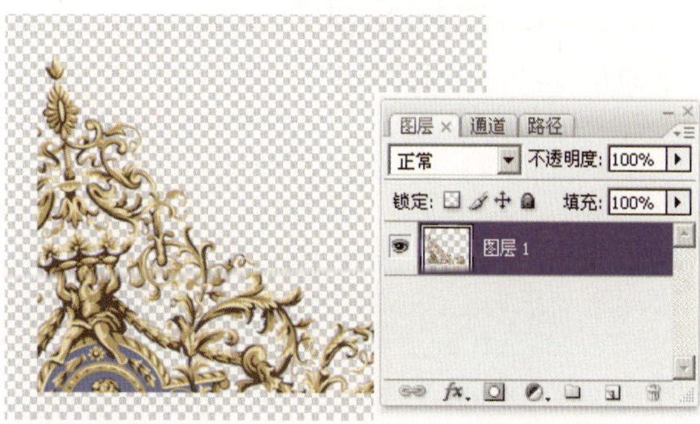

图7—149

16 使用“移动工具”将图像拖动到“步骤1”新建的文件中生成“图层4”图层，按快捷键【Ctrl+T】，调出自由变换控制框，变换图像到如图7-150所示的状态，按【Enter】键确认操作。

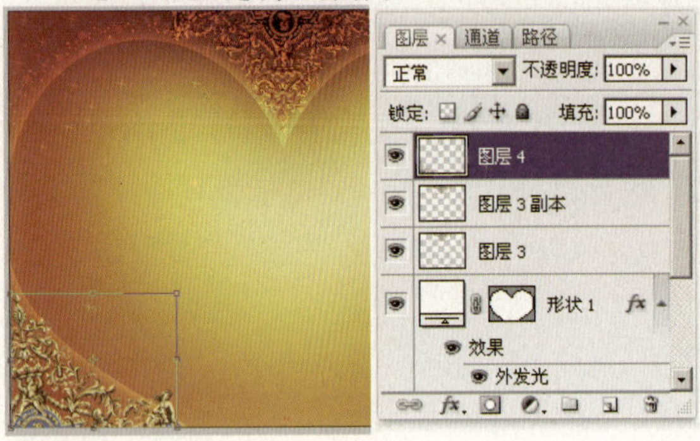

图7-150

17 设置“图层4”图层混合模式为“叠加”，得到如图7-151所示的效果。

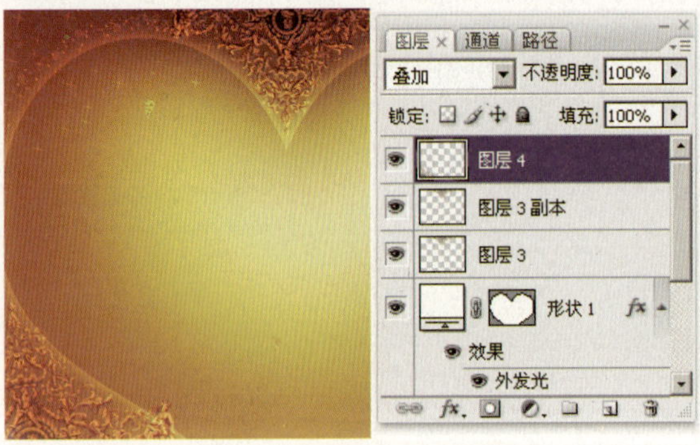

图7-151

18 选择“图层4”图层为当前图层，按快捷键【Ctrl+J】，复制“图层4”图层，生成“图层4副本”图层，设置图层混合模式为“叠加”，“不透明度”为50%，得到如图7-152所示的效果。

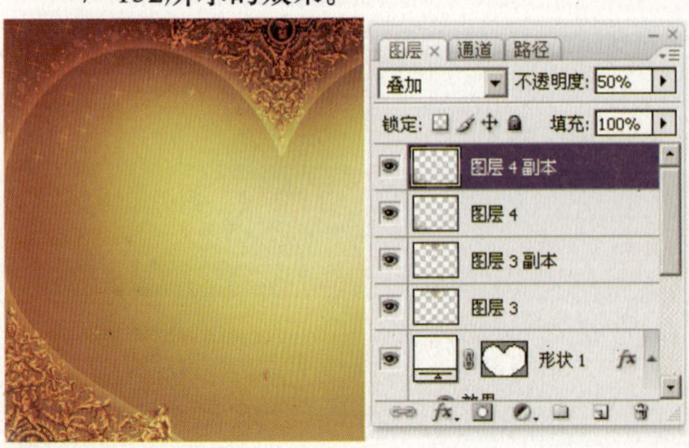

图7-152

19 选择“图层4”和“图层4副本”图层，将其拖动到“创建新图层”按钮上，复制选中的图层，按快捷键【Ctrl+T】，调出自由变换控制框，将图像水平翻转、移动到如图7-153所示的状态，按【Enter】键确认操作。

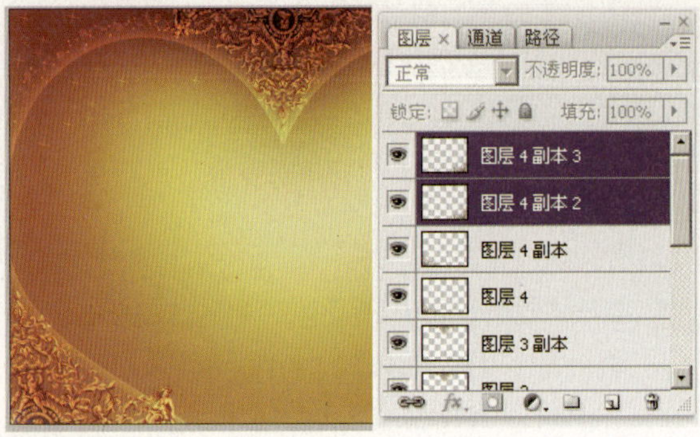

图7-153

20 按住【Ctrl】键单击“形状 1”的矢量蒙版载入选区，选择“图层 1”为当前操作图层，如图7-154所示。

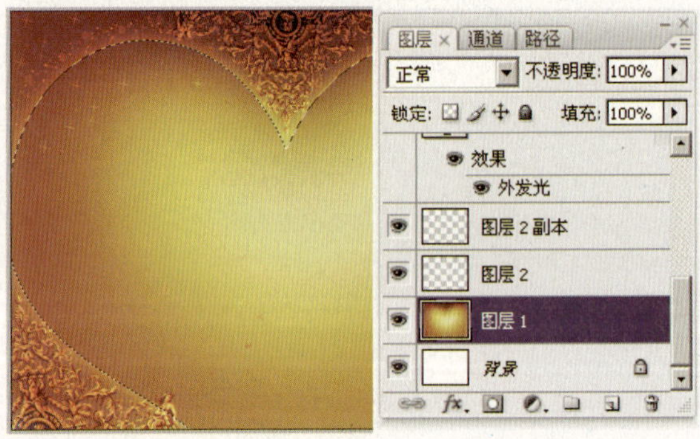

图7-154

21 按快捷键【Ctrl+J】，复制选区内的图像，得到“图层 5”，此时的效果和“图层”面板如图7-155所示。

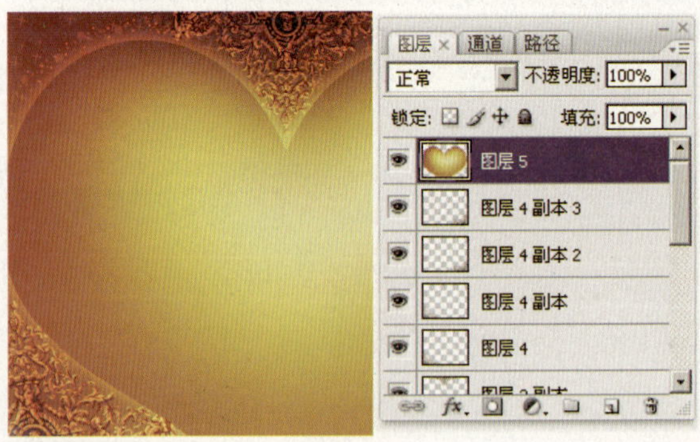

图7-155

22 打开配套光盘中的“第7章\古香古色主题婚纱照设计\素材5”文件，此时的效果和“图层”调板如图7-156所示。

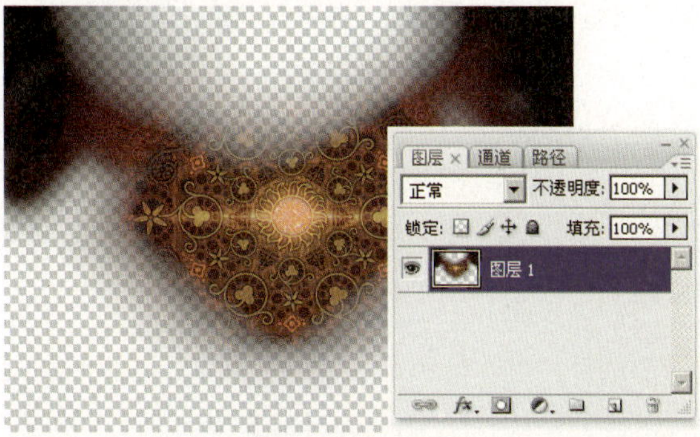

图7-156

23 使用“移动工具”将图像拖动到“步骤1”新建的文件中生成“图层6”图层，按快捷键【Ctrl+T】，调出自由变换控制框，变换图像到如图7-157所示的状态，按【Enter】键确认操作。

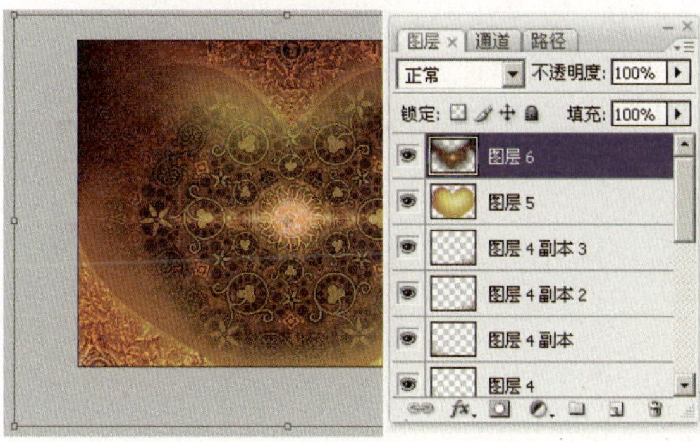

图7-157

24 设置“图层6”图层混合模式为“叠加”，按快捷键【Ctrl+Alt+G】，执行“创建剪贴蒙版”操作，得到如图7-158所示的效果。

图7-158

25 单击“图层”调板底部的“创建新的填充或调整图层”按钮，在弹出的下拉菜单中选择“渐变映射”命令，设置弹出的对话框如图7-159所示。在对话框中的编辑渐变颜色选择框中单击，可以弹出“渐变编辑器”对话框，在对话框中可以编辑渐变映射的颜色。

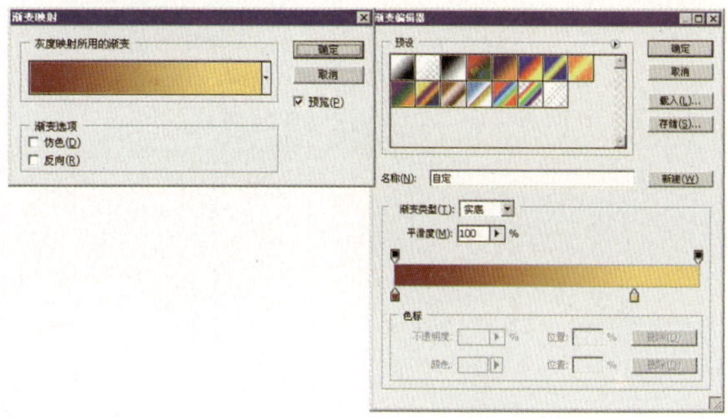

图7-159

26 设置完对话框后，单击“确定”按钮，生成“渐变映射1”图层，按快捷键【Ctrl+Alt+G】，执行“创建剪贴蒙版”操作，此时的效果如图7-160所示。

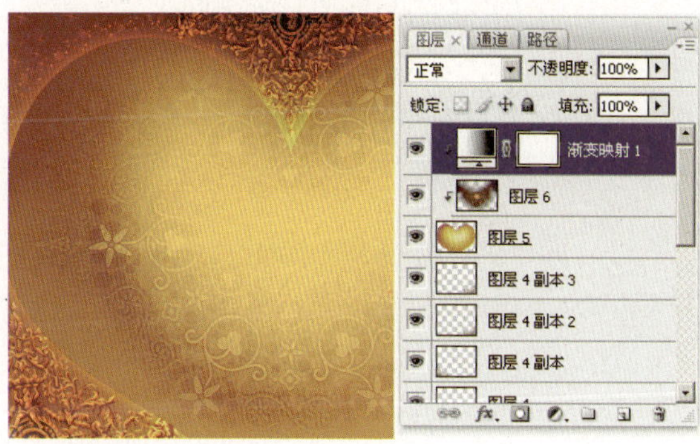

图7-160

27 打开配套光盘中的“第7章\古香古色主题婚纱照设计\素材6”文件，此时的效果和“图层”调板如图7-161所示。

图7-161

28 使用“移动工具”将图像拖动到“步骤1”新建的文件中生成“图层7”图层，按快捷键【Ctrl+T】，调出自由变换控制框，变换图像到如图7-162所示的状态，按【Enter】键确认操作。

图7-162

29 单击“图层”调板底部的“添加图层蒙版”按钮，为“图层7”图层添加蒙版，设置前景色为黑色，背景色为白色，使用“渐变工具”设置渐变类型为从前景色到背景色，在图层蒙版中从下往上绘制渐变，此时图层蒙版中的状态如图7-163所示。

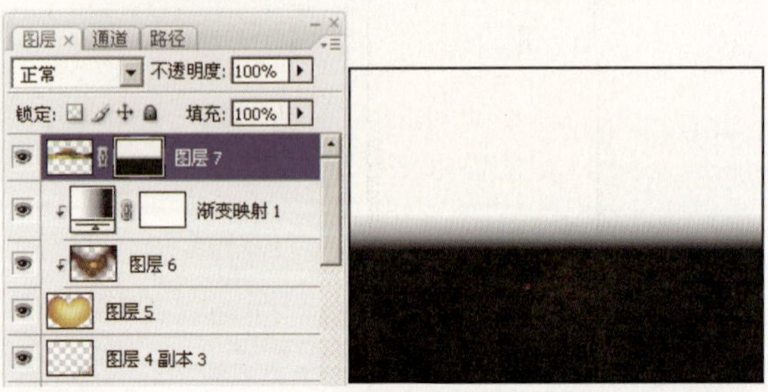

图7-163

30 添加渐变图层蒙版后，此时的图像下方与背景有了一定的过渡效果，按快捷键【Ctrl+Alt+G】，执行“创建剪贴蒙版”操作，得到如图7-164所示的效果。

图7-164

31 按快捷键【Ctrl+J】，复制“图层7”图层，生成“图层7副本”图层，按快捷键【Ctrl+Alt+G】，执行“创建剪贴蒙版”操作，设置图层混合模式为“叠加”，得到如图7-165所示的效果。

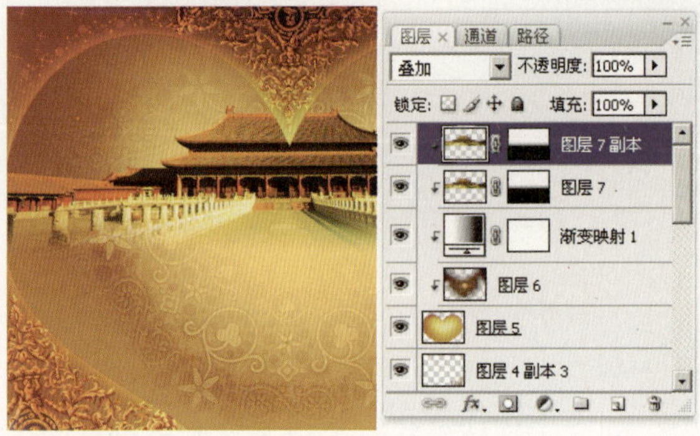

图7-165

32 按快捷键【Ctrl+J】，复制“图层7副本”图层，生成“图层7副本2”图层，按快捷键【Ctrl+Alt+G】，执行“创建剪贴蒙版”操作，设置图层混合模式为“滤色”，“不透明度”为50%，得到如图7-166所示的效果。

图7-166

33 打开配套光盘中的“第7章\古香古色主题婚纱照设计\素材7”图像文件，此时的图像效果和图层调板如图7-167所示。

图7-167

34 使用“移动工具”将图像拖动到“步骤1”新建的文件中生成“图层8”图层，按快捷键【Ctrl+T】，调出自由变换控制框，变换图像到如图7-168所示的状态，按【Enter】键确认操作。

图7-168

35 设置“图层8”图层混合模式为“颜色减淡”，“不透明度”为80%，得到如图7-169所示的效果。

图7-169

36 按快捷键【Ctrl+Alt+T】，调出自由变换复制框，将图像水平翻转、移动到如图7-170所示的状态，按【Enter】键确认操作，生成“图层8副本”图层。

图7-170

37 单击“图层”调板底部的“添加图层蒙版”按钮，为“图层8副本”图层添加蒙版，设置前景色为黑色，使用“画笔工具”设置适当的画笔大小和透明度后，在图层蒙版中涂抹，其涂抹状态和“图层”调板如图7-171所示。

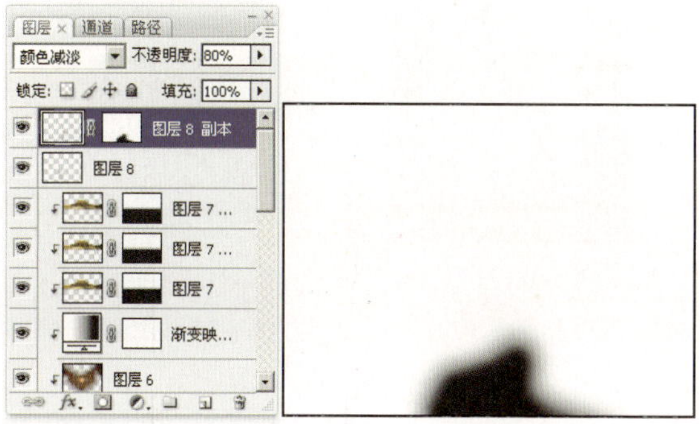

图7-171

38 涂抹“图层8副本”图层蒙版后，多余的图像就被隐藏了起来，此时的效果如图7-172所示。

图7-172

39 选择“图层8”和“图层8副本”图层，按快捷键【Ctrl+Alt+G】，执行“创建剪贴蒙版”操作，得到如图7-173所示的效果。

图7-173

40 打开配套光盘中的“第7章\古香古色主题婚纱照设计\素材8”文件，此时的效果和“图层”调板如图7–174所示。

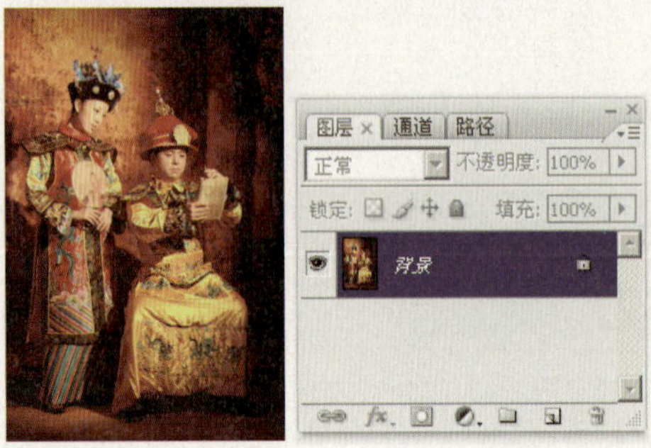

图7–174

41 使用“移动工具”将图像拖动到“步骤1”新建的文件中生成“图层9”图层，按快捷键【Ctrl+T】，调出自由变换控制框，变换图像到如图7–175所示的状态，按【Enter】键确认操作。

图7–175

42 单击“图层”调板底部的“添加图层蒙版”按钮，为“图层9”图层添加蒙版，设置前景色为黑色，使用“画笔工具”设置适当的画笔大小和透明度后，在图层蒙版中涂抹，其涂抹状态和“图层”调板如图7–176所示。

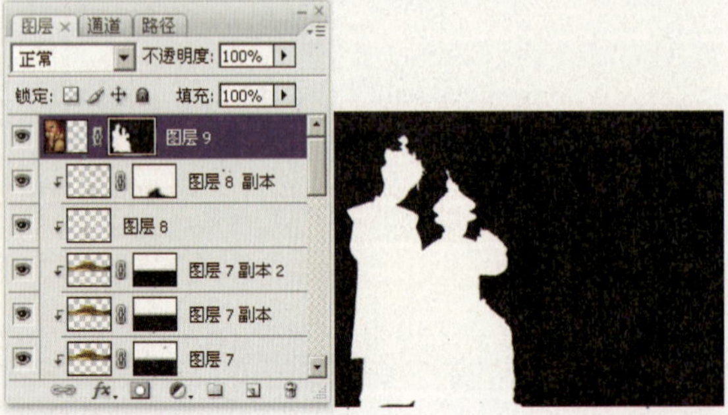

图7–176

43 涂抹“图层9”图层蒙版后，除人物以外的其他图像都隐藏了起来，其效果如图7–177所示。

图7–177

44 选择“图层9”图层为当前图层，按快捷键【Ctrl+Alt+G】，执行“创建剪贴蒙版”操作，得到如图7–178所示的效果。

图7–178

45 打开配套光盘中的“第7章\古香古色主题婚纱照设计\素材9”文件，此时的效果和“图层”调板如图7–179所示。

图7–179

46 使用“移动工具”将图像拖动到“步骤1”新建的文件中生成“图层10”图层，按快捷键【Ctrl+T】，调出自由变换控制框，变换图像到如图7-180所示的状态，按【Enter】键确认操作。

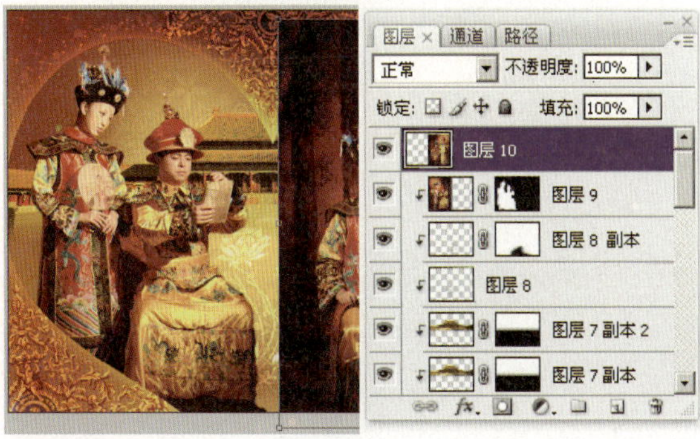

图7-180

47 单击“图层”调板底部的“添加图层蒙版”按钮，为“图层10”图层添加蒙版，设置前景色为黑色，使用“画笔工具”设置适当的画笔大小和透明度后，在图层蒙版中涂抹，其涂抹状态和“图层”调板如图7-181所示。

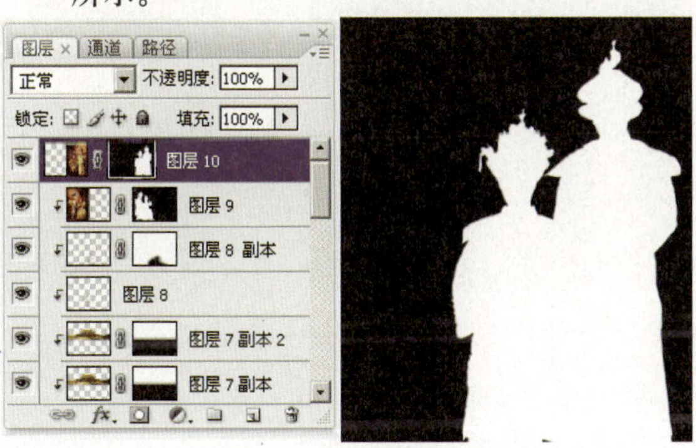

图7-181

48 涂抹“图层 10”图层蒙版后，除人物以外的其他图像都隐藏了起来，其效果如图7-182所示。

图7-182

49 选择“图层10”图层为当前图层，按快捷键【Ctrl+Alt+G】，执行“创建剪贴蒙版”操作，得到如图7-183所示的效果。

图7-183

50 设置前景色为红色，使用“直排文字工具”，设置适当字体和字号，在图像的中间输入文字，得到相应的文字图层，如图7-184所示。

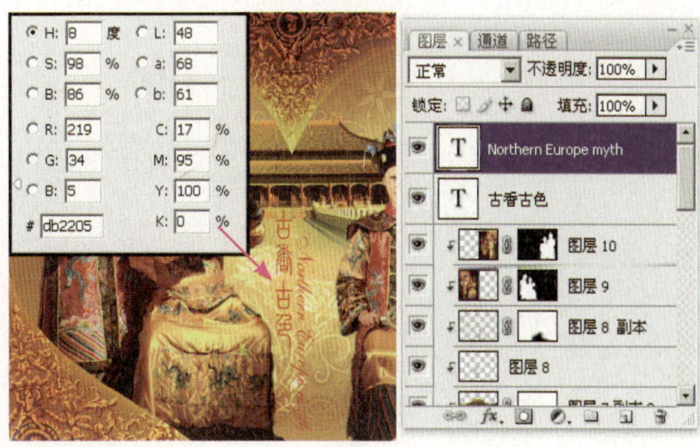

图7-184

51 选择文字图层“古香古色”，单击“图层”调板底部的“添加图层样式”按钮，在弹出的下拉菜单中选择“外发光”命令，设置弹出的“外发光”面板如图7-185所示。

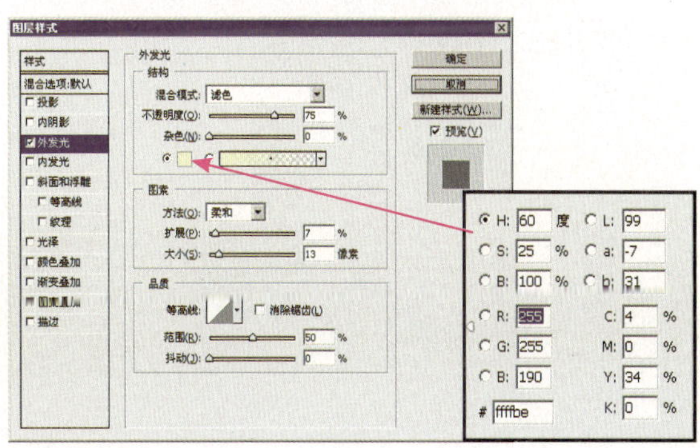

图7-185

52 设置完“外发光”面板后，单击“确定”按钮，为文字添加外发光效果，如图7-186所示。

图7-186

53 在“古香古色”的图层名称上右击，在弹出的快捷菜单中选择“拷贝图层样式”命令，然后右击最上方的文字图层名称，在弹出的快捷菜单中选择“粘贴图层样式”命令，得到如图7-187所示的效果。

图7-187

54 新建一个图层，生成“图层12”图层，切换到“路径”调板，选择“自定形状工具”，在工具选项栏中单击“路径”按钮，在图像中绘制心形路径，如图7-188所示。

图7-188

55 选择“画笔工具”，设置其工具选项栏后，按F5键调出“画笔”调板，设置“画笔笔尖形态”选项，如图7-189所示。

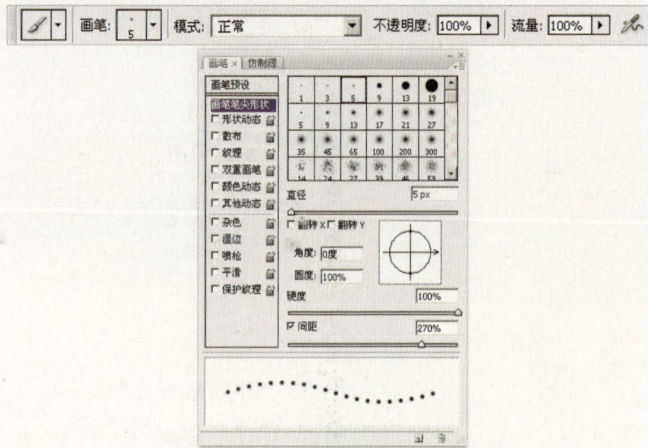

图7-189

56 单击“路径”调板底部的“用画笔描边路径”按钮，切换到“图层”调板，得到如图7-190所示的效果。

图7-190

57 设置“图层12”图层混合模式为“叠加”，得到如图7-191所示的效果。

图7-191

7.6 彼岸花主题婚纱照设计

通过“彼岸花”主题婚纱照设计制作，读者可以掌握Photoshop软件中的定义画笔、设置画笔工具、图层蒙版、图层混合模式等技巧。下面将仔细讲述具体的操作步骤。

原始图片

最终效果

制作步骤

01 执行菜单“文件 | 新建”命令（或按快捷键【Ctrl+N】），设置弹出的“新建”对话框如图7-192所示，单击“确定”按钮即可创建一个新的空白文件。

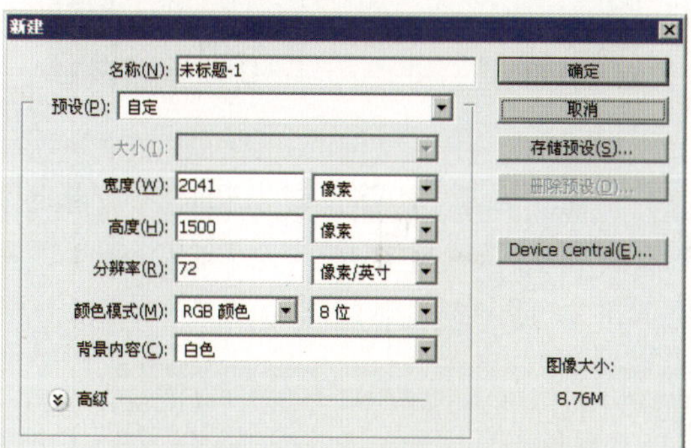

图7-192

02 单击“图层”调板底部的“创建新的填充或调整图层”按钮，在弹出的下拉菜单中选择“渐变”命令，设置弹出的对话框如图7-193所示。在对话框中的编辑渐变颜色选择框中单击，可以弹出“渐变编辑器”对话框，在对话框中可以编辑渐变的颜色。

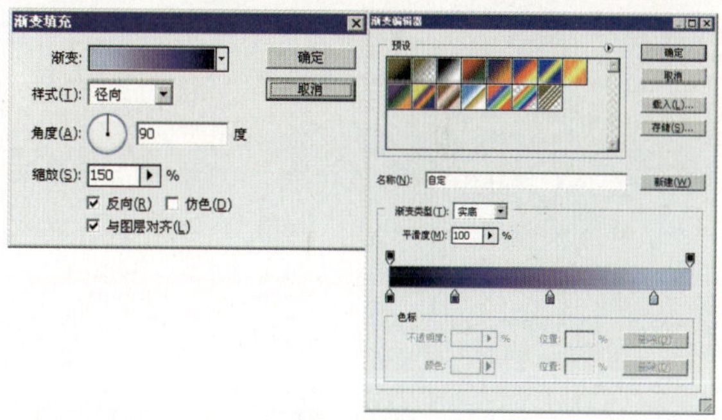

图7-193

03 设置完对话框后，单击“确定”按钮，生成“渐变填充1”图层，此时的效果如图7-194所示。

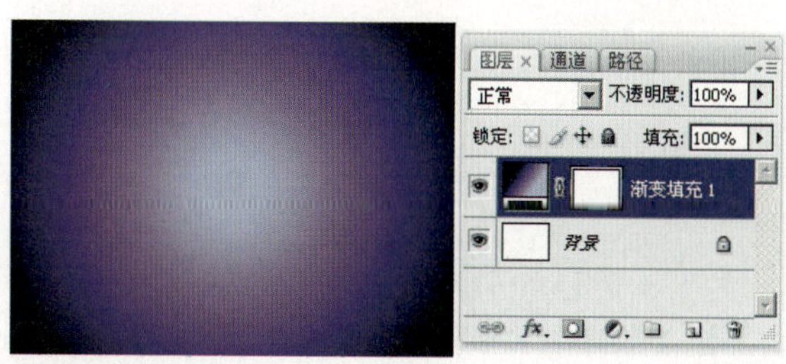

图7-194

04 打开配套光盘中的“第7章\彼岸花主题婚纱照设计\素材1”文件，此时的效果和“图层”调板如图7-195所示。

图7-195

05 按住【Ctrl】键不放，单击“图层1”图层，载入其选区，执行菜单“编辑 | 定义画笔预设”命令，弹出“画笔名称”对话框，设置好画笔的名称后，单击“确定”按钮，将图像定义为画笔，如图7-196所示。

图7-196

06 单击工具栏中的前景色块，在弹出的对话框中进行前景色的设置；单击工具栏中背景色块，在弹出的对话框中进行背景色的设置，如图7-197所示。

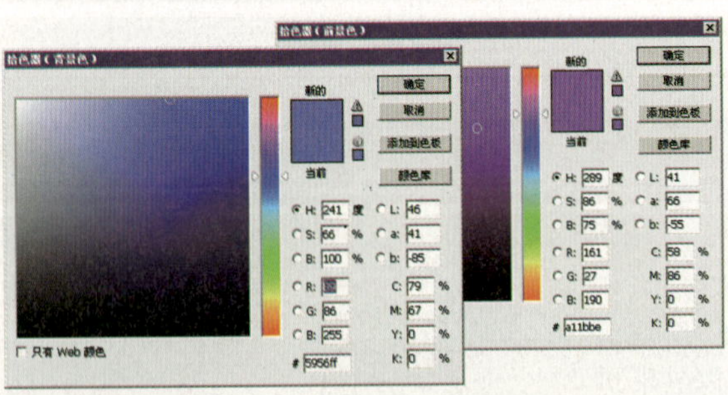

图7-197

07 选择“画笔工具”，按F5键调出“画笔”调板，分别设置“画笔笔尖形态”、“形状动态”、“散布”、“颜色动态”、“其他动态”等选项如图7-198所示。

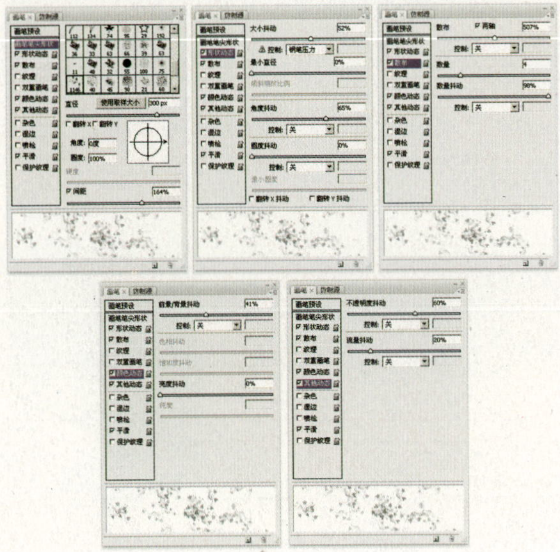

图7-198

08 新建一个图层，生成“图层1”图层，使用“画笔工具”在文件中绘制花瓣图像，如图7-199所示。

图7-199

09 设置“图层1”图层混合模式为“线性减淡”，“不透明度”为50%，得到如图7-200所示的效果。

图7-200

10 单击“图层”调板底部的“添加图层蒙版”按钮，为“图层1”图层添加蒙版，设置前景色为黑色，使用“画笔工具”设置适当的画笔大小和透明度后，在图层蒙版中涂抹，其涂抹状态和“图层”调板如图7-201所示。

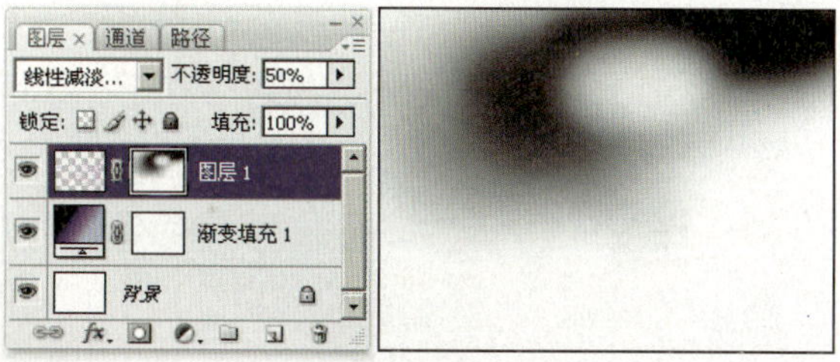

图7-201

11 涂抹“图层1”图层蒙版后，多余的花瓣图像就被隐藏了起来，其效果如图7-202所示。

图7-202

12 打开配套光盘中的“第7章\彼岸花主题婚纱照设计\素材2”文件，此时的效果和“图层”调板如图7-203所示。

图7-203

13 使用“移动工具”将图像拖动到“步骤1”新建的文件中生成“图层2”图层，按快捷键【Ctrl+T】，调出自由变换控制框，变换图像到如图7-204所示的状态，按【Enter】键确认操作。

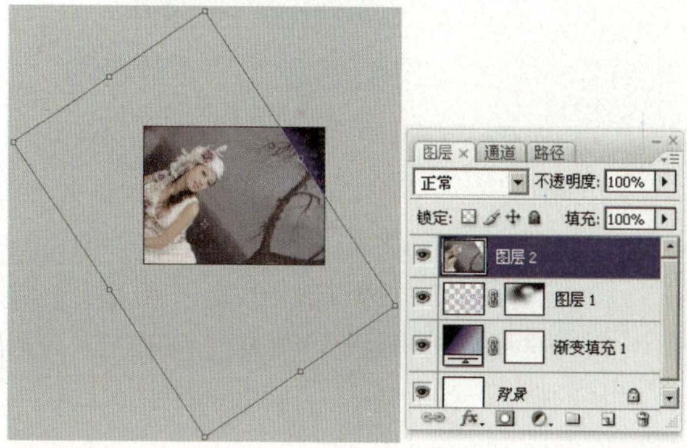

图7-204

14 单击“图层”调板底部的“添加图层蒙版”按钮，为“图层2”图层添加蒙版，设置前景色为黑色，使用“画笔工具”设置适当的画笔大小和透明度后，在图层蒙版中涂抹，其涂抹状态和“图层”调板如图7-205所示。

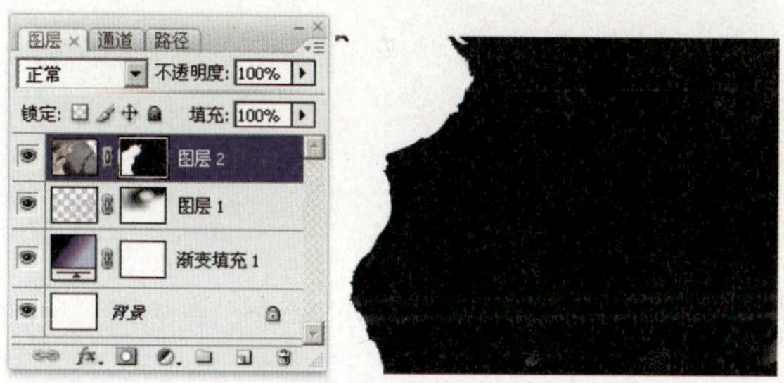

图7-205

15 涂抹“图层2”图层蒙版后，除人物以外的其他图像都隐藏了起来，其效果如图7-206所示。

图7-206

16 设置“图层 2”的图层混合模式为“亮度”，图层“填充”为20%，得到如图7-207所示的效果。

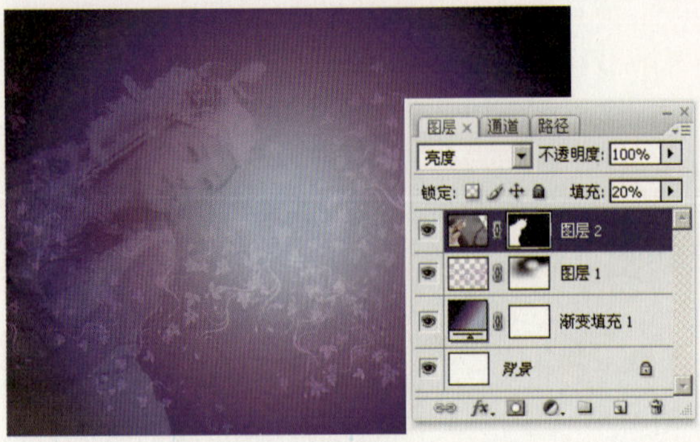

图7-207

17 打开配套光盘中的“第7章\彼岸花主题婚纱照设计\素材3”文件，此时的效果和“图层”调板如图7-208所示。

图7-208

18 使用“移动工具”将图像拖动到“步骤1”新建的文件中生成“图层3”图层，按快捷键【Ctrl+T】，调出自由变换控制框，变换图像到如图7-209所示的状态，按【Enter】键确认操作。

图7-209

19 单击“图层”调板底部的“添加图层蒙版”按钮，为“图层3”图层添加蒙版，设置前景色为黑色，使用“画笔工具”设置适当的画笔大小和透明度后，在图层蒙版中涂抹，其涂抹状态和“图层”调板如图7-210所示。

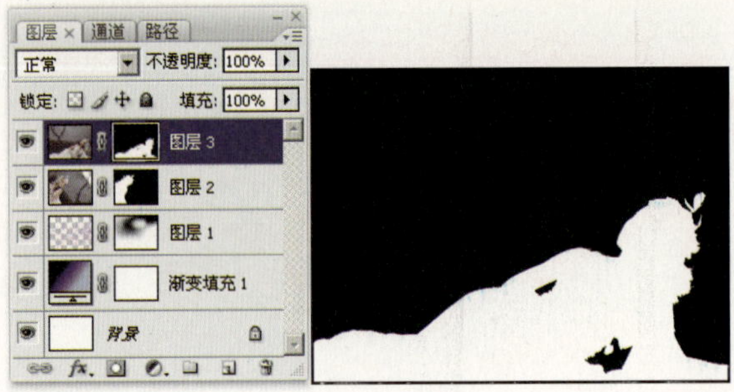

图7-210

20 涂抹“图层3”图层蒙版后，除人物以外的其他图像都隐藏了起来，其效果如图7-211所示。

图7-211

21 单击“图层”调板底部的“添加图层样式”按钮，在弹出的下拉菜单中选择“外发光”命令，设置弹出的“外发光”命令对话框如图7-212所示。

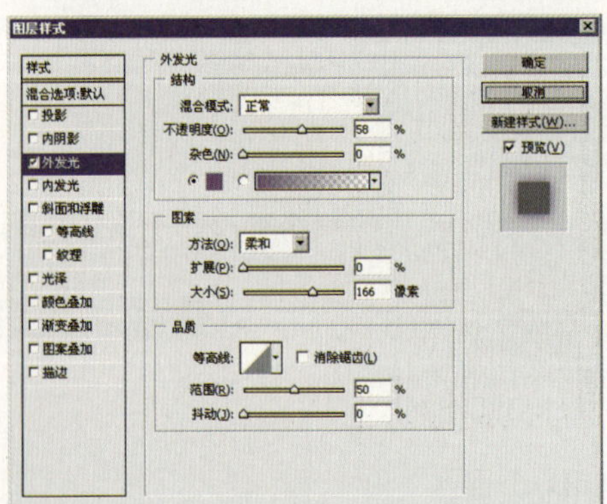

图7-212

22 设置完“外发光”面板后，单击“确定”按钮，此时的人物图像的边缘和背景之间就有了一定的过渡，效果如图7–213所示。

图7–213

23 单击“图层”调板底部的“创建新的填充或调整图层”按钮，在弹出的下拉菜单中选择“通道混合器”命令，设置弹出的对话框如图7–214所示。

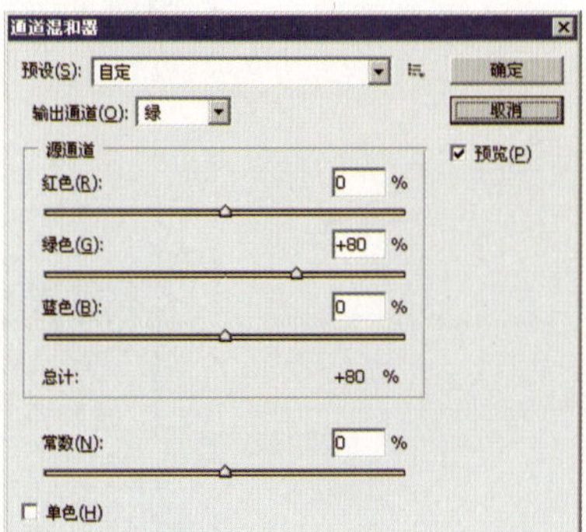

图7–214

24 设置完“通道混合器”命令的参数后，单击“确定”按钮，生成“通道混合器1”图层，按快捷键【Ctrl+Alt+G】，执行“创建剪贴蒙版”操作，此时的效果如图7–215所示。

图7–215

25 单击“通道混合器1”图层蒙版缩览图，设置前景色为黑色，使用“画笔工具”设置适当的画笔大小和透明度后，在图层蒙版中涂抹，其涂抹状态和“图层”调板如图7–216所示。

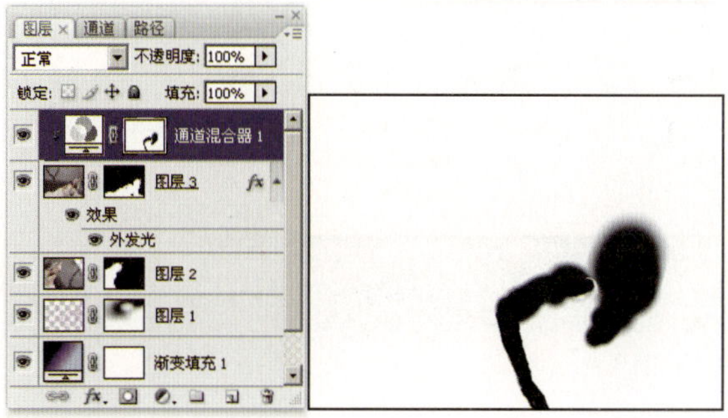

图7–216

26 涂抹“通道混合器1”图层蒙版后，此时人物的皮肤都恢复到了正常的状态，其效果如图7–217所示。

图7–217

27 设置前景色为（R：31、G：18、B：35），新建一个图层，得到“图层4”图层，选择“画笔工具”，设置适当的画笔大小和透明度后，在“图层4”图层中进行涂抹，其涂抹的状态如图7–218所示。

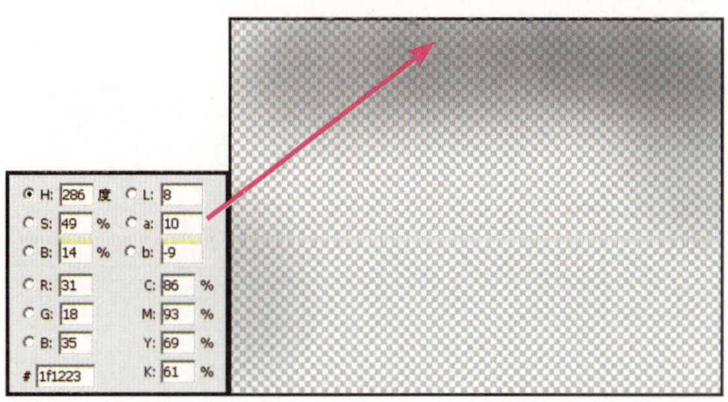

图7–218

28 使用“画笔工具”，涂抹“图层4”图层后，图像上方的色调就变暗了，得到如图7-219所示的效果。

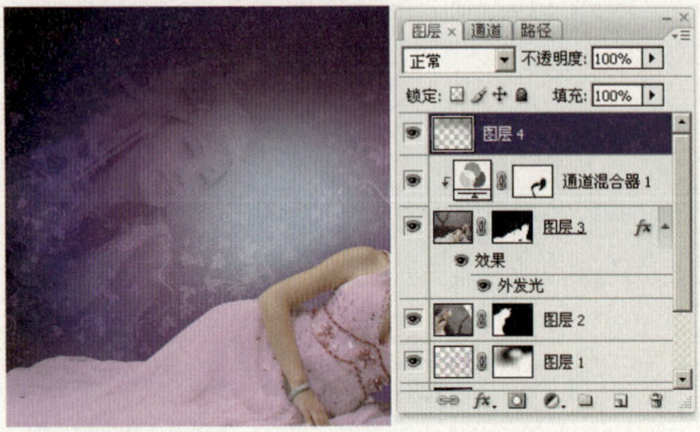

图7-219

29 设置前景色为（R：237、G：29、B：255），新建一个图层，得到“图层5”图层，选择“画笔工具”，设置适当的画笔大小和透明度后，在“图层5”图层中进行涂抹，其涂抹的状态如图7-220所示。

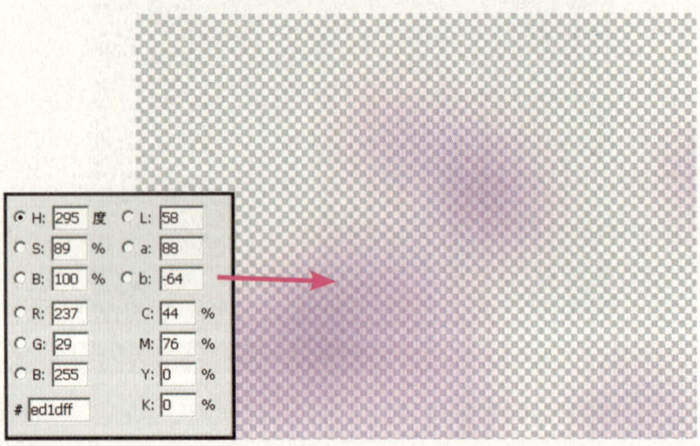

图7-220

30 使用“画笔工具”，涂抹“图层5”图层后，图像中被涂抹的地方添加了一些粉红色调，得到如图7-221所示的效果。

图7-221

31 设置前景色为（R：56、G：61、B：255），新建一个图层，生成“图层6”图层，使用“画笔工具”设置适当的画笔大小和透明度后，在“图层6”图层中进行涂抹，其涂抹的状态如图7-222所示。

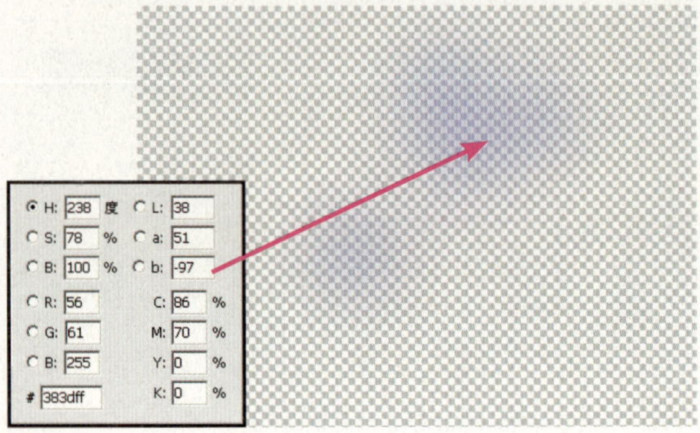

图7-222

32 使用“画笔工具”，涂抹“图层6”图层后，图像中被涂抹的地方添加了一些蓝色色调，得到如图7-223所示的效果。

图7-223

33 打开配套光盘中的“第7章\彼岸花主题婚纱照设计\素材4”文件，此时的效果和“图层”调板如图7-224所示。

图7-224

34 使用“移动工具”将图像拖动到“步骤1”新建的文件中生成“图层7”图层，按快捷键【Ctrl+T】，调出自由变换控制框，变换图像到如图7-225所示的状态，按【Enter】键确认操作。

图7-225

35 单击“图层”调板中的“锁定透明像素”按钮，设置前景色为白色，按快捷键【Alt+Delete】用前景色填充“图层7”图层，如图7-226所示。

图7-226

36 设置“图层2”图层混合模式为“亮度”，“填充”为50%，得到如图7-227所示的效果。

图7-227

37 单击“图层”调板底部的“添加图层样式”按钮，在弹出的下拉菜单中选择“外发光”命令，设置弹出的“外发光”面板如图7-228所示。

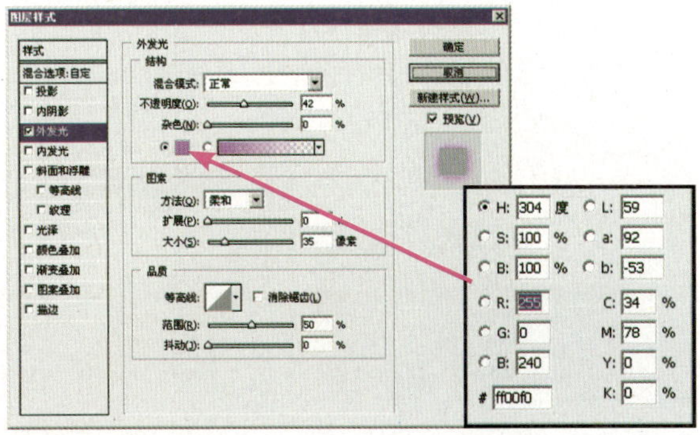

图7-228

38 设置完“外发光”面板后，单击“确定”按钮，此时的花纹图像的边缘和背景之间就有了一定的过渡，效果如图7-229所示。

图7-229

39 打开配套光盘中的“第7章\彼岸花主题婚纱照设计\素材5”文件，此时的效果和“图层”调板如图7-230所示。

图7-230

40 使用“移动工具”将图像拖动到“步骤1”新建的文件中生成“图层8”图层，按快捷键【Ctrl+T】，调出自由变换控制框，变换图像到如图7-231所示的状态，按【Enter】键确认操作。

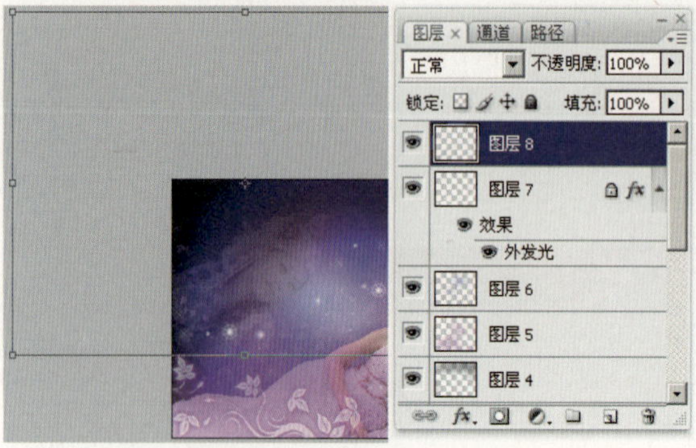

图7-231

41 单击“图层”调板底部的“添加图层样式”按钮，在弹出的下拉菜单中选择“外发光”命令，设置弹出的“外发光”面板如图7-232所示。

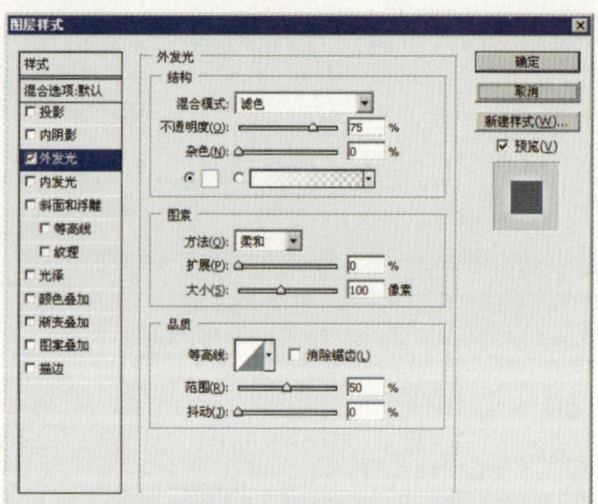

图7-232

42 设置完“外发光”面板后，单击“确定”按钮，此时的星光图像就有了一些外发光效果，如图7-233所示。

图7-233

43 打开配套光盘中的“第7章\彼岸花主题婚纱照设计\素材6”文件，此时的效果和“图层”调板如图7-234所示。

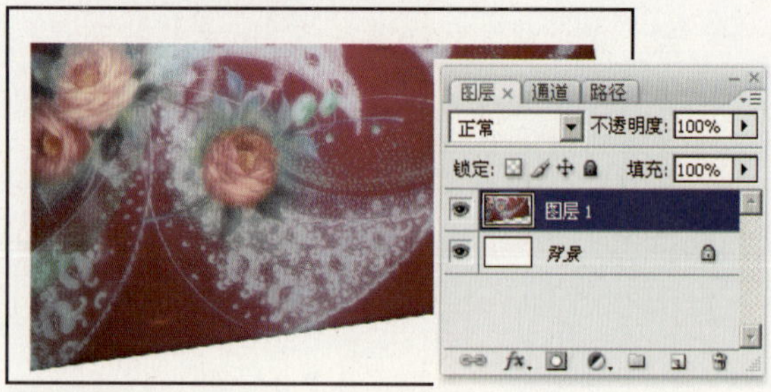

图7-234

44 使用“移动工具”将图像拖动到“步骤1”新建的文件中生成“图层9”图层，按快捷键【Ctrl+T】，调出自由变换控制框，变换图像到如图7-235所示的状态，按【Enter】键确认操作。

图7-235

45 单击“图层”调板底部的“添加图层蒙版”按钮，为“图层9”图层添加蒙版，设置前景色为黑色，使用“画笔工具”设置适当的画笔大小和透明度后，在图层蒙版中涂抹，其涂抹状态和“图层”调板如图7-236所示。

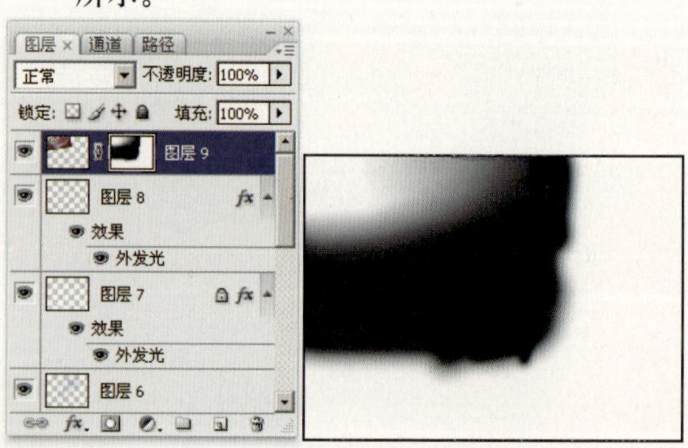

图7-236

46 涂抹“图层9”图层蒙版后，多余的图像就被隐藏了起来，“图层9”图层的边缘和背景就有了一定的过渡效果，如图7−237所示。

图7−237

47 设置“图层9”图层混合模式为“浅色”，得到如图7−238所示的效果。

图7−238

48 单击“图层”调板底部的“创建新的填充或调整图层”按钮，在弹出的下拉菜单中选择“色相/饱和度”命令，设置弹出的对话框如图7−239所示。

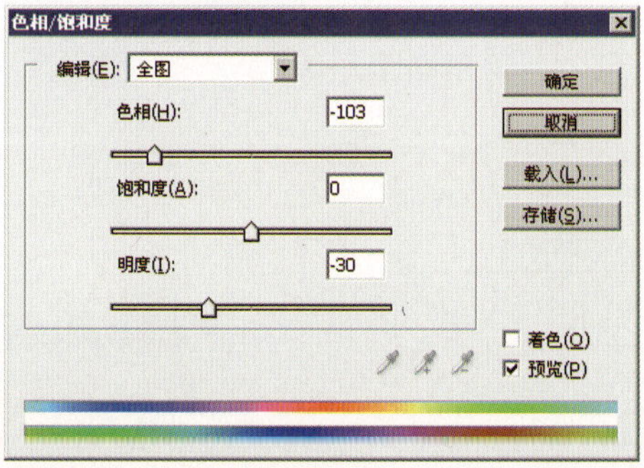

图7−239

49 设置完“色相/饱和度”命令的参数后，单击“确定”按钮，生成“色相/饱和度1”图层，按快捷键【Ctrl+Alt+G】，执行“创建剪贴蒙版”操作，此时的效果如图7−240所示。

图7−240

50 在“图层”调板中，按住【Alt】键不放，拖动“图层9”图层到“色相/饱和度1”图层的上方，复制“图层9”图层，生成“图层9副本”，将图层蒙版删除，图层混合模式改为“正常”，按快捷键【Ctrl+T】，调出自由变换控制框，变换图像到如图7−241所示的状态，按【Enter】键确认操作。

图7−241

51 设置“图层9副本”图层混合模式为“浅色”，得到如图7−242所示的效果。

图7−242

52 单击“图层”调板底部的“添加图层蒙版”按钮，为“图层9副本”图层添加蒙版，设置前景色为黑色，使用“画笔工具”设置适当的画笔大小和透明度后，在图层蒙版中涂抹，其涂抹状态和“图层”调板如图7-243所示。

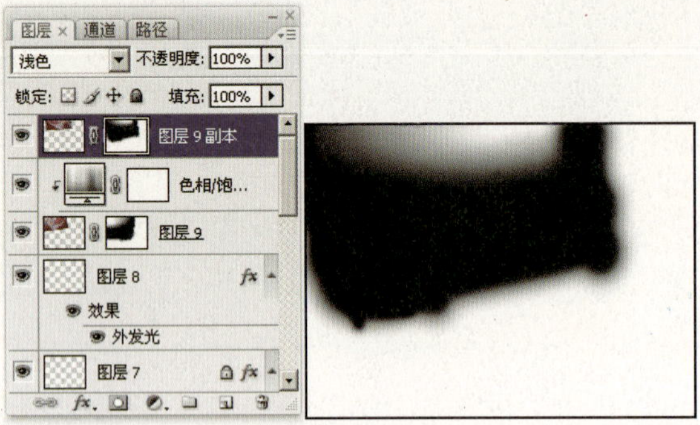

图7-243

53 涂抹“图层9副本”图层蒙版后，多余的图像就被隐藏了起来，“图层9副本”图层的边缘和背景就有了一定的过渡效果，如图7-244所示。

图7-244

54 在“图层”调板中，按住【Alt】键不放，拖动“色相/饱和度1”图层到“图层9副本”图层的上方，复制“色相/饱和度1”图层，生成“色相/饱和度1副本”，按快捷键【Ctrl+Alt+G】，执行“创建剪贴蒙版”操作，此时的效果如图7-245所示。

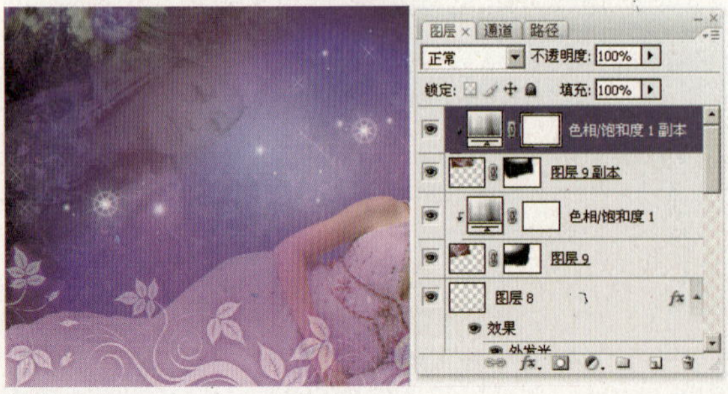

图7-245

55 打开配套光盘中的“第7章\彼岸花主题婚纱照设计\素材7”文件，此时的效果和“图层”调板如图7-246所示。

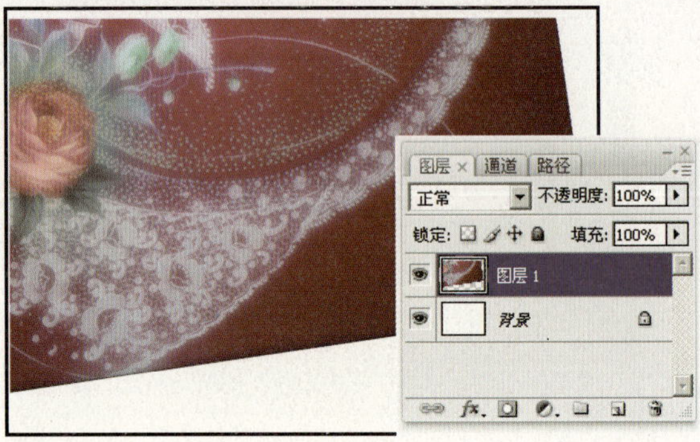

图7-246

56 使用“移动工具”将图像拖动到“步骤1”新建的文件中生成“图层10”图层，按快捷键【Ctrl+T】，调出自由变换控制框，变换图像到如图7-247所示的状态，按【Enter】键确认操作。

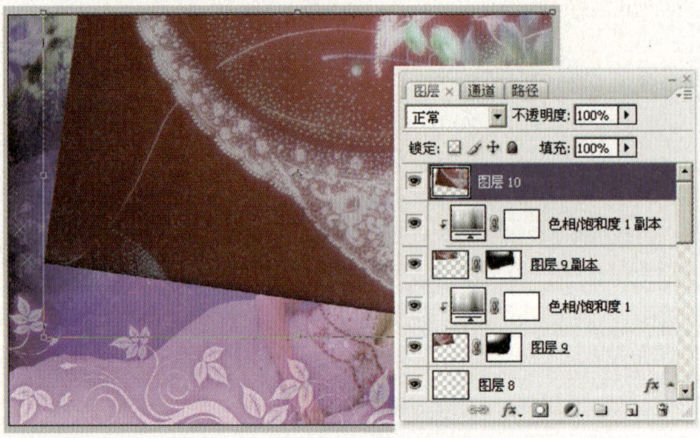

图7-247

57 设置“图层10”图层混合模式为“浅色”，得到如图7-248所示的效果。

图7-248

58 单击“图层”调板底部的“添加图层蒙版”按钮，为“图层10”图层添加蒙版，设置前景色为黑色，使用“画笔工具”设置适当的画笔大小和透明度后，在图层蒙版中涂抹，其涂抹状态和“图层”板如图7-249所示。

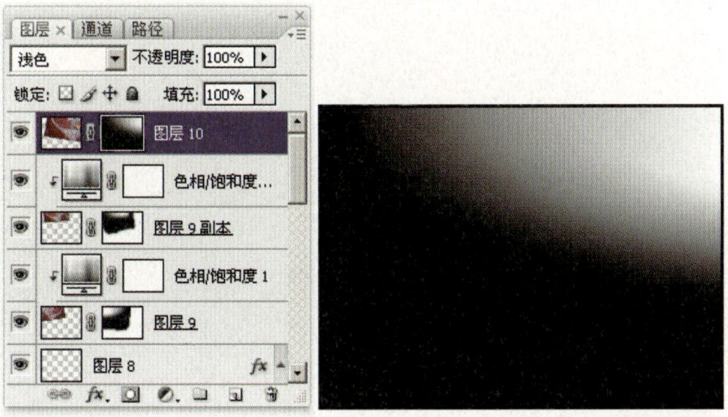

图7-249

59 涂抹“图层10”图层蒙版后，多余的图像就被隐藏了起来，“图层10”图层的边缘和背景就有了一定的过渡效果，如图7-250所示。

图7-250

60 在“图层”调板中，按住【Alt】键不放，拖动“色相/饱和度1”图层到“图层10”图层的上方，复制“色相/饱和度1”图层，生成“色相/饱和度1副本2”图层，按快捷键【Ctrl+Alt+G】，执行“创建剪贴蒙版”操作，此时的效果如图7-251所示。

图7-251

61 选择“图层1”图层为当前图层，打开配套光盘中的“第7章\彼岸花主题婚纱照设计\素材8”文件，此时的效果和“图层”调板如图7-252所示。

图7-252

62 使用“移动工具”将图像拖动到“步骤1”新建的文件中生成“图层11”图层，按快捷键【Ctrl+T】，调出自由变换控制框，变换图像到如图7-253所示的状态，按【Enter】键确认操作。

图7-253

63 单击“图层”调板底部的“添加图层蒙版”按钮，为“图层11”图层添加蒙版，设置前景色为黑色，使用“画笔工具”设置适当的画笔大小和透明度后，在图层蒙版中涂抹，其涂抹状态和“图层”调板如图7-254所示。

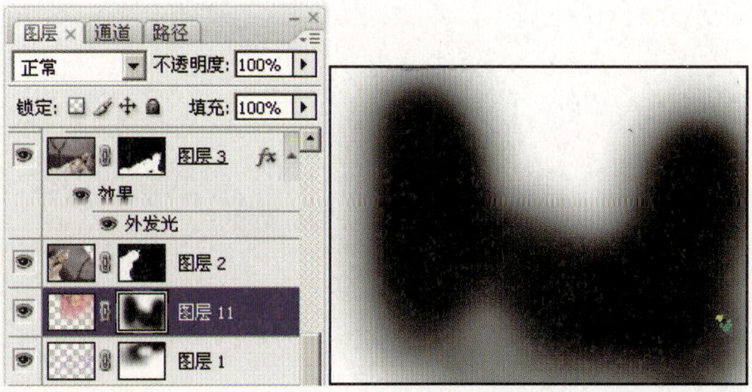

图7-254

64 涂抹“图层11”图层蒙版后，多余的图像就被隐藏了起来，“图层11”图层的边缘和背景就有了一定的过渡效果，如图7-255所示。

图7-255

65 设置“图层2”图层混合模式为“亮度”，“不透明度”为60%，得到如图7-256所示的效果。

图7-256

66 打开配套光盘中的“第7章\彼岸花主题婚纱照设计\素材9”文件，此时的效果和“图层”调板如图7-257所示。

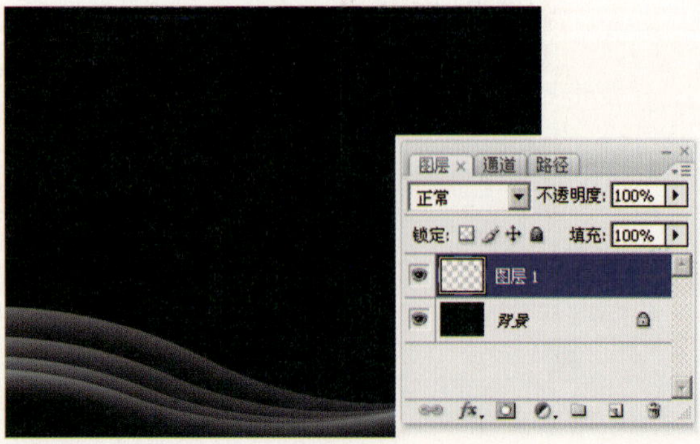

图7-257

67 使用“移动工具”将图像拖动到“步骤1”新建的文件中生成“图层12”图层，按快捷键【Ctrl+T】，调出自由变换控制框，变换图像到如图7-258所示的状态，按【Enter】键确认操作。

图7-258

68 设置“图层12”图层“不透明度”为65%，得到如图7-259所示的效果。

图7-259

69 设置前景色为白色，使用“横排文字工具”，设置适当字体和字号，在图像中输入文字，生成相应的文字图层，如图7-260所示。

图7-260

第8章

数码照片精彩特效制作

本章主要介绍将数码照片处理出特殊的效果，例如：使照片产生网点效果、为照片添加神秘感、制作人物线描彩绘效果、制作石膏人像、制作褶皱旧照片等，读者通过对本章的学习就可以在计算机中制作出照片的各种神奇的变化了。

8.1 制作褶皱旧照片

本实例制作的是一张被揉皱的旧照片效果。通过本实例的学习，读者可以对云彩、浮雕效果滤镜命令和混合模式中的叠加模式有更深刻的了解。

原始图片

最终效果

制作步骤

01 执行菜单“文件 | 新建”命令（或按快捷键【Ctrl+N】），设置弹出对话框如图8-1所示，单击“确定”按钮，得到一个空白文件。

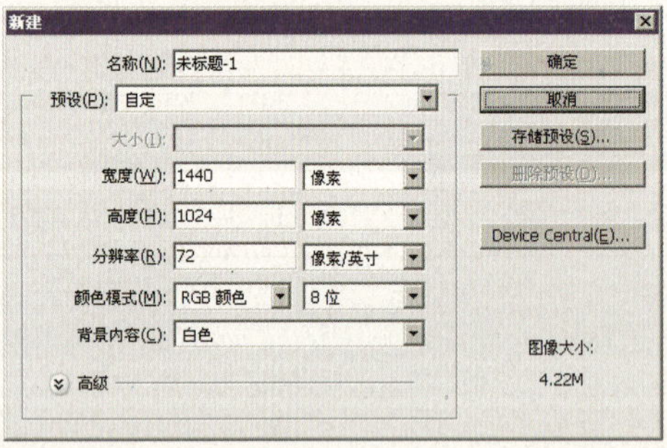

图8-1

02 单击工具箱中的前景色块，在弹出的对话框中进行前景色的设置，按快捷键【Alt+Delete】用前景色填充“背景”图层，如图8-2所示。

03 执行菜单“文件 | 打开”命令，在弹出的“打开”对话框中选择配套光盘“第8章\制作褶皱旧照片\素材1”文件，此时的效果和“图层”调板如图8-3所示。

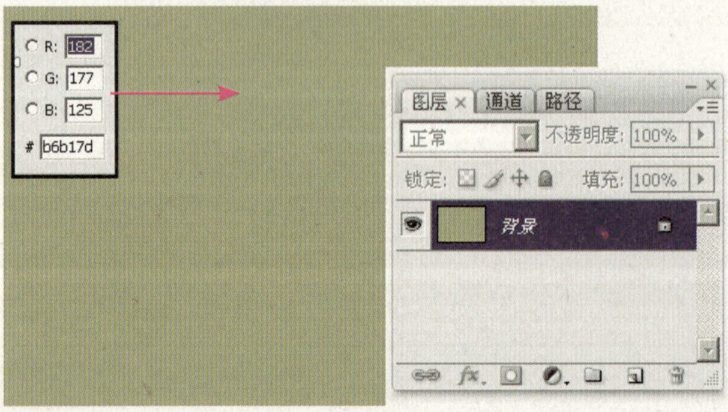

图8-2

图8-3

04 使用“移动工具”将图像拖动到“步骤1”新建的文件中生成“图层1”图层，按快捷键【Ctrl+T】，调出自由变换控制框，变换图像到如图8–4所示的状态，按【Enter】键确认操作。

图8–4

05 按住【Ctrl】键不放，单击“图层1”图层，载入其选区，切换到“通道”调板，单击该调板底部的“创建新通道”按钮，新建一个通道“Alpha1”，如图8–5所示。

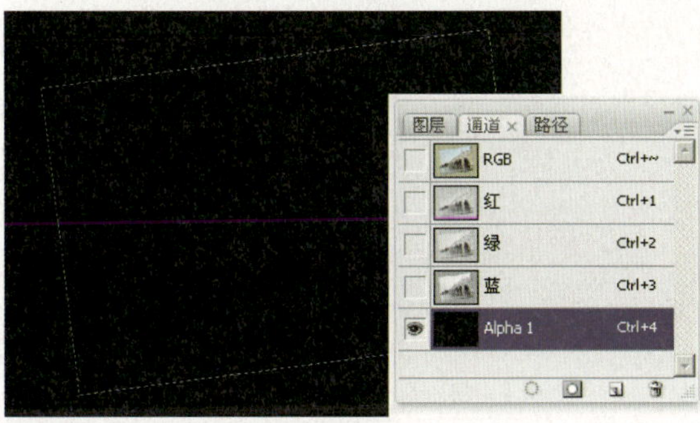

图8–5

06 执行菜单“选择 | 修改 | 平滑”命令，设置弹出对话框中的“取样半径”为20像素，单击“确定”按钮，得到如图8–6所示的选区效果。

图8–6

07 设置前景色为白色，按快捷键【Alt+Delete】用前景色填充选区，按快捷键【Ctrl+D】取消选区，得到如图8–7所示的效果。

图8–7

08 执行菜单“滤镜 | 画笔描边 | 喷溅”命令，在弹出对话框中设置“喷色半径”为25，“平滑度”为15，得到如图8–8所示的效果，此时的图像边缘呈现出碎边的效果。

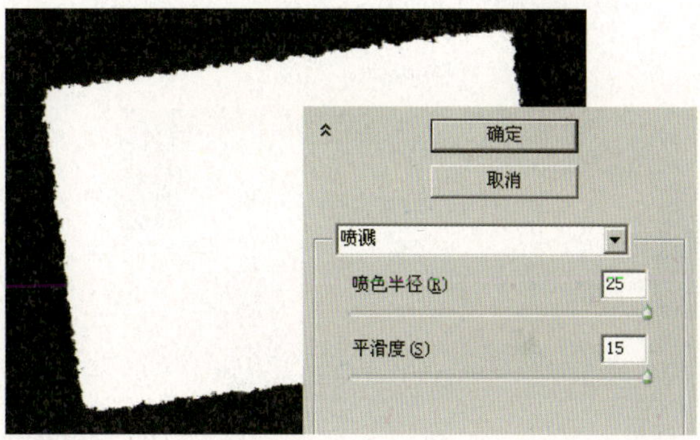

图8–8

09 执行菜单“滤镜 | 画笔描边 | 强化边缘”命令，在弹出对话框中设置“边缘宽度”为1、“边缘亮度”为43、“平滑度”为8，得到如图8–9所示的效果。

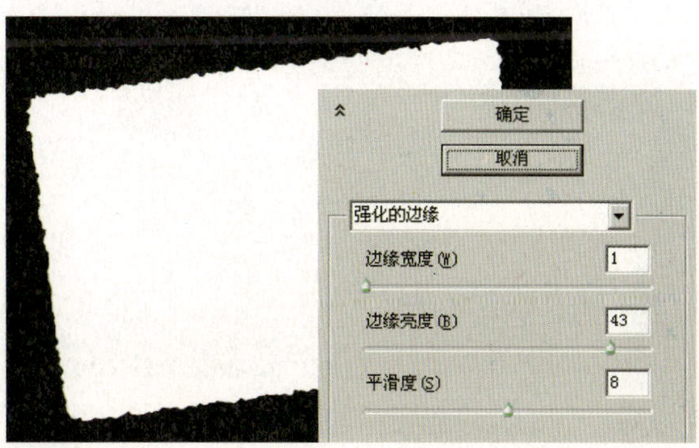

图8–9

10 执行菜单“滤镜 | 艺术效果 | 塑料包装”命令，在弹出对话框中设置“高光强度”为20、“细节”为6、“平滑度”为12，得到如图8-10所示的效果。

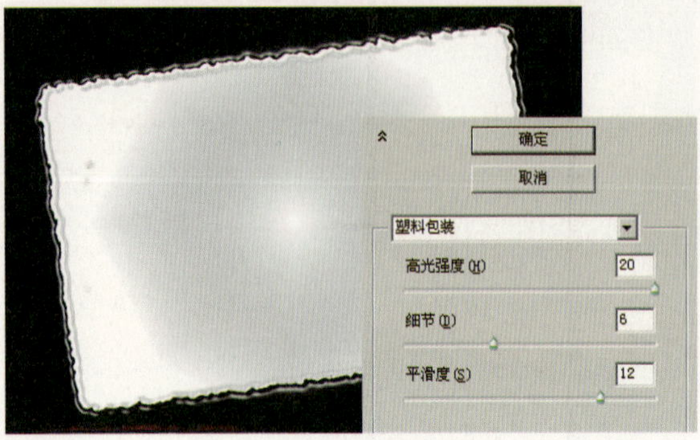

图8-10

11 设置前景色为白色，使用画笔工具设置适当的画笔大小和透明度后，在图像中间的灰色部分进行涂抹，然后继续使用画笔工具在图像的边缘进行涂抹，其涂抹的效果如图8-11所示。

图8-11

12 按快捷键【Ctrl+T】，调出自由变换控制框，缩小图像到如图8-12所示的状态，按【Enter】键确认操作。

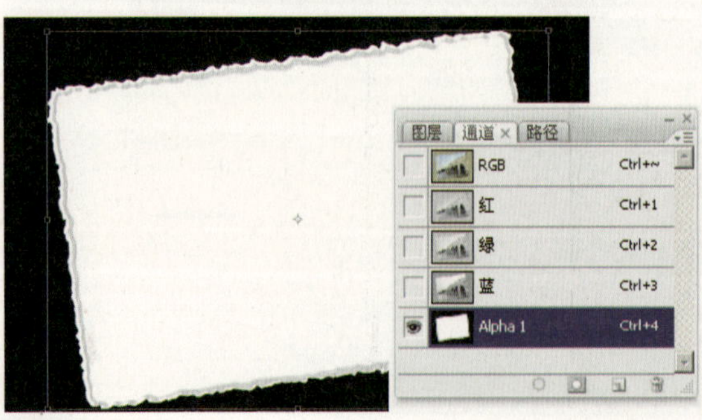

图8-12

13 按住【Ctrl】键不放，单击通道“Alpha1”，载入其选区，切换到“图层”调板，单击“添加图层蒙版”按钮，为“图层1”图层添加蒙版，此时选区以外的图像就被隐藏起来了，如图8-13所示。

图8-13

14 设置“图层1”图层混合模式为“正片叠底”模式，使其与下方图层合成，图像效果如图8-14所示。

图8-14

15 选择“图层1”图层，单击“图层”调板底部的“添加图层样式”按钮，在弹出的下拉菜单中选择“投影”命令，设置弹出的“投影”面板，再单击“内阴影”选项，设置弹出的“内阴影”面板，如图8-15所示。

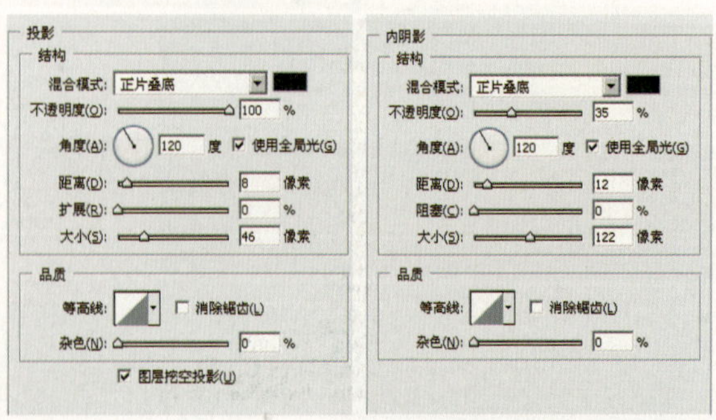

图8-15

16 设置完“投影”和“内阴影”面板后，单击“确定”按钮，得到的立体效果和“图层”调板如图8-16所示。

图8-16

17 单击“图层”调板底部的“创建新的填充或调整图层”按钮，在弹出的下拉菜单中选择“色阶”命令，设置弹出的对话框如图8-17所示。

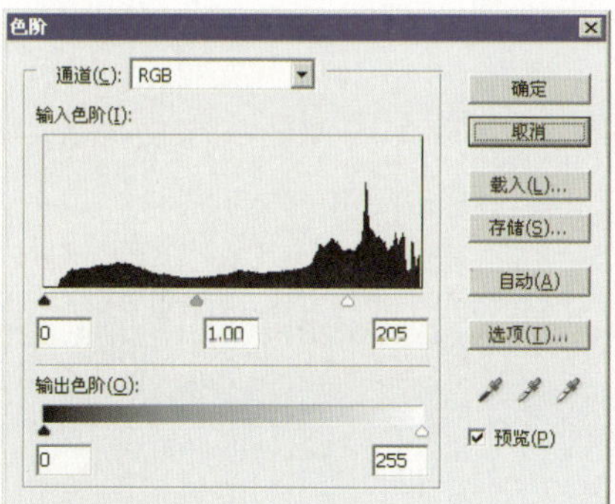

图8-17

18 设置完“色阶”命令的参数后，单击“确定”按钮，生成“色阶1”图层，按快捷键【Ctrl+Shift+G】，执行菜单“创建剪贴蒙版”操作，图像效果如图8-18所示。

图8-18

19 新建一个图层，生成“图层2”图层，将前景色设置为黑色，背景色设置为白色，执行菜单“滤镜 | 渲染 | 云彩”命令，按【Ctrl+F】多次重复运用分层云彩命令，得到类似如图8-19所示的效果。

图8-19

20 执行菜单“滤镜 | 渲染 | 分层云彩”命令，按【Ctrl+F】多次重复运用分层云彩命令，得到类似如图8-20所示的效果。

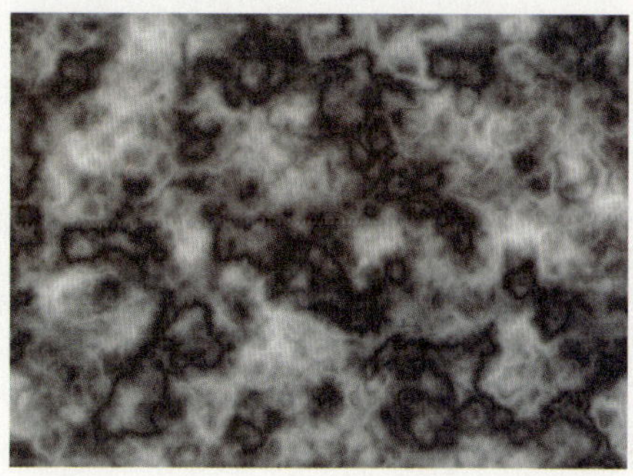

图8-20

21 按快捷键【Ctrl+T】，调出自由变换控制框，将“图层2”图层放大到如图8-21所示的状态，用自由变换控制框调整好图像后，按【Enter】键确认操作。

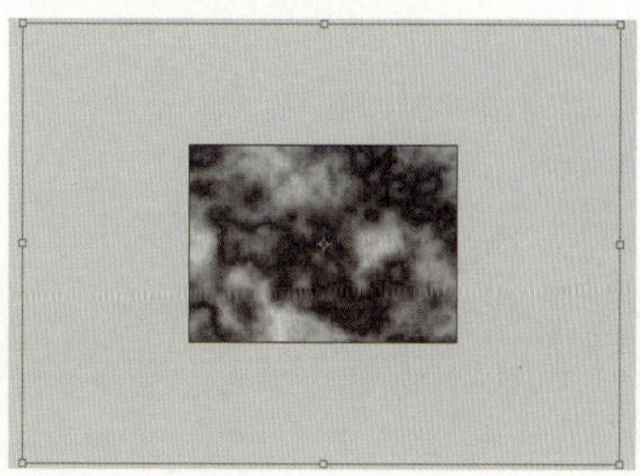

图8-21

22 执行菜单“滤镜｜风格化｜浮雕效果”命令，设置弹出对话框后，单击“确定”按钮，得到如图8-22所示的效果。

图8-22

23 执行菜单“图像｜调整｜亮度/对比度”命令，调出“亮度/对比度”对话框，设置完对话框后，即可得到如图8-23所示的效果。

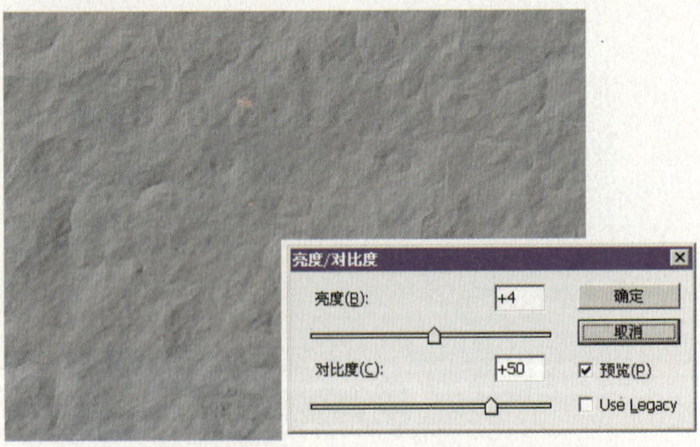

图8-23

24 执行菜单“滤镜｜模糊｜高斯模糊”命令，在弹出的对话框中设置“半径”为3.0像素，得到如图8-24所示的效果。

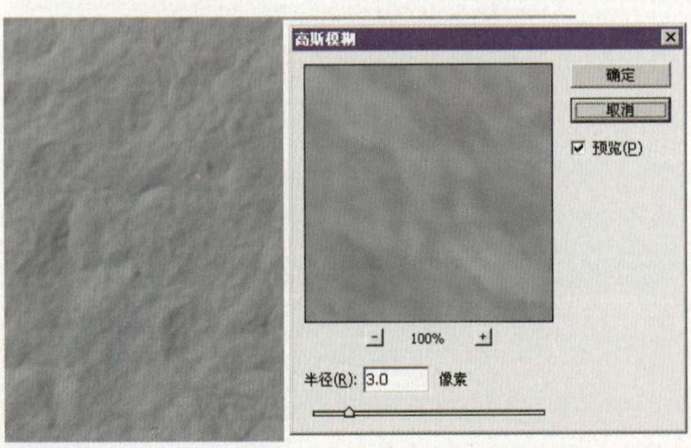

图8-24

25 设置“图层2”图层混合模式为“叠加”，与下方的图像混合，为下方的图像制作褶皱的效果，如图8-25所示。

图8-25

26 按快捷键【Ctrl+J】两次，复制“图层2”图层，生成“图层2副本”和“图层2副本2”图层，得到如图8-26所示的效果。

图8-26

27 分别选择“图层2”和“图层2副本”图层，按快捷键【Ctrl+Shift+G】，执行菜单“创建剪贴蒙版”操作，得到如图8-27所示的效果。

图8-27

28 单击“图层”调板底部的“创建新的填充或调整图层”按钮，在弹出的下拉菜单中选择“色相/饱和度”命令，设置弹出的对话框如图8-28所示。

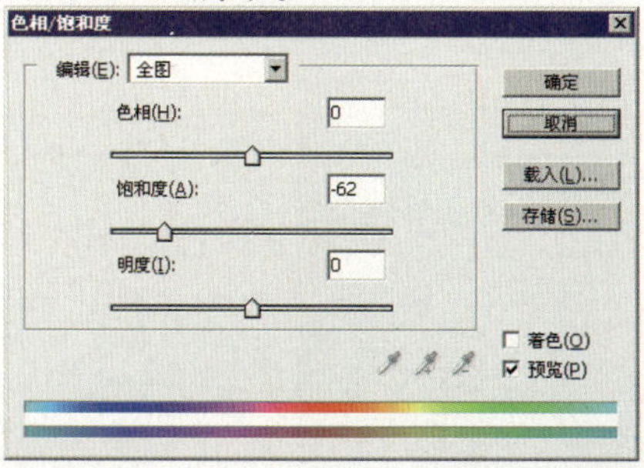

图8-28

29 设置完“色相/饱和度”命令的参数后，单击“确定”按钮，生成“色相/饱和度1”图层，按住【Alt】键不放，拖动“图层1”图层蒙版缩览图到“色相/饱和度1”图层名称上，以替换“色相/饱和度1”图层蒙版，得到如图8-29所示的效果。

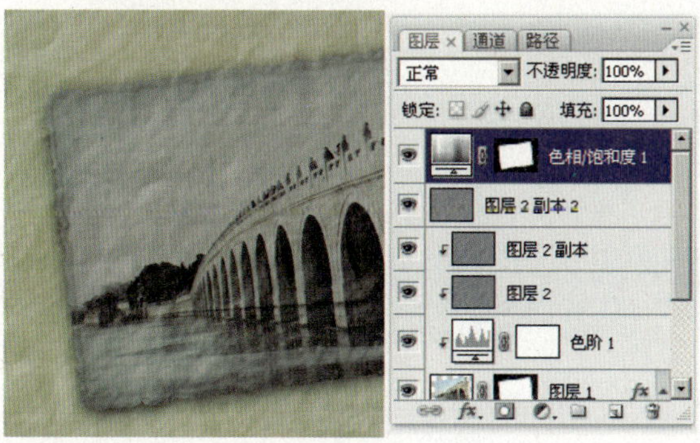

图8-29

30 单击“图层”调板底部的“创建新的填充或调整图层”按钮，在弹出的下拉菜单中选择“通道混合器”命令，设置弹出的对话框如图8-30所示。

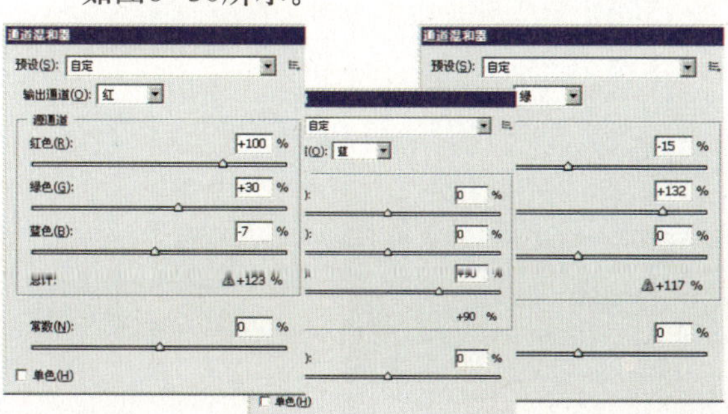

图8-30

31 设置完“通道混合器”命令的参数后，单击“确定”按钮，生成“通道混合器1”图层，此时的效果如图8-31所示。

图8-31

32 单击“图层”调板底部的“创建新的填充或调整图层”按钮，在弹出的下拉菜单中选择“色相/饱和度”命令，设置弹出的对话框如图8-32所示。

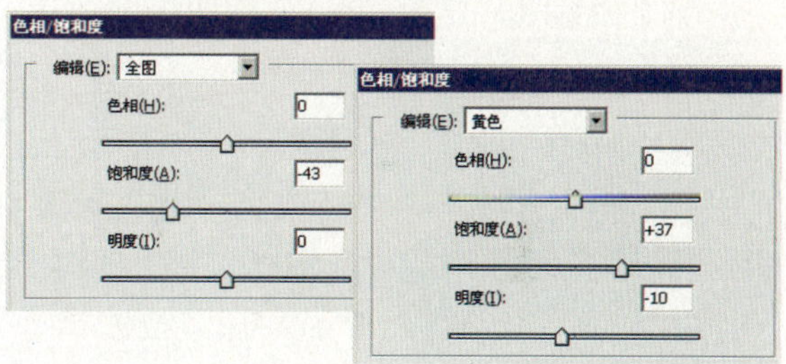

图8-32

33 设置完“色相/饱和度”命令的参数后，单击“确定”按钮，生成“色相/饱和度2”图层，此时的效果如图8-33所示。

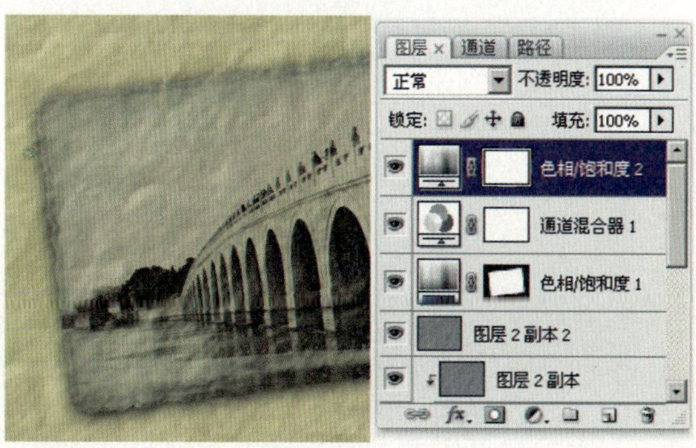

图8-33

34 单击“图层”调板底部的“创建新的填充或调整图层”按钮，在弹出的下拉菜单中选择“亮度/对比度”命令，设置完弹出的对话框后，单击“确定”按钮，生成“亮度/对比度1”图层，此时的效果如图8-34所示。

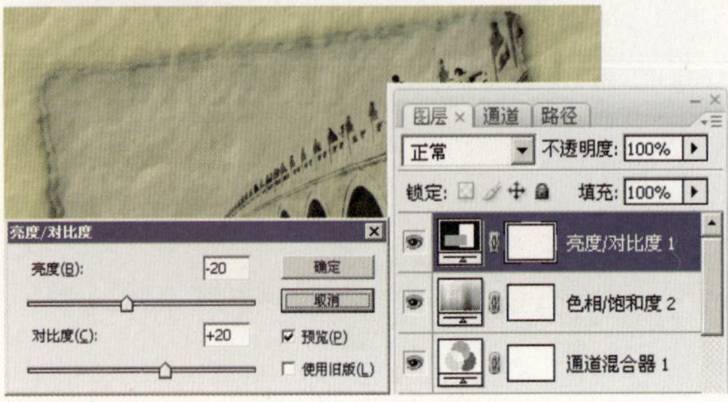

图8-34

35 新建一个图层，生成“图层3”图层，将前景色设置为黑色，背景色设置为白色，执行菜单“滤镜｜渲染｜云彩”命令，按【Ctrl+F】多次重复运用分层云彩命令，得到类似如图8-35所示的效果。

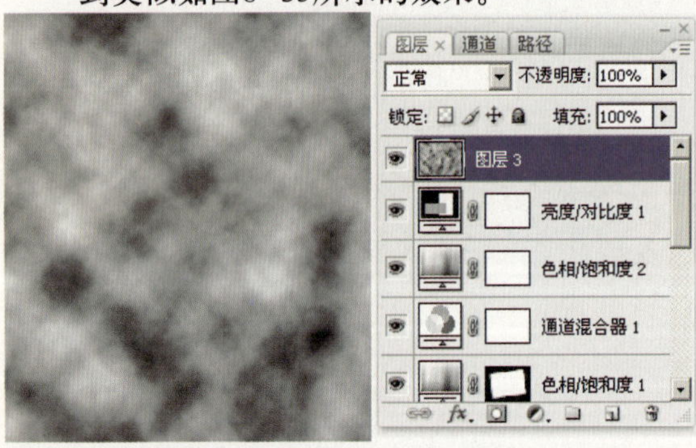

图8-35

36 设置“图层3”图层混合模式为“叠加”，“不透明度”为40%，得到如图8-36所示的效果。

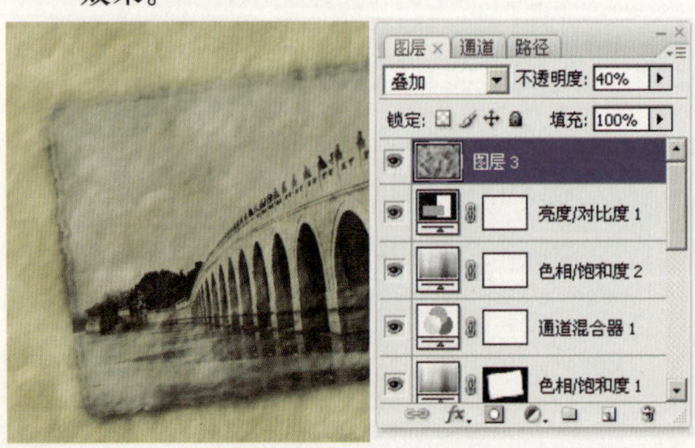

图8-36

37 按住【Ctrl】键不放，单击“图层1”图层蒙版缩览图，载入选区，按快捷键【Ctrl+Shift+I】，执行菜单“反选”操作，选择“背景”图层为当前图层，如图8-37所示。

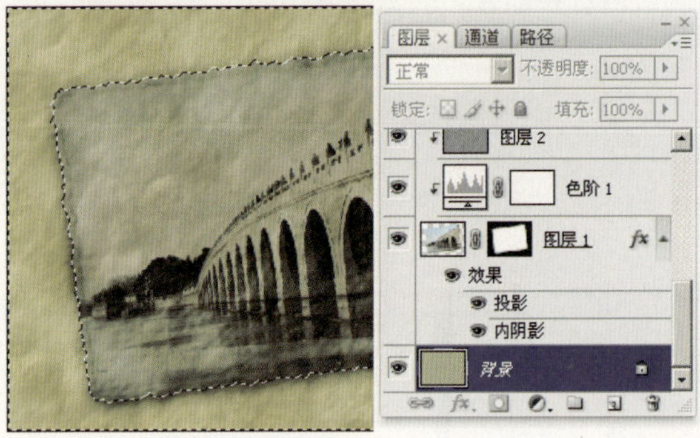

图8-37

38 单击“图层”调板底部的“创建新的填充或调整图层”按钮，，在弹出的下拉菜单中选择“曲线”命令，设置弹出的对话框如图8-38所示。

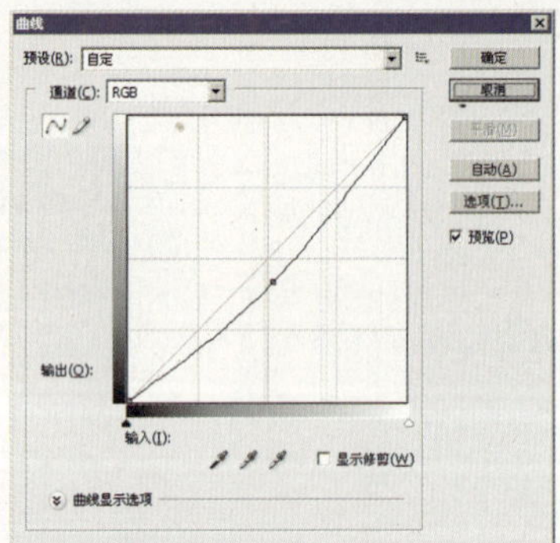

图8-38

39 设置完“曲线”命令的参数后，单击“确定”按钮，生成“曲线1”图层，此时的效果如图8-39所示。

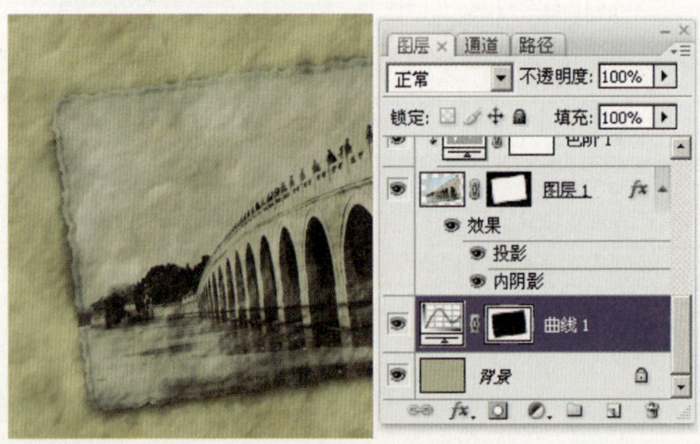

图8-39

40 执行菜单“文件｜打开”命令，在弹出的“打开”对话框中选择配套光盘“第8章\制作褶皱旧照片\素材2”文件，此时的效果和“图层”调板如图8-40所示。

图8-40

41 使用“移动工具”将图像拖动到“步骤1”新建的文件中生成“图层4”图层，按快捷键【Ctrl+T】，调出自由变换控制框，变换图像到如图8-41所示的状态，按【Enter】键确认操作。

图8-41

42 设置“图层4”图层混合模式为“颜色加深”，得到如图8-42所示的效果。

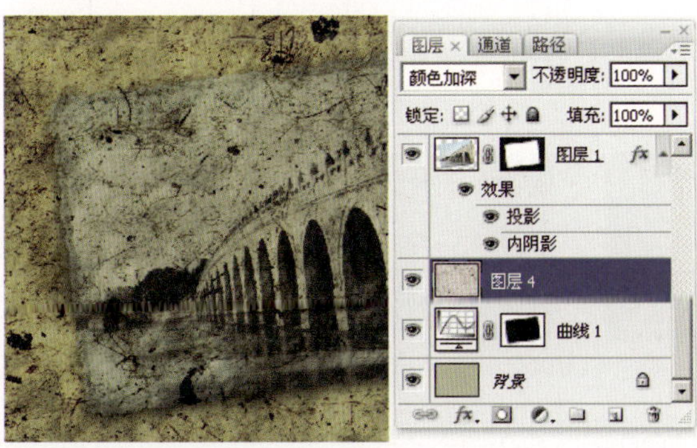

图8-42

43 按住【Alt】键不放，拖动“图层1”图层蒙版缩览图到“图层4”图层名称上，以复制“图层4”图层蒙版，得到如图8-43所示的效果。

图8-43

44 单击“图层4”图层蒙版缩览图，设置前景色为黑色，使用“画笔工具”设置适当的画笔大小和透明度后，在图层蒙版中涂抹，其涂抹状态和“图层”调板如图8-44所示。

图8-44

45 涂抹“图层4”图层蒙版后，多余的褶皱图像就被隐藏了起来，其效果如图8-45所示。

图8-45

46 单击“图层”调板底部的“创建新的填充或调整图层”按钮，在弹出的下拉菜单中选择“色阶”命令，设置弹出的对话框如图8-46所示。

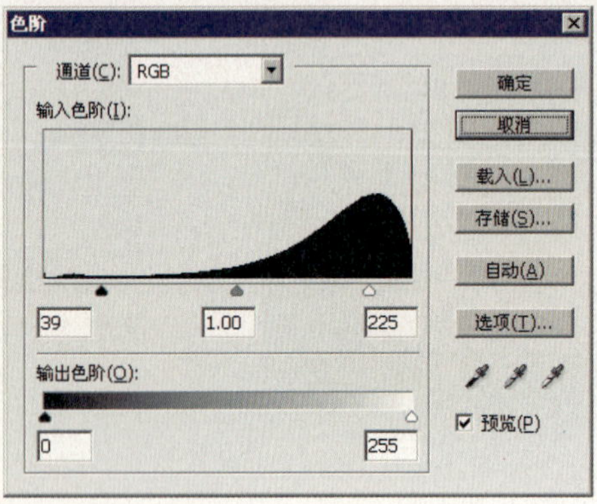

图8-46

47 设置完“色阶”命令的参数后，单击“确定”按钮，生成“色阶2”图层，按快捷键【Ctrl+Alt+G】，执行菜单“创建剪贴蒙版”操作，此时的效果如图8-47所示。

图8-47

8.2 制作石膏人像

本实例将要使用Photoshop中的中间值、USM锐化、龟裂缝等滤镜将普通的人物照片制作成石膏像的效果。

原始图片

最终效果

制作步骤

01 执行菜单“文件 | 打开”命令，在弹出的“打开”对话框中选择配套光盘“第8章\制作石膏人像\素材1”文件，此时的效果和“图层”调板如图8-48所示。

图8-48

02 使用“魔棒工具”在图像中灰色部分进行单击，按快捷键【Ctrl+Shift+I】，执行菜单“反选”操作，得到如图8-49所示的选区效果。

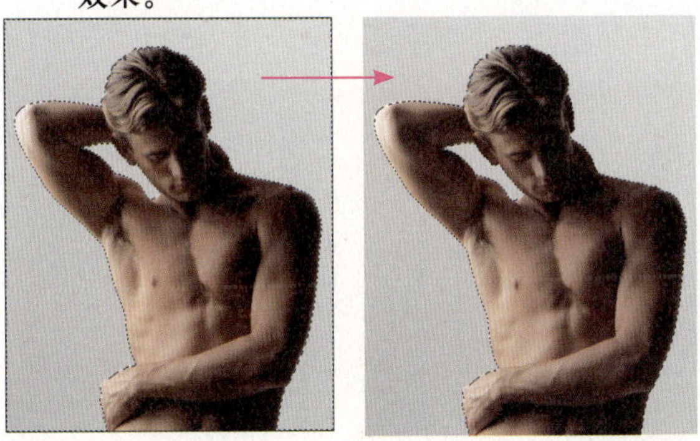

图8-49

03 按快捷键【Ctrl+J】，复制选区内的图像，生成“图层1”图层，选择“背景”图层为当前图层，单击调板底部的“创建新图层”按钮，新建一个的“图层2”图层，并填充白色，得到如图8-50所示的效果。

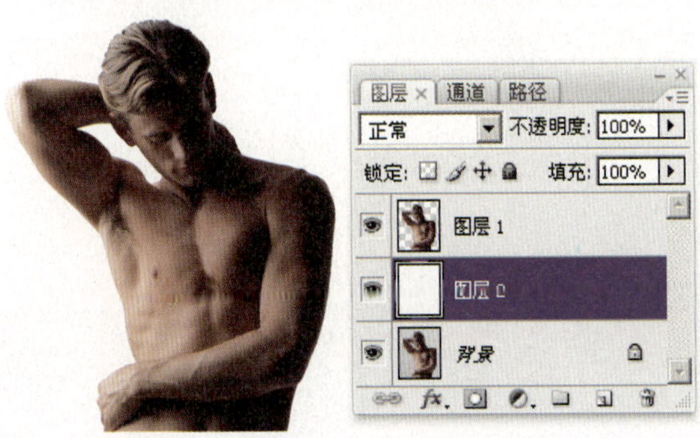

图8-50

04 执行菜单“文件 | 打开”命令，在弹出的“打开”对话框中选择配套光盘“第8章\制作石膏人像\素材2”文件，此时的效果和“图层”调板如图8-51所示。

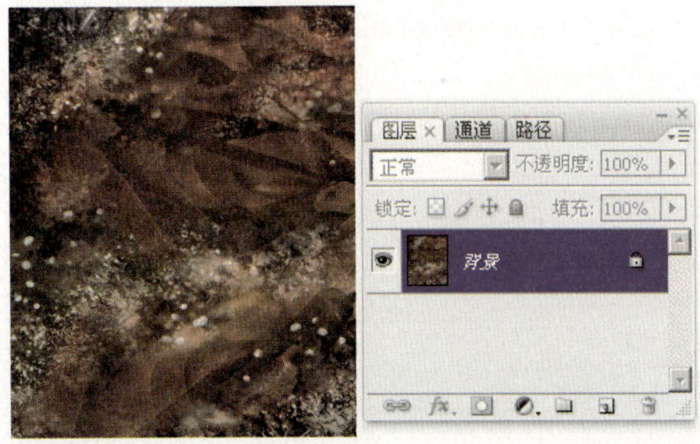

图8-51

05 使用“移动工具”将图像拖动到“步骤1”新建的文件中生成“图层3”图层，按快捷键【Ctrl+T】，调出自由变换控制框，变换图像到如图8-52所示的状态，按【Enter】键确认操作。

图8-52

06 执行菜单“滤镜 | 模糊 | 高斯模糊”命令，设置弹出对话框中的参数后，单击“确定”按钮，得到如图8-53所示的效果。

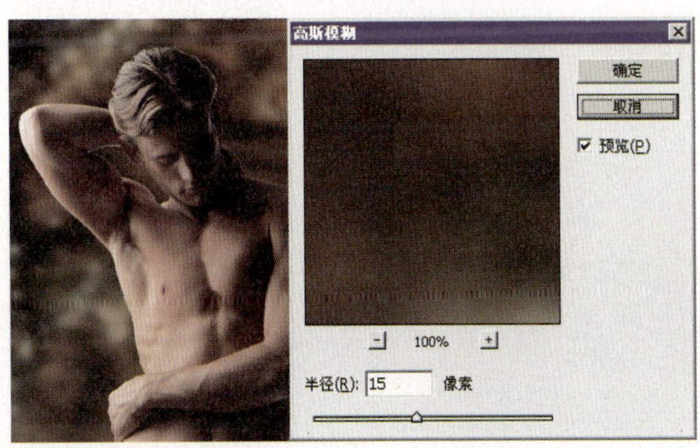

图8-53

07 单击“图层”调板底部的“创建新的填充或调整图层”按钮，在弹出的下拉菜单中选择“色相/饱和度”命令，设置弹出的对话框如图8-54所示。

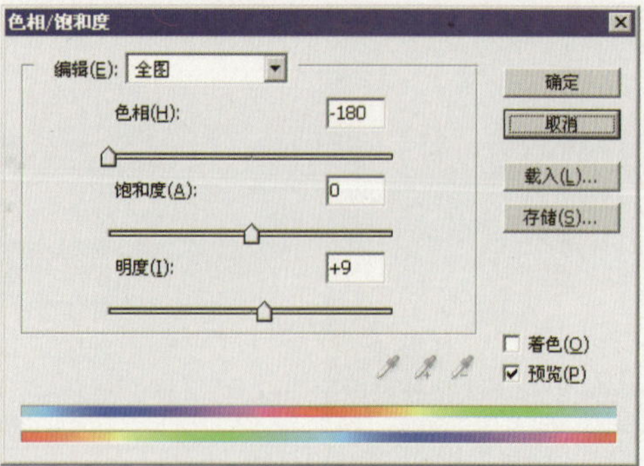

图8-54

08 设置完“色相/饱和度”命令的参数后，单击“确定”按钮，生成“色相/饱和度1”图层，此时的效果如图8-55所示。

图8-55

09 单击“色相/饱和度1”图层蒙版缩览图，设置前景色为黑色，背景色为白色，使用“渐变工具”设置渐变类型为从前景色到背景色，在图层蒙版中从下往上绘制渐变，得到如图8-56所示的效果。

图8-56

10 单击“图层”调板底部的“创建新的填充或调整图层”按钮，在弹出的下拉菜单中选择“渐变”命令，设置弹出的对话框如图8-57所示。在对话框中的编辑渐变颜色选择框中单击，可以弹出“渐变编辑器”对话框，在对话框中可以编辑渐变的颜色。

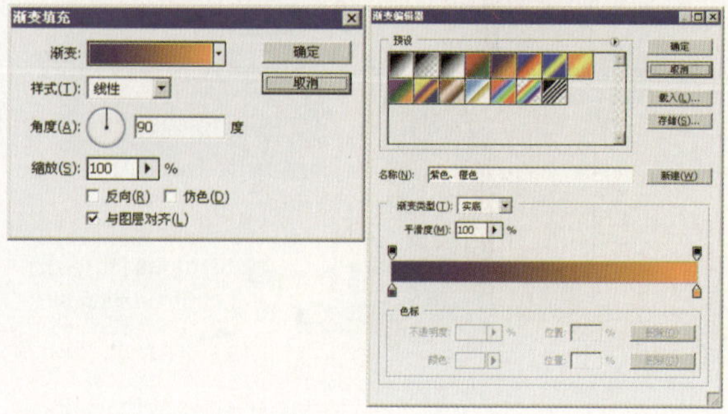

图8-57

11 设置完对话框后，单击“确定”按钮，生成“渐变填充1”图层，此时的效果如图8-58所示。

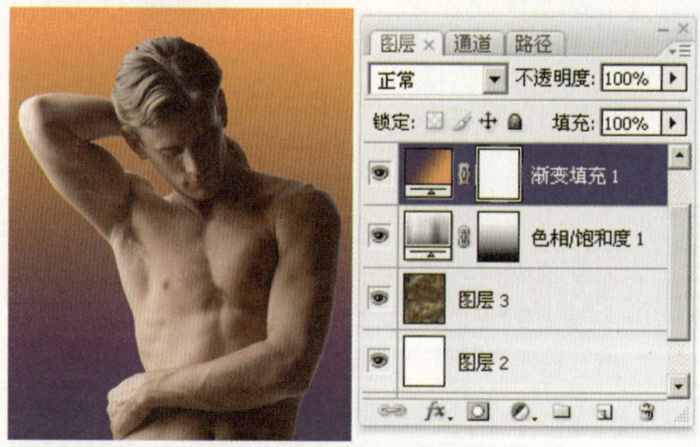

图8-58

12 设置“渐变填充1”图层混合模式为“叠加”，得到如图8-59所示的效果。

图8-59

⑬ 选择“图层1”图层为当前图层，按快捷键【Ctrl+J】，复制“图层1”图层，生成“图层1副本”图层，设置该图层混合模式为“滤色”，得到如图8-60所示的效果。

图8-60

⑭ 按快捷键【Ctrl+Shift+Alt+E】，执行菜单“盖印”操作，生成“图层4”图层，此时的图像效果和“图层”调板如图8-61所示。

图8-61

⑮ 执行菜单“图像｜调整｜去色”命令或按快捷键【Ctrl+Shift+U】，执行“去色”操作，将图像中的色彩去除，使其变为黑白图像，如图8-62所示。

图8-62

技巧 提示

“去色”命令可以直接运用于整个图层图像，也可以运用到图层局部图像上，只需将局部图像用选区选中，然后使用“去色”命令即可。

⑯ 执行菜单“滤镜｜杂色｜中间值”命令，设置弹出对话框中的参数后，单击“确定”按钮，得到如图8-63所示的效果。

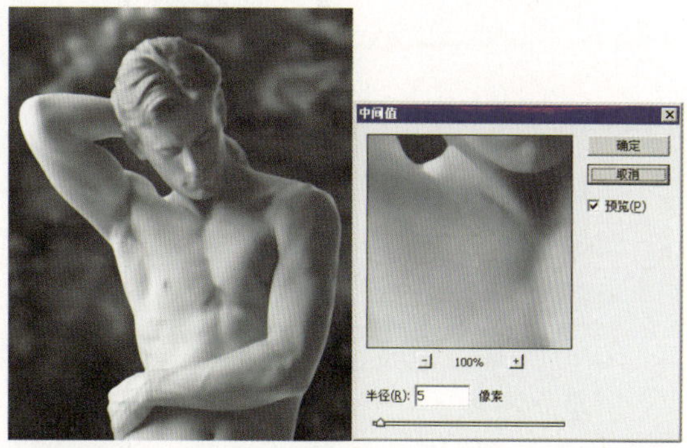

图8-63

⑰ 按快捷键【Ctrl+J】，复制“图层4”图层，生成“图层4副本”图层。执行菜单“滤镜｜锐化｜USM锐化”命令，设置弹出对话框中的参数后，单击“确定”按钮，得到如图8-64所示的效果。

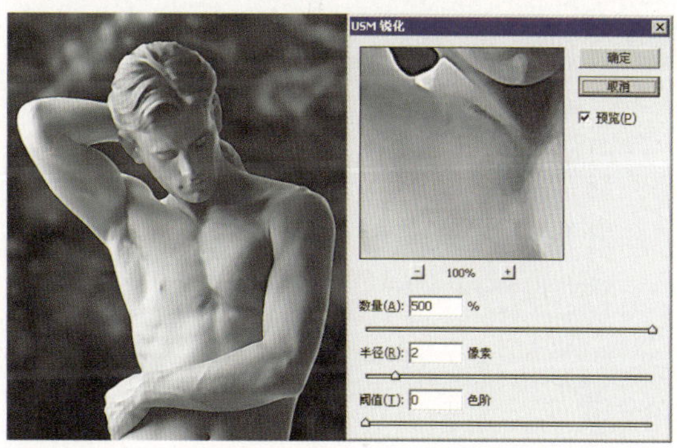

图8-64

⑱ 单击“图层”调板底部的“添加图层蒙版”按钮，为“图层4副本”图层添加蒙版，设置前景色为黑色，使用“画笔工具”设置适当的画笔大小和透明度后，在图层蒙版中涂抹，得到如图8-65所示的效果。

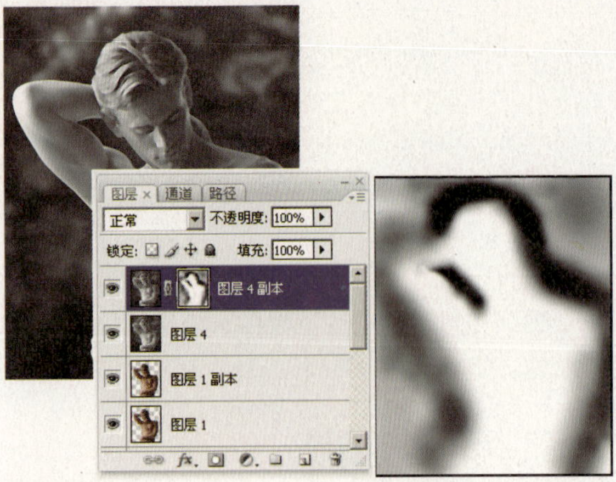

图8—65

19 按快捷键【Ctrl+J】，复制“图层4副本”图层，生成“图层4副本2”图层，删除该图层蒙版，按快捷键【Ctrl+Alt+G】，执行菜单“创建剪贴蒙版”操作，得到如图8—66所示的效果。

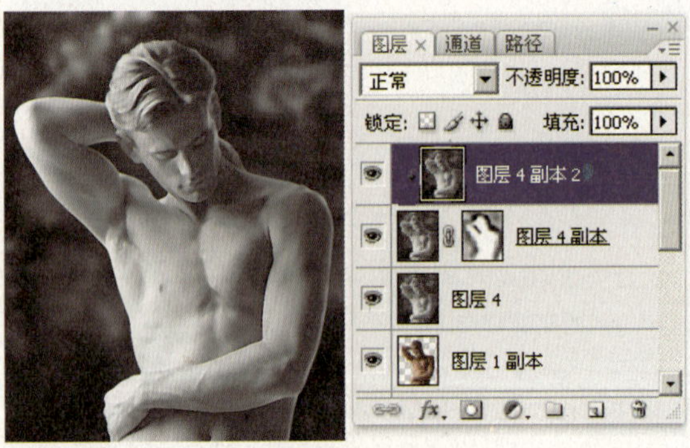

图8—66

20 执行菜单“滤镜｜纹理｜龟裂缝”命令，设置弹出对话框中的参数后，单击“确定”按钮，得到如图8—67所示的效果。

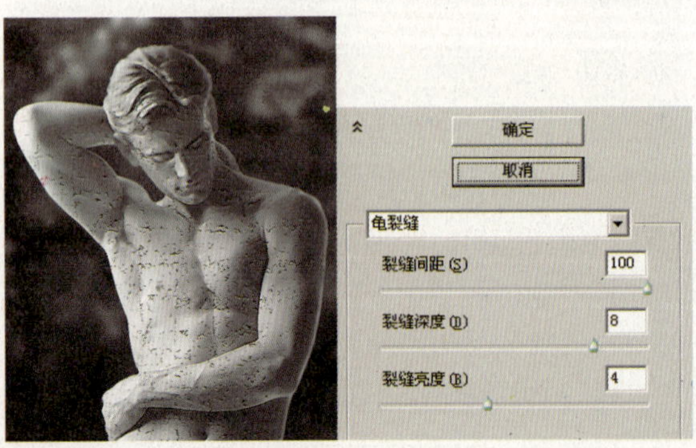

图8—67

21 设置“图层4副本2”图层混合模式为“叠加”，得到如图8—68所示的效果。

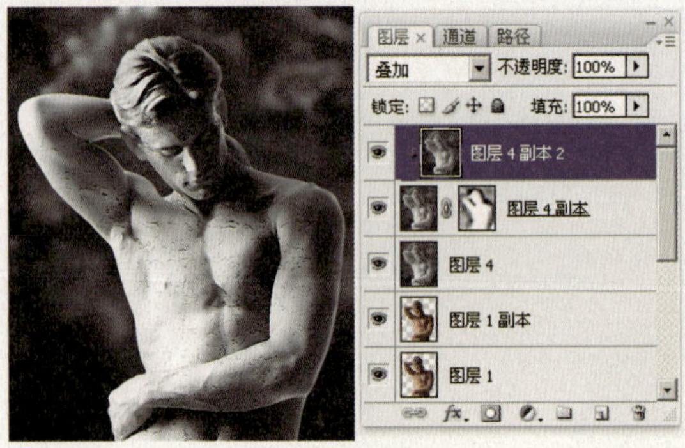

图8—68

22 单击“图层”调板底部的“添加图层蒙版”按钮，为“图层4副本2”图层添加蒙版，设置前景色为黑色，使用“画笔工具”设置适当的画笔大小和透明度后，在图层蒙版中涂抹，得到如图8—69所示的效果。

图8—69

23 单击“图层”调板底部的“创建新的填充或调整图层”按钮，在弹出的下拉菜单中选择“色阶”命令，设置弹出的对话框如图8—70所示。

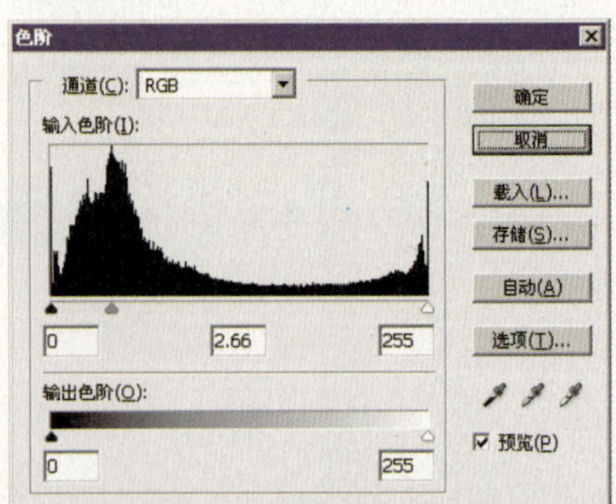

图8—70

24 设置完“色阶”命令的参数后，单击“确定”按钮，生成“色阶1”图层，按快捷键【Ctrl+Alt+G】，执行菜单“创建剪贴蒙版”操作，此时的效果如图8-71所示。

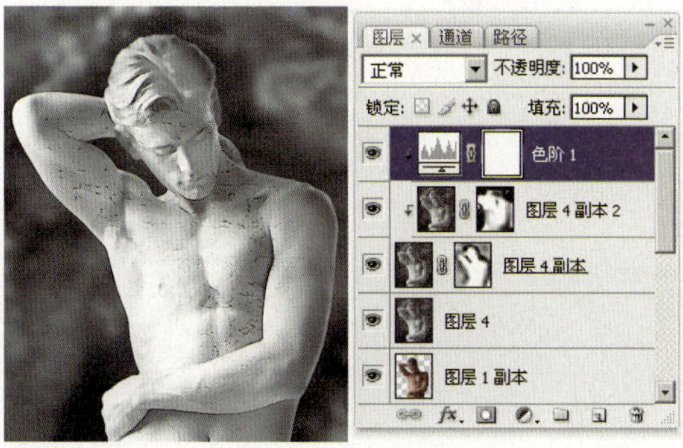

图8-71

25 单击“色阶1”图层蒙版缩览图，设置前景色为黑色，使用“画笔工具”设置适当的画笔大小和透明度后，在图层蒙版中涂抹，得到如图8-72所示的效果。

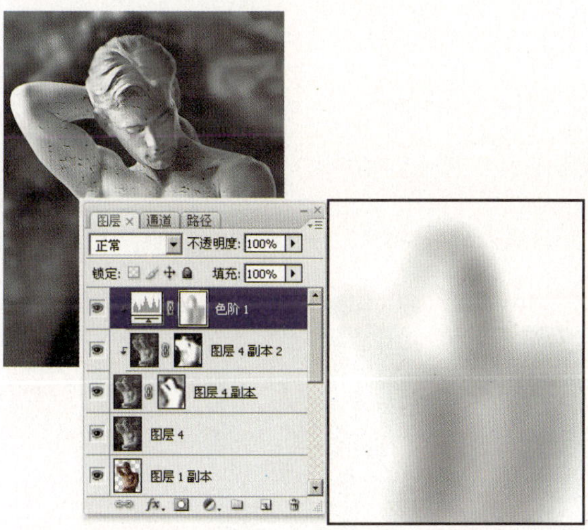

图8-72

26 单击“图层”调板底部的“创建新的填充或调整图层”按钮，在弹出的下拉菜单中选择“亮度/对比度”命令，设置弹出的对话框参数后，单击“确定”按钮，生成“亮度/对比度1”图层，得到如图8-73所示的效果。

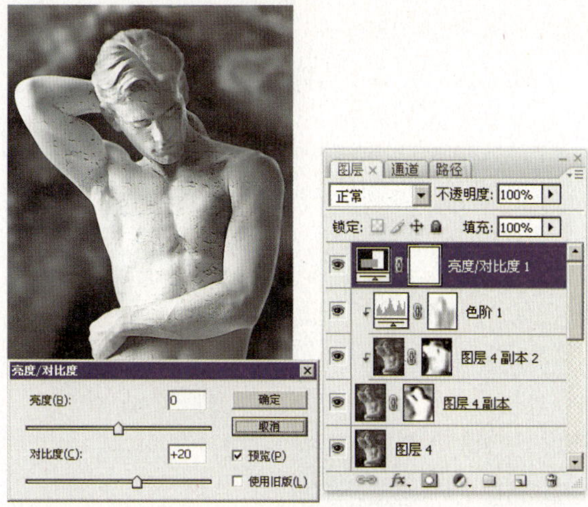

图8-73

27 在“图层”调板中，按住【Alt】键不放，拖动“图层4”图层到“亮度/对比度1”图层的上方，复制“图层4”图层，生成“图层4副本3”图层，此时的效果和“图层”调板如图8-74所示。

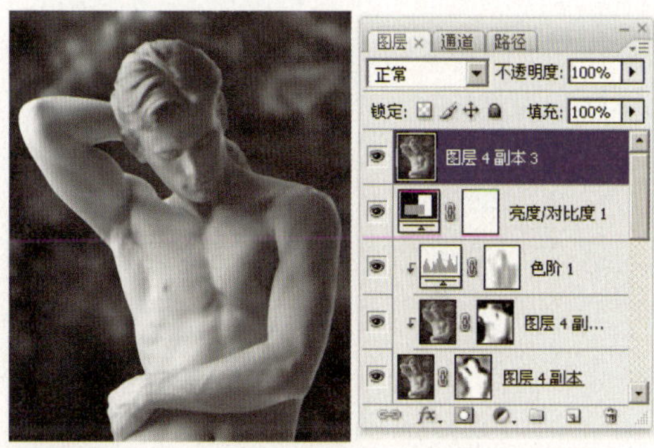

图8-74

28 执行菜单“滤镜 | 素描 | 图章”命令，设置弹出对话框中的参数后，单击“确定”按钮，得到如图8-75所示的效果。

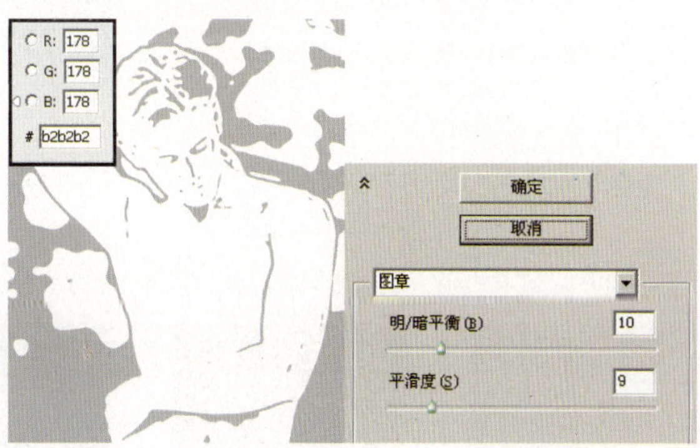

图8-75

29 设置“图层4副本3”图层混合模式为“颜色加深”，“不透明度”为20%，得到如图8-76所示的效果。

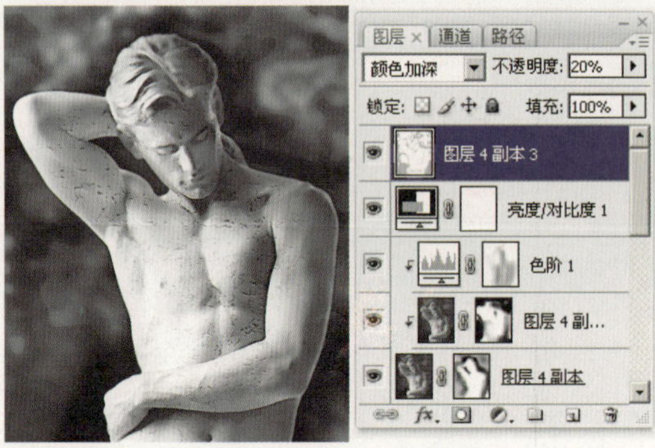

图8-76

30 设置前景色为（R：126、G：163、B：175），新建一个“图层5”图层，按快捷键【Alt+Delete】，用前景色填充“图层5”图层，得到如图8-77所示的效果。

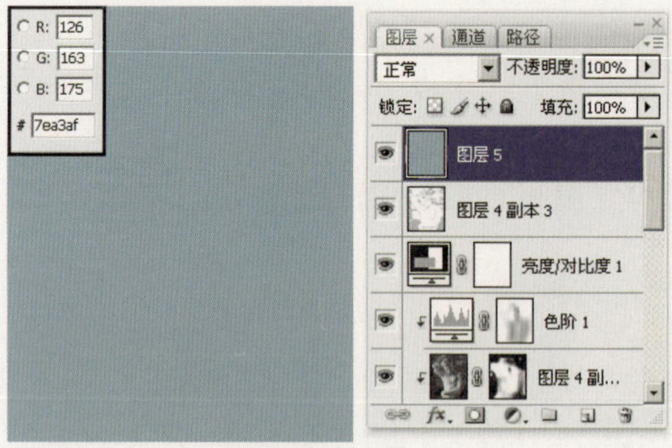

图8-77

31 设置“图层5”图层混合模式为“颜色加深”，“不透明度”为30%，得到如图8-78所示的效果。

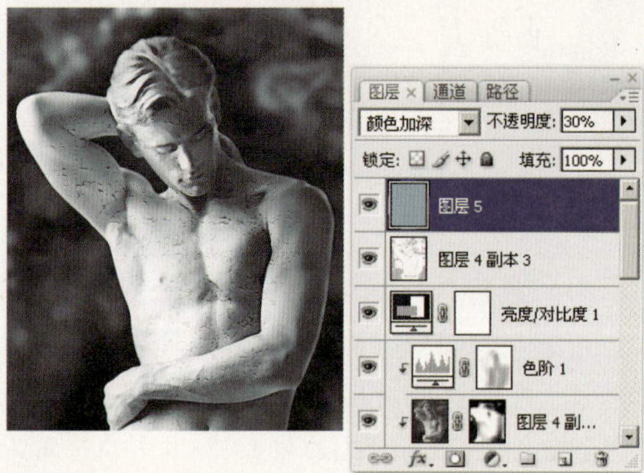

图8-78

8.3 为照片添加神秘感

在Photoshop中可以为一般普通的照片添加一些神秘感。本实例将会运用到Photoshop中的滤镜、图层混合模式、图层蒙版等技术。

原始图片

最终效果

制作步骤

01 执行菜单“文件 | 打开”命令，在弹出的“打开”对话框中选择配套光盘“第8章\为照片添加神秘感\素材1”文件，此时的效果和“图层”调板如图8-79所示。

图8-79

02 在“图层”调板中拖动“背景”图层到“创建新图层”按钮上，释放鼠标生成“背景副本”图层，执行菜单“滤镜 | 艺术效果 | 粗糙蜡笔”命令，设置弹出对话框中的参数后，单击“确定”按钮，得到如图8-80所示的效果。

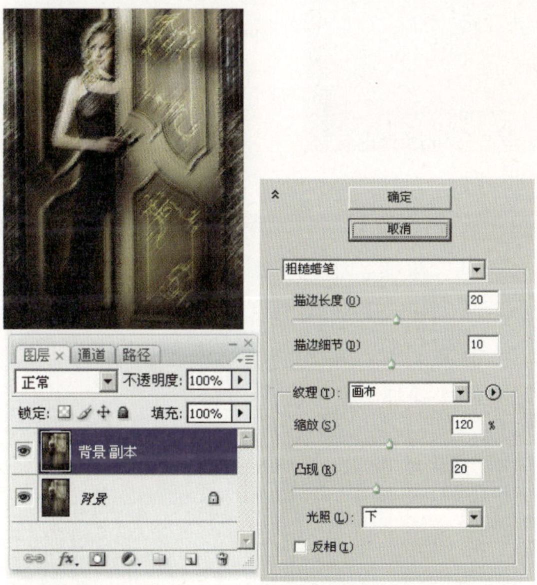

图8-80

03 执行菜单“滤镜 | 艺术效果 | 彩色铅笔”命令，设置弹出对话框中的参数后，单击“确定”按钮，得到如图8-81所示的效果。

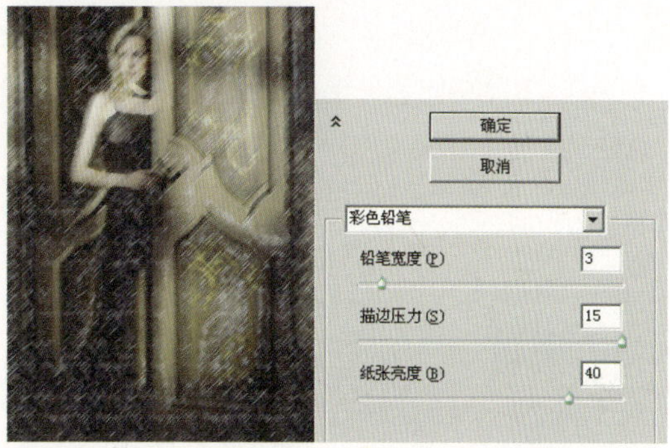

图8-81

04 执行菜单“滤镜 | 艺术效果 | 调色刀”命令，设置弹出对话框中的参数后，单击“确定”按钮，得到如图8-82所示的效果。

图8 82

05 执行菜单“滤镜 | 锐化 | USM锐化”命令，设置弹出对话框中的参数后，单击“确定”按钮，得到如图8-83所示的效果。

图8-83

06 设置“背景副本”图层混合模式为“叠加”，得到如图8-84所示的效果。

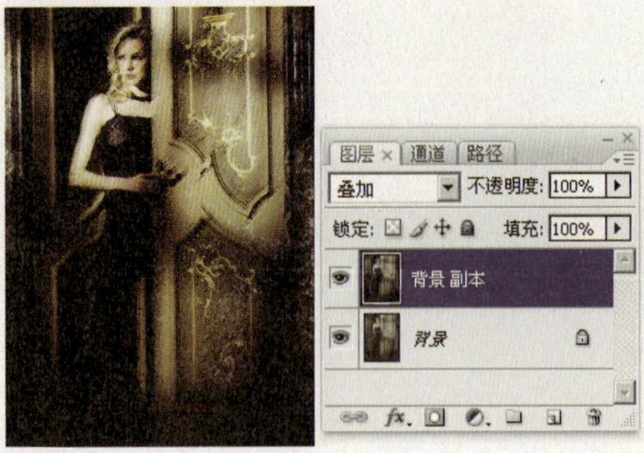

图8-84

07 单击“图层”调板底部的“添加图层蒙版”按钮，为“背景副本”图层添加蒙版，设置前景色为黑色，使用“画笔工具”设置适当的画笔大小和透明度后，在图层蒙版中涂抹，得到如图8-85所示的效果。

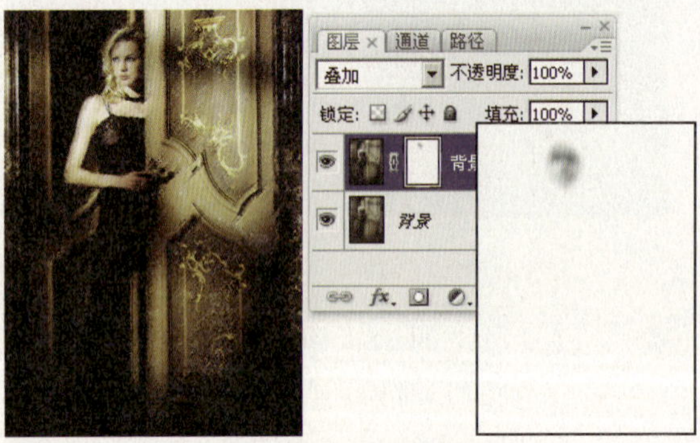

图8-85

08 单击“图层”调板底部的“创建新的填充或调整图层”按钮，在弹出的下拉菜单中选择“色相/饱和度”命令，设置弹出的对话框如图8-86所示。

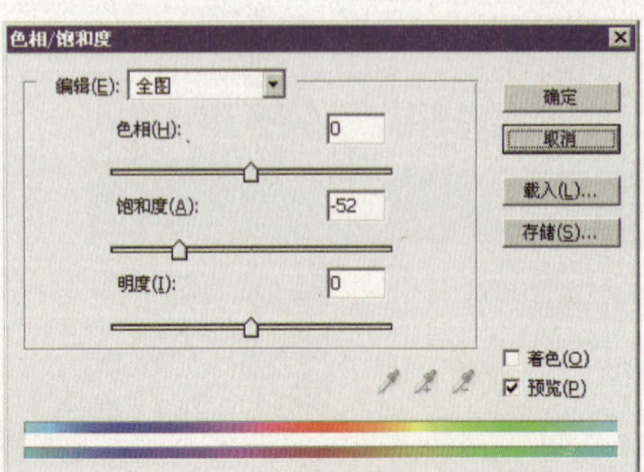

图8-86

09 设置完“色相/饱和度”命令的参数后，单击“确定”按钮，生成“色相/饱和度1”图层，此时的效果如图8-87所示。

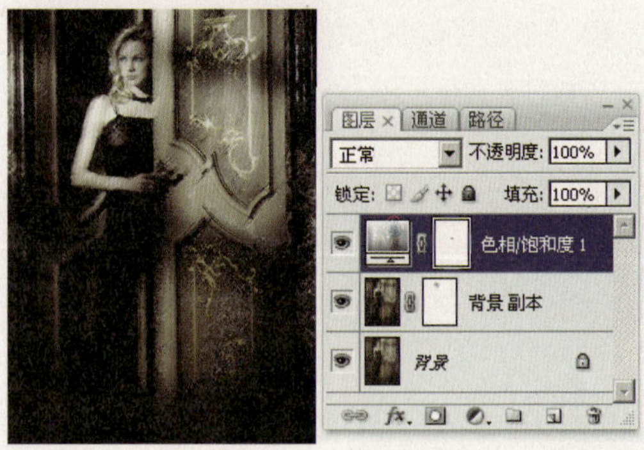

图8-87

10 单击“色相/饱和度1”图层蒙版缩览图，设置前景色为黑色，使用“画笔工具”设置适当的画笔大小和透明度后，在图层蒙版中涂抹，得到如图8-88所示的效果。

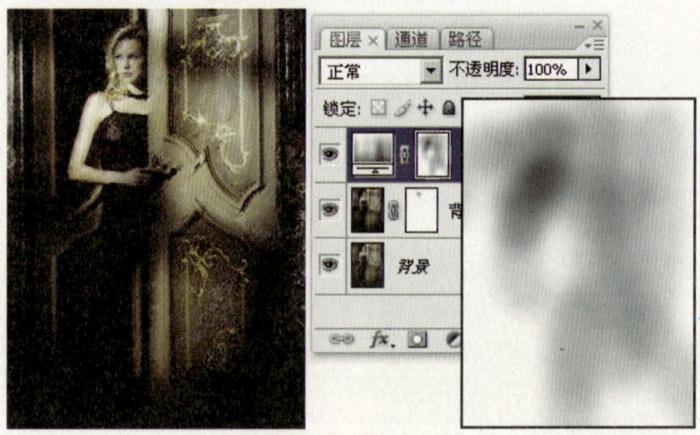

图8-88

11 按快捷键【Ctrl+Shift+Alt+E】，执行“盖印”操作，生成“图层1”图层，按快捷键【Ctrl+T】，调出自由变换控制框，变换图像到如图8-89所示的状态，按【Enter】键确认操作。

图8-89

12 设置“图层1”图层混合模式为“差值”，得到如图8-90所示的效果。

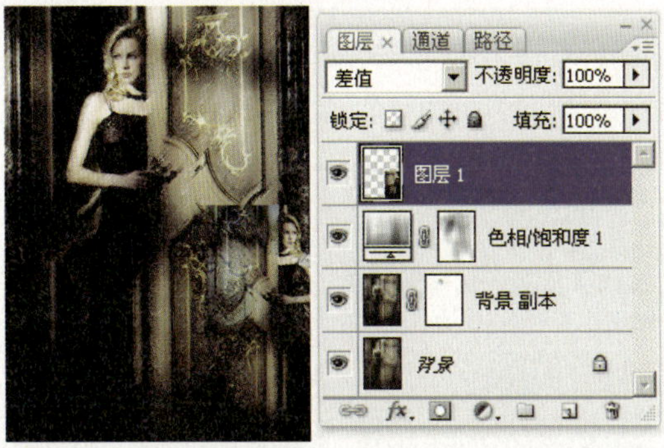

图8-90

13 单击“图层”调板底部的“添加图层蒙版”按钮，为“图层1”图层添加蒙版，设置前景色为黑色，使用“画笔工具”设置适当的画笔大小和透明度后，在图层蒙版中涂抹，得到如图8-91所示的效果。

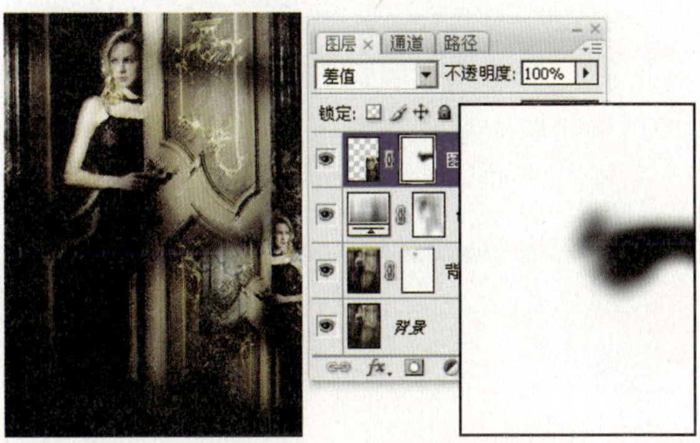

图8-91

14 执行菜单“文件 | 新建”命令（或按快捷键【Ctrl+N】），设置弹出的“新建”对话框如图8-92所示，单击“确定”按钮即可创建一个新的空白文件。

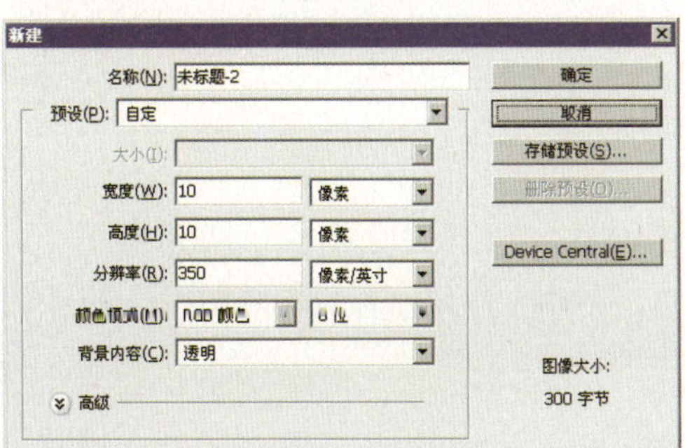

图8-92

15 设置前景色为白色，使用“画笔工具”绘制如图8-93所示的图像，执行菜单“编辑 | 定义图案”命令，弹出“图案名称”对话框，设置好图案的名称后，单击“确定”按钮，将图像定义为图案。

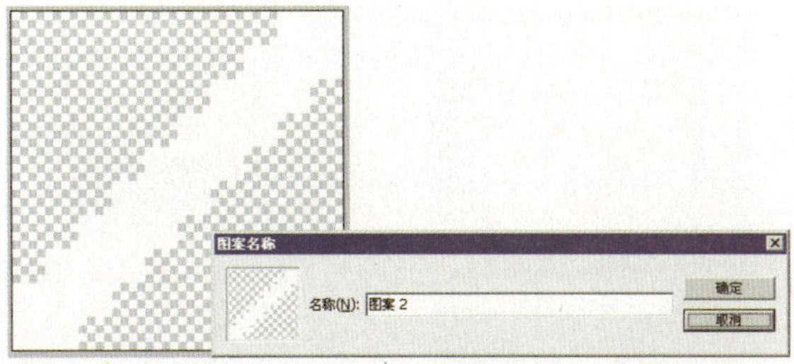

图8-93

16 新建一个图层，生成“图层2”图层，执行菜单“编辑 | 填充”命令，在弹出的对话框中选择上一步定义的图案，设置完后，单击“确定”按钮，得到如图8-94所示的效果。

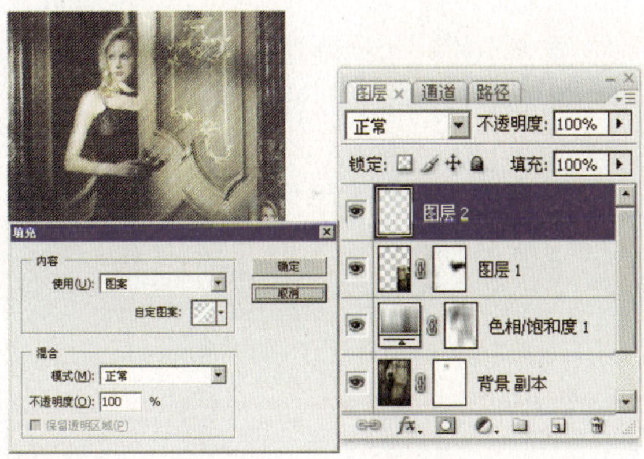

图8-94

17 设置“图层2”图层混合模式为“叠加”，得到如图8-95所示的效果。

图8-95

18 在“图层”调板中，按住【Alt】键不放，拖动“背景”图层到“图层2”图层的上方，复制“背景”图层，生成“背景副本2”图层，设置图层混合模式改为“滤色”，得到如图8-96所示效果。

图8-96

19 单击“图层”调板底部“添加图层蒙版”按钮，为“背景副本2”图层添加蒙版，设置前景色为黑色，使用“画笔工具”设置适当的画笔大小和透明度后，在图层蒙版中涂抹，得到如图8-97所示的效果。

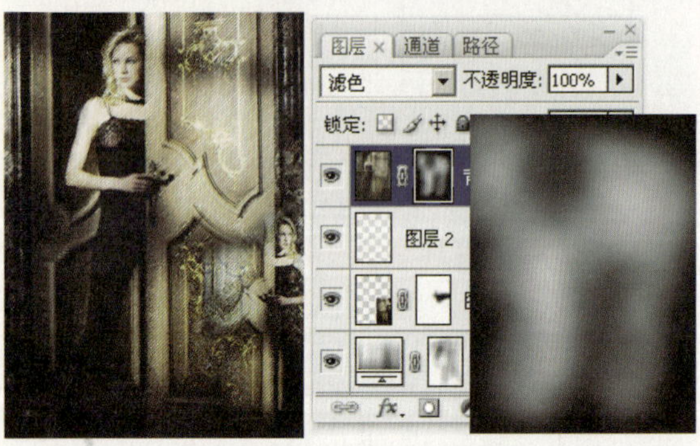

图8-97

20 打开配套光盘中的“第8章\为照片添加神秘感\素材2”文件，此时的效果和“图层”调板如图8-98所示。

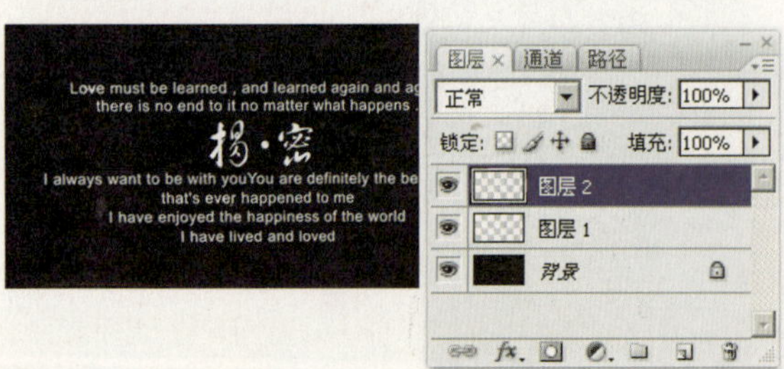

图8-98

21 使用“移动工具”将“素材2”中的“图层1”和“图层2”文字内容拖动到“步骤1”新建的文件中，生成“图层3”和“图层4”图层，将文字移动到图像左下方如图8-99所示的位置。

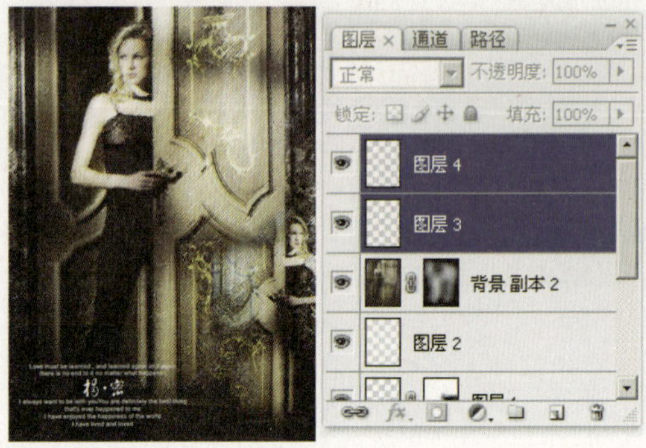

图8-99

22 选择“图层4”图层，单击“图层”调板底部的“添加图层样式”按钮，在弹出的下拉菜单中选择“外发光”命令，设置弹出的“外发光”面板后，单击“内发光”选项，然后设置弹出的“内发光”面板，具体设置如图8-100所示。

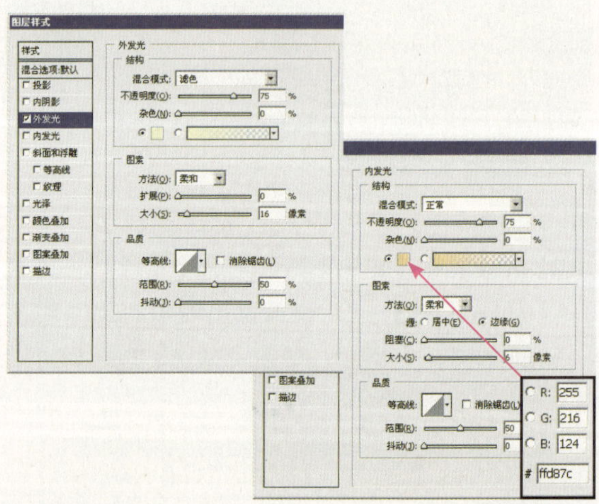

图8-100

23 设置完成“图层样式”对话框后，单击“确定”按钮，即可得到如图8-101所示的效果。

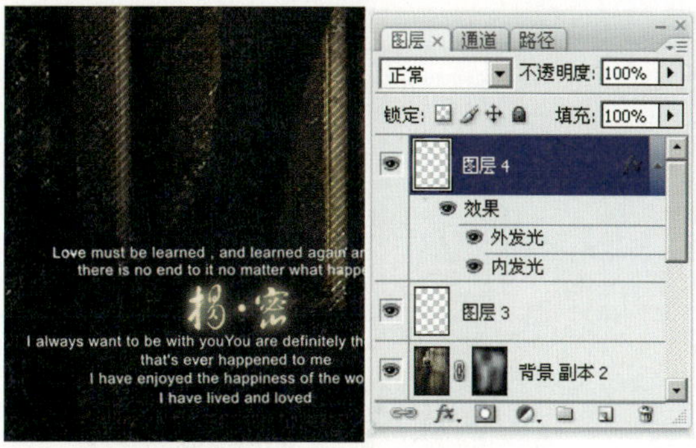

图8-101

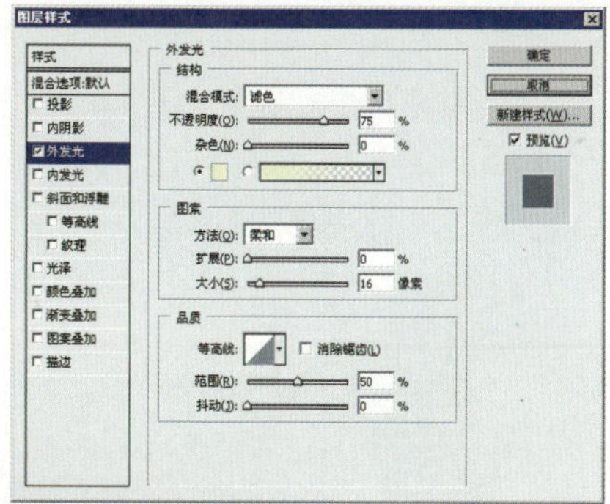

图8-102

24 选择“图层3”图层，单击“图层”调板底部的“添加图层样式”按钮fx，在弹出的下拉菜单中选择“外发光”命令，设置弹出的“外发光”面板如图8-102所示。

25 设置完成“外发光”面板后，单击“确定”按钮，即可得到如图8-103所示的效果。

图8-103

8.4 制作人物数码艺术照

对一张普通的人物照片应用阈值效果进行处理，然后在图层上分别使用不同的混合模式，可以制作出的人物数码艺术照的效果。

原始图片

最终效果

制作步骤

01 执行菜单“文件|打开”命令，在弹出的“打开”对话框中选择配套光盘“第8章\制作人物数码艺术照\素材1”文件，此时的效果和“图层”调板如图8-104所示。

图8-104

02 按快捷键【Ctrl+J】三次，复制“背景”图层，生成“图层1”图层及其2个副本图层，选择“图层1”图层，隐藏“图层1副本”和“图层1副本2”图层，如图8-105所示。

图8-105

03 单击“图层”调板底部的“创建新的填充或调整图层”按钮，在弹出的下拉菜单中选择“阈值”命令，设置完“阈值”命令的参数后，单击“确定”按钮，生成“阈值1”图层，按快捷键【Ctrl+Shift+G】，执行“创建剪贴蒙版”操作，效果如图8-106所示。

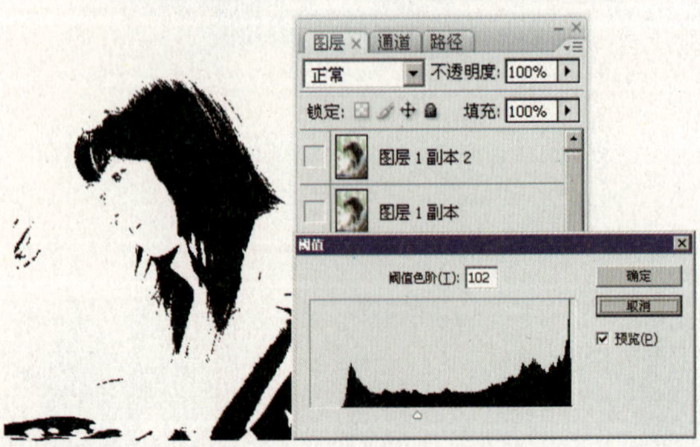

图8-106

04 设置“图层1”图层的“不透明度”为70%，得到如图8-107所示的效果。

图8-107

05 选择并显示“图层1副本”图层，设置“不透明度”为50%，得到如图8-108所示的效果。

图8-108

06 单击“图层”调板底部的“创建新的填充或调整图层”按钮，在弹出的下拉菜单中选择“阈值”命令，设置完“阈值”命令的参数后，单击“确定”按钮，生成“阈值2”图层，按快捷键【Ctrl+Shift+G】，执行“创建剪贴蒙版”操作，效果如图8-109所示。

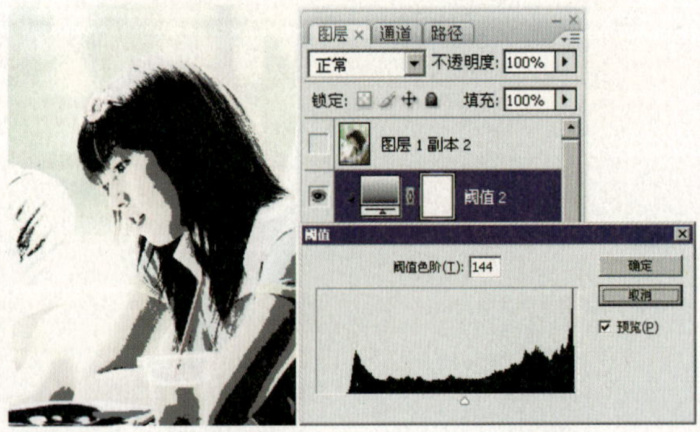

图8-109

07 选择并显示“图层1副本2”图层，设置图层混合模式为“变暗”，“不透明度”为50%，得到如图8-110所示的效果。

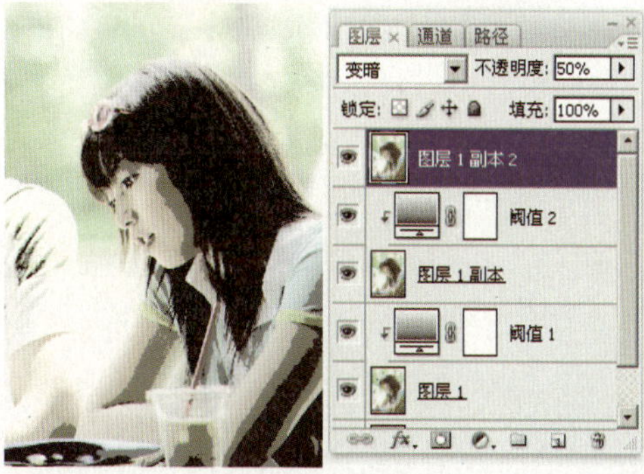

图8-110

08 单击“图层”调板底部的“创建新的填充或调整图层”按钮，在弹出的下拉菜单中选择“阈值”命令，设置完“阈值”命令的参数后，单击“确定”按钮，生成“阈值3”图层，按快捷键【Ctrl+Shift+G】，执行“创建剪贴蒙版”操作，效果如图8-111所示。

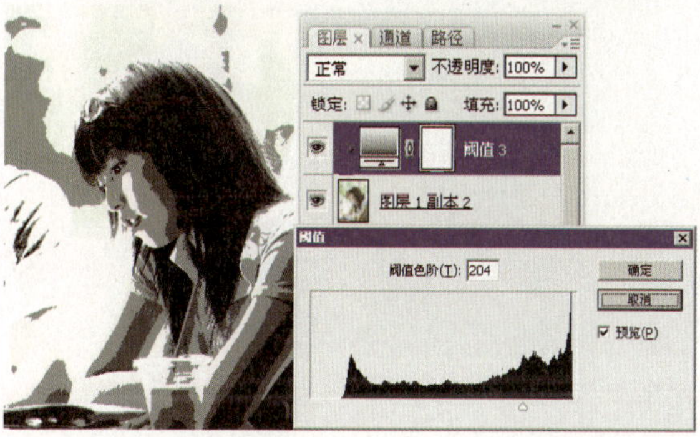

图8-111

09 单击“图层”调板底部的“创建新的填充或调整图层”按钮，在弹出的下拉菜单中选择“色相/饱和度”命令，设置弹出的对话框如图8-112所示。

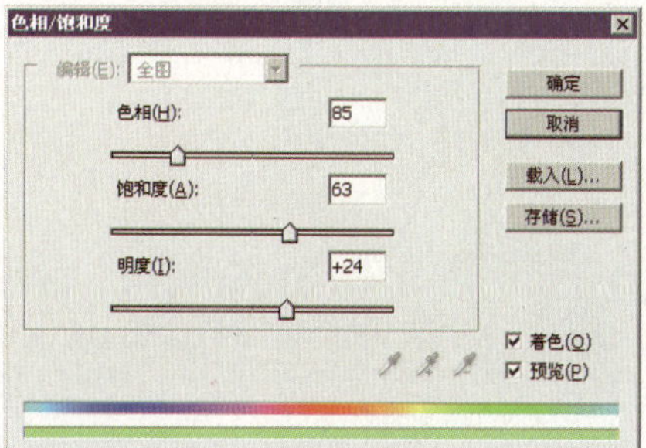

图8-112

10 设置完“色相/饱和度”命令的参数后，单击“确定”按钮，生成“色相/饱和度1”图层，按快捷键【Ctrl+Shift+G】，执行“创建剪贴蒙版”操作，得到如图8-113所示图像效果。

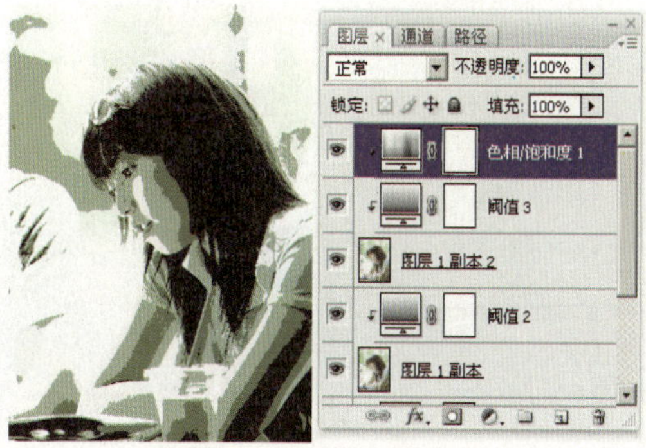

图8-113

11 设置前景色为黑色，背景色为白色，新建一个“图层2”图层。执行菜单“滤镜 | 渲染 | 云彩”命令，按【Ctrl+F】键多次重复运用分层云彩命令，得到类似如图8-114所示的效果。

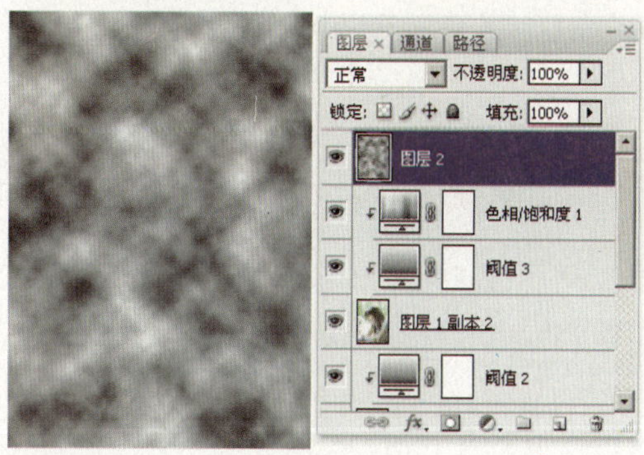

图8-114

12 设置“图层2”图层的“不透明度”为50%，得到如图8-115所示的效果。

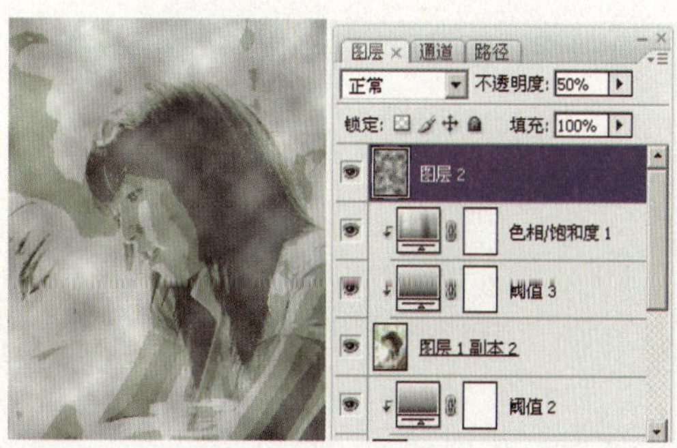

图8-115

13 单击“图层”调板底部的“添加图层蒙版”按钮，为“图层2”图层添加蒙版，设置前景色为黑色，使用“画笔工具”设置适当的画笔大小和透明度后，在图层蒙版中涂抹，得到如图8-116所示的效果。

图8-116

14 单击“图层”调板底部的“创建新的填充或调整图层”按钮，在弹出的下拉菜单中选择“色调分离”命令，设置完“色调分离”命令的参数后，单击“确定”按钮，生成“色调分离1”图层，按快捷键【Ctrl+Shift+G】，执行“创建剪贴蒙版”操作，效果如图8-117所示。

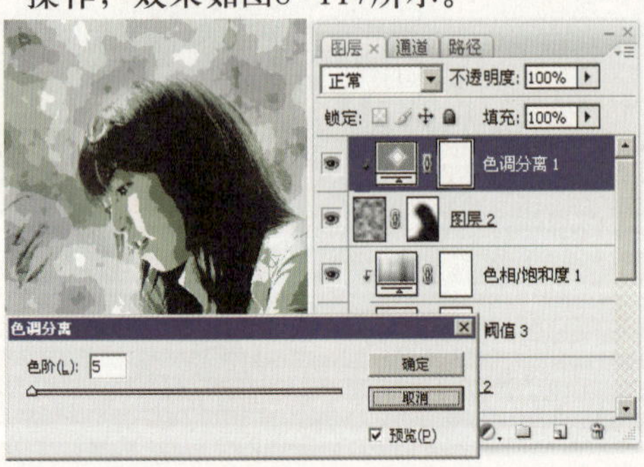

图8-117

15 执行菜单“选择|色彩范围”命令，设置弹出的对话框后，单击“确定”按钮，得到如图8-118所示的选区效果。

图8-118

16 单击“图层”调板底部的“创建新的填充或调整图层”按钮，在弹出的下拉菜单中选择“渐变”命令，设置弹出的对话框如图8-119所示。在对话框中的编辑渐变颜色选择框中单击，可以弹出“渐变编辑器”对话框，在对话框中可以编辑渐变的颜色。

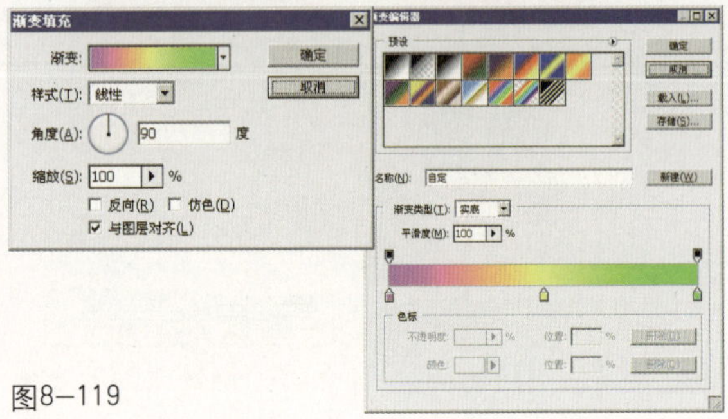

图8-119

17 设置完对话框后，单击“确定”按钮，生成“渐变填充1”图层，此时的效果如图8-120所示。

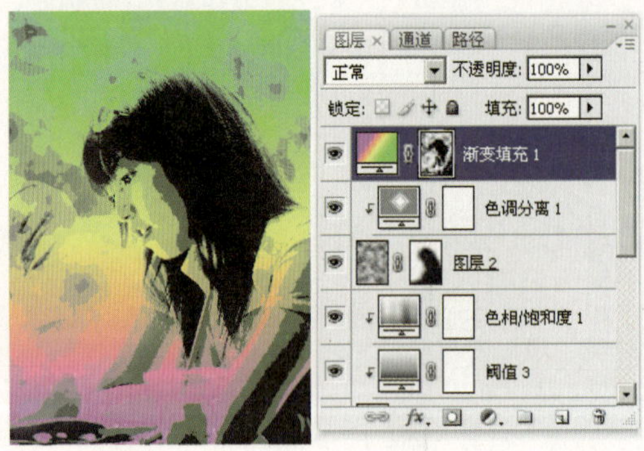

图8-120

18 按住【Ctrl】键不放，单击“渐变填充1”图层蒙版缩览图载入选区，新建一个“图层3”图层，按快捷键【Alt+Delete】用前景色填充选区，按快捷键【Ctrl+D】取消选区，得到如图8-121所示的效果。

图8-121

19 选择“图层3”图层，按快捷键【Ctrl+T】，调出自由变换控制框，放大变换图像到如图8-122所示的状态，按【Enter】键确认操作。

图8-122

20 设置“图层3”图层的“不透明度”为15%，得到如图8-123所示的效果。

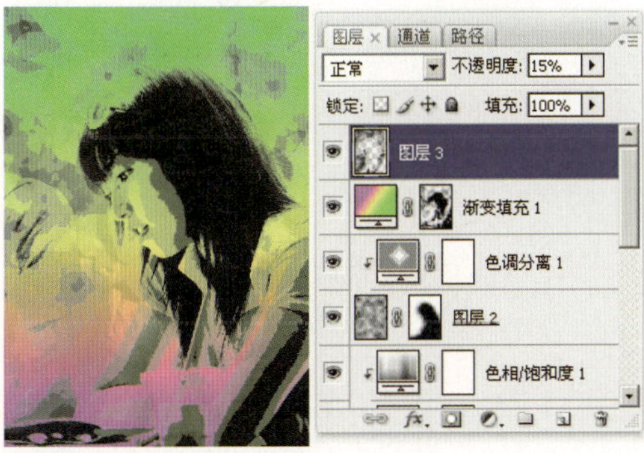

图8-123

21 单击“图层”调板底部的“添加图层蒙版”按钮，为“图层3”图层添加蒙版，设置前景色为黑色，使用“画笔工具”设置适当的画笔大小和透明度后，在图层蒙版中涂抹，得到如图8-124所示的效果。

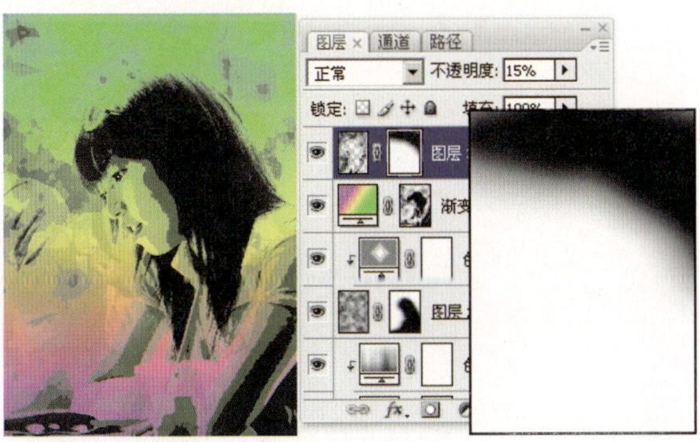

图8-124

22 单击“图层”调板底部的“创建新图层”按钮，新建一个“图层4”图层，设置前景色为黑色，按快捷键【Alt+Delete】用前景色填充“图层4”图层，得到如图8-125所示的效果。

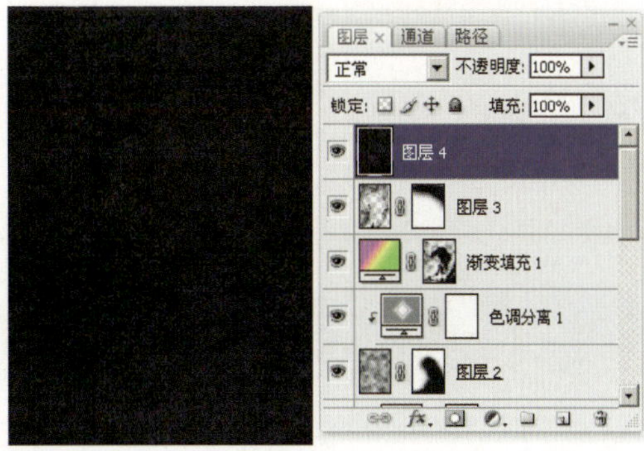

图8-125

23 执行菜单“滤镜 | 纹理 | 纹理化”命令，设置弹出对话框中的参数后，单击“确定”按钮，得到如图8-126所示的效果。

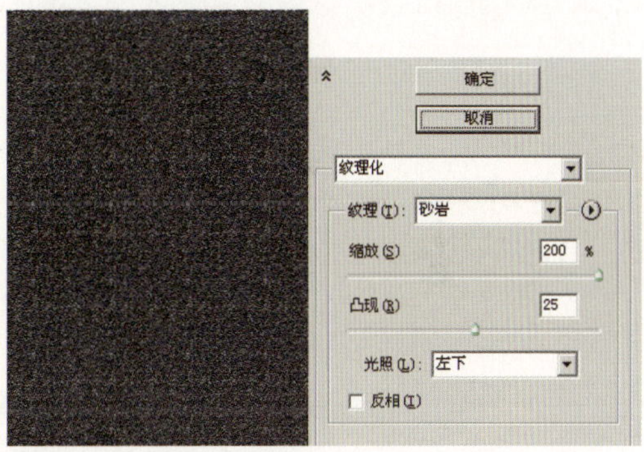

图8-126

24 设置“图层4”图层混合模式为“叠加”，得到如图8-127所示的效果。

图8-127

25 单击“图层”调板底部的“创建新图层”按钮，新建一个“图层5”图层，设置前景色为黑色，按快捷键【Alt+Delete】用前景色填充“图层 5”，得到如图8-128所示的效果。

图8-128

26 执行菜单“滤镜｜渲染｜镜头光晕”命令，设置弹出对话框中的参数后，单击“确定”按钮，得到如图8-129所示的效果。

图8-129

27 设置“图层5”图层混合模式为“变亮”，得到如图8-130所示的效果。

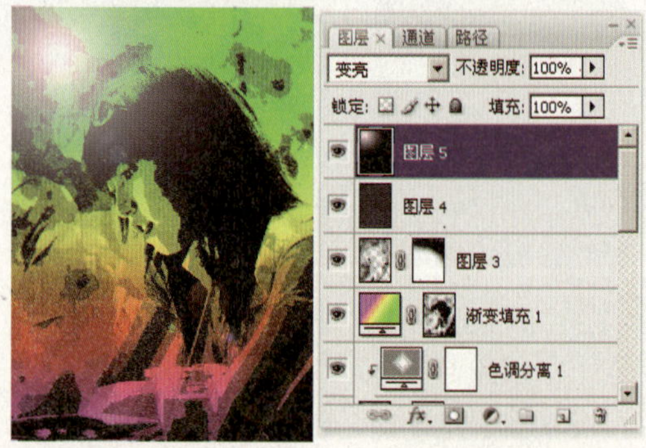

图8-130

8.5 制作人物线描彩绘效果

本实例应用了Photoshop的各种调色命令，以及滤镜、图层蒙版和图层混合模式等，来创造一张普通人物照片的线描彩绘效果。

原始图片

最终效果

制作步骤

01 执行菜单“文件 | 打开”命令，在弹出的“打开”对话框中选择配套光盘“第8章\制作人物线描彩绘效果\素材1”文件，此时的效果和“图层”调板如图8-131所示。

图8-131

02 在“图层”调板中拖动“背景”图层到“创建新图层”按钮上，释放鼠标生成“背景副本”图层，设置图层混合模式为“滤色”，得到如图8-132所示的效果。

图8-132

03 单击“图层”调板底部的“添加图层蒙版”按钮，为“背景副本”图层添加蒙版，设置前景色为黑色，使用“画笔工具”设置适当的画笔大小和透明度后，在图层蒙版中涂抹，其涂抹状态和“图层”调板如图8-133所示。

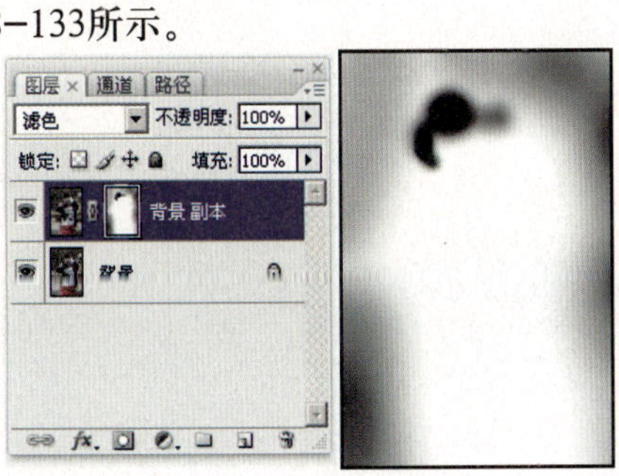

图8-133

04 在“背景副本”图层蒙版中涂抹后，按快捷键【Ctrl+Shift+Alt+E】，执行“盖印”操作，生成“图层1”，按快捷键【Ctrl+J】，复制“图层1”图层，生成“图层1副本”，隐藏“图层1”和“图层1副本”图层，此时的“图层”调板和效果如图8-134所示。

图8-134

05 单击“图层”调板底部的“创建新的填充或调整图层”按钮，在弹出的下拉菜单中选择“通道混合器”命令，设置弹出的对话框如图8-135所示。

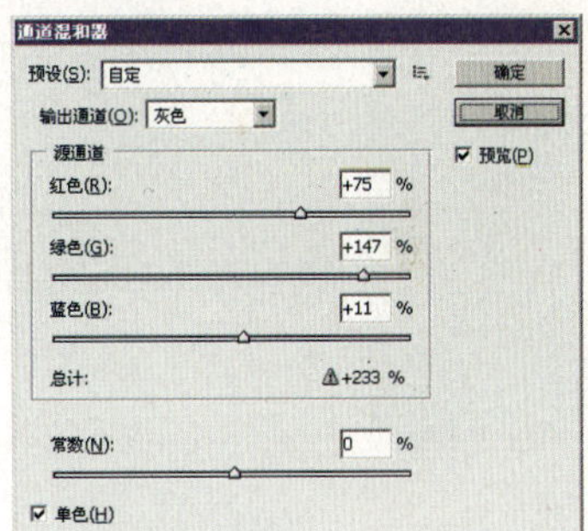

图8-135

06 设置完“通道混合器”命令的参数后，单击“确定”按钮，生成“通道混合器1”图层，此时的效果如图8-136所示。

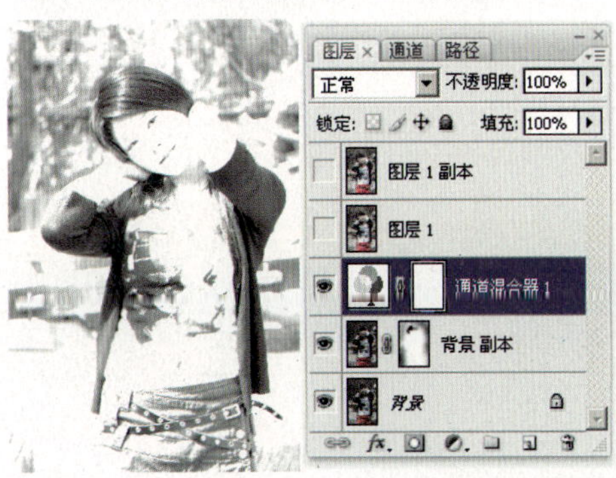

图8-136

07 按快捷键【Ctrl+Shift+Alt+E】，执行“盖印”操作，得到“图层 2”，按快捷键【Ctrl+I】，执行“反相”操作，得到如图8-137所示的效果。

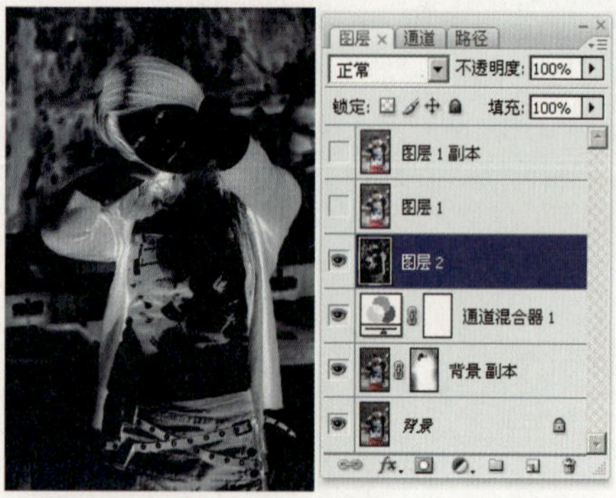

图8-137

08 执行菜单“滤镜 | 模糊 | 高斯模糊”命令，设置弹出对话框中的参数后，单击“确定”按钮，得到如图8-138所示的效果。

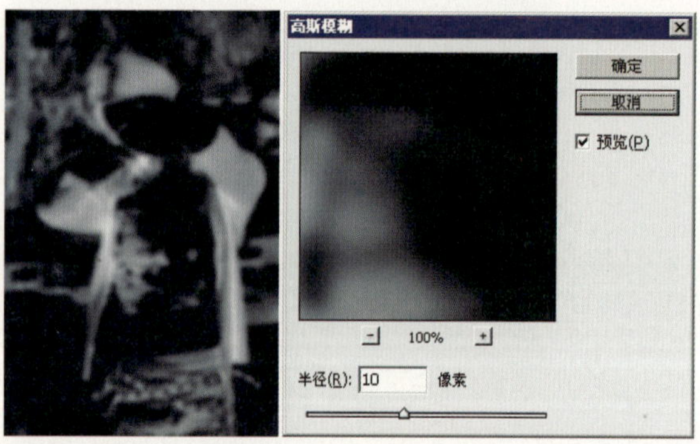

图8-138

09 设置“图层2”图层混合模式为“线性减淡”，得到如图8-139所示的效果。

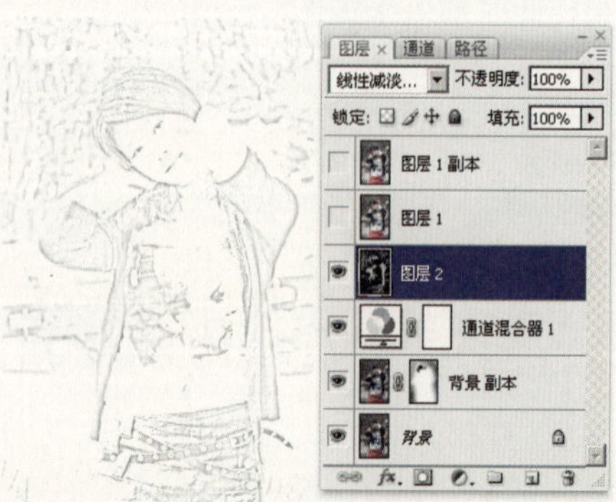

图8-139

10 选择并显示“图层1”图层，设置其图层混合模式为“强光”，得到如图8-140所示的效果。

图8-140

11 选择并显示“图层1”图层，执行菜单“滤镜 | 风格化 | 查找边缘”命令，得到如图8-141所示的效果。

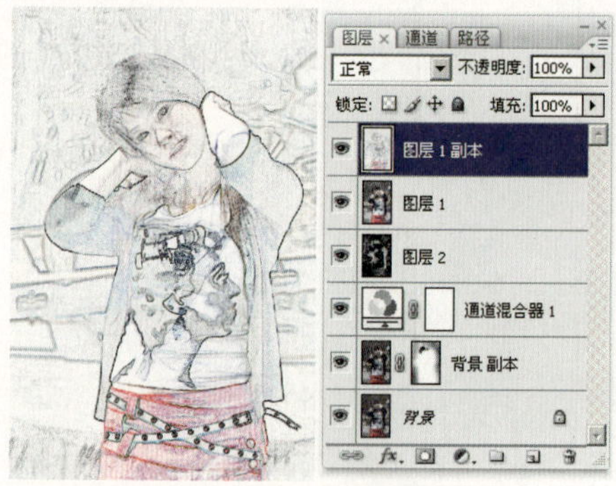

图8-141

12 单击“图层”调板底部的“添加图层蒙版”按钮，为“图层1副本”图层添加蒙版，设置前景色为黑色，使用“画笔工具”设置适当的画笔大小和透明度后，在图层蒙版中涂抹，得到如图8-142所示的效果。

图8-142

13 设置“图层1副本”图层混合模式为“正片叠底”，得到如图8-143所示的效果。

图8-143

14 单击“图层”调板底部的“创建新的填充或调整图层”按钮，在弹出的下拉菜单中选择“色相/饱和度”命令，设置弹出的对话框如图8-144所示。

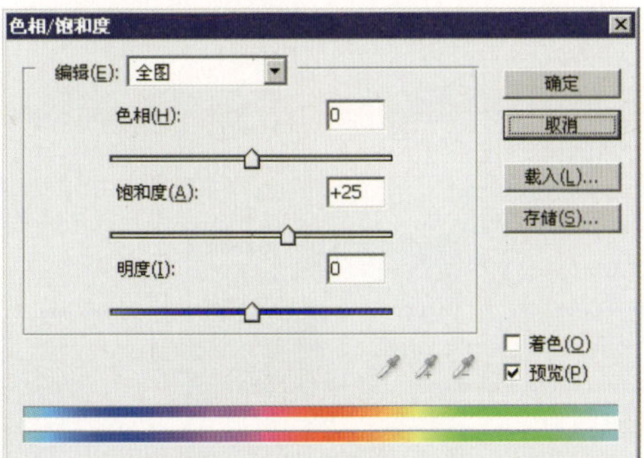

图8-144

15 设置完“色相/饱和度”命令的参数后，单击“确定”按钮，生成“色相/饱和度”图层，此时的效果如图8-145所示。

图8-145

16 单击“图层”调板底部的“创建新的填充或调整图层”按钮，在弹出的下拉菜单中选择“亮度/对比度”命令，设置完“亮度/对比度”命令的参数后，单击“确定”按钮，生成“亮度/对比度1”图层，效果如图8-146所示。

图8-146

17 单击“亮度/对比度1”图层蒙版缩览图，设置前景色为黑色，使用“画笔工具”设置适当的画笔大小和透明度后，在图层蒙版中涂抹，得到如图8-147所示的效果。

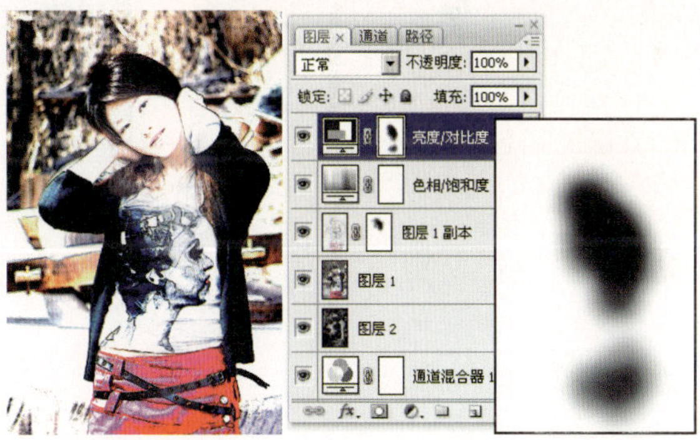

图8-147

18 按快捷键【Ctrl+Shift+Alt+E】，执行“盖印”操作，生成“图层3”图层，执行菜单“滤镜|模糊|高斯模糊”命令，设置弹出对话框中的参数后，单击“确定”按钮，得到如图8-148所示的效果。

⑲ 设置“图层3”图层混合模式为“颜色加深”，得到如图8-149所示的效果。

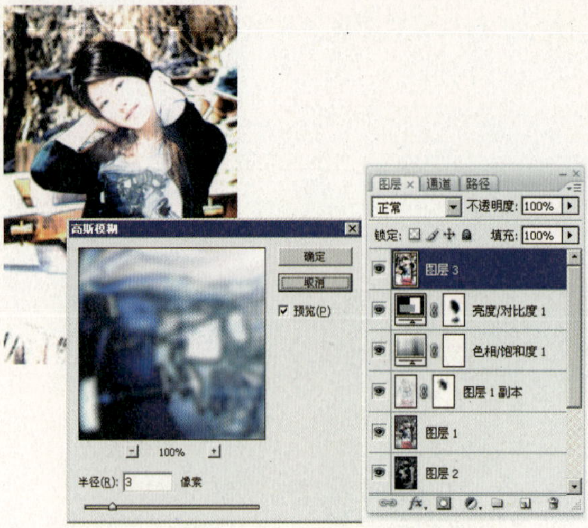

图8—148

图8—149

8.6 使照片产生网点效果

本实例带领大家利用Photoshop为照片添加网点效果，并添加文字。将学习利用Photoshop的滤镜和图层添加样式对照片进行处理。

原始图片

最终效果

制作步骤

01 执行菜单“文件 | 打开”命令，在弹出的“打开”对话框中选择配套光盘“第8章\使照片产生网点效果\素材1”文件，此时的效果和“图层”调板如图8-150所示。

图8-150

02 执行菜单“图像 | 复制”命令，在弹出对话框中输入复制文件的名称，单击“确定”按钮，复制一个新的文件，然后再执行菜单“图像 | 模式 | 灰度”命令，此时会弹出一个“信息”对话框，如图8-151所示。

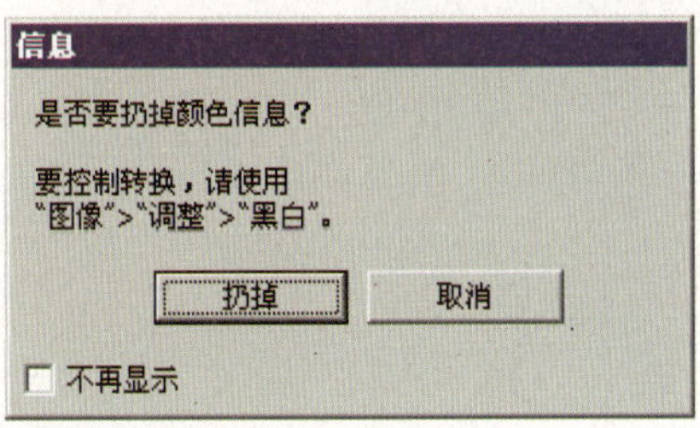

图8-151

03 在“信息”对话框中单击“扔掉”按钮，即可将复制的新文件转换为灰度图像，如图8-152所示。

图8-152

04 执行菜单“图像 | 模式 | 位图”命令，设置弹出的“位图”对话框后，单击“确定”按钮，此时会弹出一个“半调网屏”对话框，设置弹出的对话框如图8-153所示。

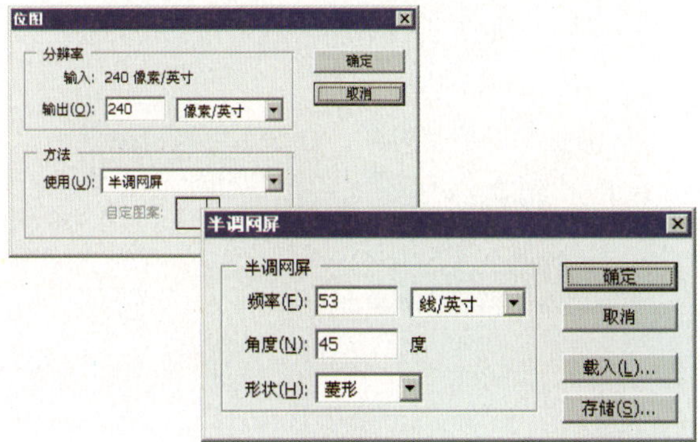

图8-153

05 设置完“半调网屏”对话框后，单击“确定”按钮，得到如图8-154所示的效果。

图8-154

06 选择复制的图像文件，按快捷键【Ctrl+A】全选图像，按快捷键【Ctrl+C】，执行“拷贝”操作，选择“步骤1”打开的素材文件，按快捷键【Ctrl+V】，执行“粘贴”操作，生成“图层1”图层，如图8-155所示。

图8-155

07 设置“图层1”图层混合模式为“叠加”，得到如图8-156所示的效果。

图8-156

08 设置前景色为白色，新建一个图层，生成“图层2”图层，使用“画笔工具”设置适当的画笔大小和透明度后进行涂抹，得到如图8-157所示的效果。

图8-157

09 设置“图层2”图层混合模式为“颜色减淡”，得到如图8-158所示的效果。

图8-158

10 新建一个图层，生成“图层3”图层，将前景色设置为黑色，背景色设置为白色，执行菜单“滤镜｜渲染｜云彩”命令，按【Ctrl+F】多次重复运用云彩命令，得到类似如图8-159所示的效果。

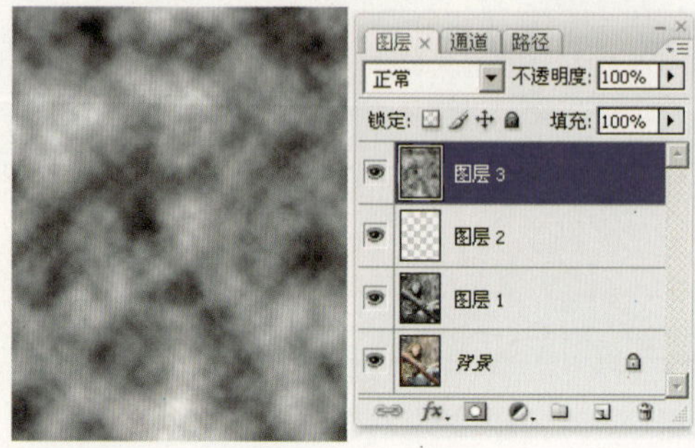

图8-159

11 执行菜单“滤镜｜艺术效果｜调色刀”命令，设置弹出对话框中的参数后，单击“确定”按钮，得到如图8-160所示的效果。

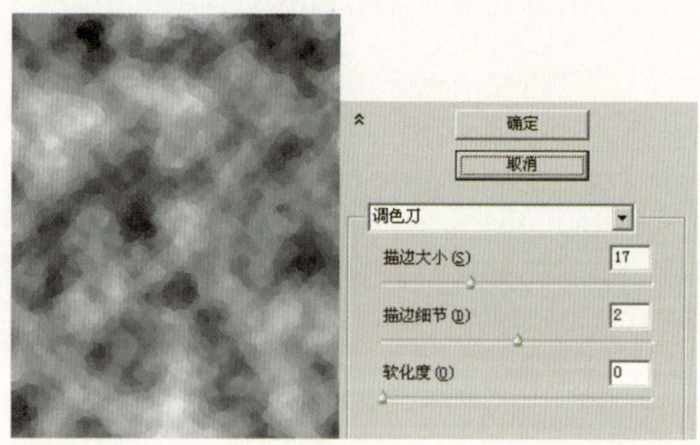

图8-160

12 执行菜单“滤镜｜艺术效果｜海报边缘”命令，设置弹出对话框中的参数后，单击“确定”按钮，得到如图8-161所示的效果。

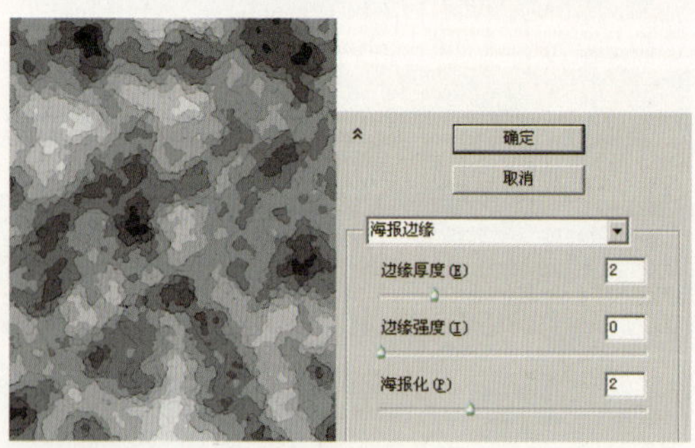

图8-161

13 执行菜单“滤镜丨扭曲丨玻璃”命令，设置弹出对话框中的参数后，单击“确定”按钮，得到如图8-162所示的效果。

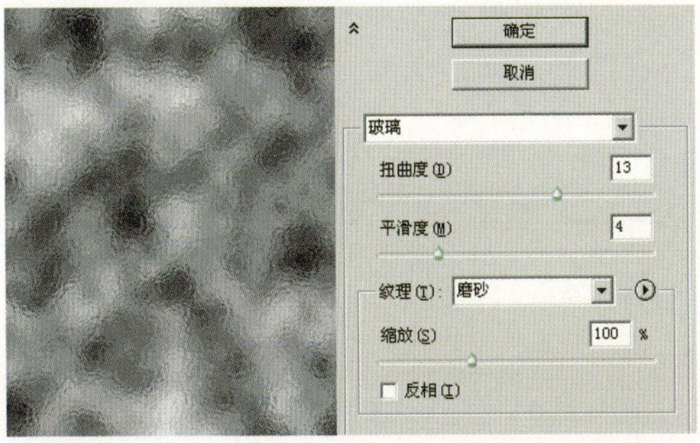

图8-162

14 执行菜单“文件丨保存”命令，将制作好的纹理文件保存成一个PSD的文件格式，然后将“图层3”图层隐藏，此时的效果和“图层”调板如图8-163所示。

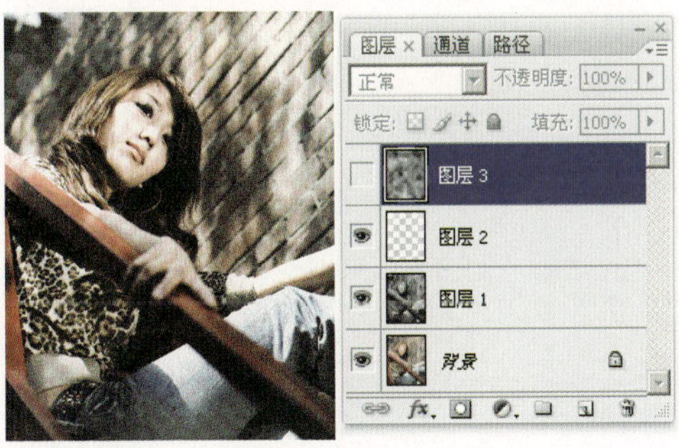

图8-163

15 新建一个图层，生成“图层4”图层，设置前景色为黑色，选择“矩形工具”，在工具选项栏中单击“填充像素”按钮，在图像的边缘绘制如图8-164所示的黑色形状。

图8-164

16 执行菜单“滤镜丨扭曲丨置换”命令，设置弹出对话框中的参数如图8-165所示，单击“确定”按钮，此时会弹出一个选择置换图的对话框，在对话框中选择“步骤14”保存的纹理图像文件。

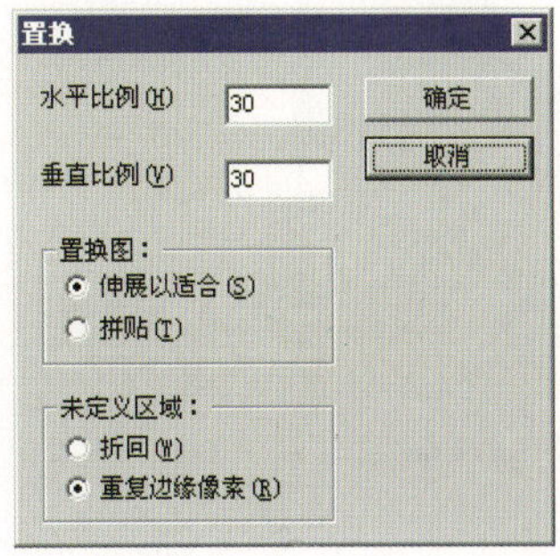

图8-165

17 选择好需要置换的文件后，单击“打开”按钮，得到如图8-166所示的效果。

图8-166

18 单击“图层”调板底部的“添加图层样式”按钮，在弹出的下拉菜单中选择“外发光”命令，设置弹出的“投影”面板如图8-167所示。

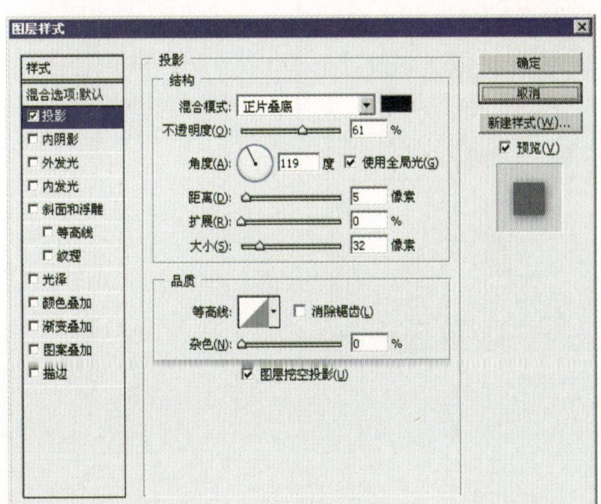

图8-167

19 设置完“投影”面板后，单击“确定”按钮，此时的边框图像就和下方的图像有了一些过渡的效果，如图8-168所示。

图8-168

20 设置前景色为黑色，使用“横排文字工具”T，设置适当字体和字号，在图像右上角输入文字，得到相应的文字图层，如图8-169所示。

图8-169

21 设置文字图层的图层混合模式为“叠加”，得到如图8-170所示的效果。

图8-170

22 选择文字图层，单击“图层”调板底部的“添加图层样式”按钮fx，在弹出的下拉菜单中选择“投影”命令，设置弹出的“投影”面板后，单击“渐变叠加”选项，然后设置弹出的“渐变叠加”面板，具体设置如图8-171所示。

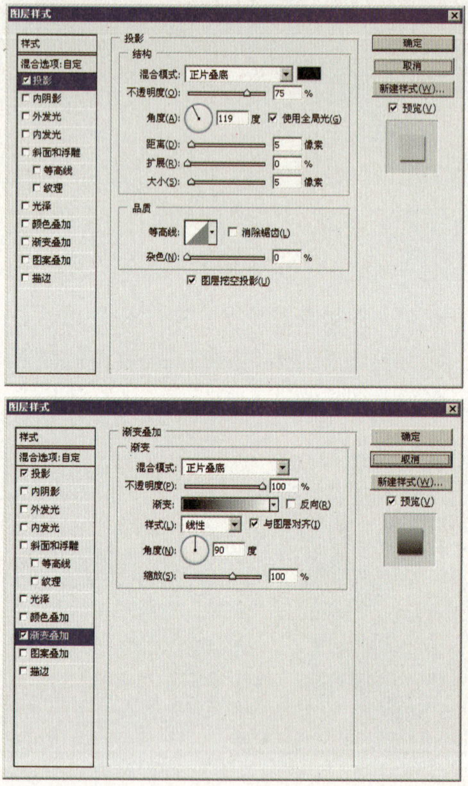

图8-171

23 设置完“图层样式”对话框后，单击“确定”按钮，即可得到如图8-172所示的效果。

图8-172

第9章
数码照片创意搞怪处理

本章是将一般的数码艺术照片通过Photoshop的处理进行合成，制作成一张新的搞怪、奇异照片，给人一种特殊脱离实际、异想天开的感觉，如风火球、科技时代、上升的钟楼、拯救地球等实例。

9.1 跳跃空间

本实例是将一张海豚跳跃的图片制作成一张在不同空间中跳跃的奇异效果。运用了Photoshop中的图层样式、图层蒙版等技术。

原始图片

最终效果

制作步骤

01 执行菜单“文件 | 打开”命令，在弹出的“打开”对话框中选择配套光盘“第9章\跳跃空间\素材1”文件，此时的效果和“图层”调板如图9-1所示。

图9-1

02 在“图层”调板中拖动“背景”图层到“创建新图层”按钮上，释放鼠标生成“背景副本”图层，使用“磁性套索工具”沿海豚的边缘绘制选区，按快捷键【Ctrl+J】，复制选区内的图像，生成“图层1”图层，如图9-2所示。

图9-2

03 打开配套光盘中的“第9章\跳跃空间\素材2”文件，此时的效果和“图层”调板如图9-3所示。

图9-3

04 使用“移动工具”将“素材2”中的图像拖动到“步骤1”打开的文件中生成“图层2”图层，按快捷键【Ctrl+T】，调出自由变换控制框，变换图像到如图9-4所示的状态，按【Enter】键确认操作。

图9-4

05 继续使用“移动工具”再将“素材2”中的图像拖动到“步骤1”打开的文件中生成“图层3”图层，按快捷键【Ctrl+T】，调出自由变换控制框，变换图像到如图9-5所示的状态，按【Enter】键确认操作。

图9-5

06 选择“图层2”图层，单击“图层”调板底部的“添加图层样式”按钮，在弹出的下拉菜单中选择“投影”命令，设置弹出的“投影”面板如图9-6所示。

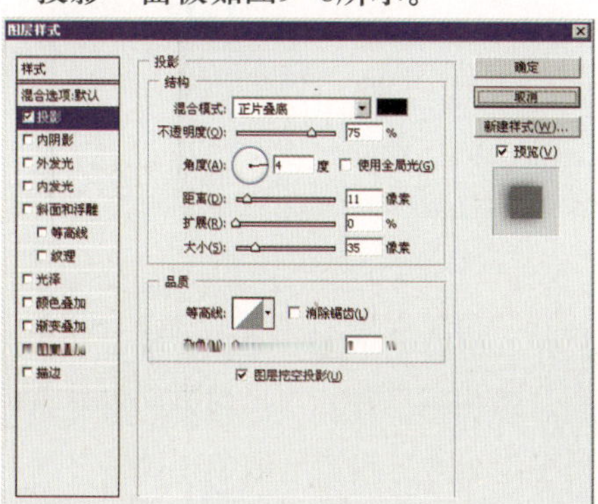

图9-6

07 设置完“投影”面板后，单击“确定”按钮，即可为“图层2”图层中的图像添加投影效果，如图9-7所示。

图9-7

08 选择“图层3”图层，单击“图层”调板底部的“添加图层样式”按钮，在弹出的下拉菜单中选择“投影”命令，设置弹出的“投影”面板如图9-8所示。

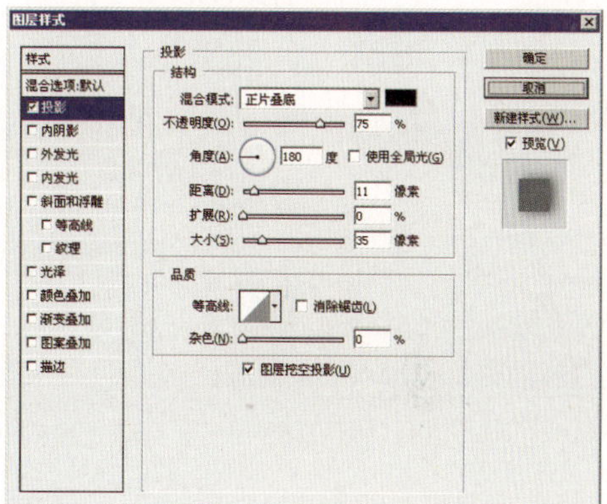

图9-8

09 设置完“投影”面板后，单击“确定”按钮，即可为“图层3”图层中的图像添加投影效果，如图9-9所示。

图9-9

10 选择“图层2”图层为当前图层，使用“魔棒工具”在图像中左侧的边框内进行单击，得到如图9-10所示的选区。

图9-10

11 选择“背景副本”图层为当前图层，按快捷键【Ctrl+J】，复制选区内的图像，生成“图层4”图层，如图9-11所示。

图9-11

12 选择“图层3”图层为当前图层，使用“魔棒工具”在图像中左侧的边框内进行单击，得到如图9-12所示的选区。

图9-12

13 选择“背景副本”图层为当前图层，按快捷键【Ctrl+J】，复制选区内的图像，生成“图层5”图层，如图9-13所示。

图9-13

14 选择“图层5”图层，单击“图层”调板底部的“添加图层样式”按钮，在弹出的下拉菜单中选择“投影”命令，设置弹出的“投影”面板如图9-14所示。

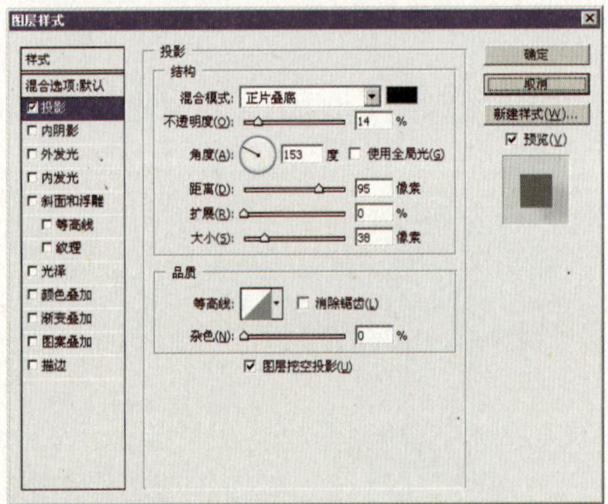

图9-14

15 设置完“投影”面板后，单击“确定”按钮，即可为“图层5”图层中的图像添加投影效果，如图9-15所示。

图9-15

16 选择“图层4”图层，单击“图层”调板底部的“添加图层样式”按钮，在弹出的下拉菜单中选择“投影”命令，设置弹出的“投影”面板如图9-16所示。

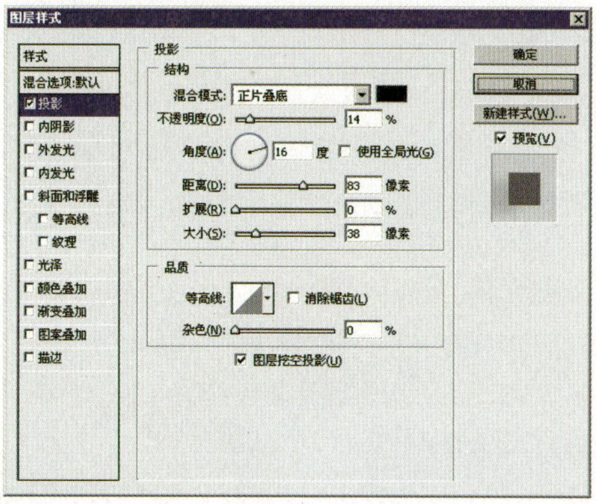

图9–16

17 设置完“投影”面板后，单击“确定”按钮，即可为“图层4”图层中的图像添加投影效果，如图9–17所示。

图9–17

18 隐藏“背景副本”图层，选择“背景”图层为当前图层，设置前景色为（R：0、G：112、B：255），新建一个图层，生成“图层6”图层，使用“画笔工具”设置适当的画笔大小和透明度后，在“图层6”图层中进行涂抹，得到如图9–18所示的效果。

图9–18

19 设置“图层6”图层混合模式为“颜色”，得到如图9–19所示的效果。

图9–19

20 选择“背景”图层为当前图层，设置前景色为（R：239、G：244、B：255），新建一个图层，生成“图层7”图层，使用“画笔工具”设置适当的画笔大小和透明度后，在“图层7”图层中进行涂抹，得到如图9–20所示的效果。

图9–20

21 选择并显示“背景副本”图层，单击“图层”调板底部的“添加图层蒙版”按钮，为“背景副本”图层添加蒙版，设置前景色为黑色，使用“画笔工具”设置适当的画笔大小和透明度后，在图层蒙版中涂抹，得到如图9–21所示的效果。

图9–21

22 使用“套索工具”在左侧边框下方绘制不规则选区，按快捷键【Ctrl+Alt+D】，调出“羽化选区”对话框，设置对话框中的参数后得到如图9-22所示的选区效果。

图9-22

23 新建一个图层，生成“图层8”图层，设置前景色为黑色，按快捷键【Alt+Delete】用前景色填充选区，按快捷键【Ctrl+D】取消选区，得到如图9-23所示的效果。

图9-23

24 设置“图层8”图层“不透明度”为33%，得到如图9-24所示的效果。

图9-24

25 使用“套索工具”在右侧边框下方绘制不规则选区，按快捷键【Ctrl+Alt+D】，调出“羽化选区”对话框，设置对话框中的参数后得到如图9-25所示的选区效果。

图9-25

26 新建一个图层，生成“图层9”图层，设置前景色为黑色，按快捷键【Alt+Delete】用前景色填充选区，按快捷键【Ctrl+D】取消选区，得到如图9-26所示的效果。

图9-26

27 设置“图层9”图层的“不透明度”为33%，得到如图9-27所示的效果。

图9-27

(28) 设置前景色为黑色，在“图层1”图层下方新建一个图层，生成“图层10”图层，使用“画笔工具”设置适当的画笔大小和透明度后，在“图层10”图层中进行涂抹，得到如图9-28所示的效果。

图9-28

(29) 设置“图层10”图层的“不透明度”为40%，得到如图9-29所示的效果。

图9-29

9.2 风火球

本实例是一张守门员接球的照片。下面将运用Photoshop中的图层混合模式、滤镜、图层蒙版等技术，为照片中人物的手和球制作特效。

原始图片

最终效果

制作步骤

01 执行菜单“文件｜打开”命令，在弹出的“打开”对话框中选择配套光盘“第9章\风火球\素材1”文件，此时的效果和“图层”调板如图9-30所示。

图9-30

02 打开配套光盘中的“第9章\风火球\素材2”文件，此时的效果和“图层”调板如图9-31所示。

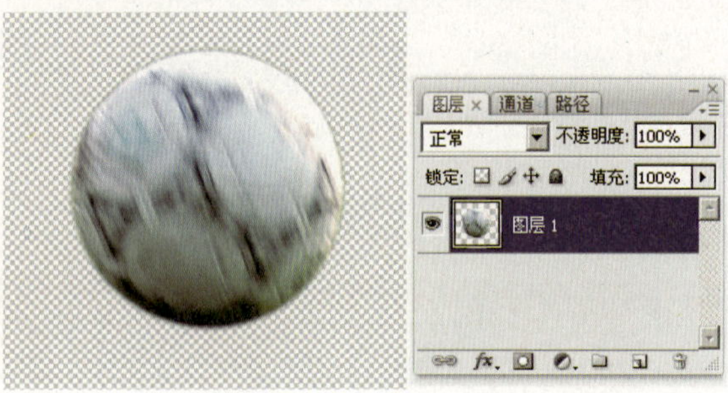

图9-31

03 使用“移动工具”将图像拖动到“步骤1”打开的文件中生成“图层1”图层，按快捷键【Ctrl+T】，调出自由变换控制框，变换图像到如图9-32所示的状态，按【Enter】键确认操作。

图9-32

04 单击“图层”调板底部的“创建新的填充或调整图层”按钮，在弹出的下拉菜单中选择“曲线”命令，设置弹出的对话框如图9-33所示。

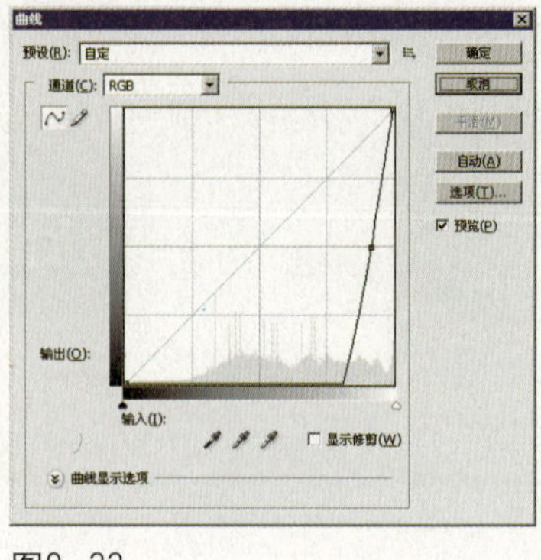

图9-33

05 设置完“曲线”命令的参数后，单击“确定”按钮，生成“曲线1”图层，按快捷键【Ctrl+Alt+G】，执行“创建剪贴蒙版”操作，此时的效果如图9-34所示。

图9-34

06 单击“曲线1”图层蒙版缩览图，设置前景色为黑色，背景色为白色，使用“渐变工具”设置渐变类型为从前景色到背景色，在图层蒙版中从右上往左下绘制渐变，此时图层蒙版中的状态如图9-35所示。

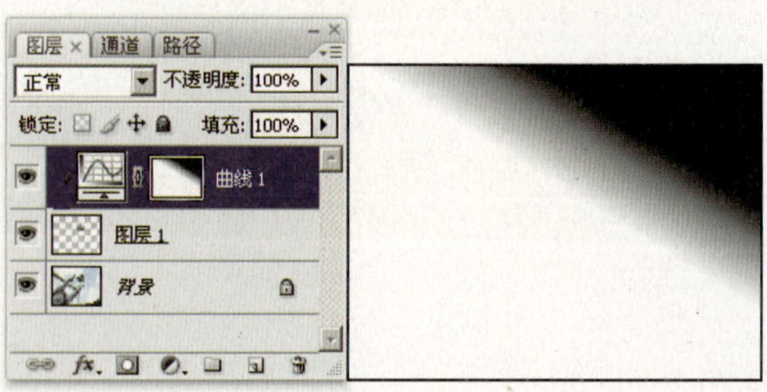

图9-35

07 添加渐变图层蒙版后的效果如图9–36所示，此时的足球图像呈现出上方亮下方暗的过渡效果。

图9–36

08 打开配套光盘中的“第9章\风火球\素材3”图像文件，此时的效果和“图层”调板如图9–37所示。

图9–37

09 选择“椭圆选框工具”，按住【Shift】键不放，在“第9章\风火球\素材3”图像中绘制圆形选区，如图9–38所示。

图9–38

10 执行菜单“滤镜 | 扭曲 | 极坐标”命令，设置弹出对话框后，单击“确定”按钮，得到如图9–39所示的效果。

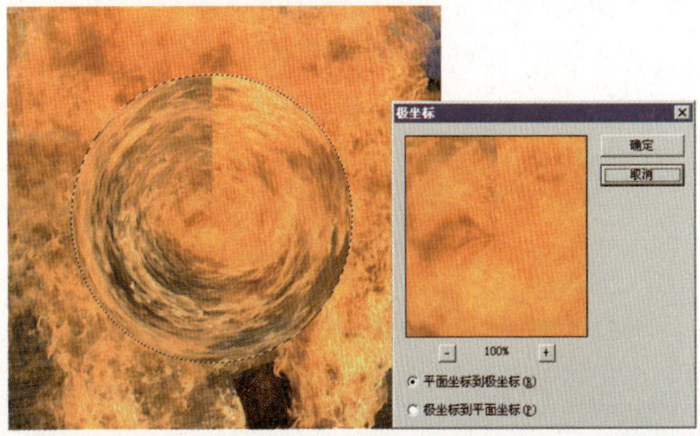

图9–39

11 选择“仿制图章工具”，按住【Alt】键不放，在选区内无接缝的地方单击一下进行取样，然后在扭曲接缝位置上进行涂抹，得到如图9–40所示的效果。

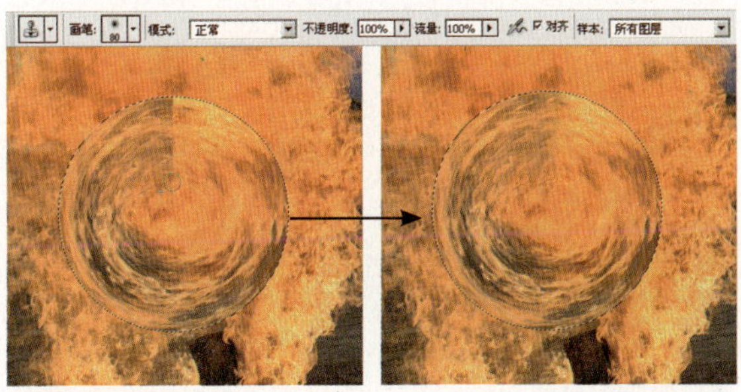

图9–40

12 按快捷键【Ctrl+J】，复制选区内的图像，生成“图层1”图层，此时的效果和“图层”调板如图9–41所示。

图9–41

13 使用“移动工具”将“第9章\风火球\素材3”中的“图层1”图层拖动到“步骤1”打开的文件中，生成“图层2”图层，按快捷键【Ctrl+Alt+G】，执行菜单“创建剪贴蒙版”操作，按快捷键【Ctrl+T】，调出自由变换控制框，变换图像到如图9-42所示的状态，按【Enter】键确认操作。

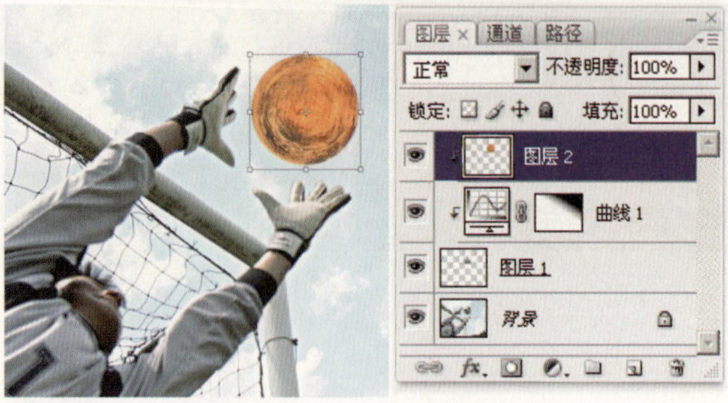

图9-42

14 设置“图层2”图层混合模式为“滤色”，得到如图9-43所示的效果。

图9-43

15 设置前景色为黑色，新建一个图层，生成“图层3”图层，选择“画笔工具”设置适当的画笔大小和透明度后，在“图层3”图层的右上角进行涂抹，得到如图9-44所示的效果。

图9-44

16 设置“图层3”图层混合模式为“柔光”，得到如图9-45所示的效果。

图9-45

17 打开配套光盘中的“第9章\风火球\素材4”文件，此时的效果和“图层”调板如图9-46所示。

图9-46

18 使用“移动工具”将图像拖动到“步骤1”打开的文件中生成“图层4”图层，按快捷键【Ctrl+T】，调出自由变换控制框，变换图像到如图9-47所示的状态，按【Enter】键确认操作。

图9-47

⑲ 设置“图层4”图层混合模式为“滤色”，得到如图9-48所示的效果。

图9-48

⑳ 单击“图层”调板底部的“添加图层蒙版”按钮，为“图层4”图层添加蒙版，设置前景色为黑色，使用“画笔工具”设置适当的画笔大小和透明度后，在图层蒙版中涂抹，其涂抹状态和“图层”调板如图9-49所示。

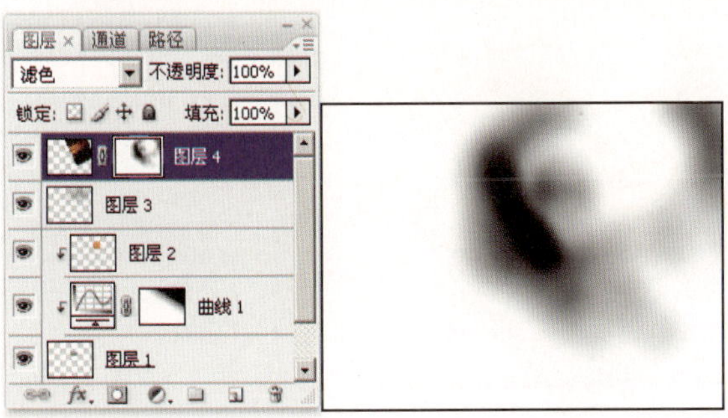

图9-49

㉑ 涂抹“图层4”图层蒙版后，多余的图像就被隐藏了起来，“图层4”图层的边缘和背景就有了一定的过渡效果，如图9-50所示。

图9-50

㉒ 选择“图层4”图层为当前图层，按快捷键【Ctrl+J】，复制“图层4”图层，生成“图层4副本”图层，得到如图9-51所示的效果。

图9-51

㉓ 选择“背景”图层为当前图层，使用“磁性套索工具”沿人物的手绘制选区如图9-52所示。

图9-52

㉔ 按快捷键【Ctrl+J】，复制选区内的图像，生成“图层5”图层，然后隐藏“图层5”图层，此时的效果和“图层”调板如图9-53所示。

图9-53

25 选择“背景”图层为当前图层，选择“仿制图章工具”，按住【Alt】键在手臂旁边的天空单击一下进行取样，然后在手臂上进行涂抹，得到如图9–54所示的效果。

图9–54

26 选择并显示“图层5”图层，单击“图层”调板底部的“添加图层蒙版”按钮，为“图层5”图层添加蒙版，设置前景色为黑色，背景色为白色，使用“渐变工具”设置渐变类型为从前景色到背景色，在图层蒙版中从右下往左上绘制渐变，此时图层蒙版中的状态如图9–55所示。

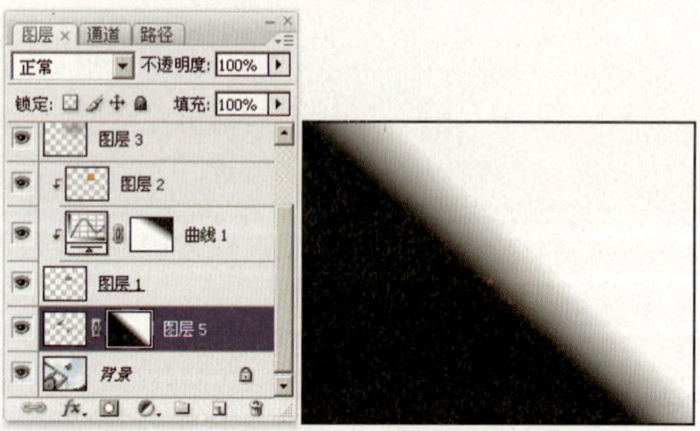

图9–55

27 添加渐变图层蒙版后的效果如图9–56所示，此时的手臂图像呈现出从下往上的渐隐效果。

图9–56

28 设置“图层5”图层混合模式为“溶解”，得到如图9–57所示的效果。

图9–57

29 选择“图层5”图层为当前图层，按快捷键【Ctrl+J】，复制“图层5”图层，生成“图层5副本”图层，删除其图层蒙版，设置图层混合模式为“正常”，得到如图9–58所示的效果。

图9–58

30 选择“图层5副本”图层为当前图层，使用“磁性套索工具”沿人物的手绘制选区如图9–59所示。

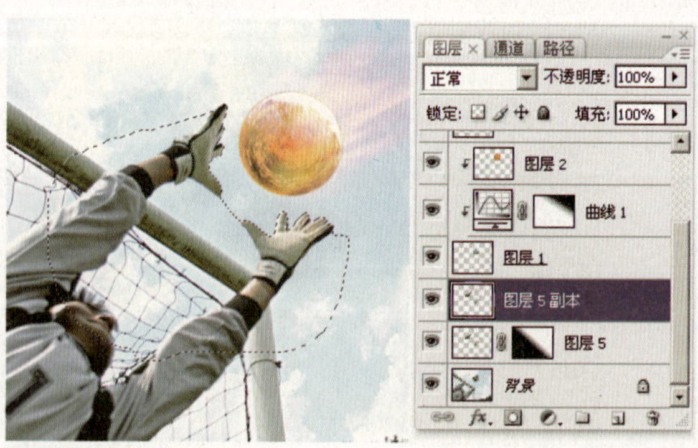

图9–59

31 执行菜单“滤镜 | 模糊 | 径向模糊”命令，设置弹出对话框中的参数后，单击“确定”按钮，得到如图9–60所示的效果。

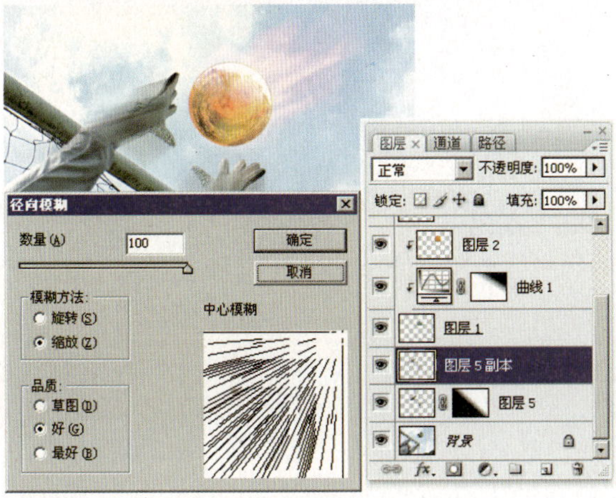

图9–60

32 设置“图层5副本”图层混合模式为“溶解”，“不透明度”为42%，得到如图9–61所示的效果。

图9–61

33 单击“图层”调板底部的“创建新的填充或调整图层”按钮，在弹出的下拉菜单中选择“通道混合器”命令，设置弹出的对话框如图9–62所示。

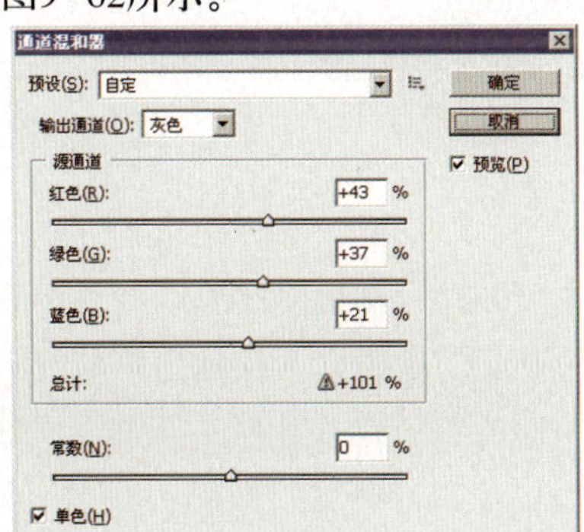

图9–62

34 设置完“通道混合器”命令的参数后，单击“确定”按钮，生成“通道混合器1”图层，此时的效果如图9–63所示。

图9–63

35 单击“通道混合器1”图层蒙版缩览图，设置前景色为黑色，背景色为白色，使用“渐变工具”设置渐变类型为从前景色到背景色，在图层蒙版中从右上往左下绘制渐变，此时图层蒙版中的状态如图9–64所示。

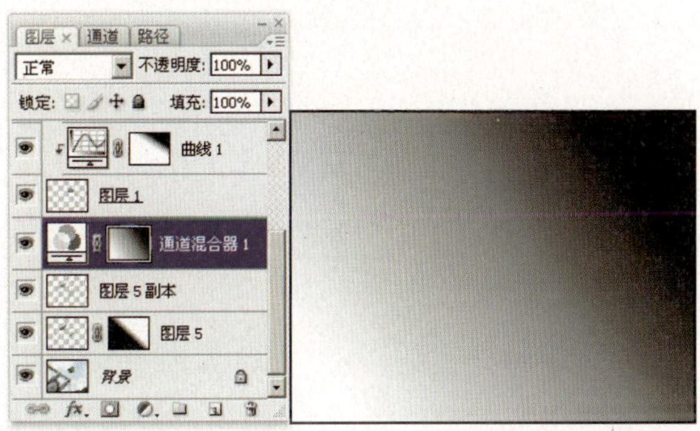

图9–64

36 添加渐变图层蒙版后的效果如图9–65所示，此时的图像呈现出一种从有色到无色的过渡效果。

图9–65

37 选择“通道混合器1”图层为当前图层，隐藏“通道混合器1”图层上方的所有图层，此时的效果和“图层”调板如图9–66所示。

图9–66

38 按快捷键【Ctrl+Shift+Alt+E】，执行“盖印”操作，生成“图层6”图层，设置图层混合模式为“柔光”，得到如图9–67所示的效果。

图9–67

39 执行菜单“滤镜｜模糊｜高斯模糊”命令，设置弹出对话框中的参数后，单击“确定”按钮，得到如图9–68所示的效果。

40 单击“图层”调板底部的“添加图层蒙版”按钮，为“图层6”图层添加蒙版，设置前景色为黑色，使用“画笔工具”设置适当的画笔大小和透明度后，在图层蒙版中涂抹，其涂抹状态和“图层”调板如图9–69所示。

图9–68

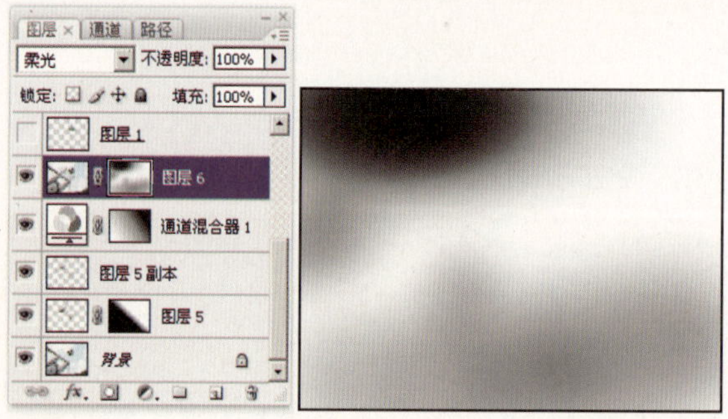

图9–69

41 涂抹“图层6”图层蒙版后，被涂抹位置的图像效果恢复到原来的图像状态，得到如图9–70所示的效果。

图9–70

42 单击“图层”调板底部的“创建新的填充或调整图层”按钮，在弹出的下拉菜单中选择“曲线”命令，设置完“曲线”命令的参数后，单击“确定”按钮，生成“曲线2”图层，此时的效果如图9–71所示。

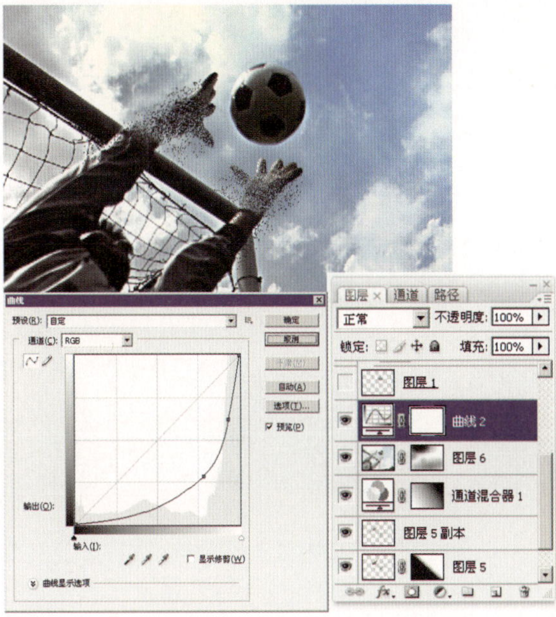

图9—71

43 单击“曲线2”图层蒙版缩览图，设置前景色为黑色，使用“画笔工具”设置适当的画笔大小和透明度后，在图层蒙版中涂抹，其涂抹状态和“图层”调板如图9—72所示。

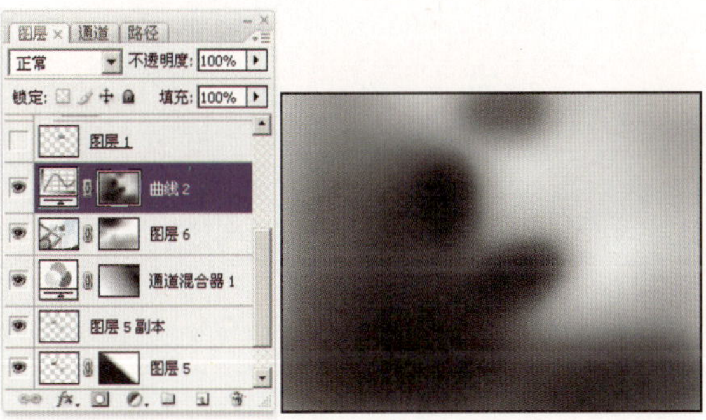

图9—72

44 涂抹“曲线2”图层蒙版后，被涂抹的位置就不受调整图层“曲线2”影响，得到如图9—73所示的效果。

图9—73

45 显示“曲线2”图层上方的所有图层，此时的效果和“图层”调板如图9—74所示。

图9—74

9.3 科技时代

本实例是将一张高楼的照片和一块电子芯板进行合成，得到一幅科技感极强的图片。下面将运用Photoshop中的自由变换、图层蒙版等技术。

原始图片

最终效果

制作步骤

01 执行菜单“文件|打开”命令，在弹出的“打开”对话框中选择配套光盘“第9章\科技时代\素材1”文件，此时的效果和“图层”调板如图9–75所示。

图9–75

02 在“图层”调板中拖动“背景”图层到“创建新图层”按钮上，释放鼠标生成“背景副本”图层，设置图层混合模式为“柔光”，得到如图9–76所示的效果。

图9–76

03 单击“图层”调板底部的“创建新的填充或调整图层”按钮，在弹出的下拉菜单中选择“曲线”命令，设置弹出的对话框如图9–77所示。

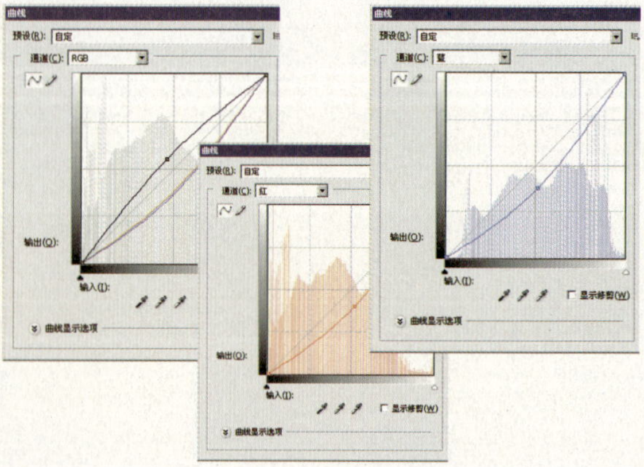

图9–77

04 设置完“曲线”命令的参数后，单击“确定”按钮，生成“曲线1”图层，此时的效果如图9-78所示。

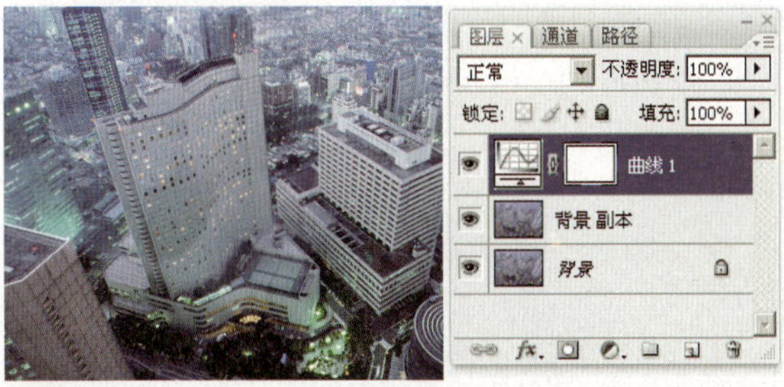

图9-78

05 按快捷键【Ctrl+Shift+Alt+E】，执行“盖印”操作，生成“图层1”图层。选择“曲线1”图层为当前图层，单击调板底部的“创建新图层”按钮，新建一个图层，生成“图层2”图层，并填充白色，得到如图9-79所示的效果。

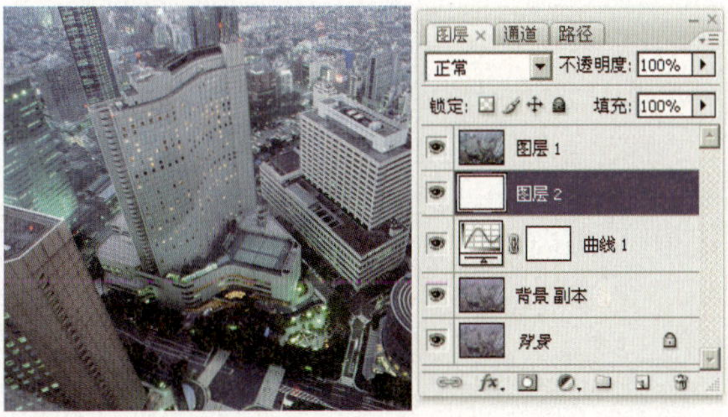

图9-79

06 选择“图层1”图层为当前图层，使用“磁性套索工具”沿图像左下侧的大楼绘制选区，按快捷键【Ctrl+J】，复制选区内的图像，生成“图层3”图层，此时的效果和“图层”调板如图9-80所示。

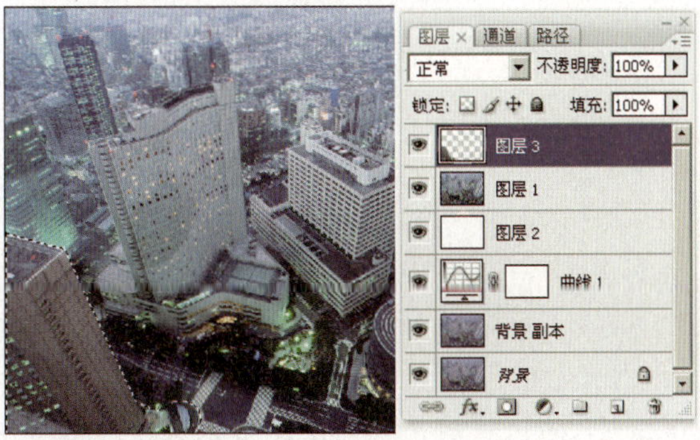

图9-80

07 选择“图层1”图层为当前图层，使用“磁性套索工具”沿图像右侧的大楼绘制选区，按快捷键【Ctrl+J】，复制选区内的图像，生成“图层4”图层，此时的效果和“图层”调板如图9-81所示。

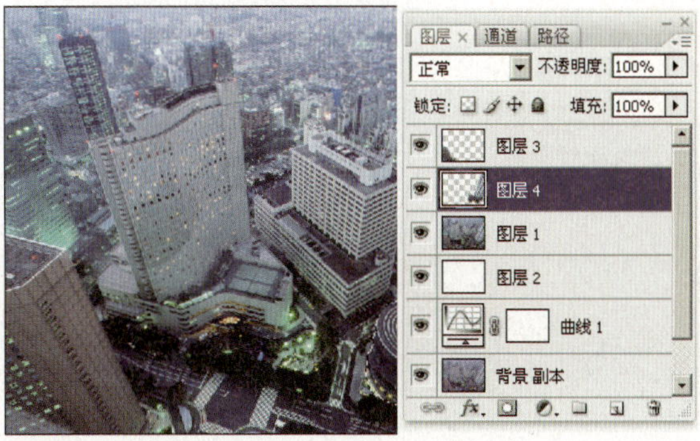

图9-81

08 继续使用上面介绍的方法，再复制3个大楼的图像图层，生成“图层5”、“图层6”、“图层7”图层，如图9-82所示。

图9-82

09 选择“图层1”图层为当前图层，打开配套光盘中的“第9章\科技时代\素材2”文件，此时的效果和“图层”调板如图9-83所示。

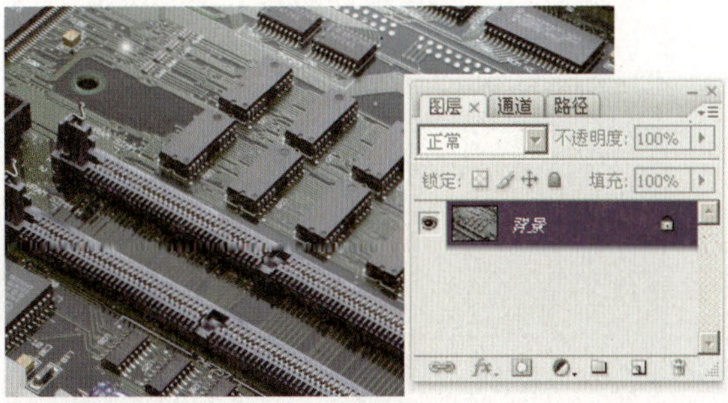

图9-83

10 使用“移动工具”将“第9章\科技时代\素材2”中的图像拖动到“步骤1”打开的文件中生成“图层8”图层，按快捷键【Ctrl+T】，调出自由变换控制框，变换图像到如图9-84所示的状态，按【Enter】键确认操作。

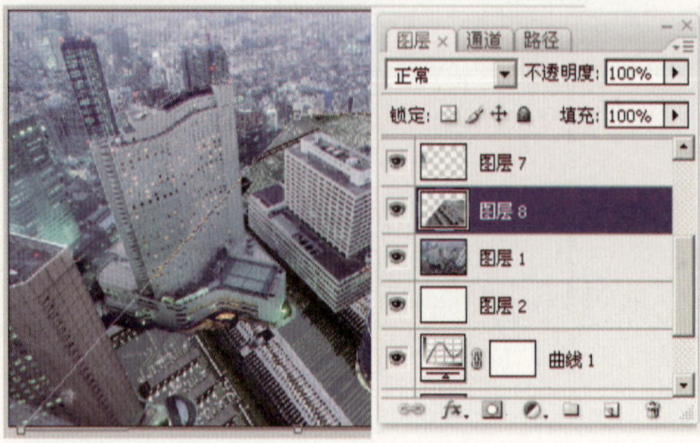

图9-84

11 单击“图层”调板底部的“添加图层蒙版”按钮，为“图层8”图层添加蒙版，设置前景色为黑色，使用“画笔工具”设置适当的画笔大小和透明度后，在图层蒙版中涂抹，其涂抹状态和“图层”调板如图9-85所示。

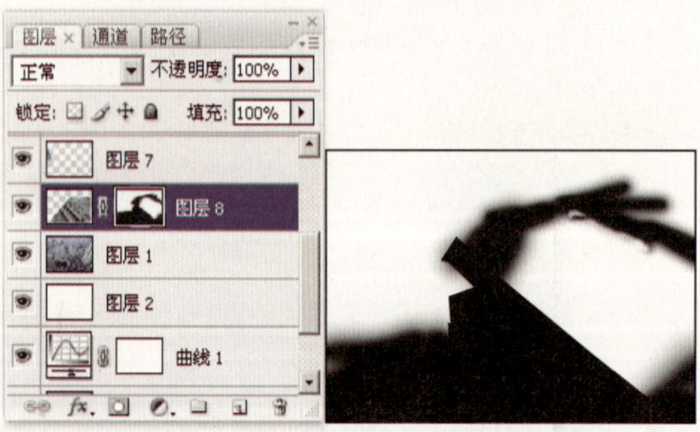

图9-85

12 涂抹“图层8”图层蒙版后，多余的图像就被隐藏了起来，得到如图9-86所示效果。

图9-86

13 继续使用“移动工具”将“第9章\科技时代\素材2”中的图像拖动到“步骤1”打开的文件中生成“图层9”图层，按快捷键【Ctrl+T】，调出自由变换控制框，变换图像到如图9-87所示的状态，按【Enter】键确认操作。

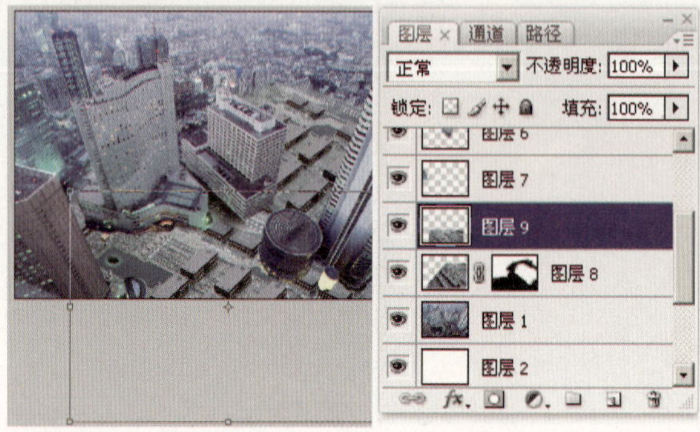

图9-87

14 单击“图层”调板底部的“添加图层蒙版”按钮，为“图层9”图层添加蒙版，设置前景色为黑色，使用“画笔工具”设置适当的画笔大小和透明度后，在图层蒙版中涂抹，其涂抹状态和“图层”调板如图9-88所示。

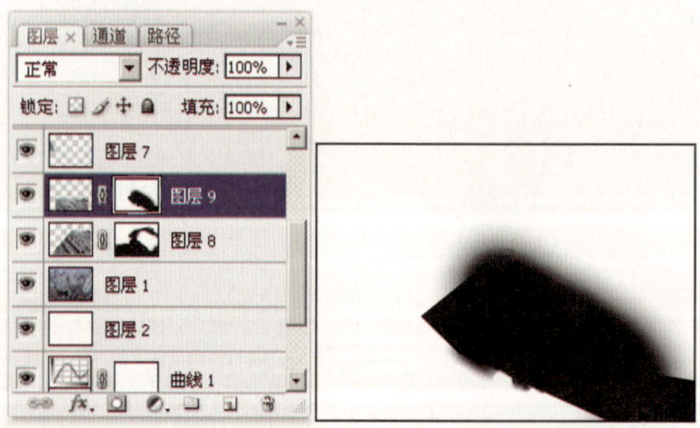

图9-88

15 涂抹“图层9”图层蒙版后，多余的图像就被隐藏了起来，得到如图9-89所示效果。

图9-89

16 使用“移动工具”再将“第9章\科技时代\素材2”中的图像拖动到“步骤1”打开的文件中生成“图层10”图层，按快捷键【Ctrl+T】，调出自由变换控制框，变换图像到如图9-90所示的状态，按【Enter】键确认操作。

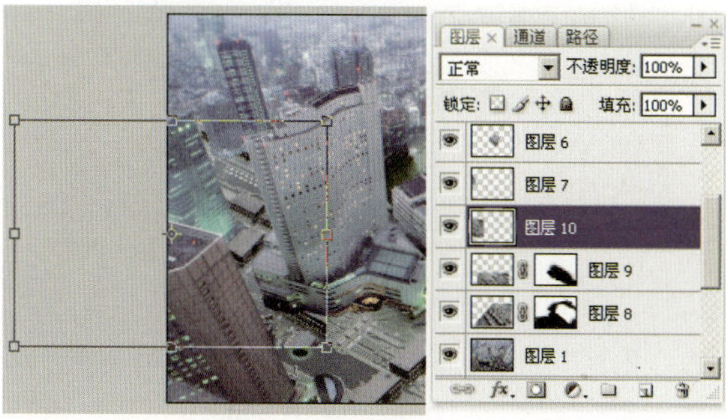

图9-90

17 单击“图层”调板底部的“添加图层蒙版”按钮，为“图层10”图层添加蒙版，设置前景色为黑色，使用“画笔工具”设置适当的画笔大小和透明度后，在图层蒙版中涂抹，其涂抹状态和“图层”调板如图9-91所示。

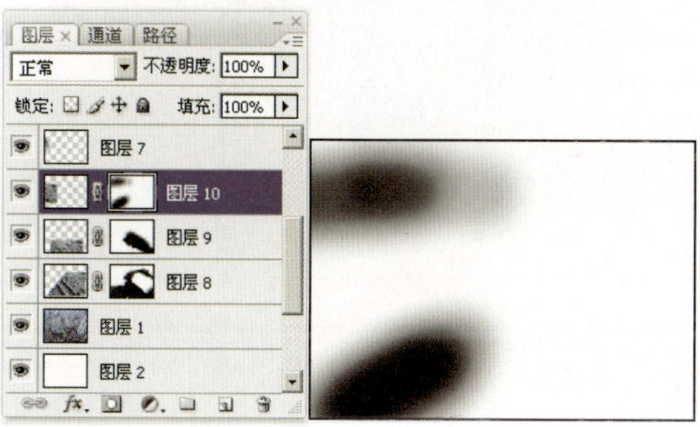

图9-91

18 涂抹“图层10”图层蒙版后，多余的图像就被隐藏了起来，得到如图9-92所示效果。

图9-192

19 选择“图层1”图层为当前图层，使用“移动工具”再将“第9章\科技时代\素材2”中的图像拖动到“步骤1”打开的文件中生成“图层11”图层，按快捷键【Ctrl+T】，调出自由变换控制框，变换图像到如图9-93所示的状态，按【Enter】键确认操作。

图9-93

20 单击“图层”调板底部的“添加图层蒙版”按钮，为“图层11”图层添加蒙版，设置前景色为黑色，使用“画笔工具”设置适当的画笔大小和透明度后，在图层蒙版中涂抹，其涂抹状态和“图层”调板如图9-94所示。

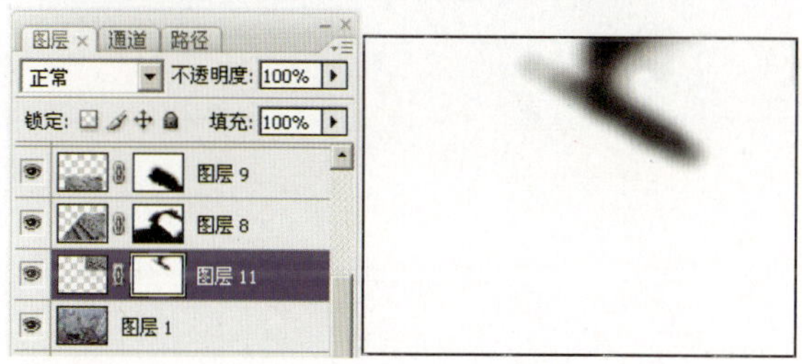

图9-94

21 涂抹“图层11”图层蒙版后，多余的图像就被隐藏了起来，得到如图9-95所示效果。

图9-95

22 打开配套光盘中的“第9章\科技时代\素材3”文件，此时的效果和“图层”调板如图9-96所示。

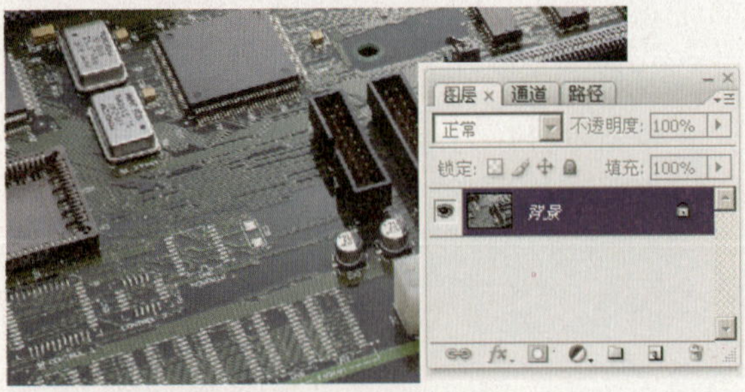

图9-96

23 使用“移动工具”将“第9章\科技时代\素材3”中的图像拖动到“步骤1”打开的文件中生成“图层12”图层，按快捷键【Ctrl+T】，调出自由变换控制框，变换图像到如图9-97所示的状态，按【Enter】键确认操作。

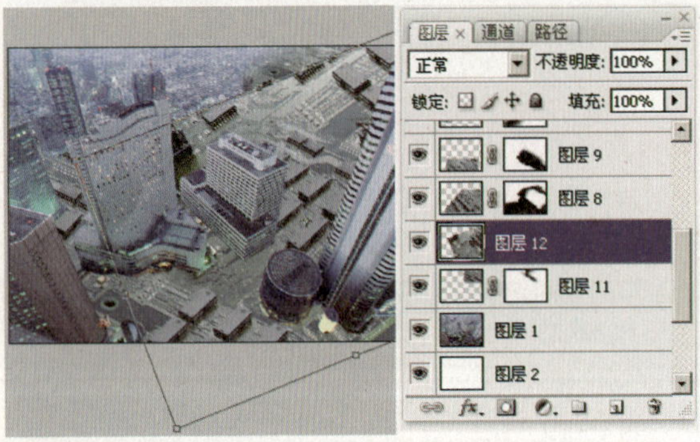

图9-97

24 单击“图层”调板底部的“添加图层蒙版”按钮，为“图层12”图层添加蒙版，设置前景色为黑色，使用“画笔工具”设置适当的画笔大小和透明度后，在图层蒙版中涂抹，其涂抹状态和“图层”调板如图9-98所示。

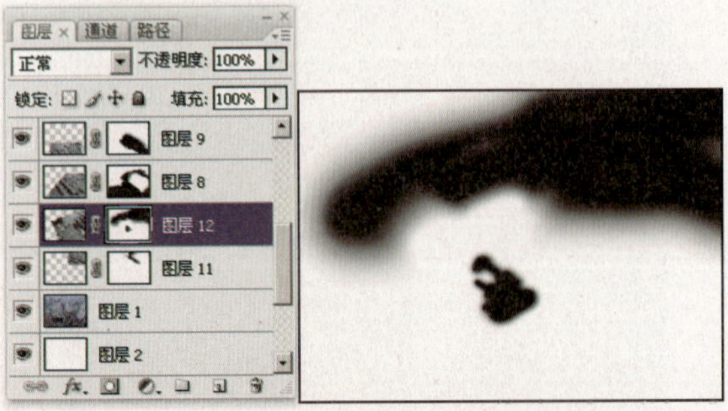

图9-98

25 涂抹“图层12”图层蒙版后，多余的图像就被隐藏了起来，得到如图9-99所示效果。

图9-99

26 单击“图层”调板底部的“创建新的填充或调整图层”按钮，在弹出的下拉菜单中选择“曲线”命令，设置弹出的对话框如图9-100所示。

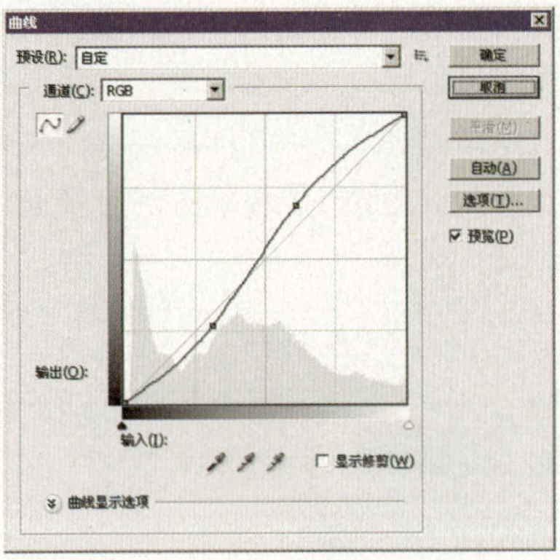

图9-100

27 设置完“曲线”命令的参数后，单击“确定”按钮，生成“曲线2”图层，按快捷键【Ctrl+Alt+G】，执行“创建剪贴蒙版”操作，此时的效果如图9-101所示。

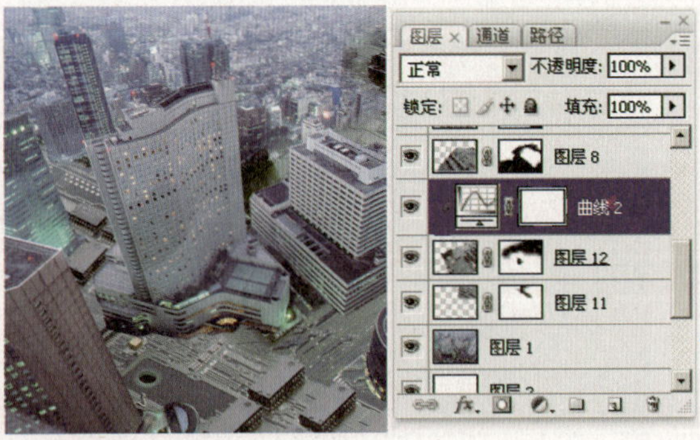

图9-101

(28) 选择“图层10”图层为当前图层，使用“移动工具”再将“第9章\科技时代\素材3”中的图像拖动到“步骤1”打开的文件中生成“图层13”图层，按快捷键【Ctrl+T】，调出自由变换控制框，变换图像到如图9-102所示的状态，按【Enter】键确认操作。

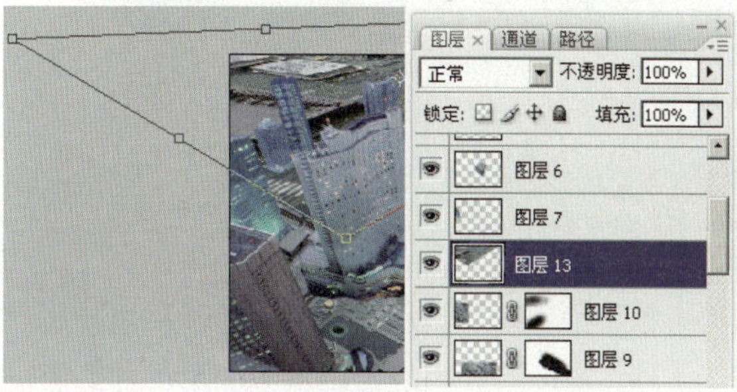

图9-102

(29) 单击“图层”调板底部的“添加图层蒙版”按钮，为“图层13”图层添加蒙版，设置前景色为黑色，使用“画笔工具”设置适当的画笔大小和透明度后，在图层蒙版中涂抹，其涂抹状态和“图层”调板如图9-103所示。

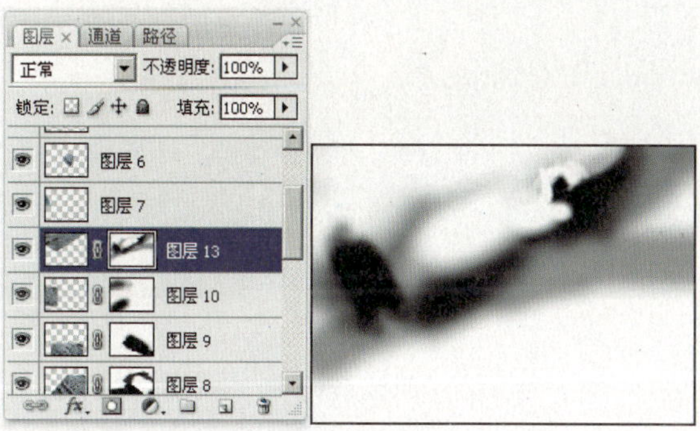

图9-103

(30) 涂抹“图层13”图层蒙版后，多余的图像就被隐藏了起来，得到如图9-104所示效果。

图9-104

(31) 使用“移动工具”再将“第9章\科技时代\素材2”中的图像拖动到“步骤1”打开的文件中生成“图层14”图层，按快捷键【Ctrl+T】，调出自由变换控制框，变换图像到如图9-105所示的状态，按【Enter】键确认操作。

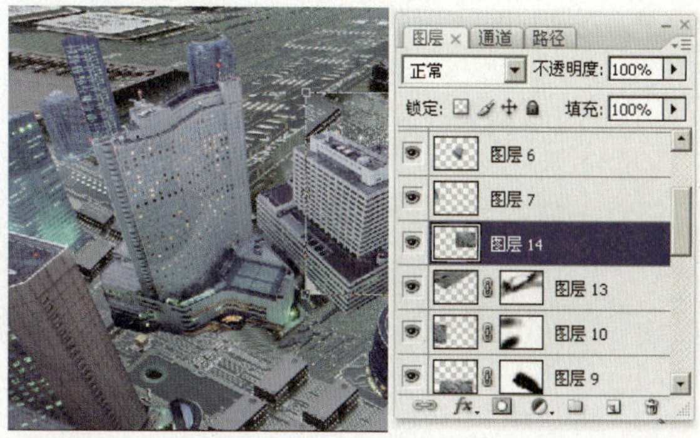

图9-105

(32) 单击“图层”调板底部的“添加图层蒙版”按钮，为“图层14”图层添加蒙版，设置前景色为黑色，使用“画笔工具”设置适当的画笔大小和透明度后，在图层蒙版中涂抹，其涂抹状态和“图层”调板如图9-106所示。

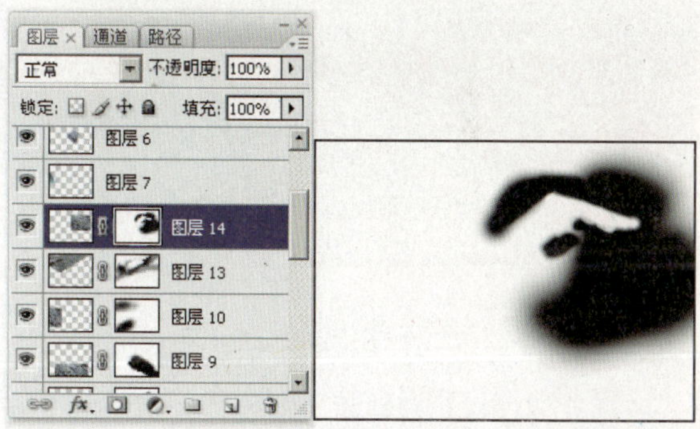

图9-106

(33) 涂抹“图层14”图层蒙版后，多余的图像就被隐藏了起来，得到如图9-107所示效果。

图9-107

34 选择“图层14”图层为当前图层，在“图层”调板中按住【Shift】键单击“图层11”，选中两个图层之间的所有图层。按快捷键【Ctrl+Alt+E】，执行“盖印”操作，将得到的新图层重命名为“图层15”，如图9-108所示。

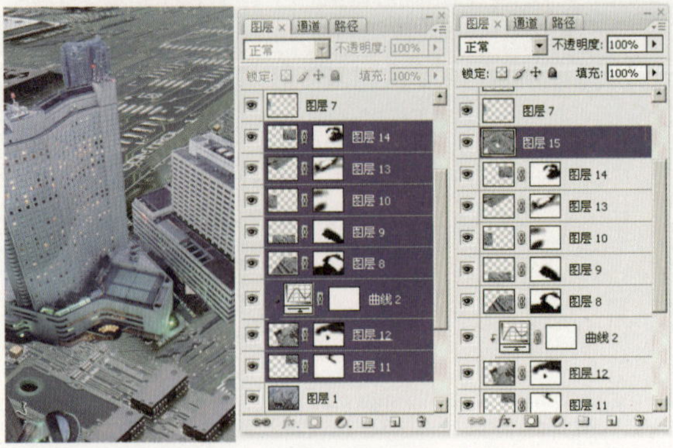

图9-108

35 设置“图层15”图层混合模式为“叠加”，“不透明度”为70%，得到如图9-109所示的效果。

图9-109

36 选择“图层15”图层为当前图层，按快捷键【Ctrl+J】，复制“图层15”图层，生成“图层15副本”图层，设置图层混合模式为“正常”，“不透明度”为80%，得到如图9-110所示的效果。

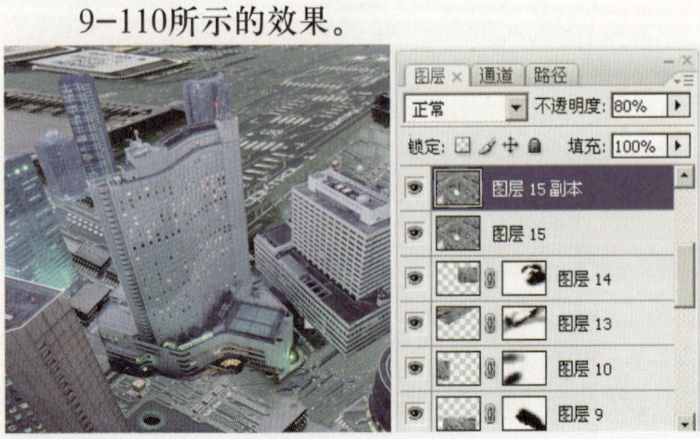

图9-110

37 执行菜单“滤镜｜模糊｜高斯模糊”命令，设置弹出对话框中的参数后，单击“确定”按钮，得到如图9-111所示的效果。

图9-111

38 单击“图层”调板底部的“添加图层蒙版”按钮，为“图层15副本”图层添加蒙版，设置前景色为黑色，背景色为白色，使用“渐变工具”设置渐变类型为从前景色到背景色，在图层蒙版中从下往上绘制渐变，得到如图9-112所示的效果。

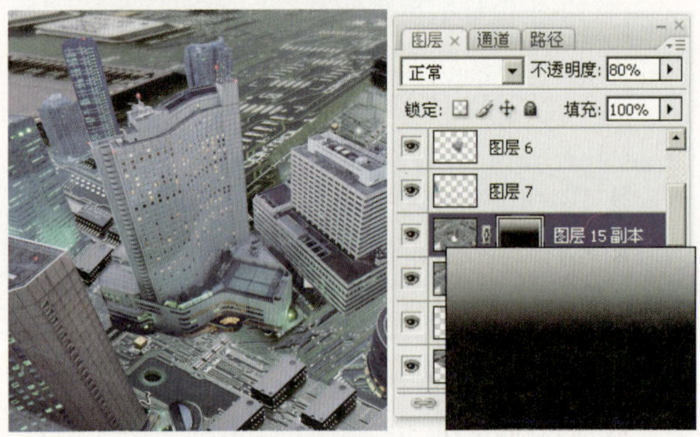

图9-112

39 单击“图层”调板底部的“创建新的填充或调整图层”按钮，在弹出的下拉菜单中选择“色彩平衡”命令，设置弹出的对话框如图9-113所示。

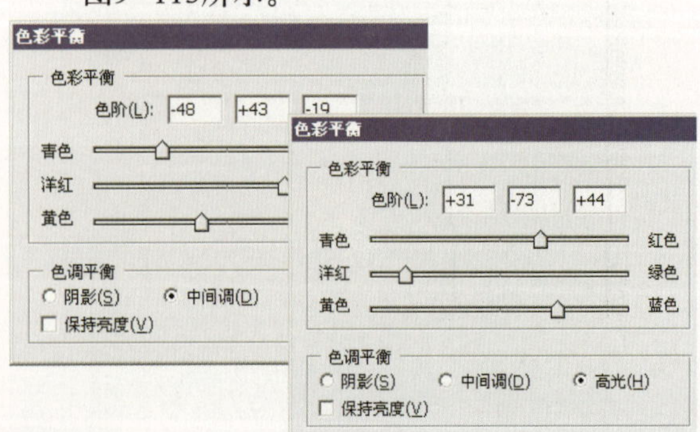

图9-113

40 设置完“色彩平衡”命令的参数后，单击“确定”按钮，生成“色彩平衡1”图层，此时的效果如图9-114所示。

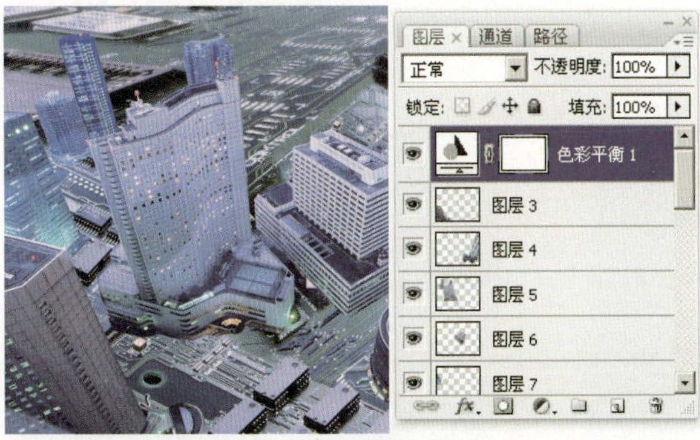

图9-114

41 设置“色彩平衡1”图层混合模式为“柔光”，得到如图9-115所示的效果。

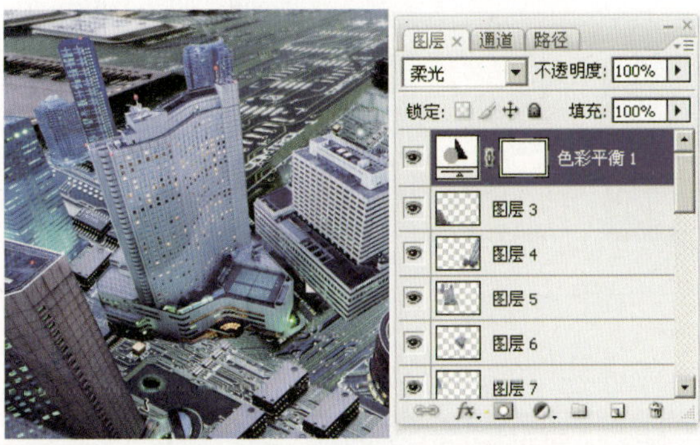

图9-115

42 单击“图层”调板底部的“创建新的填充或调整图层”按钮，在弹出的下拉菜单中选择“照片滤镜”命令，设置弹出的对话框如图9-116所示。

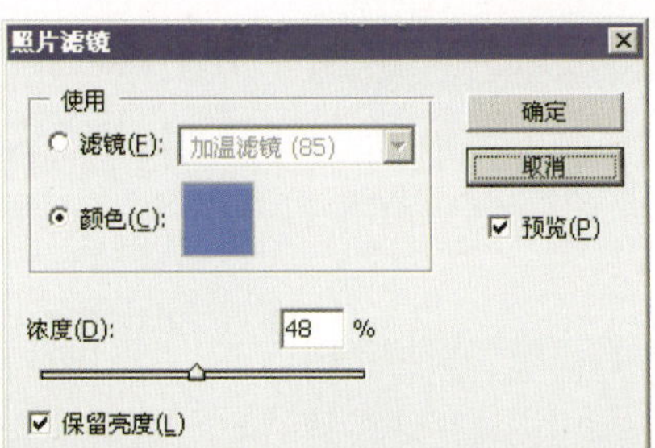

图9-116

43 设置完“照片滤镜”命令的参数后，单击“确定”按钮，生成“照片滤镜1”图层，此时的效果如图9-117所示。

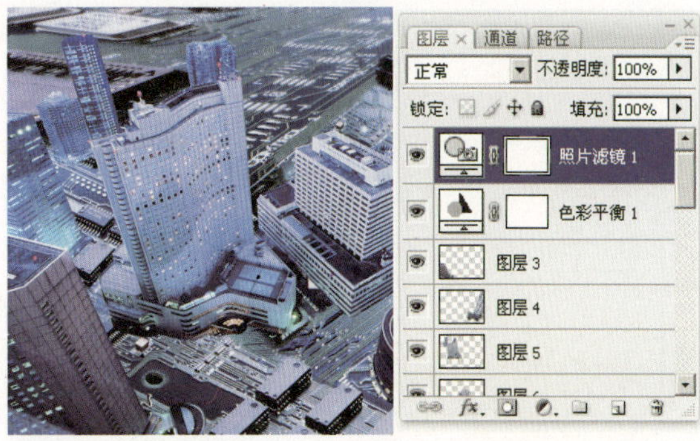

图9-117

44 选择“图层6”图层为当前图层，使用“移动工具”将该图层中的图像向上移动一些位置，得到如图9-118所示的效果。

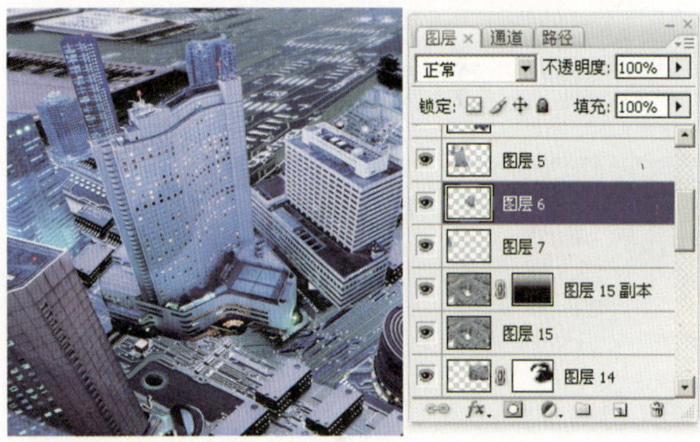

图9-118

45 选择“图层7”图层为当前图层，设置前景色为黑色，新建一个图层，生成“图层16”图层，选择“画笔工具”设置适当的画笔大小和透明度后，在“图层16”图层中进行涂抹，绘制大楼的投影，得到如图9-119所示的效果。

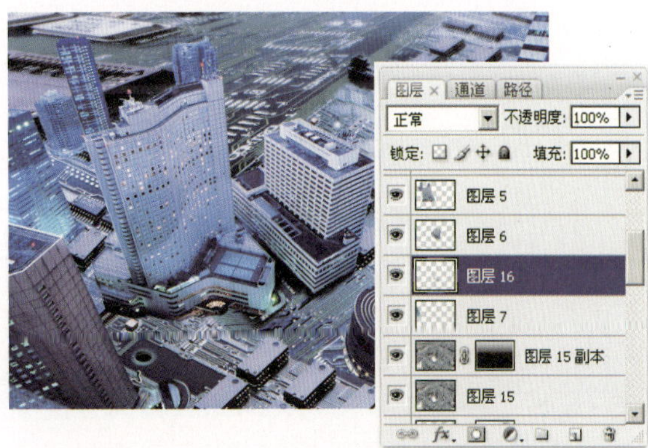

图9-119

9.4 拯救地球

本实例是将一张地球照片和一双手进行合成，得到一幅手捧地球的图片。下面将运用Photoshop中的液化滤镜、图层样式、图层蒙版等技术。

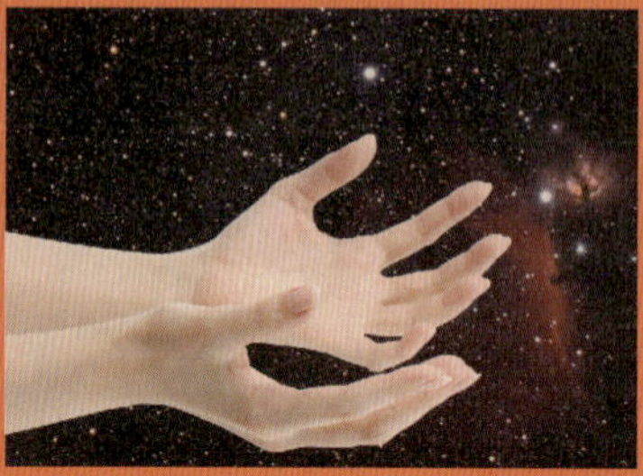
原始图片

最终效果

制作步骤

01 执行菜单“文件 | 新建”命令（或按快捷键【Ctrl+N】），设置弹出的“新建”命令对话框如图9–120所示，单击“确定”按钮即可创建一个新的空白文件。

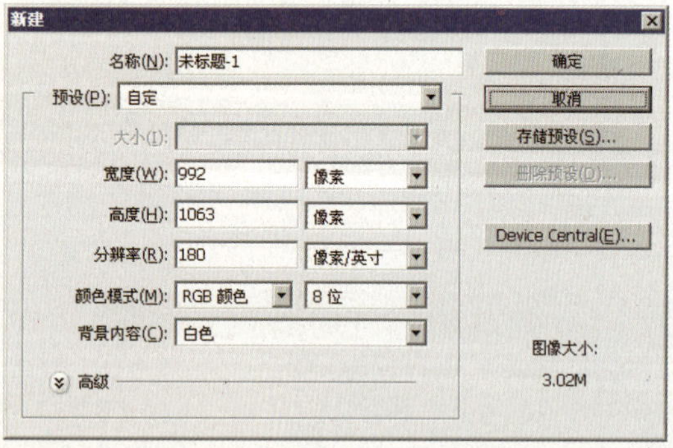

图9–120

02 打开配套光盘中的“第9章\拯救地球\素材1”文件，此时的效果和“图层”调板如图9–121所示。

03 使用“移动工具”将图像拖动到“步骤1”新建的文件中生成“图层1”图层，按快捷键【Ctrl+T】，调出自由变换控制框，变换图像到如图9–122所示的状态，按【Enter】键确认操作。

图9–121

图9–122

04 打开配套光盘中的“第9章\拯救地球\素材2”文件，此时的效果和“图层”调板如图9-123所示。

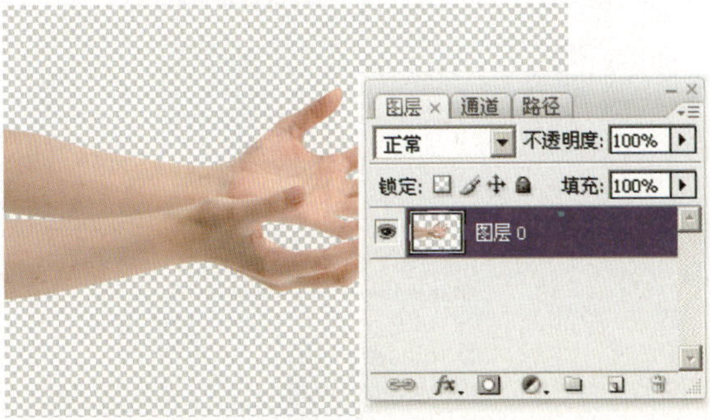

图9-123

05 使用“移动工具”将图像拖动到“步骤1”新建的文件中生成“图层2”图层，按快捷键【Ctrl+T】，调出自由变换控制框，变换图像到如图9-124所示的状态，按【Enter】键确认操作。

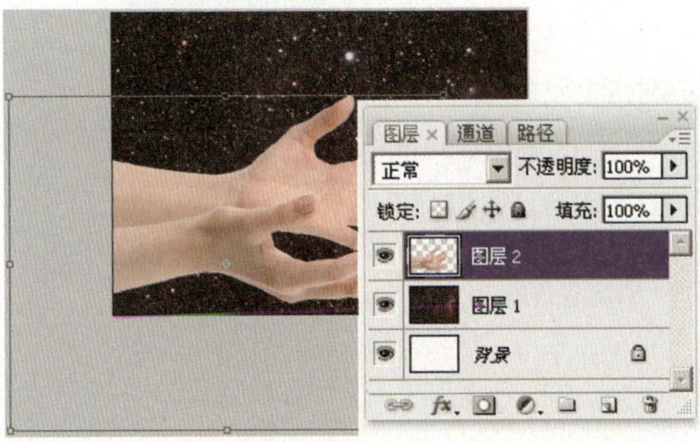

图9-124

06 选择“图层2”图层为当前图层，按快捷键【Ctrl+J】，复制“图层2”图层，生成“图层2副本”图层，设置图层混合模式为“滤色”，“不透明度”为40%，如图9-125所示。

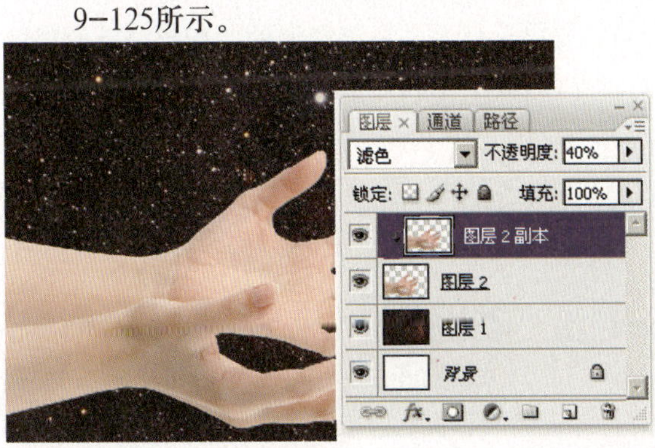

图9-125

07 单击“图层”调板底部的“创建新的填充或调整图层”按钮，在弹出的下拉菜单中选择“色彩平衡”命令，设置弹出的对话框如图9-126所示。

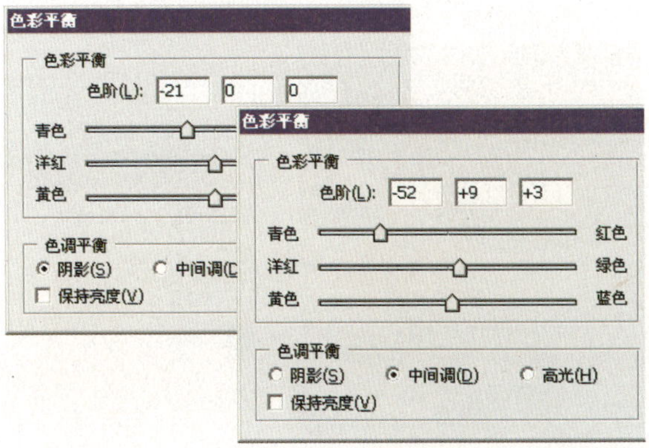

图9-126

08 设置完“色彩平衡”命令的参数后，单击“确定”按钮，生成“色彩平衡1”图层，按快捷键【Ctrl+Alt+G】，执行“创建剪贴蒙版”操作，此时的效果如图9-127所示。

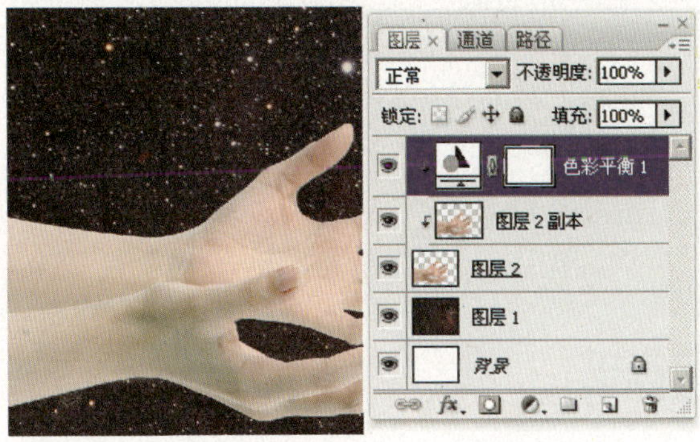

图9-127

09 设置“色彩平衡1”图层的“不透明度”为60%，得到如图9-128所示的效果。

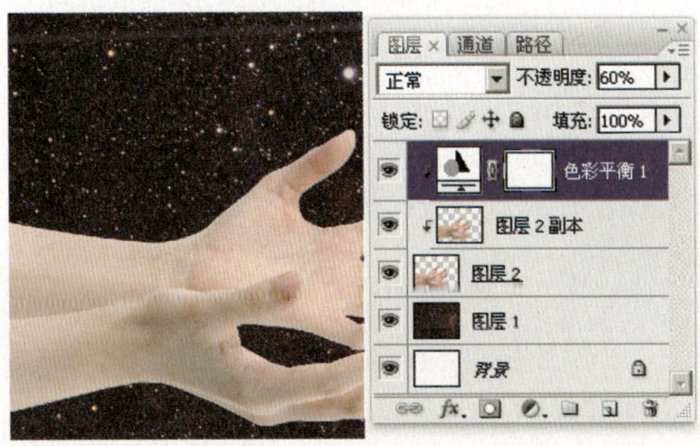

图9-128

⑩ 按快捷键【Ctrl+Shift+Alt+E】，执行“盖印”操作，生成“图层3”图层，使用“磁性套索工具”沿人物的拇指绘制选区，按快捷键【Ctrl+J】，生成“图层4”图层，然后删除“图层3”图层，如图9-129所示。

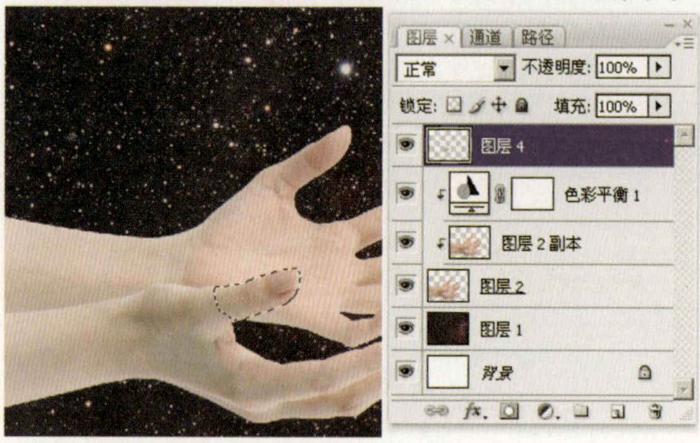
图9-129

⑪ 选择“色彩平衡1”图层为当前图层，打开配套光盘中的“第9章\拯救地球\素材3”文件，此时的效果和“图层”调板如图9-130所示。

图9-130

⑫ 使用“移动工具”将图像拖动到“步骤1”新建的文件中生成“图层5”图层，按快捷键【Ctrl+T】，调出自由变换控制框，变换图像到如图9-131所示的状态，按【Enter】键确认操作。

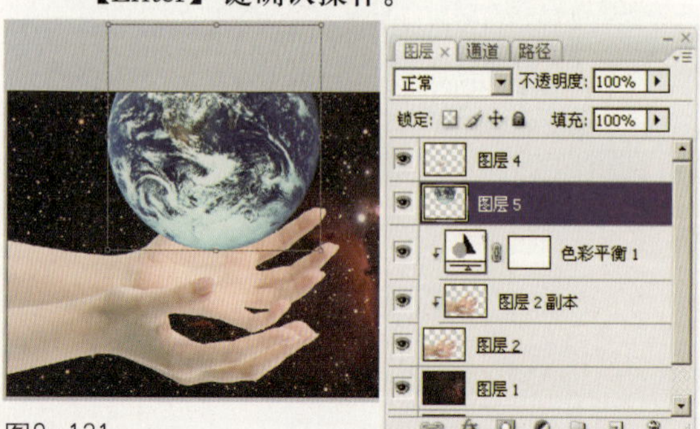
图9-131

⑬ 执行菜单“滤镜 | 液化”命令，在弹出的对话框中使用向前变形工具对图像进行变形，其变形的过程如图9-132所示。

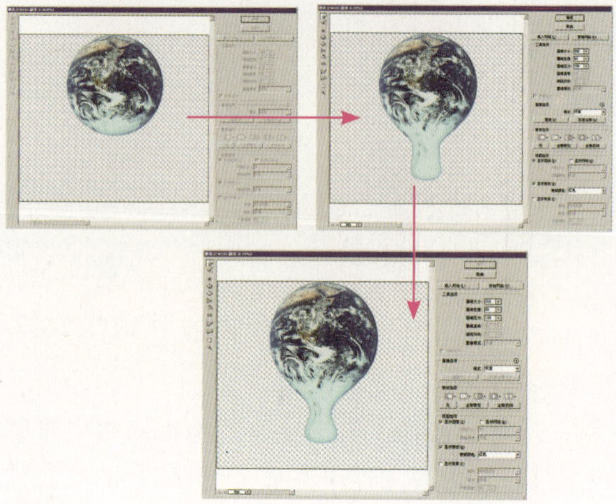
图9-132

⑭ 在“液化”命令对话框中对图像进行变形后，单击“确定”按钮，得到如图9-133所示的效果。

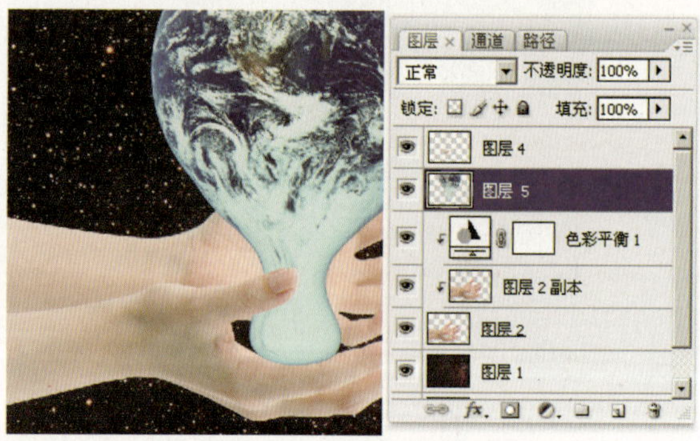
图9-133

⑮ 单击“图层”调板底部的“添加图层蒙版”按钮，为“图层5”图层添加蒙版，设置前景色为黑色，使用“画笔工具”设置适当的画笔大小和透明度后，在图层蒙版中涂抹，其涂抹状态和“图层”调板如图9-134所示。

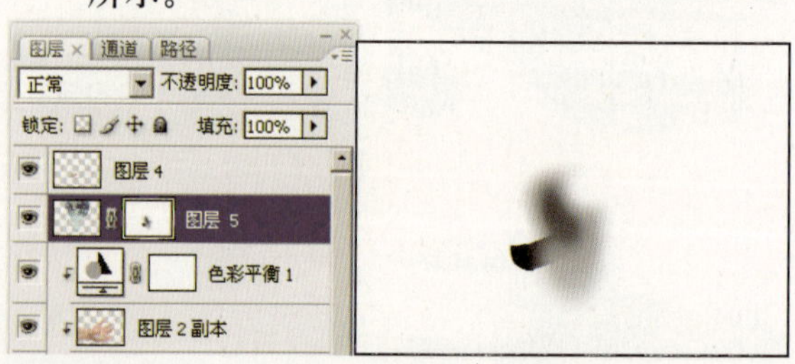
图9-134

16 涂抹“图层5”图层蒙版后，被涂抹的位置的图像呈现出一种透明的效果，如图9–135所示。

图9–135

17 单击“图层”调板底部的“创建新的填充或调整图层”按钮，在弹出的下拉菜单中选择“色相/饱和度”命令，设置弹出的对话框如图9–136所示。

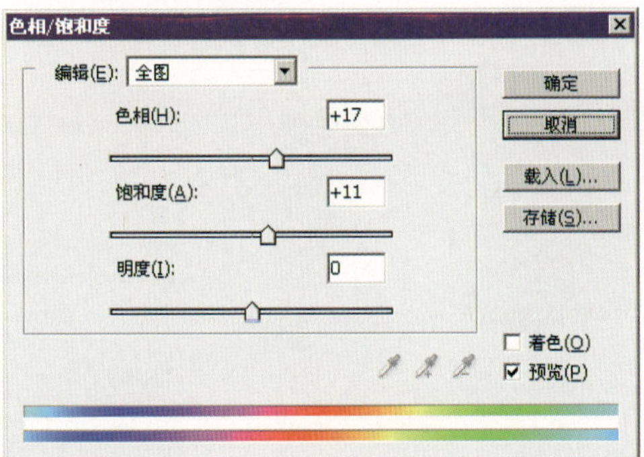

图9–136

18 设置完“色相/饱和度”命令的参数后，单击“确定”按钮，生成“色相/饱和度1”图层，按快捷键【Ctrl+Alt+G】，执行“创建剪贴蒙版”操作，此时的效果如图9–137所示。

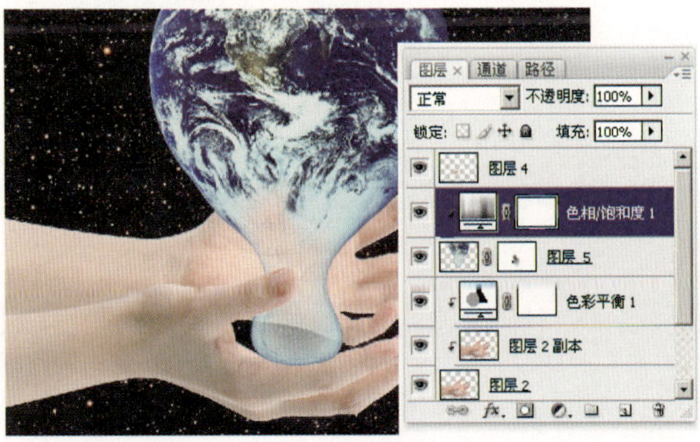

图9–137

19 在“图层”调板中选择“图层5 ”和“色相/饱和度1”图层，拖动选中的图层到“创建新图层”按钮上，释放鼠标生成“图层5副本”和“色相/饱和度1副本”图层，如图9–138所示。

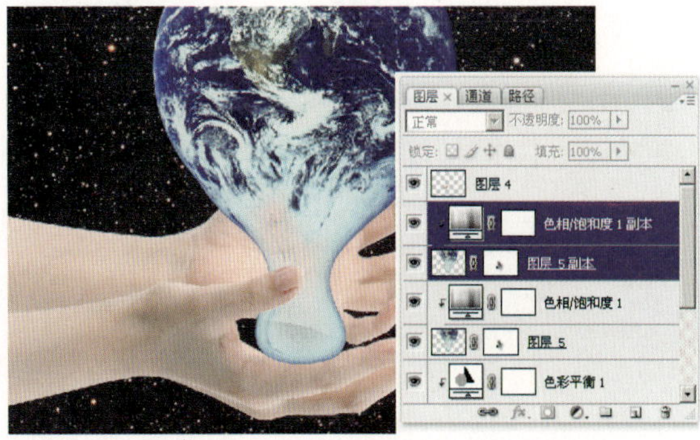

图9–138

20 选择“图层5副本”图层，单击“图层”调板底部的“添加图层蒙版”按钮，为“图层5副本”图层添加蒙版，设置前景色为黑色，使用“画笔工具”设置适当的画笔大小和透明度后，在图层蒙版中涂抹，其涂抹状态和“图层”调板如图9–139所示。

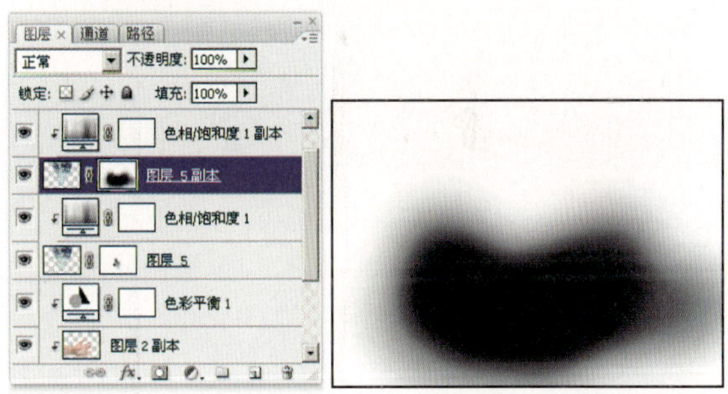

图9–139

21 涂抹“图层5副本”图层蒙版后，图像中多余的部分就被隐藏起来了，如图9–140所示。

图9–140

22 选择“图层5副本”图层，单击“图层”调板底部的“添加图层样式”按钮，在弹出的下拉菜单中选择“混合选项”命令，设置弹出的“混合选项”对话框后，继续设置“外发光”、“内发光”选项面板，具体设置如图9-141所示。

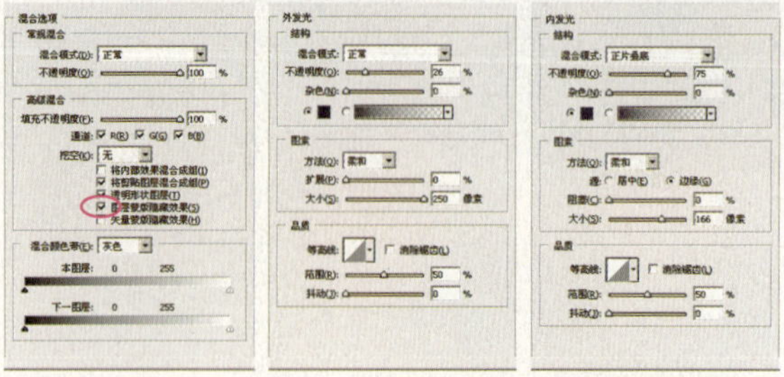

图9-141

23 设置完“图层样式”对话框后，单击“确定”按钮，即可得到如图9-142所示的效果。

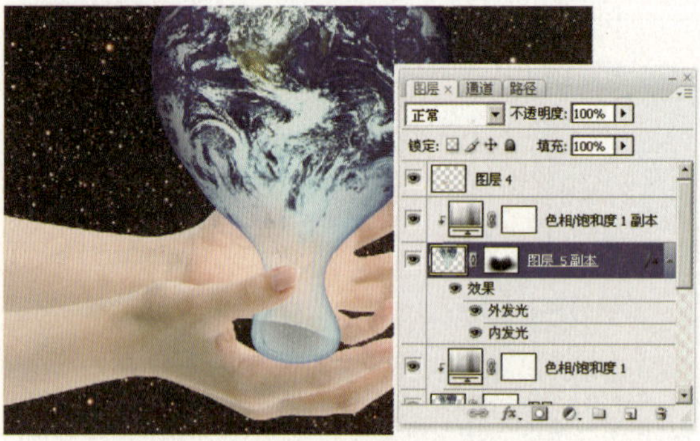

图9-142

24 选择“色相/饱和度1副本”图层，设置前景色为（R：8、G：15、B：124），新建一个图层，生成“图层6”图层，使用“画笔工具”设置适当的画笔大小和透明度后，在“图层6”图层中进行涂抹，其涂抹的状态如图9-143所示。

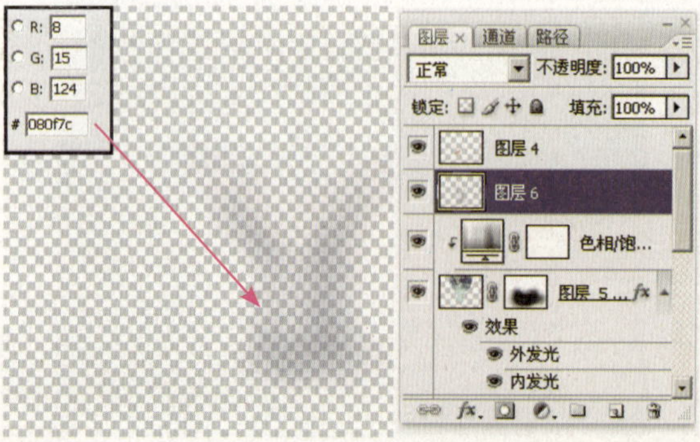

图9-143

25 使用“画笔工具”，涂抹“图层6”图层后，图像中被涂抹的地方色调就加深了，得到如图9-144所示的效果。

图9-144

26 按住【Ctrl】键不放，单击“图层5”图层缩览图，载入选区。选择“图层6”图层，单击“图层”调板底部的“添加图层蒙版”按钮，为“图层6”图层添加蒙版，得到如图9-145所示的效果。

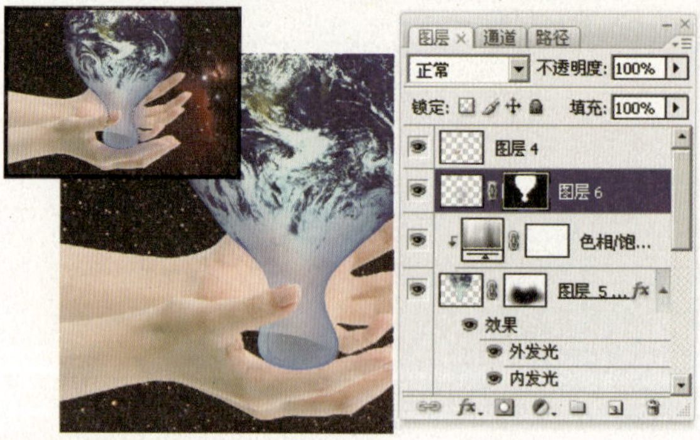

图9-145

27 单击“图层6”图层蒙版缩览图，设置前景色为黑色，使用“画笔工具”设置适当的画笔大小和透明度后，在图层蒙版中涂抹，其涂抹状态和“图层”调板如图9-146所示。

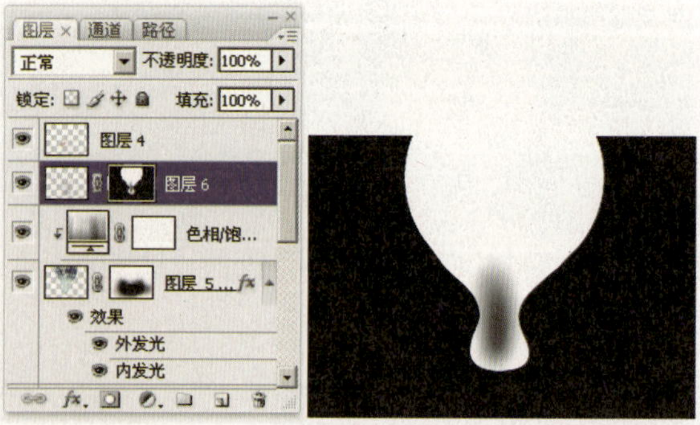

图9-146

28 涂抹“图层6”图层蒙版后，图像中多余的部分就被隐藏起来了，如图9-147所示。

图9-147

29 选择“钢笔工具”，在工具选项栏中单击“路径”按钮，在文件中间绘制一条路径，生成“工作路径”，如图9-148所示。

图9-148

30 按快捷键【Ctrl+Enter】将路径转换为选区，按快捷键【Ctrl+Alt+D】，调出“羽化选区”对话框，设置对话框中的参数后得到如图9-149所示的选区效果。

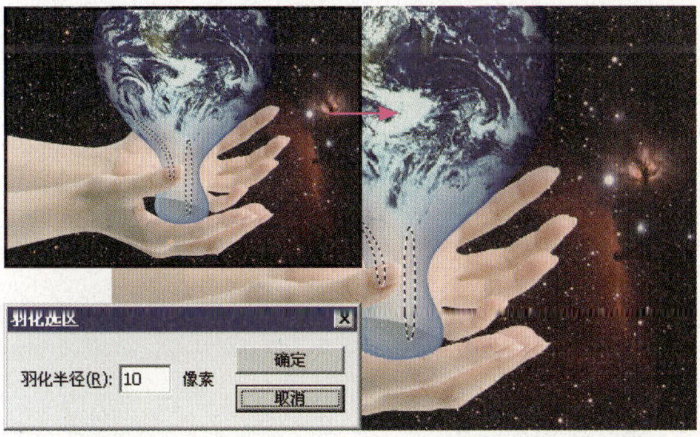

图9-149

31 在“图层6”图层上方新建一个图层，生成“图层7”图层，设置前景色为白色，按快捷键【Alt+Delete】用前景色填充选区，按快捷键【Ctrl+D】取消选区，得到如图9-150所示的效果。

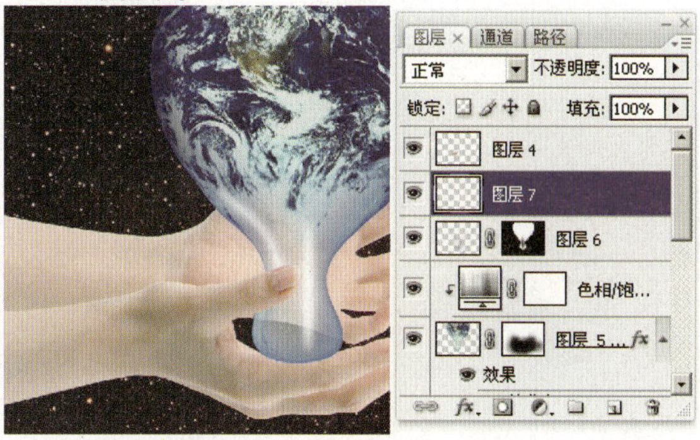

图9-150

32 设置“图层7”图层的“不透明度”为80%，得到如图9-151所示的效果。

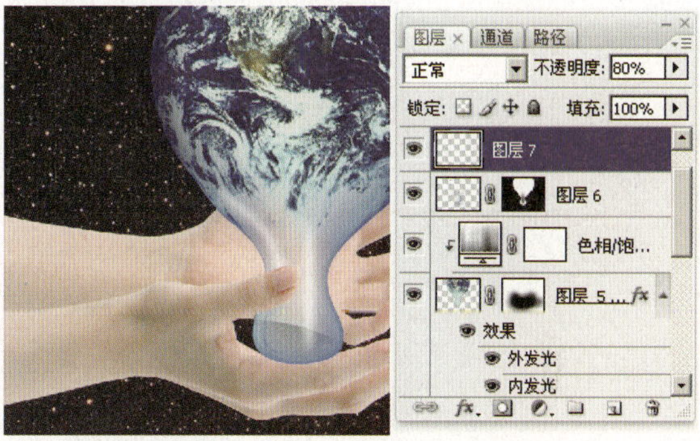

图9-151

33 选择“图层7”图层为当前图层，按快捷键【Ctrl+J】，复制“图层7”图层，生成“图层7副本”，执行菜单“滤镜｜模糊｜高斯模糊”命令，设置弹出对话框中的参数后，单击“确定”按钮，得到如图9-152所示的效果。

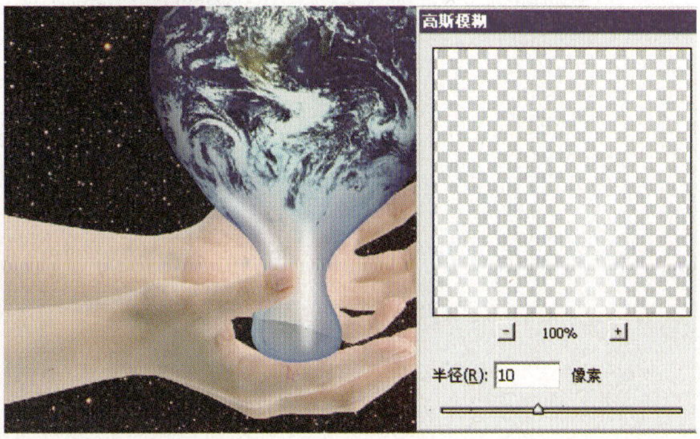

图9-152

34 选择“图层7”图层，单击“图层”调板底部的“添加图层蒙版”按钮，为“图层7”图层添加蒙版，设置前景色为黑色，使用“画笔工具”设置适当的画笔大小和透明度后，在图层蒙版中涂抹，其涂抹状态和“图层”调板如图9-153所示。

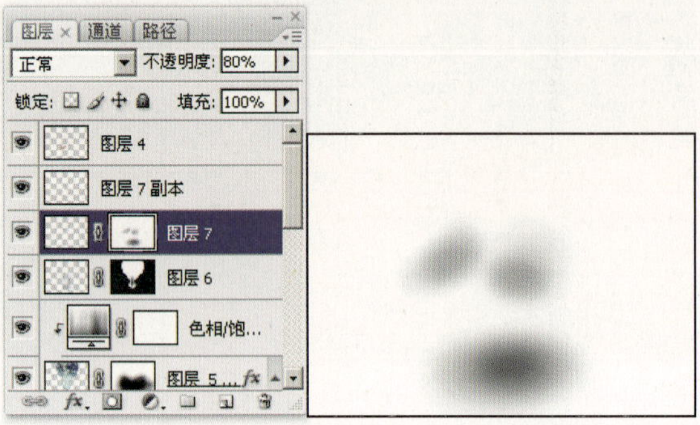

图9-153

35 涂抹“图层7”图层蒙版后，图像中多余的部分就被隐藏起来了，如图9-154所示。

图9-154

36 单击“图层”调板底部的“添加图层样式”按钮，在弹出的下拉菜单中选择“外发光”命令，设置弹出的“外发光”面板如图9-155所示。

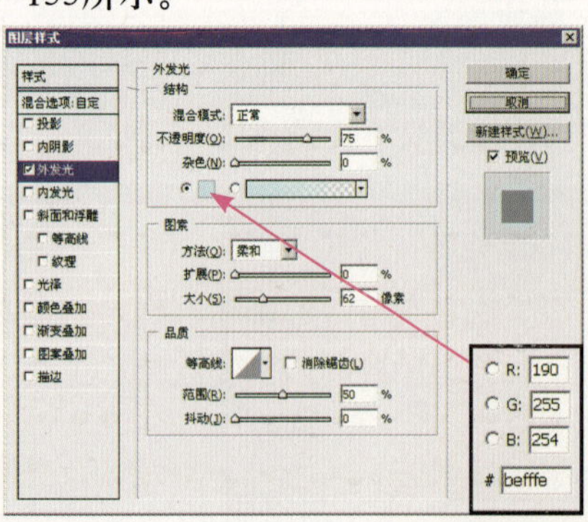

图9-155

37 设置完“外发光”面板后，单击“确定”按钮，即可得到如图9-156所示的效果。

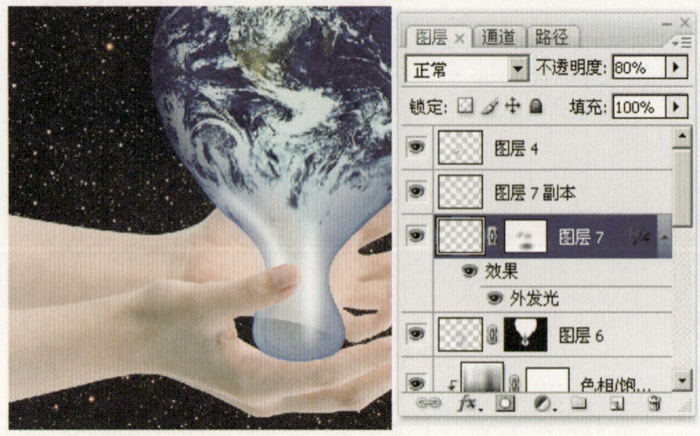

图9-156

38 选择“图层7副本”图层，单击“图层”调板底部的“添加图层蒙版”按钮，为“图层7副本”图层添加蒙版，设置前景色为黑色，使用“画笔工具”设置适当的画笔大小和透明度后，在图层蒙版中涂抹，其涂抹状态和“图层”调板如图9-157所示。

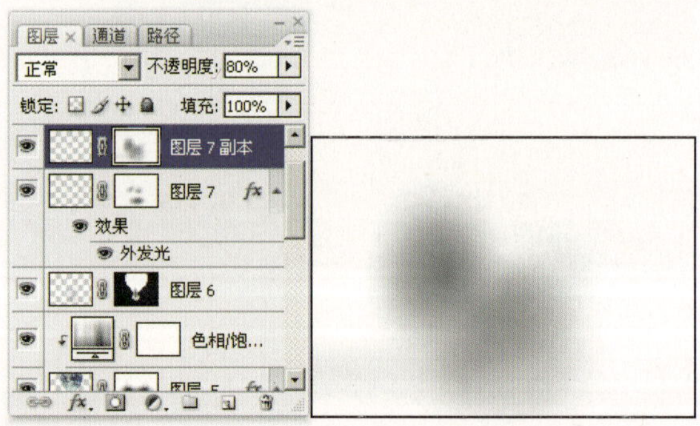

图9-157

39 涂抹“图层7副本”图层蒙版后，图像中多余的部分就被隐藏起来了，如图9-158所示。

图9-158

40 设置前景色为兰色，选择“钢笔工具”，在工具选项栏中单击“形状图层”按钮，在封面的中间绘制一个如图9-159所示的形状，生成“形状1”图层。

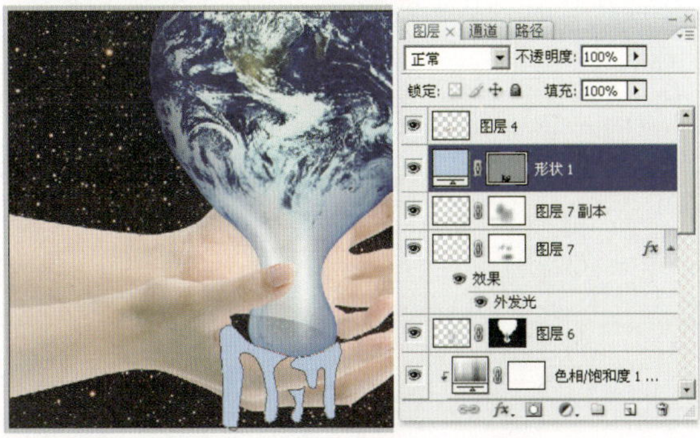

图9-159

41 选择“形状1”图层，单击“图层”调板底部的“添加图层样式”按钮，在弹出的下拉菜单中选择“斜面和浮雕”命令，设置弹出的“斜面和浮雕”面板后，单击“光泽”选项，然后设置弹出的“光泽”面板，具体设置如图9-160所示。

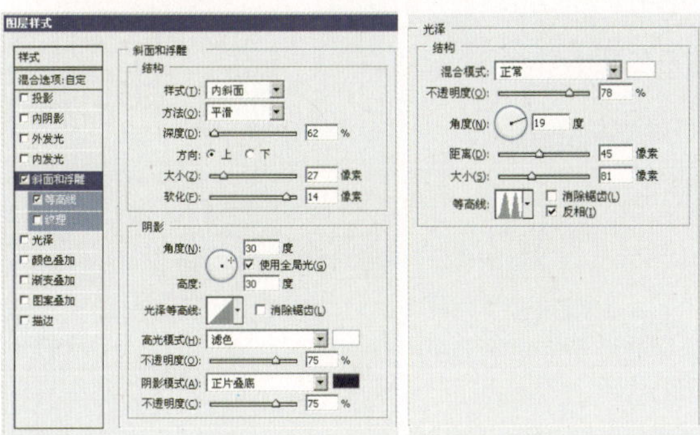

图9-160

42 设置完“图层样式”对话框后，单击“确定”按钮，即可得到如图9-161所示的效果。

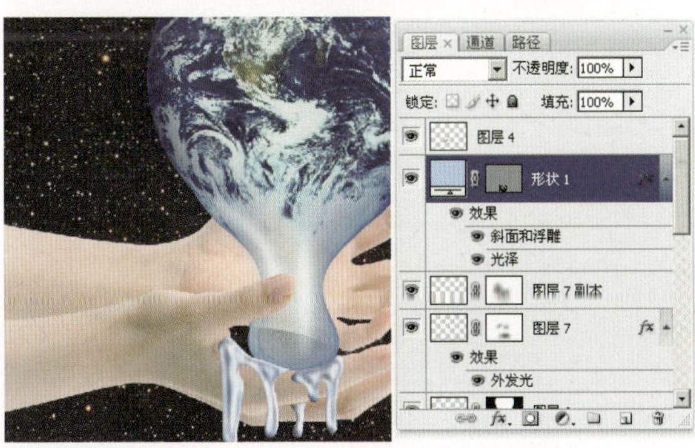

图9-161

43 设置“形状1”图层“填充”为0%，得到如图9-162所示的效果。

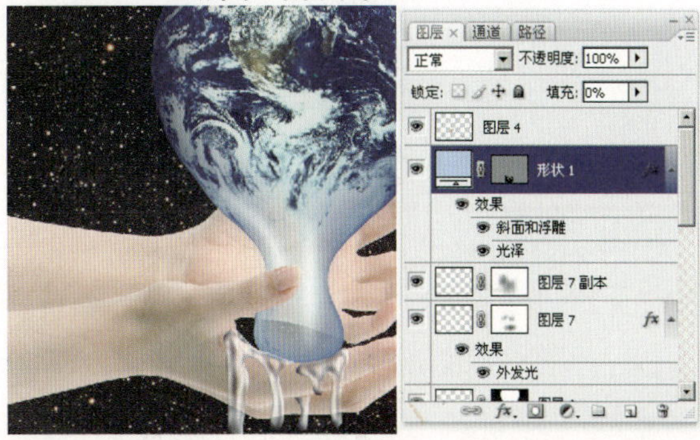

图9-162

44 选择“形状1”图层为当前图层，按快捷键【Ctrl+J】，复制“形状1”图层，生成“形状1副本”图层，隐藏“形状1”图层，在“形状1副本”图层上方新建一个图层，生成“图层8”图层，将“图层8”和“形状1副本”图层选中，按快捷键【Ctrl+E】合并图层为“图层 8”，如图9-163所示。

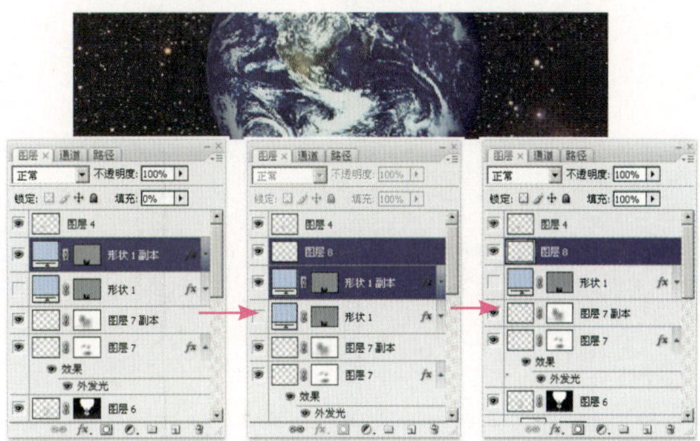

图9-163

45 单击“图层”调板底部的“添加图层样式”按钮，在弹出的下拉菜单中选择“投影”命令，设置弹出的“投影”面板如图9-164所示。

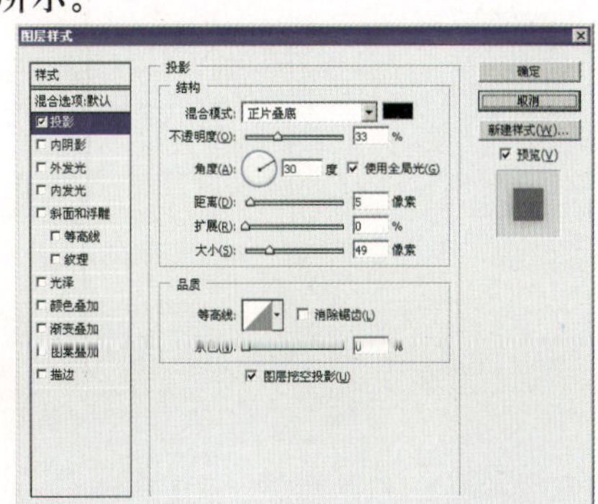

图9-164

46 设置完“投影”面板后，单击“确定”按钮，得到如图9-165所示的效果。

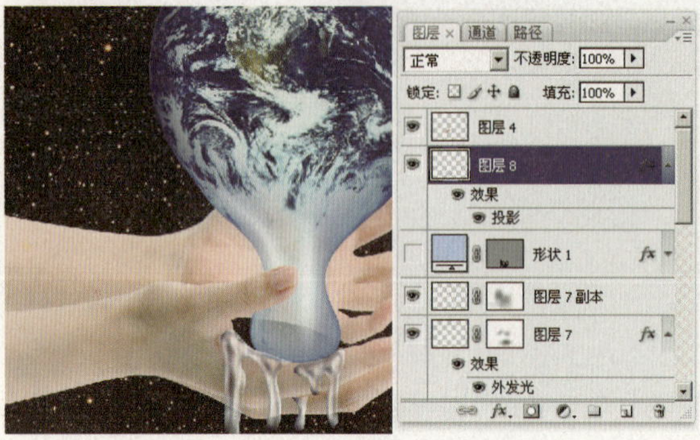

图9-165

47 单击“图层”调板底部的“创建新的填充或调整图层”按钮，在弹出的下拉菜单中选择“曲线”命令，设置弹出的对话框如图9-166所示。

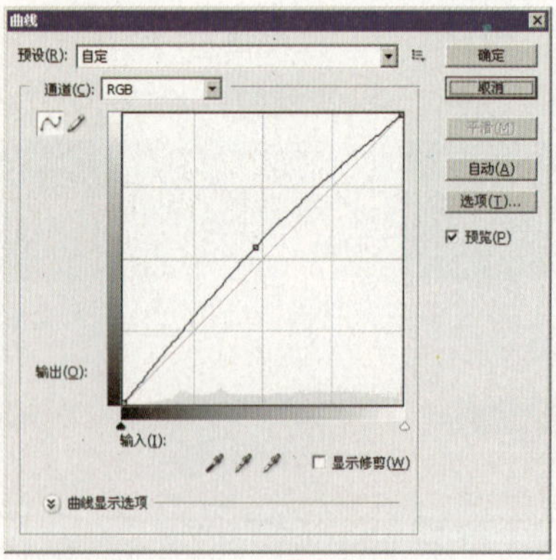

图9-166

48 设置完“曲线”命令的参数后，单击“确定”按钮，生成“曲线1”图层，按快捷键【Ctrl+Alt+G】，执行“创建剪贴蒙版”操作，此时的效果如图9-167所示。

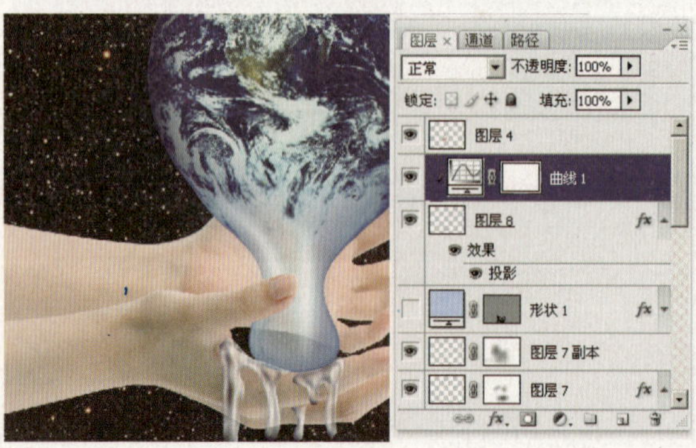

图9-167

49 单击“图层”调板底部的“创建新的填充或调整图层”按钮，在弹出的下拉菜单中选择“色彩平衡”命令，设置弹出的对话框如图9-168所示。

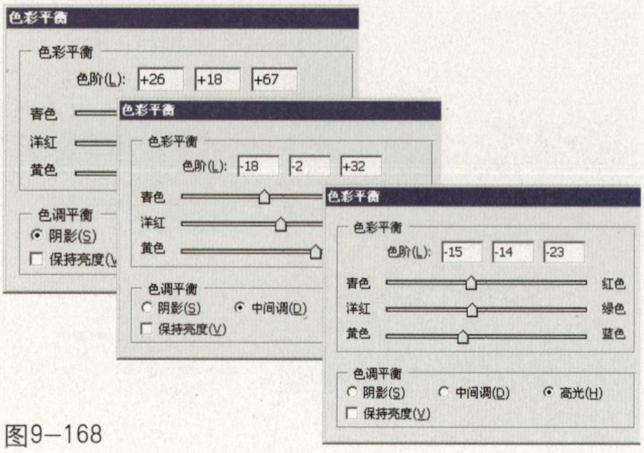

图9-168

50 设置完“色彩平衡”命令的参数后，单击“确定”按钮，生成“色彩平衡2”图层，按快捷键【Ctrl+Alt+G】，执行“创建剪贴蒙版”操作，此时的效果如图9-169所示。

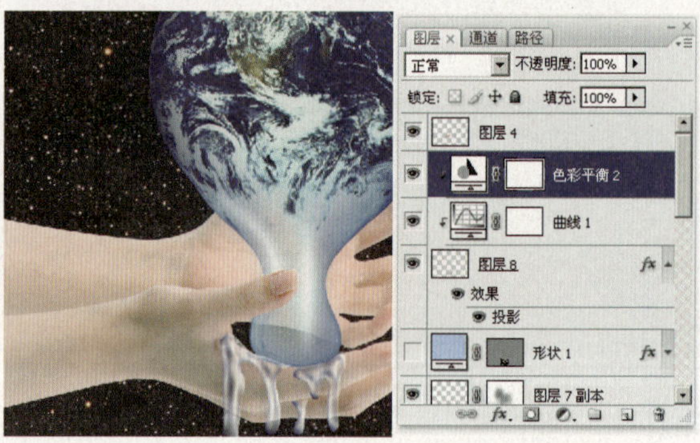

图9-169

51 单击“图层”调板底部的“创建新的填充或调整图层”按钮，在弹出的下拉菜单中选择“色相/饱和度”命令，设置弹出的对话框如图9-170所示。

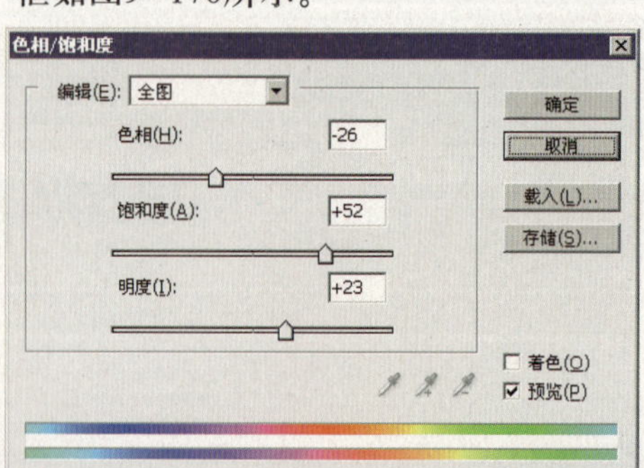

图9-170

52 设置完“色相/饱和度”命令的参数后，单击“确定”按钮，生成“色相/饱和度2”图层，按快捷键【Ctrl+Alt+G】，执行“创建剪贴蒙版”操作，此时的效果如图9-171所示。

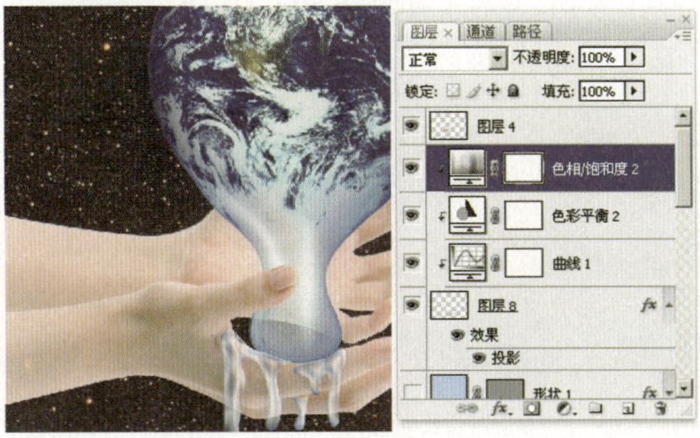

图9-171

53 设置前景色为白色，新建一个图层，生成“图层9”图层，使用“画笔工具”设置适当的画笔大小和透明度后，在“图层9”图层中绘制一个白色圆点，如图9-172所示。

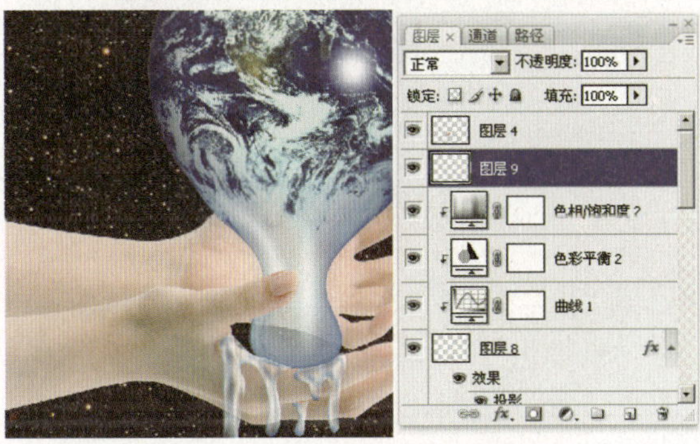

图9-172

54 单击“图层”调板底部的“添加图层样式”按钮，在弹出的下拉菜单中选择“外发光”命令，设置弹出的“外发光”面板如图9-173所示。

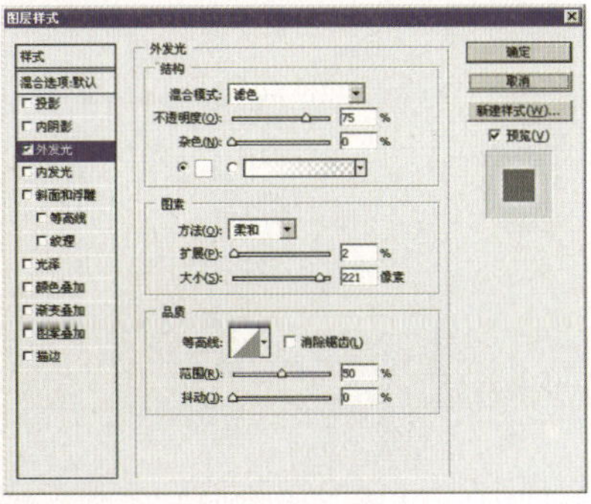

图9-173

55 设置完“外发光”面板后，单击“确定”按钮，即可得到如图9-174所示的效果。

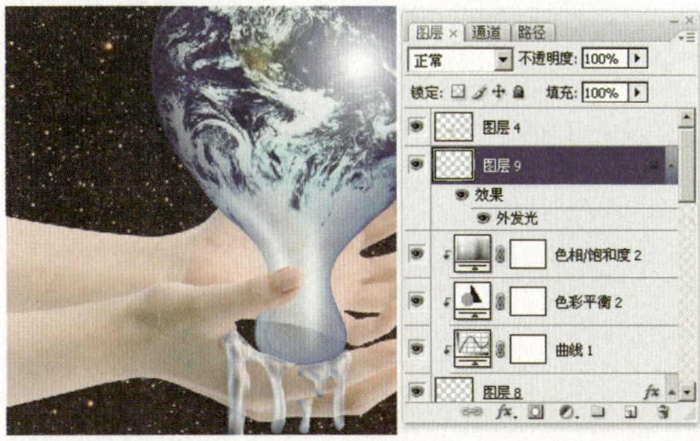

图9-174

56 单击“图层”调板底部的“创建新的填充或调整图层”按钮，在弹出的下拉菜单中选择“照片滤镜”命令，设置弹出的对话框如图9-175所示。

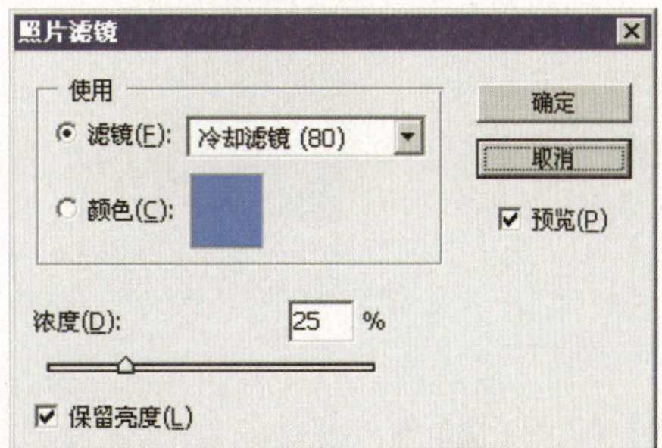

图9-175

57 设置完“照片滤镜”命令的参数后，单击“确定”按钮，生成“照片滤镜1”图层，此时的效果如图9-176所示。

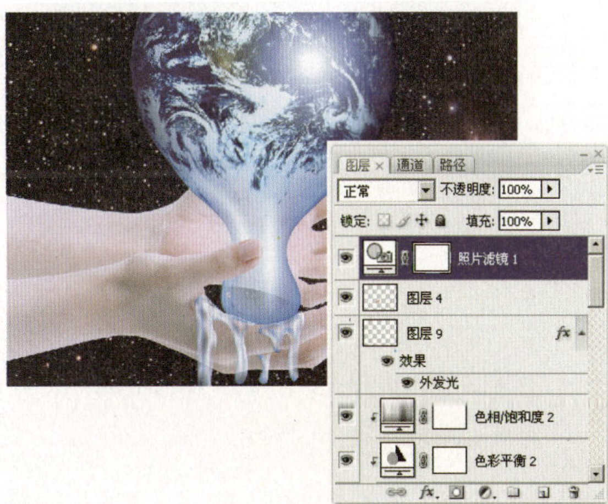

图9-176

9.5 魔镜

本实例是将一张猫脸合成到一张照片人物的脸上，得到一幅搞怪的魔镜图片效果。下面将运用Photoshop中的图层混合模式、图层蒙版等技术。

原始图片

最终效果

制作步骤

01 执行菜单“文件 | 打开”命令，在弹出的“打开”对话框中选择配套光盘“第9章\魔镜\素材1”文件，此时的效果和“图层”调板如图9-177所示。

图9-177

02 在“图层”调板中拖动“背景”图层到“创建新图层”按钮上，释放鼠标生成“背景副本”图层，如图9-178所示。

03 执行菜单“滤镜 | 抽出”命令，在弹出的对话框中使用边缘高光器工具在猫的头部绘制一个闭合的形状，然后使用填充工具在闭合的形状单击填充颜色，如图9-179所示。

图9-178

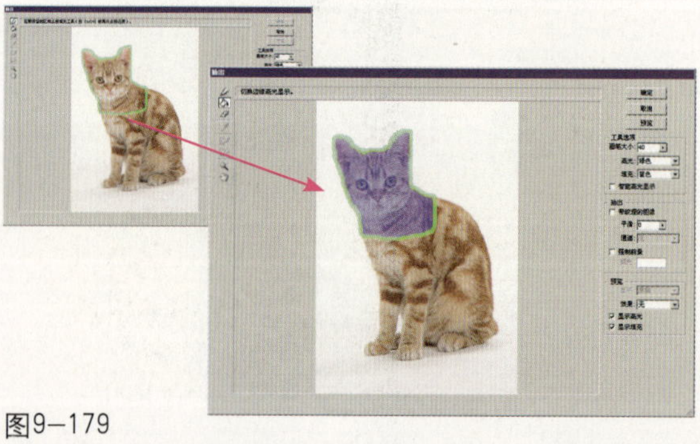

图9-179

04 设置完“抽出”对话框后，单击“确定”按钮。选择“背景”图层为当前图层，单击调板底部的“创建新图层”按钮，新建一个图层，生成“图层1”图层，并填充白色，得到如图9-180所示的效果。

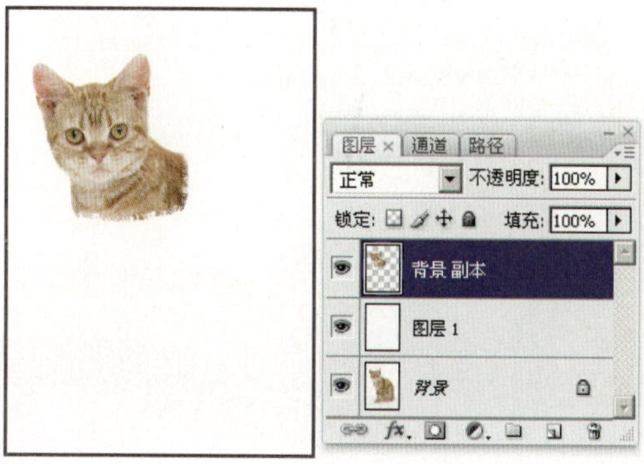

图9-180

05 选择“背景”图层为当前图层，使用“矩形选框工具”，绘制如图9-181所示的矩形选框。

图9-181

06 按快捷键【Ctrl+J】，复制选区内的图像，生成“图层2”图层，按快捷键【Shift+Ctrl+]】将其置于图层的最上方，此时的图像效果和“图层”调板如图9-182所示。

图9-182

07 执行菜单“文件 | 打开”命令，在弹出的“打开”对话框中选择配套光盘“第9章\魔镜\素材2”文件，此时的效果和“图层”调板如图9-183所示。

图9-183

08 切换到“通道”调板，单击“红”通道，将其拖动到调板底部的“创建新通道”按钮上，以复制通道，生成“红副本”通道，如图9-184所示。

图9-184

09 选择“红副本”通道，按快捷键【Ctrl+I】，执行“反相”操作，将通道中黑白图像的颜色进行颠倒，如图9-185所示。

图9-185

10 执行菜单“图像 | 调整 | 色阶”命令（或按快捷键【Ctrl+L】），调出“色阶”对话框，设置完对话框后，即可得到如图9-186所示的效果。

图9-186

11 设置前景色为黑色，使用“画笔工具”，在“红副本”通道中进行涂抹，其涂抹状态如图9-187所示。

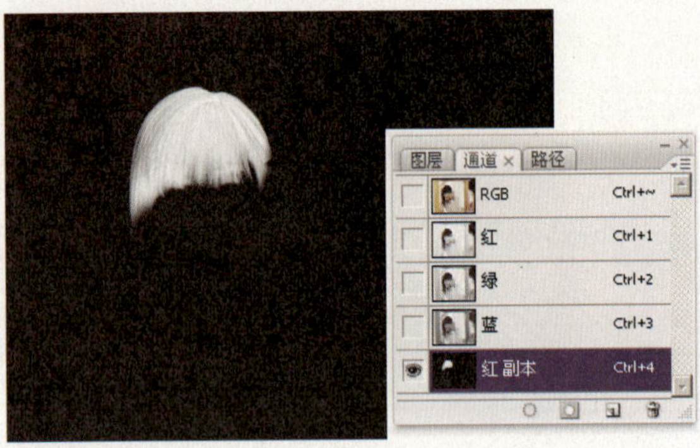

图9-187

12 按住【Ctrl】键不放，单击通道“红副本”，载入其选区，切换到“图层”调板，按快捷键【Ctrl+J】，复制选区内的图像，生成“图层1”图层，此时的图像效果和“图层”调板如图9-188所示。

图9-188

13 选择“背景”图层，使用“移动工具”将“第9章\魔镜\素材1”中的“背景副本”图像拖动到“步骤7”新建的文件中生成“图层图层2”，按快捷键【Ctrl+T】，调出自由变换控制框，变换图像到如图9-189所示的状态，按【Enter】键确认操作。

图9-189

14 选择“图层2”图层，单击“图层”调板底部的“添加图层蒙版”按钮，为“图层2”图层添加蒙版，设置前景色为黑色，使用“画笔工具”设置适当的画笔大小和透明度后，在图层蒙版中涂抹，其涂抹状态和“图层”调板如图9-190所示。

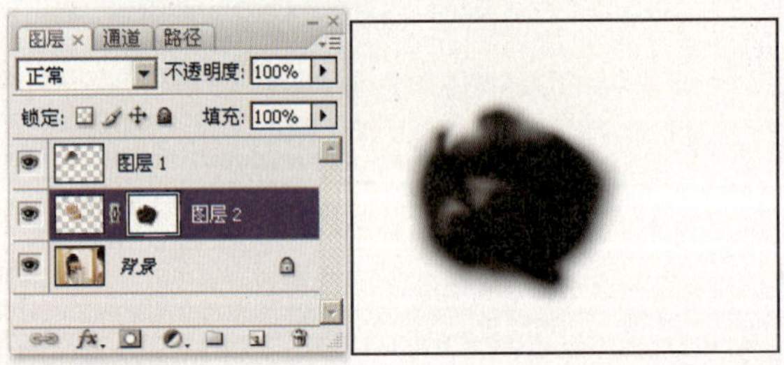

图9-190

15 涂抹“图层5副本”图层蒙版后，图像中多余的部分就被隐藏起来了，如图9-191所示。

图9-191

16 选择“图层1”图层，单击“图层”调板底部的“添加图层蒙版”按钮，为“图层1”图层添加蒙版，设置前景色为黑色，使用“画笔工具”设置适当的画笔大小和透明度后，在图层蒙版中涂抹，其涂抹状态和图层面板如图9-192所示。

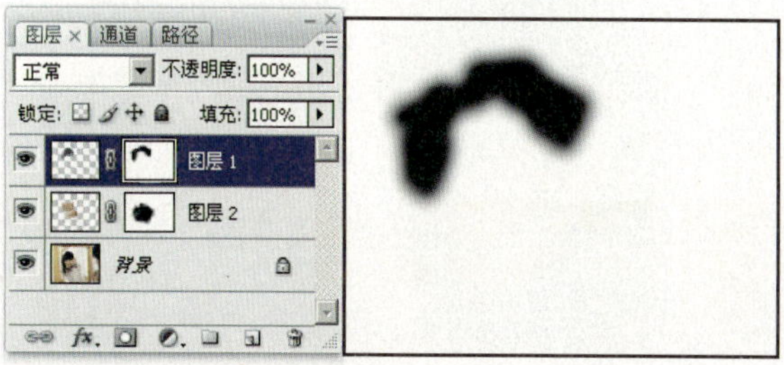

图9-192

17 涂抹“图层1”图层蒙版后，图像中多余的部分就被隐藏起来了，如图9-193所示。

图9-193

18 选择“图层2”图层为当前图层，按快捷键【Ctrl+J】，复制“图层2”图层，生成“图层2副本”图层，将该图层蒙版删除，按快捷键【Ctrl+T】，调出自由变换控制框，变换图像到如图9-194所示的状态，按【Enter】键确认操作。

图9-194

19 单击“图层”调板底部的“添加图层蒙版”按钮，为“图层2副本”图层添加蒙版，设置前景色为黑色，使用“画笔工具”设置适当的画笔大小和透明度后，在图层蒙版中涂抹，其涂抹状态和“图层”调板如图9-195所示。

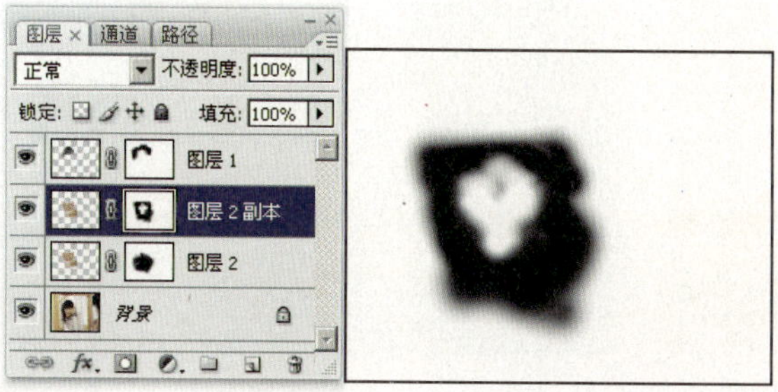

图9-195

20 涂抹“图层2副本”图层蒙版后，图像中多余的部分就被隐藏起来了，如图9-196所示。

图9-196

21 单击“图层”调板底部的“创建新的填充或调整图层”按钮，在弹出的下拉菜单中选择“色彩平衡”命令，设置弹出的对话框如图9-197所示。

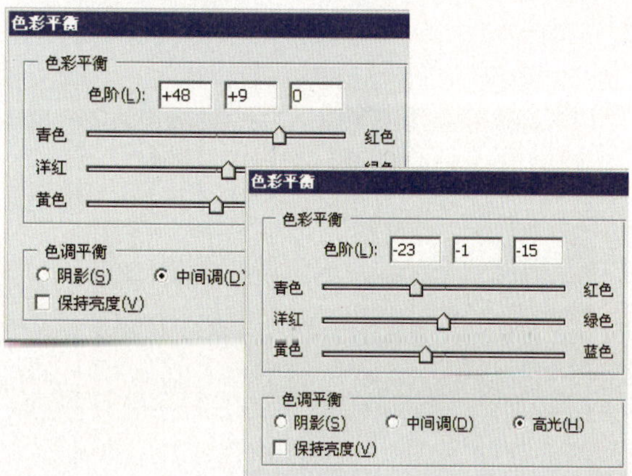

图9-197

22 设置完“色彩平衡”命令的参数后，单击“确定”按钮，生成“色彩平衡1”图层，按快捷键【Ctrl+Alt+G】，执行“创建剪贴蒙版”操作，此时的效果如图9−198所示。

图9−198

23 选择“色彩平衡1”和“图层2副本”图层，按快捷键【Ctrl+Alt+E】，执行“盖印”操作，生成“图层3”图层，按快捷键【Ctrl+Alt+G】，执行“创建剪贴蒙版”操作，设置图层混合模式为“柔光”，“不透明度”为76%，如图9−199所示。

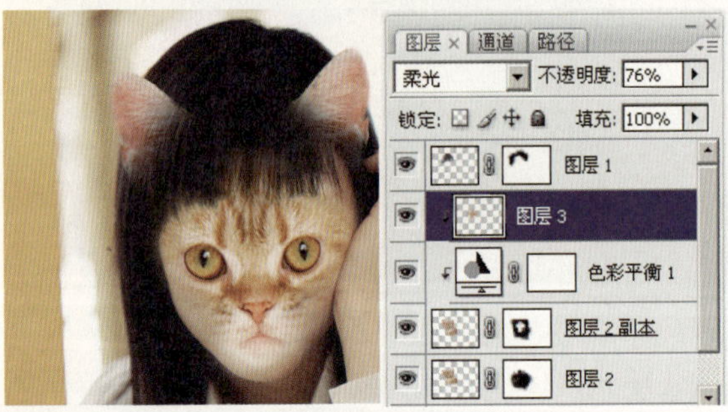

图9−199

24 单击“图层”调板底部的“创建新的填充或调整图层”按钮，在弹出的下拉菜单中选择“可选颜色”命令，设置弹出的对话框如图9−200所示。

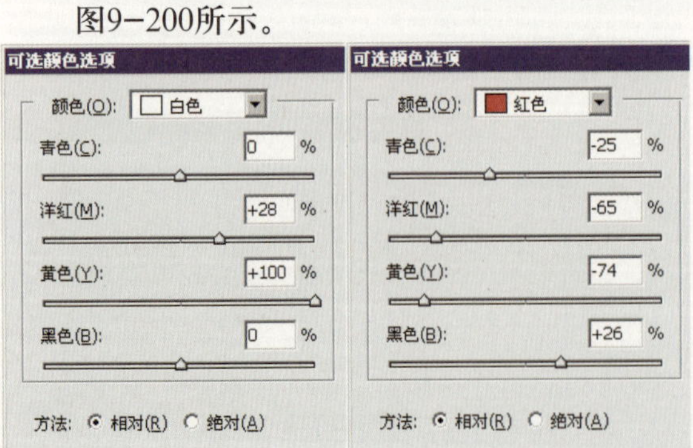

图9−200

25 设置完“可选颜色”命令的参数后，单击“确定”按钮，生成“可选颜色1”图层，按快捷键【Ctrl+Alt+G】，执行“创建剪贴蒙版”操作，此时的效果如图9−201所示。

图9−201

26 选择“图层2”图层，单击“图层”调板底部的“创建新的填充或调整图层”按钮，在弹出的下拉菜单中选择“色彩平衡”命令，设置弹出的对话框如图9−202所示。

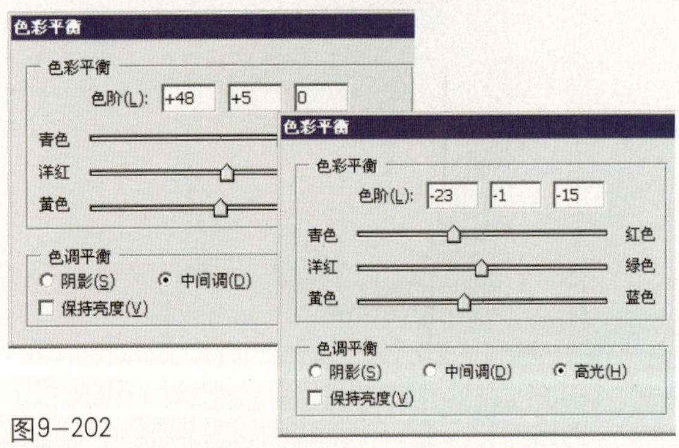

图9−202

27 设置完“色彩平衡”命令的参数后，单击“确定”按钮，生成“色彩平衡2”图层，按快捷键【Ctrl+Alt+G】，执行“创建剪贴蒙版”操作，此时的效果如图9−203所示。

图9−203

(28) 单击“图层”调板底部的“创建新的填充或调整图层”按钮，在弹出的下拉菜单中选择“可选颜色”命令，设置弹出的对话框如图9-204所示。

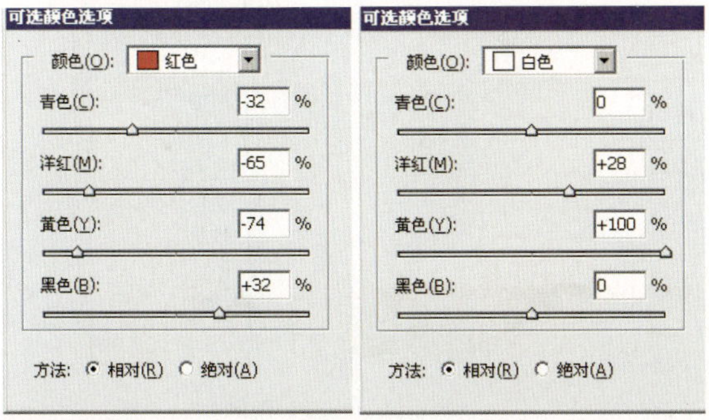

图9-204

(29) 设置完“可选颜色”命令的参数后，单击“确定”按钮，生成“可选颜色2”图层，按快捷键【Ctrl+Alt+G】，执行“创建剪贴蒙版”操作，此时的效果如图9-205所示。

图9-205

(30) 使用“移动工具”将“第9章\魔镜\素材1”中的“图层2”图像拖动到“步骤7”新建的文件中生成“图层4”图层，按快捷键【Ctrl+T】，调出自由变换控制框，变换图像到如图9-206所示的状态，按【Enter】键确认操作。

图9-206

(31) 设置“图层4”图层混合模式为“滤色”，得到如图9-207所示的效果。

图9-207

(32) 单击“图层”调板底部的“添加图层蒙版”按钮，为“图层4”图层添加蒙版，设置前景色为黑色，使用“画笔工具”设置适当的画笔大小和透明度后，在图层蒙版中涂抹，其涂抹状态和“图层”调板如图9-208所示。

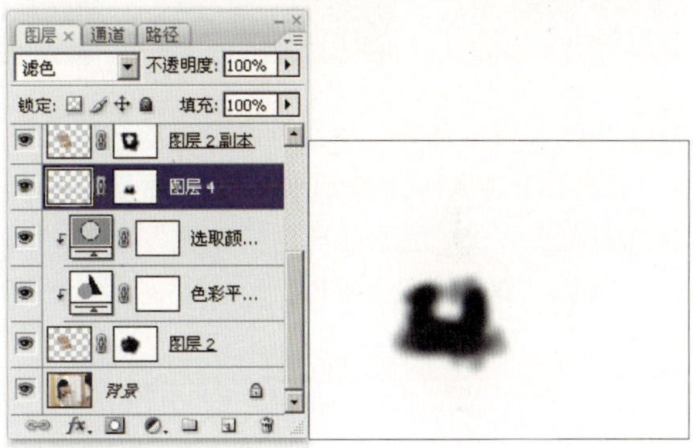

图9-208

(33) 涂抹“图层4”图层蒙版后，图像中多余的部分就被隐藏起来了，如图9-209所示。

图9-209

9.6 上升的钟楼

本实例是将一张钟楼的照片和一张火箭升天的照片进行合成，得到一幅钟楼升天的图片效果。下面将运用Photoshop中的调色命令、自由变换、图层蒙版等技术。

原始图片

最终效果

制作步骤

01 执行菜单“文件 | 新建”命令（或按快捷键【Ctrl+N】），设置弹出的“新建”对话框如图9-210所示，单击“确定”按钮即可创建一个新的空白文件。

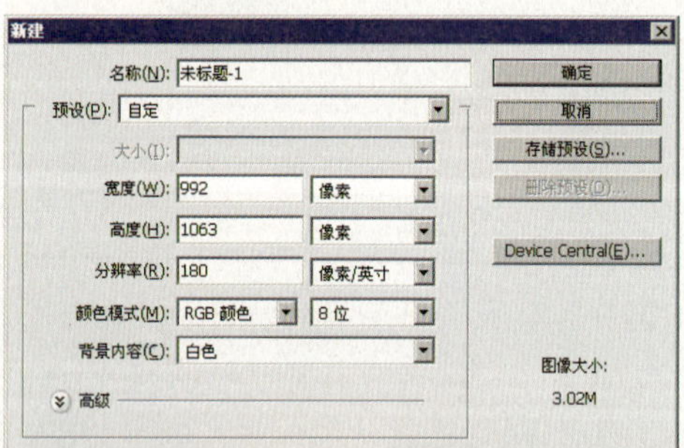

图9-210

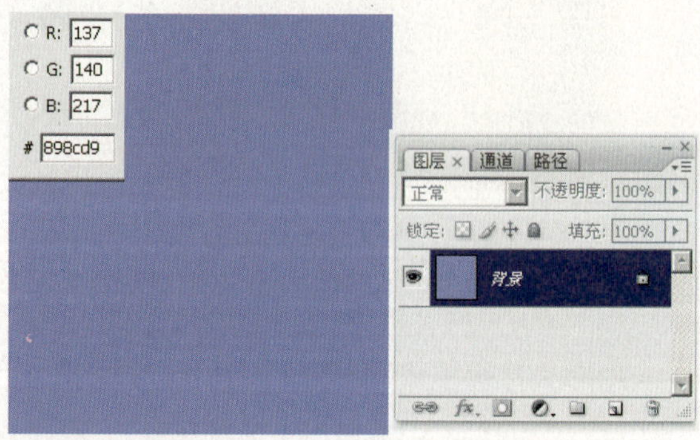

图9-211

02 设置前景色为（R：137、G：140、B：217），按快捷键【Alt+Delete】用前景色填充“背景”图层，得到如图9-211所示的效果。

03 打开配套光盘中的“第9章\上升的钟楼\素材1”文件，此时的效果和“图层”调板如图9-212所示。

图9-212

04 使用“移动工具”将图像拖动到“步骤1”新建的文件中生成“图层1”图层，按快捷键【Ctrl+T】，调出自由变换控制框，变换图像到如图9-213所示的状态，按【Enter】键确认操作。

图9-213

05 使用“套索工具”在图像中沿钟楼绘制类似如图9-214所示的不规则选区。

图9-214

06 按快捷键【Ctrl+X】，执行“剪切”操作，此时的效果和“图层”调板如图9-215所示。

图9-215

07 按快捷键【Ctrl+V】，执行“粘贴”操作，生成“图层2”图层，使用“移动工具”将“图层2”图层中的图像移动到如图9-216所示的位置。

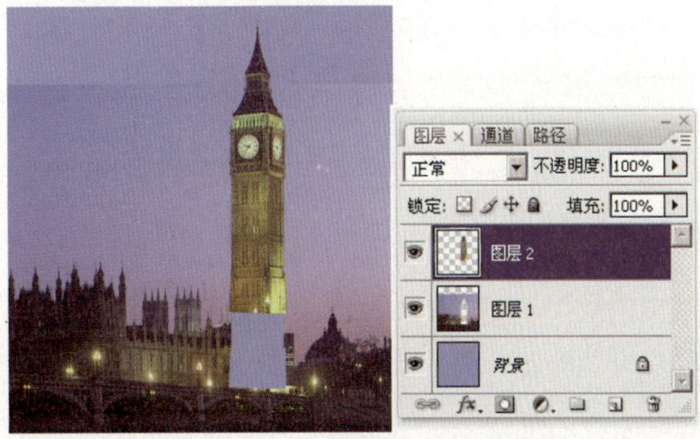

图9-216

08 选择“图层1”图层，单击“图层”调板底部的“添加图层蒙版”按钮，为“图层1”图层添加蒙版，设置前景色为黑色，背景色为白色，使用“渐变工具”设置渐变类型为从前景色到背景色，在图层蒙版中从上往下绘制渐变，此时图层蒙版中的状态如图9-217所示。

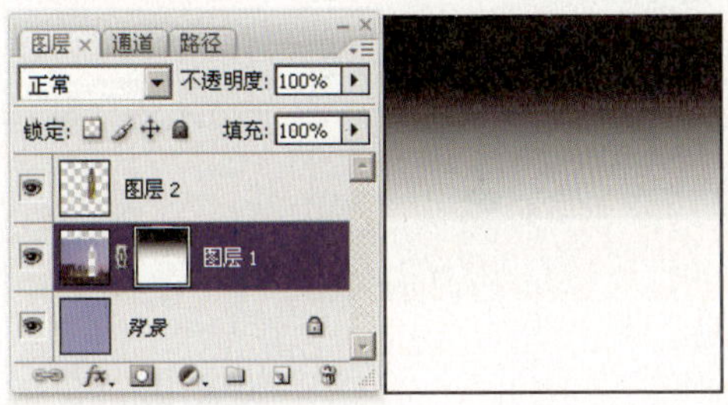

图9-217

09 添加渐变图层蒙版后的效果如图9-218所示。此时的图像与背景颜色有了一定的过渡效果。

图9-218

10 选择“画笔工具”，按住【Alt】键不放，在上面步骤中剪贴塔楼的位置附近吸取一种相似的颜色，在“图层1”图层中进行涂抹，弥补剪贴图像后留下的镂空效果如图9-219所示。

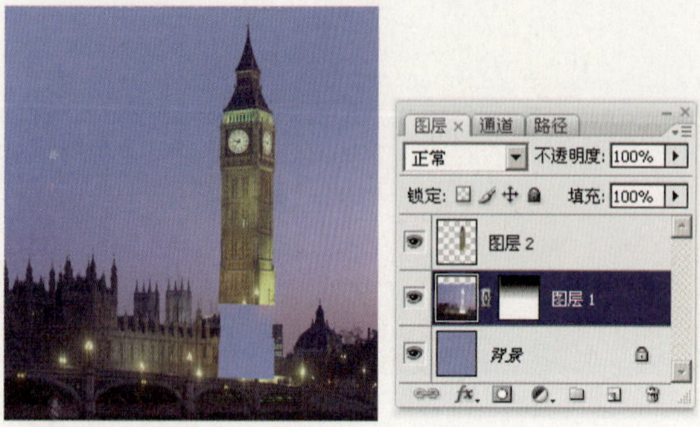

图9-219

11 打开配套光盘中的“第9章\上升的钟楼\素材2”文件，此时的效果和“图层”调板如图9-220所示。

图9-220

12 使用“移动工具”将图像拖动到“步骤1”新建的文件中生成“图层3”图层，按快捷键【Ctrl+T】，调出自由变换控制框，变换图像到如图9-221所示的状态，按【Enter】键确认操作。

图9-221

13 选择“图层3”图层，单击“图层”调板底部的“添加图层蒙版”按钮，为“图层3”图层添加蒙版，设置前景色为黑色，使用“画笔工具”设置适当的画笔大小和透明度后，在图层蒙版中涂抹，其涂抹状态和图层面板如图9-222所示。

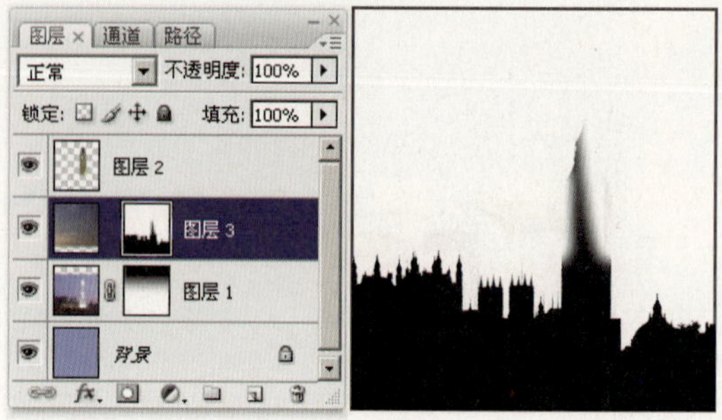

图9-222

14 涂抹“图层3”图层蒙版后，图像中多余的部分就被隐藏起来了，如图9-223所示。

图9-223

15 打开配套光盘中的“第9章\上升的钟楼\素材3”文件，此时的效果和“图层”调板如图9-224所示。

图9-224

16 使用“移动工具”将图像拖动到“步骤1”新建的文件中生成“图层4”图层，按快捷键【Ctrl+T】，调出自由变换控制框，变换图像到如图9-225所示的状态，按【Enter】键确认操作。

图9-225

17 设置“图层4”图层混合模式为“变亮”，得到如图9-226所示的效果。

图9-226

18 单击“图层”调板底部的“添加图层蒙版”按钮，为“图层4”图层添加蒙版，设置前景色为黑色，背景色为白色，使用“渐变工具”设置渐变类型为从前景色到背景色，在图层蒙版中从下往上绘制渐变，此时图层蒙版中的状态如图9-227所示。

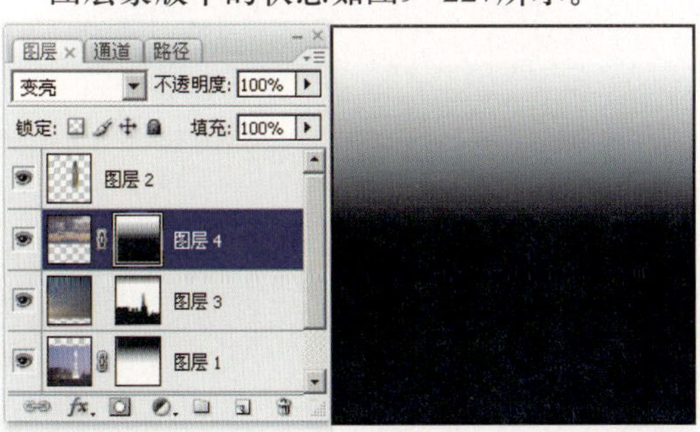

图9-227

19 添加渐变图层蒙版后的效果如图9-228所示。此时的图像与背景就融合到了一起。

图9-228

20 单击“图层”调板底部的“创建新的填充或调整图层”按钮，在弹出的下拉菜单中选择“渐变”命令，设置弹出的对话框如图9-229所示。在对话框中的编辑渐变颜色选择框中单击，可以弹出“渐变编辑器”对话框，在对话框中可以编辑渐变的颜色。

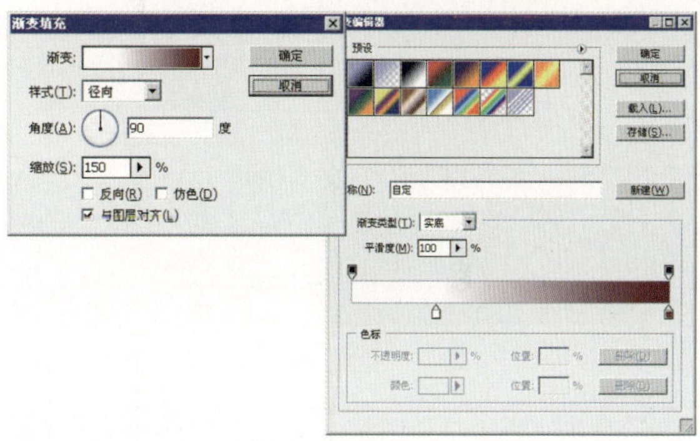

图9-229

21 设置完对话框中的渐变颜色和参数值后，使用鼠标在图像文件中向右拖动改变渐变的中心点，单击“确定”按钮，生成“渐变填充1”图层，此时的效果如图9-230所示。

图9-230

22 设置“渐变填充1”图层混合模式为“正片叠底”，得到如图9-231所示的效果。

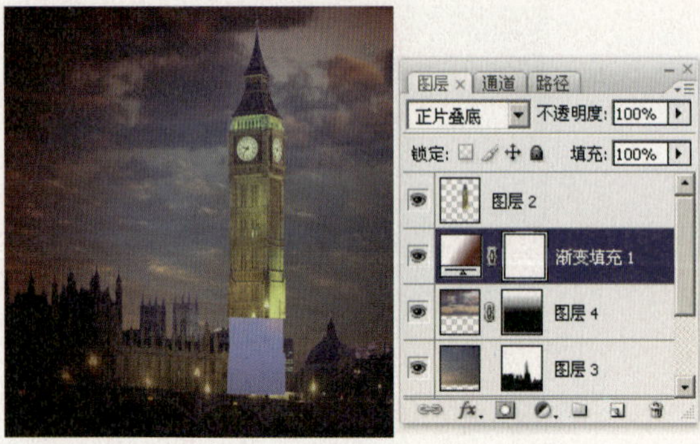

图9-231

23 选择“图层2”图层，按快捷键【Ctrl+T】，调出自由变换控制框，变换图像到如图9-232所示的状态，按【Enter】键确认操作。

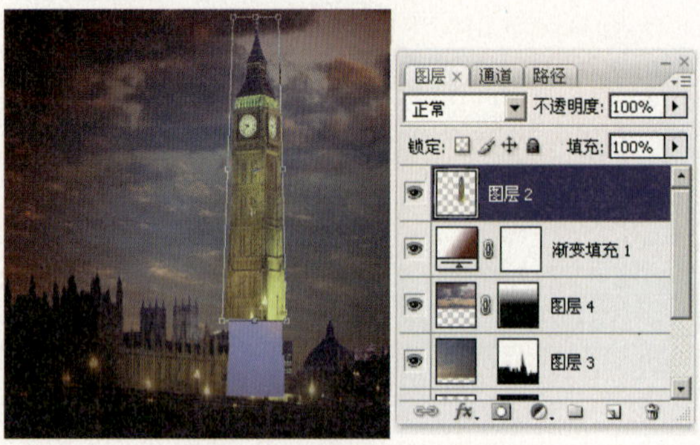

图9-232

24 选择“图层2”图层，单击“图层”调板底部的“添加图层蒙版”按钮，为“图层2”图层添加蒙版，设置前景色为黑色，使用“画笔工具”设置适当的画笔大小和透明度后，在图层蒙版中涂抹，其涂抹状态和图层面板如图9-233所示。

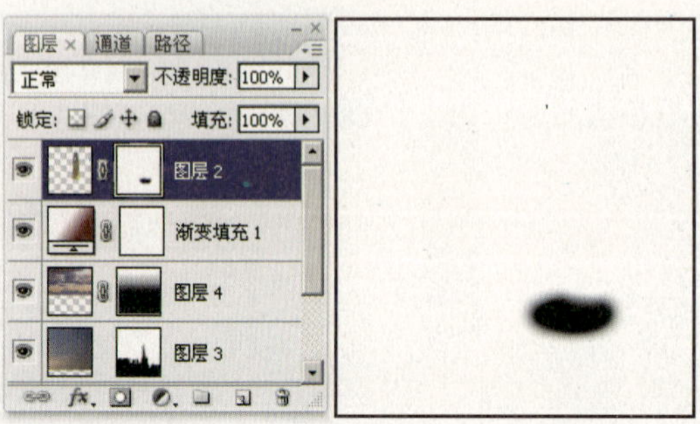

图9-233

25 涂抹图层蒙版后的“图层2”图层的图像和下面的图像就有了一些过渡的效果，如图9-234所示。

图9-234

26 选择“加深工具”，设置其工具选项栏后，在钟楼的顶部进行涂抹，以除去钟楼顶部的白边，如图9-235所示。

图9-235

27 打开配套光盘中的“第9章\上升的钟楼\素材4”文件，此时的效果和“图层”调板如图9-236所示。

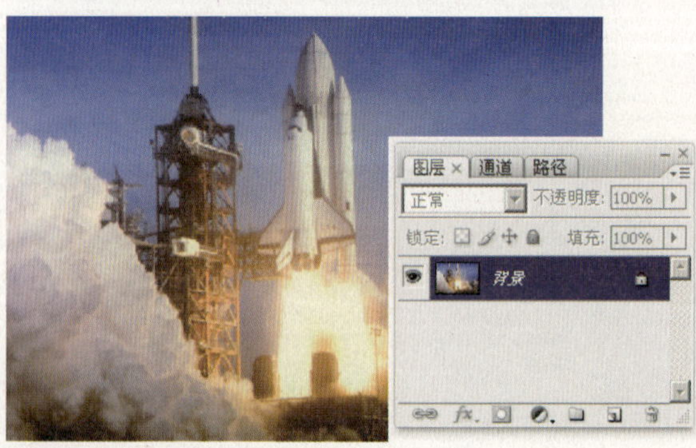

图9-236

28 在“第9章\上升的钟楼\素材4”图像中，使用“磁性套索工具”沿火箭的边缘绘制选区，如图9-237所示。

图9-237

29 使用“移动工具”将“第9章\上升的钟楼\素材4”中选区内的图像拖动到“步骤1”新建的文件中生成“图层5”图层，按快捷键【Ctrl+T】，调出自由变换控制框，变换图像到如图9-238所示的状态，按【Enter】键确认操作。

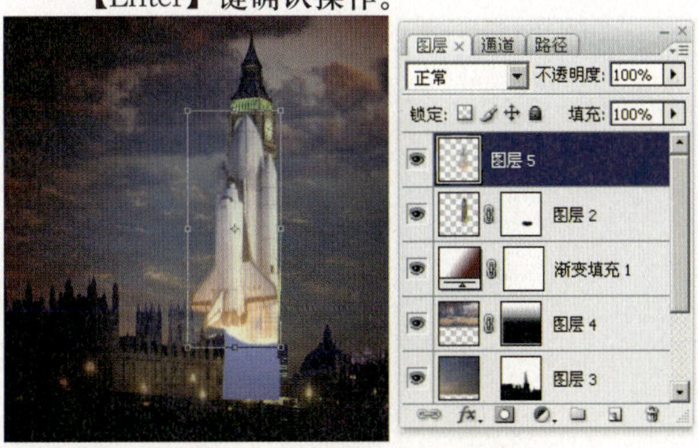

图9-238

30 选择“图层5”图层，单击“图层”调板底部的“添加图层蒙版”按钮，为“图层5”图层添加蒙版，设置前景色为黑色，使用“画笔工具”设置适当的画笔大小和透明度后，在图层蒙版中涂抹，其涂抹状态和图层面板如图9-239所示。

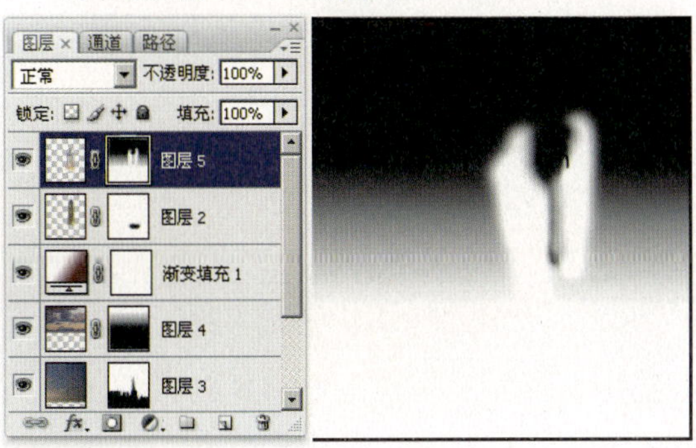

图9-239

31 涂抹“图层5”图层蒙版后，图像中多余的部分就被隐藏起来了，如图9-240所示。

图9-240

32 继续在“第9\上升的钟楼\素材4”图像中，使用“磁性套索工具”沿烟雾的边缘绘制选区，如图9-241所示。

图9-241

33 使用“移动工具”将“第9章\上升的钟楼\素材4”中选区内的烟雾图像拖动到“步骤1”新建的文件中生成“图层6”图层，按快捷键【Ctrl+T】，调出自由变换控制框，变换图像到如图9-242所示的状态，按【Enter】键确认操作。

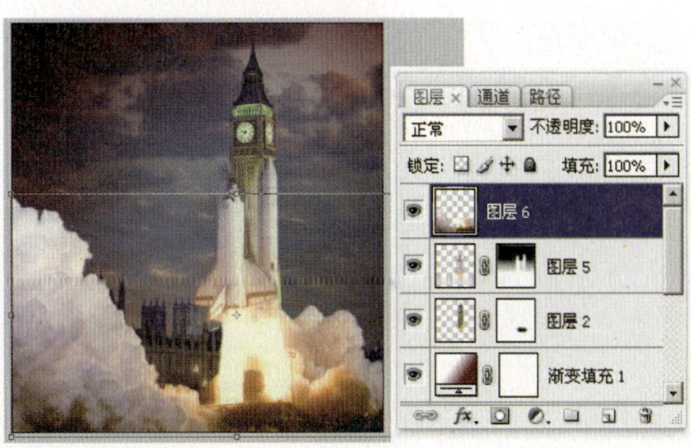

图9-242

34 单击“图层”调板底部的“添加图层蒙版”按钮，为“图层6”图层添加蒙版，设置前景色为黑色，使用“画笔工具”设置适当的画笔大小和透明度后，在图层蒙版中涂抹，其涂抹状态和“图层”调板如图9-243所示。

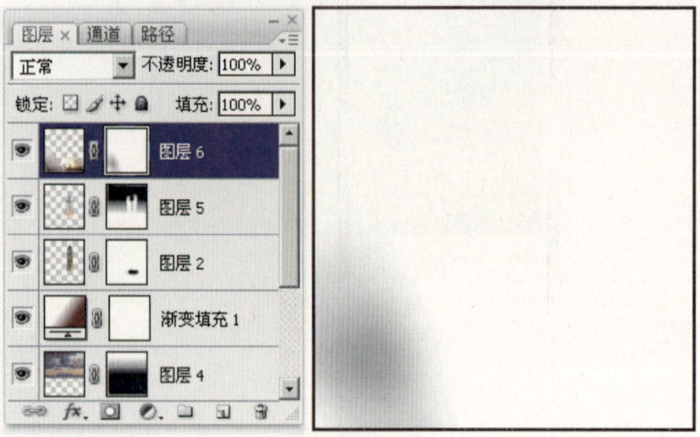

图9-243

35 涂抹“图层6”图层蒙版后，被涂抹的位置的图像呈现出一种透明的效果，如图9-244所示。

图9-244

36 选择“图层6”图层为当前图层，按快捷键【Ctrl+J】，复制“图层6”图层，生成“图层6副本”图层，设置图层混合模式为“滤色”，得到如图9-245所示的效果。

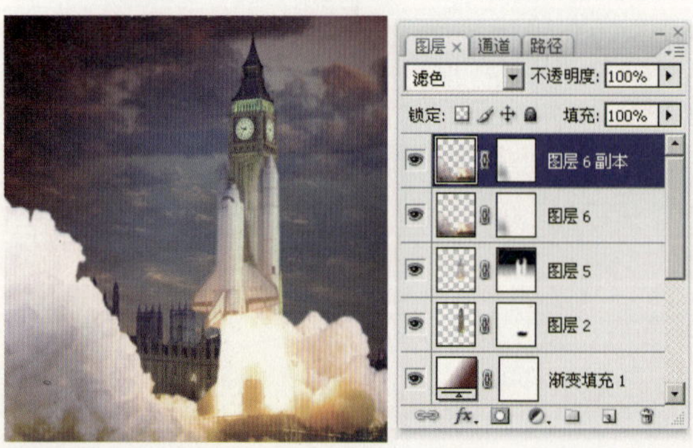

图9-245

37 单击“图层”调板底部的“添加图层蒙版”按钮，为“图层6副本”图层添加蒙版，设置前景色为黑色，使用“画笔工具”设置适当的画笔大小和透明度后，在图层蒙版中涂抹，其涂抹状态和“图层”调板如图9-246所示。

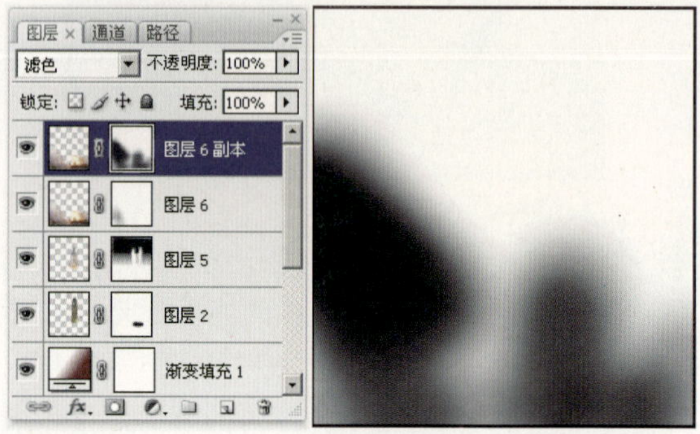

图9-246

38 涂抹“图层6副本”图层蒙版后，被涂抹的位置就只显示出下方“图层6”图层中图像的原来效果，如图9-247所示。

图9-247

39 选择“图层5”图层，单击“图层”调板底部的“创建新的填充或调整图层”按钮，在弹出的下拉菜单中选择“色彩平衡”命令，设置弹出的对话框如图9-248所示。

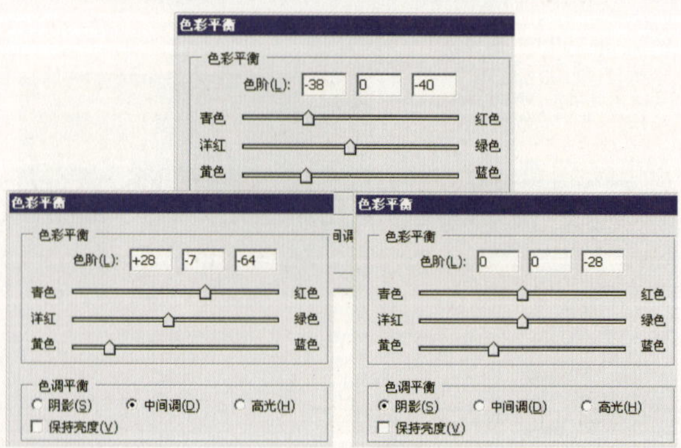

图9-248

40 设置完“色彩平衡”命令的参数后，单击“确定”按钮，生成“色彩平衡1”图层，按快捷键【Ctrl+Alt+G】，执行“创建剪贴蒙版”操作，此时的效果如图9–249所示。

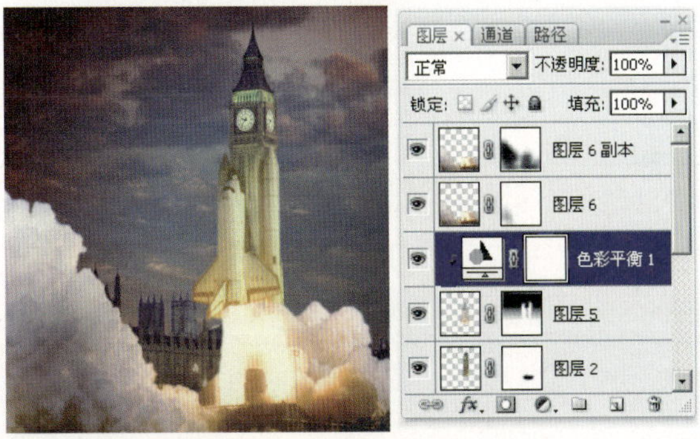

图9–249

41 选择“图层5”图层为当前图层，在“图层”调板中按住【Alt】键不放，拖动“图层5”到“色彩平衡1”图层的上方，释放鼠标得到“图层5副本”图层，将图层混合模式改为“柔光”，得到如图9–250所示的效果。

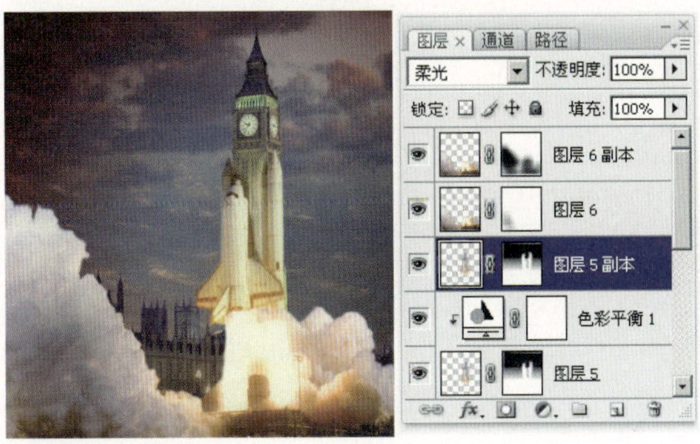

图9–250

42 执行菜单“滤镜 | 模糊 | 动感模糊”命令，设置弹出对话框中的参数后，单击“确定”按钮，得到如图9–251所示的效果。

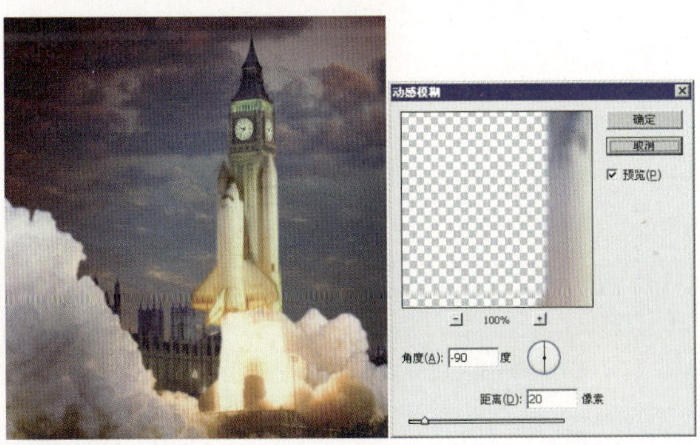

图9–251

43 选择“图层2”图层，单击“图层”调板底部的“创建新的填充或调整图层”按钮，在弹出的下拉菜单中选择“渐变映射”命令，设置弹出的对话框如图9–252所示。在对话框中的编辑渐变颜色选择框中单击，可以弹出“渐变编辑器”对话框，在对话框中可以编辑渐变映射的颜色。

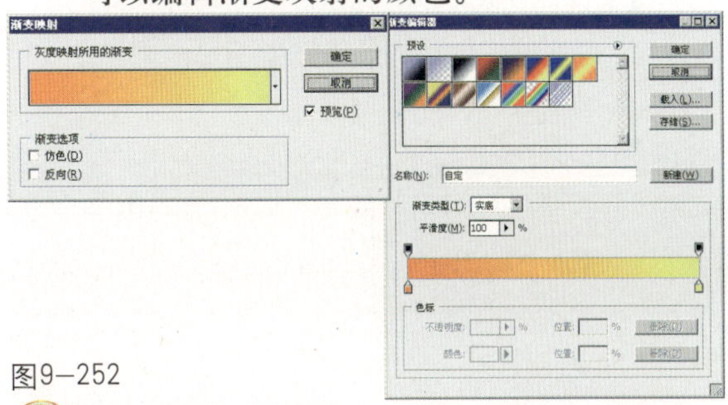

图9–252

44 设置完对话框后，单击“确定”按钮，生成“渐变映射1”图层，按快捷键【Ctrl+Alt+G】，执行“创建剪贴蒙版”操作，此时的效果如图9–253所示。

图9–253

45 单击“渐变映射1”图层蒙版缩览图，设置前景色为黑色，背景色为白色，使用“渐变工具”设置渐变类型为从前景色到背景色，在图层蒙版中从上往下绘制渐变，得到如图9–254所示的效果。

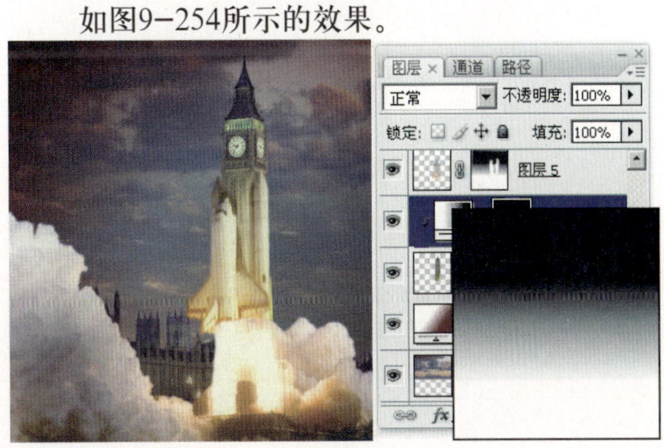

图9–254

NOTEbook

读书笔记

第10章
照片的装饰与个性应用

通过将矢量图与位图合成制作出新奇的效果是目前较为流行的合成方式。本章主要通过16个实例，利用一些素材图像并对素材进行局部的截取和调整，最终达到满意的效果。希望通过本章的学习，读者可以发挥自己的想象制作出满意的效果。

10.1 照片添加标签

本实例主要应用图层样式中的投影和描边命令，以及自定形状工具来制作逼真的便签纸效果。

原始图片

最终效果

制作步骤

01 执行菜单“文件 | 新建”命令(或按快捷键【Ctrl+N】)，在弹出的“新建”对话框中设置参数如图10−1所示，单击“确定”按钮。

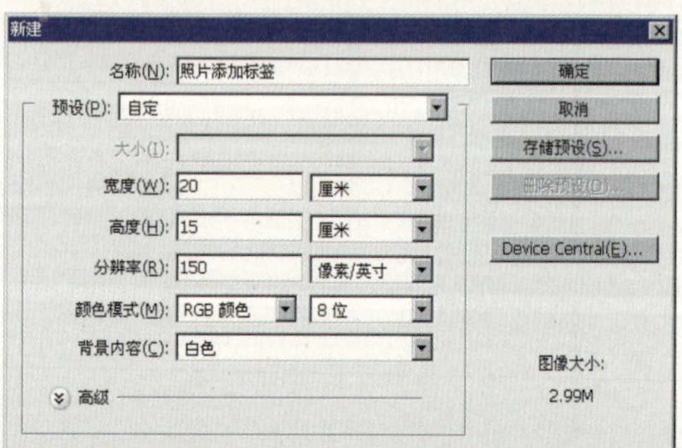

图10−1

02 打开配套光盘中的“第10章\照片添加标签\人物.jpg”文件，效果如图10−2所示。

03 将人物图像拖动至“步骤1”新建文件中生成“图层1”图层。为了方便作图，先将背景填充为黑色。新建一个“图层2”图层，选择工具箱中的“矩形选框工具” ，在图像的外部绘制选区，设置前景色为白色，按住快捷键【Alt+Delete】填充前景色，按快捷键【Ctrl+D】取消选区，效果如图10−3所示。

图10−2

图10−3

04 选择“图层1”和“图层2”图层，然后按快捷键【Ctrl+T】自由变换，将图像进行旋转变换，如图10-4所示。

图10-4

05 单击“图层”调板底部的“创建新图层”按钮，生成“图层3”图层，选择工具箱中的“矩形选框工具”，绘制一个选区，将前景色设置为（R：254、G：194、B：222），按住快捷键【Alt+Delete】填充前景色，按快捷键【Ctrl+D】取消选区，效果如图10-5所示。

图10-5

06 选择工具箱中的“横排文字工具”T，在图像中输入“Tomorrow I must marry to you,……”，在“字符”调板中选择“Book Antiqua”字体，效果如图10-6所示。

07 选择工具箱中的“自定形状工具”，在其工具选项栏中设置为“曲别针图形”，如图10-7所示。

图10-6

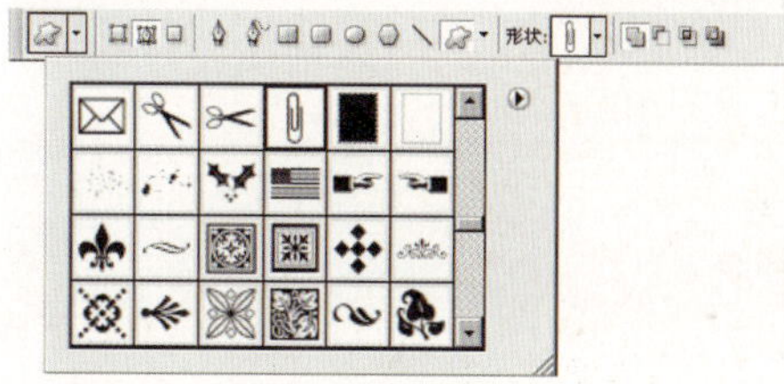

图10-7

08 单击“图层”调板底部的“创建新图层”按钮，生成“图层5”图层，按住【Shift】键绘制路径，填充灰白渐变色，取消选区，调整在画面中的位置和大小，如图10-8所示。

图10-8

09 选择“图层4”图层，单击“图层”调板底部的“添加图层蒙版”按钮，在图像中进行涂抹，如图10-9所示。

图10-9

10 单击“图层”调板底部的“添加图层样式”按钮 fx.，在弹出的下拉菜单中选择“斜面和浮雕”命令，弹出“图层样式”对话框后，设置各项参数，设置完毕后单击“确定”按钮，效果如图10–10所示。

图10–10

11 单击“图层”调板底部的“添加图层样式”按钮 fx.，在弹出的下拉菜单中选择“投影”命令，弹出“图层样式”对话框后，设置各项参数，设置完毕后单击“确定”按钮，效果如图10–11所示。

图10–11

12 单击“图层”调板底部的“创建新的填充或调整图层”按钮 ◐.，在弹出的下拉菜单中选择“色相/饱和度”命令，设置弹出“色相/饱和度”对话框中各项参数，如图10–12所示。

图10–12

13 单击“图层”调板底部的“创建新的填充或调整图层”按钮 ◐.，在弹出的下拉菜单中选择“亮度/对比度”命令，设置弹出“亮度/对比度”对话框中各项参数，如图10–13所示。

图10–13

14 打开配套光盘中的“第10章\照片添加标签\底纹”文件，生成“图层5”图层，效果如图10–14所示。

图10–14

15 选择工具箱中的“移动工具” ▶✥，将“底纹”移至“步骤1”新建的文件中，按快捷键【Ctrl+T】自由变换，将图像大小适当的调整，效果如图10–15所示。

图10-15

16 单击“图层”调板底部的“添加图层样式”按钮，在弹出的下拉菜单中选择“投影”命令，弹出“图层样式”对话框后，设置各项参数，设置完毕后单击“确定”按钮，效果如图10-16所示。

图10-16

17 单击“图层”调板底的“添加图层样式”按钮，在弹出的下拉菜单中选择“外发光”命令，弹出“图层样式”对话框，设置各项参数，设置完毕后单击“确定”按钮，效果如图10-17所示。

18 单击“图层”调板底部的“创建新图层”按钮，生成“图层6”图层。选择工具箱中的“渐变工具”，单击渐变色块，在出现的“渐变编辑器”对话框中单击选择“黑色-白色-黑色”色标，效果如图10-18所示。

图10-17

图10-18

19 为了将渐变的颜色与背景相融合，将“图层6”图层混合模式设置为“正片叠底”，“不透明度”为80%，如图10-19所示。完成最终的效果。

图10-19

10.2 照片添加艺术相框

制作经典的木质相框效果，是经典艺术相框类型之一。本实例包含了许多经典的技术应用，加入木头质感与图像色彩的调节，从而完成木质相框效果。

原始图片

最终效果

制作步骤

01 首先新建一个文件。单击“图层”调板底部的“创建新图层”按钮，生成一个新图层。设置前景色为黑色，按住快捷键【Alt+Delete】进行填充，效果如图10-20所示。

图10-20

02 打开配套光盘中的“第10章\照片添加艺术相框\木纹.jpg”文件，效果如图10-21所示。然后将其拖动至新建文件中。

03 选择工具箱中的“钢笔工具”，在图像中勾勒出轮廓，效果如图10-22所示。

图10-22

图10-22

04 单击“路径”调板底部的“将路径作为选区载入”按钮，将图像变为选区，按快捷键【Ctrl+Alt+I】进行反选，再按【Delete】键删除，效果如图10-23所示。

图10-23

05 选择工具箱中的“圆角矩形工具”，在图像的正中间绘制一个圆角矩形，在工具选项栏中将“半径”设置为10px，效果如图10-24所示。

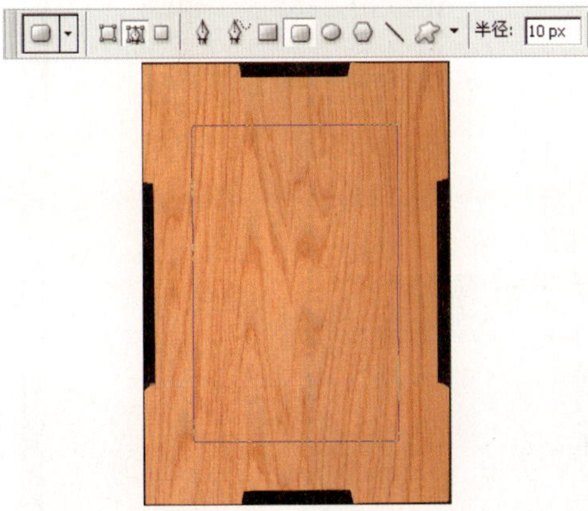

图10-24

06 单击“路径”调板底部的“将路径作为选区载入”按钮，将图像变为选区，按快捷键【Ctrl+Alt+I】进行反选，再按【Delete】键删除，效果如图10-25所示。

图10-25

07 单击“图层”调板底部的“添加图层样式”按钮，在弹出的下拉菜单中选择“斜面和浮雕”命令，弹出“图层样式”对话框后，设置各项参数，设置完毕后单击“确定”按钮，效果如图10-26所示。

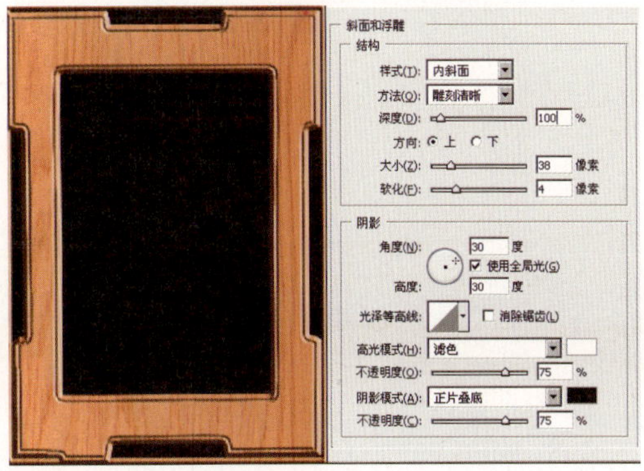

图10-26

08 打开配套光盘中的“第10章\照片添加艺术相框\人物.jpg”文件，效果如图10-27所示。

图10-27

09 选择工具箱中的“移动工具”，将“人物”图像移动至“步骤1”新建的文件中，按快捷键【Ctrl+T】自由变换，效果如图10-28所示。

图10-28

10 打开配套光盘中的“第10章\照片添加艺术相框\花纹.psd”文件，效果如图10-29所示。

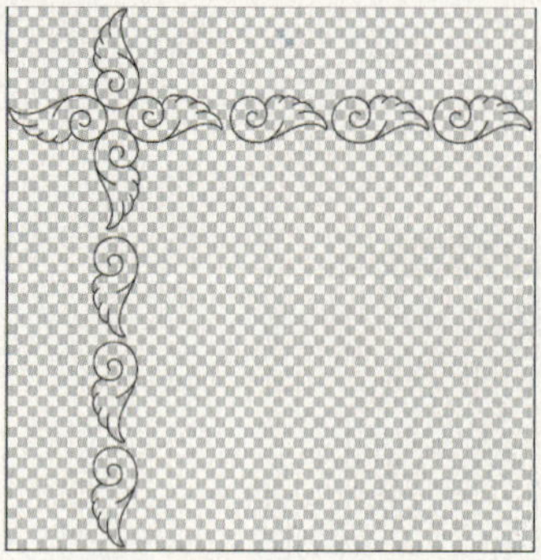
图10-29

11 选择工具箱中的“移动工具”，将“花纹”移动至“步骤1”新建的文件中，按快捷键【Ctrl+T】自由变换，生成“图层2”图层，效果如图10-30所示。

图10-30

12 单击“图层”调板底部的“添加图层样式”按钮，在弹出的下拉菜单中选择“斜面和浮雕”命令，弹出“图层样式”对话框后，设置各项参数，设置完毕后单击“确定”按钮，效果如图10-31所示。

图10-31

13 将“图层2”图层拖动至“图层”调板底部的“创建新图层”按钮上，生成“图层2副本”图层，按快捷键【Ctrl+T】自由变换，执行菜单“编辑｜变换｜水平翻转”命令，然后执行菜单“编辑｜变换｜垂直翻转”命令，将花纹适当调整，效果如图10-32所示。

图10-32

14 按住【Shift】键，单击“图层”调板底部的“链接图层”按钮，按快捷键【Ctrl+T】自由变换，将链接的图层进行旋转变换，效果如图10-33所示。

图10-33

15 打开配套光盘中的“第10章\照片添加艺术相框\底纹.jpg”文件，效果如图10-34所示。

图10-34

16 把原来的黑色背景图层删除，选择工具箱中的“移动工具”，将“底纹”移至“步骤1”新建的文件中，按快捷键【Ctrl+T】自由变换，生成“背景”图层，效果如图10-35所示。

图10-35

17 单击“图层”调板底部的“创建新图层”按钮，生成“图层4”图层，将该图层填充为白色，执行菜单“滤镜｜渲染｜光照效果”命令，在弹出的“光照效果”对话框中设置各项参数，如图10-36所示。

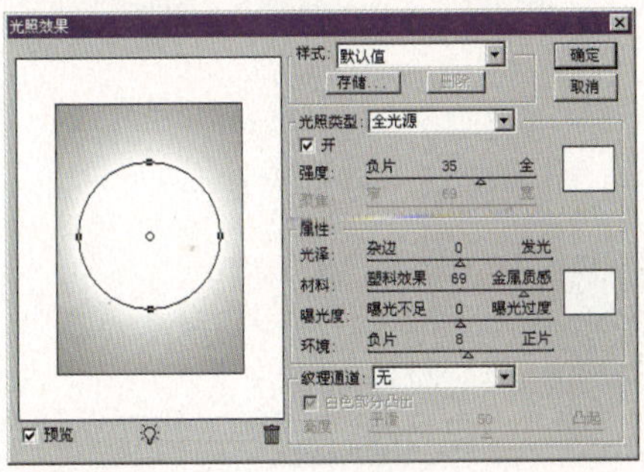

图10-36

18 为了使光照效果与背景比较融合，执行菜单“滤镜｜模糊｜高斯模糊”命令，在弹出的“高斯模糊”对话框中设置各项参数，如图10-37所示。

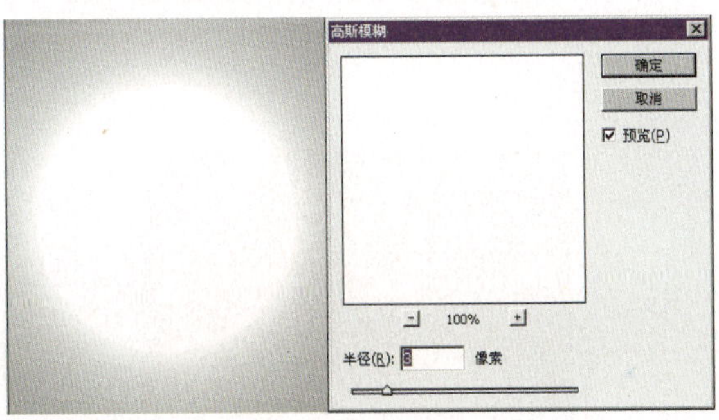

图10-37

19 选择“图层4”图层，将图层混合模式设置为“正片叠底”，得到效果如图10-38所示。

图10-38

技巧 提示

混合模式得到的结果与图层的明暗色彩有直接的关系，因此模式的选择必须根据图层的自身特点灵活应用。叠加模式是将绘制的颜色与该层下方所有图层颜色相互叠加，提取底色的高光和阴影部分。

20 单击“图层”调板底部的“创建新的填充或调整图层”按钮，在弹出的下拉菜单中选择“色相/饱和度”命令，弹出“色相/饱和度”对话框后，设置各项参数，图像整体颜色调亮了，效果如图10-39所示。

图10-39

10.3 幻灯片装裱效果

本实例将照片制作成幻灯片的形式是一种个性的方法。利用圆角矩形工具在画面中制作出幻灯片的外形，挖空中间部分后，添加投影图层样式。运用创建组的方法后，缩短了制作过程。

原始图片

最终效果

制作步骤

01 打开配套光盘中的“第10章\幻灯片装裱效果\底图.jpg”文件，效果如图10-40所示。

图10-40

02 执行菜单“图像 | 调整 | 色阶”命令（或按快捷键【Ctrl+L】），弹出“色阶”对话框，进行参数设置，设置完毕后单击“确定”按钮，得到的效果如图10-41所示。

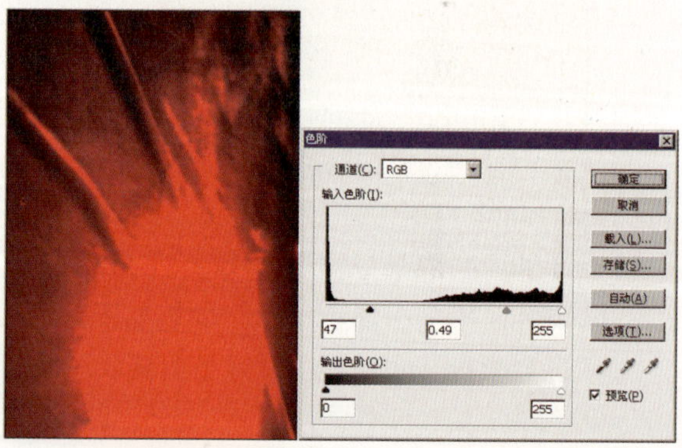

图10-41

03 单击“图层”调板底部的“创建新图层”按钮，生成“图层1”图层。在工具箱中选择“圆角矩形工具”，在工具选项栏中进行设置，在画面中按住【Shift】键拖曳绘制出一个圆角方形，如图10-42所示。

图10-42

04 单击“路径”调板底部的“将路径作为选区载入”按钮，将图像变为选区后，再将前景色设置为白色，按快捷键【Alt+Delete】填充前景色，按快捷键【Ctrl+D】取消选区，效果如图10-43所示。

图10-43

05 选择工具箱中的“矩形选框工具”，在圆角矩形中绘制一个矩形，按快捷键【Ctrl+Alt+I】进行反选，再按【Delete】键删除，效果如图10-44所示。

图10-44

06 单击“图层”调板底部的“添加图层样式”按钮，在弹出的下拉菜单中选择“投影”命令，弹出“图层样式”对话框，设置各项参数，设置完毕后单击“确定”按钮，效果如图10-45所示。

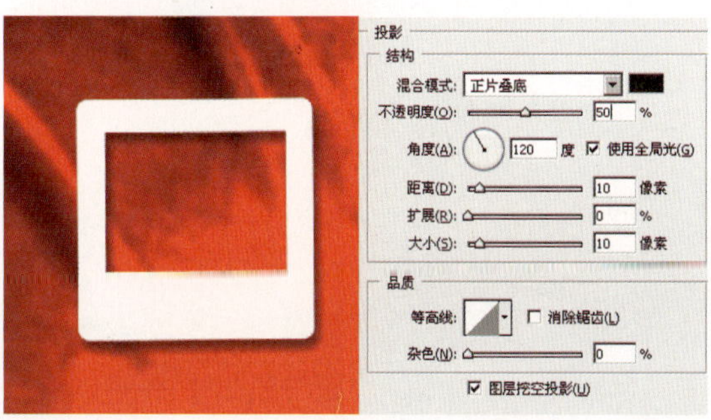

图10-45

07 打开配套光盘中的“第10章\幻灯片装裱效果\敦煌.jpg”文件，效果如图10-46所示。

图10-46

08 选择工具箱中的“移动工具”，将“敦煌”移动至“步骤1”打开的文件中，按快捷键【Ctrl+T】自由变换，将“敦煌”移至“图层1”图层的下方，生成“图层2”图层，效果如图10-47所示。

图10-47

09 打开配套光盘中的“第10章\幻灯片装裱效果\花纹.psd”文件，效果如图10-48所示。

图10-48

10 选择工具箱中的“移动工具”，将“花纹”移至“步骤1”打开的文件中，按快捷键【Ctrl+T】自由变换，生成“图层3”图层，效果如图10-49所示。

图10-49

11 将“图层3”图层拖动至“图层”调板底部的“创建新图层”按钮上，生成“图层3副本”图层，按快捷键【Ctrl+T】自由变换，执行菜单“编辑｜变换｜水平翻转”命令，将花纹适当的调整，效果如图10-50所示。

图10-50

12 选择工具箱中的“横排文字工具”T，在图像中输入“DUN HUANG”，在“字符”调板中选择字体“Acid Reflux (BRK)”，设置各项参数，效果如图10-51所示。

图10-51

13 选择工具箱中的“横排文字工具”T，在图像中输入“MADE IN CHINA”，在“字符”调板中选择字体“Arial”，设置各项参数，效果如图10-52所示。

图10-52

14 除背景外，将其余的图层进行链接，然后按快捷键【Ctrl+G】，创建“组1”，执行菜单“编辑｜自由变换”命令（或按快捷键【Ctrl+T】），把图像进行旋转调整到适合的大小和位置，如图10-53所示。

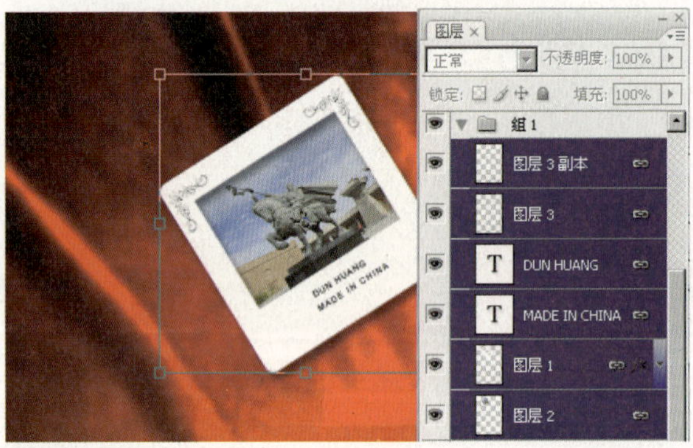

图10-53

15 打开配套光盘中的“第10章\幻灯片装裱效果\沙漠.jpg、大桥.jpg、瀑布.jpg”文件，效果如图10-54所示。

图10-54

16 将“组1”拖动至“图层”调板底部的“创建新图层”按钮上，创建“组1副本”，将图片移至图像中，按快捷键【Ctrl+T】，把图像进行旋转调整到适合的大小和位置，如图10-55所示。

图10-55

17 按照“步骤16”的操作，将组进行多次复制，然后将图片移至图像中，进行旋转调整到适合的大小和位置，如图10-56所示。

图10-56

18 选择工具箱中的“横排文字工具”T，在图像中输入“我de异乡之旅”，在“字符”调板中选择字体“方正剪纸繁体”，设置各项参数，效果如图10-57所示。

图10-57

19 单击“图层”调板底部的“添加图层样式”按钮，在弹出的下拉菜单中选择“投影”命令，弹出“图层样式”对话框，设置各项参数，设置完毕后单击“确定”按钮，效果如图10-58所示。

图10-58

20 为了突出图像的明暗对比度，新建一个图层，生成“光照”图层，在该图层中填充黑色，执行菜单“滤镜｜渲染｜光照效果”命令，在弹出的“光照效果”对话框中设置各项参数，效果如图10-59所示。

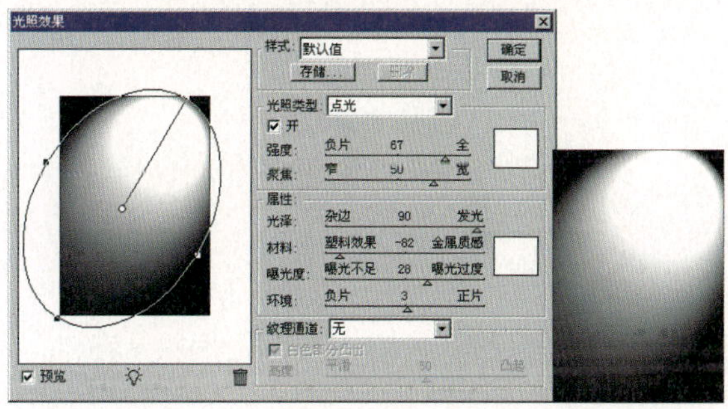

图10-59

21 将“光照”图层混合模式设置为“正片叠底”，“不透明度”为72%，完成最终的效果如图10-60所示。

图10-60

10.4 按钮上粘贴照片

本实例运用移动工具、填充工具、椭圆选框工具制作按钮，创建好一个按钮后将其作为模版，再通过多张数码照片制作出按钮上的照片，最后创建其他的按钮。

原始图片

最终效果

制作步骤

01 执行菜单“文件｜新建”命令(或按快捷键【Ctrl+N】)，在弹出的“新建”对话框中设置参数如图10-61所示，单击“确定”按钮。

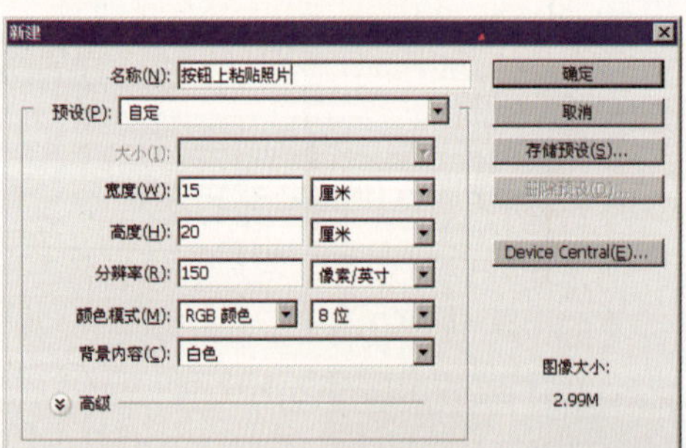

图10-61

02 单击“图层”调板底部的“创建新图层”按钮，生成“图层1”图层，设置前景色为（R：234、G：22、B：37），如图10-62所示。按快捷键【Alt+Delete】填充前景色，效果如图10-63所示。

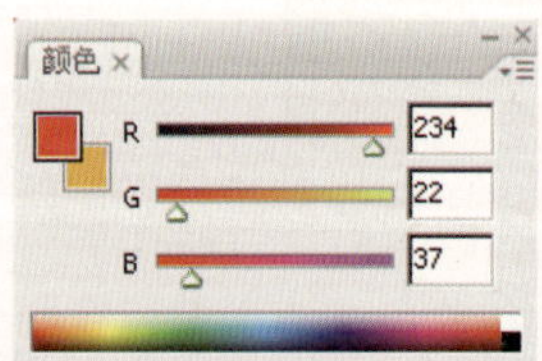

图10-62

图10-63

03 单击“图层”调板底部的“创建新图层”按钮，生成“图层2”图层，选择工具箱中的“椭圆选框工具”，按住【Shift】键，在图像中拖曳出一个圆形选区，按快捷键【Alt+Delete】填充前景色，按快捷键【Ctrl+J】复制一个图层，生成“图层2副本”图层，如图10-64所示。

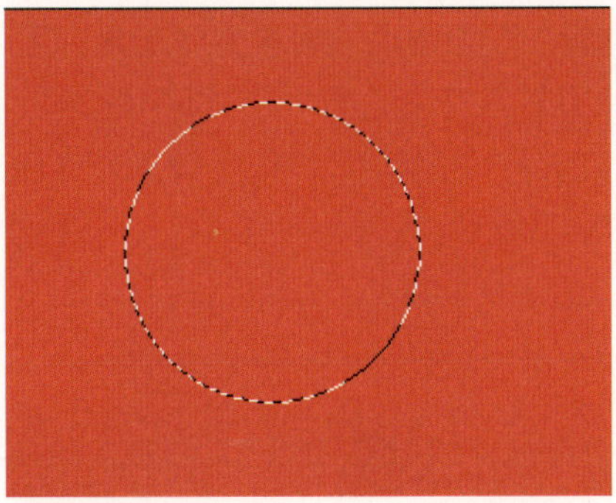

图10-64

04 选择“图层2副本”图层，单击“图层”调板底部的“添加图层样式”按钮，在弹出的下拉菜单中选择“斜面和浮雕”命令，弹出“图层样式”对话框后，设置各项参数，设置完毕后单击“确定”按钮，效果如图10-65所示。

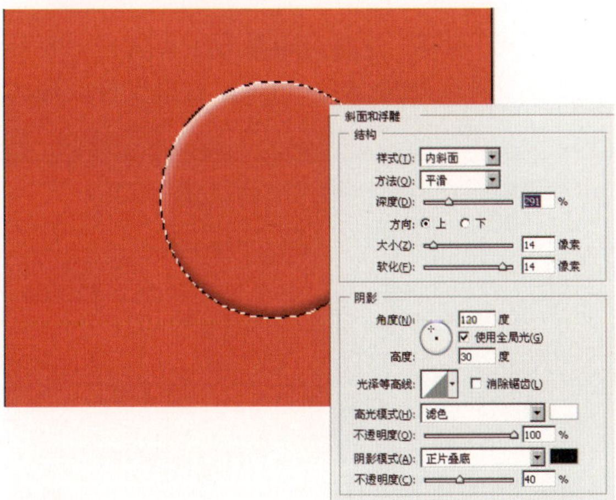

图10-65

05 执行菜单“选择 | 修改 | 收缩”命令，弹出“收缩选区”对话框，在“收缩量”中输入12像素，图像的选区发生改变，如图10-66所示。

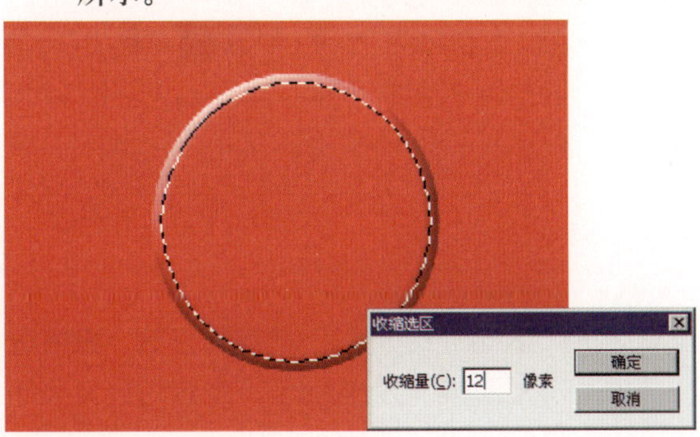

图10-66

06 选择工具箱中的“矩形选框工具”，单击工具选项栏中的“从选区中减去”按钮，在圆形的2/3处拖曳，此时图像中圆形就剩下1/3，如图10-67所示。

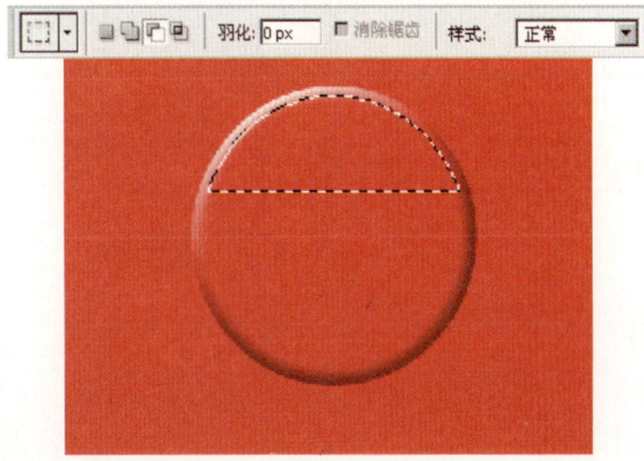

图10-67

07 打开配套光盘中的“第10章\按钮上粘贴照片\人物.jpg”文件，生成“图层3”图层，效果如图10-68所示。

图10-68

08 按住【Ctrl】键不放，选择“图层2副本”图层，单击“图层”调板底部的“添加图层蒙版”按钮，效果如图10-69所示。

图10-69

09 按住【Ctrl】键不放，选择“图层2”图层，将图像变为选区后，按【Delete】键删除多余的图像，如图10-70所示。

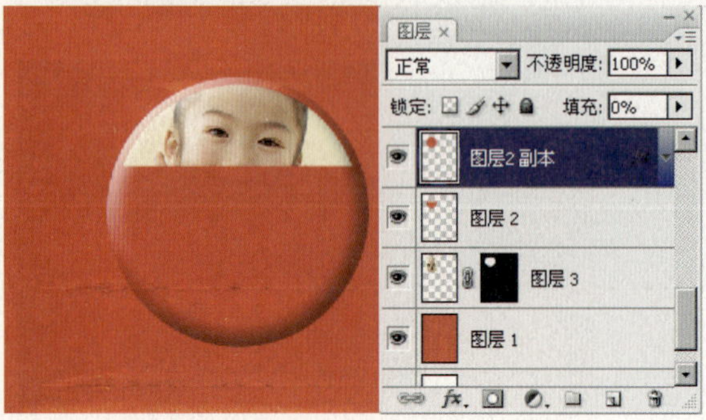

图10-70

10 单击“图层”调板底部的“创建新图层”按钮，生成“图层4”图层，设置前景色为黑色，按快捷键【Alt+Delete】填充前景色，将“图层4”图层放置在“图层3”图层的下方，效果如图10-71所示。

图10-71

11 为了做出的阴景与背景相融合，选择“图层2”图层，将“不透明度”设置为65%，执行后的效果如图10-72所示。

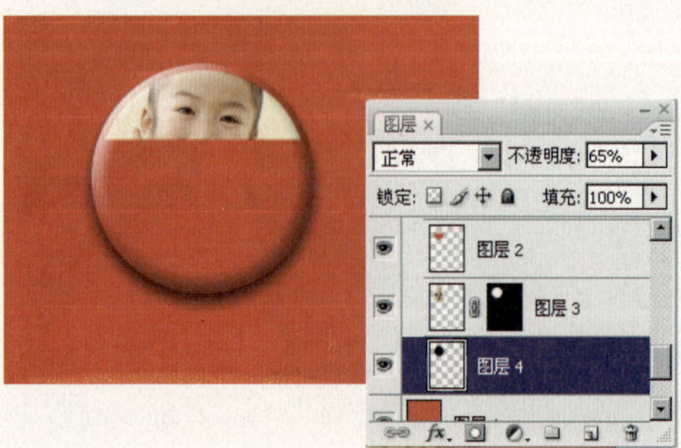

图10-72

12 选择工具箱中的“横排文字工具”T，在图像中输入英文，将“BOSS”的颜色设置为黄色，“WHO'S THE”设置为白色，如图10-73所示。

图10-73

13 选择除“背景”图层以外的图层，单击“图层”调板底部的“创建新组”按钮，创建“组1”，这样做是为了方便下一步作图。按快捷键【Ctrl+T】自由变换，如图10-74所示。

图10-74

14 按照“步骤7~步骤13”的制作方法，将组进行复制，更换照片及文字，得到的效果如图10-75所示。

图10–75

15 选择工具箱中的“横排文字工具” T，在图像中输入“FIFTH ANNUAL LAME SLOGAN AWARDS”，将“LAME SLOGAN”的颜色设置为黄色，如图10–76所示。

图10–76

16 选择工具箱中的“直线工具”＼，将前景色设置为白色，按【Shift】键从左至右画出一条直线，如图10–77所示。

17 选择工具箱中的“横排文字工具” T，在图像中输入“HOSTED BY CHRIA MAN”其颜色设置为白色，在“字符”调板中选择“仿斜体”，得到的效果如图10–78所示。

图10–77

图10–78

18 选择工具箱中的“横排文字工具” T，在图像中输入“WATCH IT LIVE MONDAY. CCT21 9PMLET ONCHANNEL 8”，将其颜色设置为白色，得到的效果如图10–79所示。

图10–79

10.5 起皱效果

将照片制作出起皱的效果，是一个有趣味的创意。利用液化滤镜作出图像变形的部分，使用动感模糊滤镜将图像的阴影变得更加自然，然后配合涂抹工具，使画面得到整体的起皱效果。

原始图片

最终效果

制作步骤

01 打开配套光盘中的“第10章\起皱效果\人物.jpg”文件，效果如图10-80所示。

图10-80

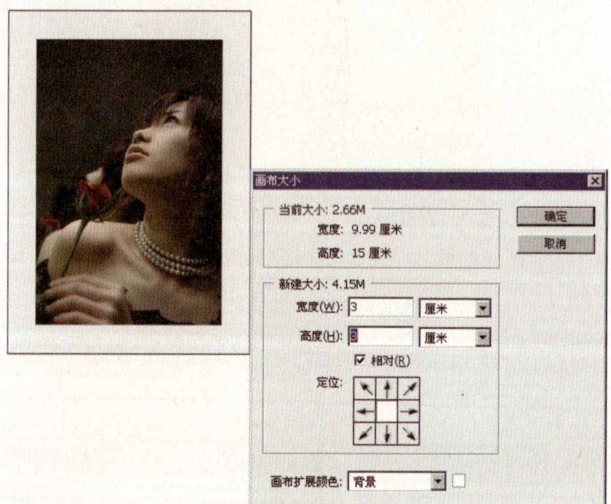

图10-81

02 执行菜单“图像 | 画布大小”命令，弹出“画布大小”对话框，设置【宽度】和【高度】为3厘米，勾选“相对”复选框，图像的四周出现了一周白色边框，效果如图10-81所示。

03 选择工具箱中的“矩形选框工具”，创建一个比原始图像稍大点的选区，按快捷键【Ctrl+J】复制该图层，把该图层放置在“背景”图层的上方，效果如图10-82所示。

图10-82

04 执行菜单“图像|调整|色阶”命令，按快捷键【Ctrl+L】，弹出“色阶”对话框，向左移动高光输出色阶滑块，将输出色阶右边的设置为240，如图10-83所示。

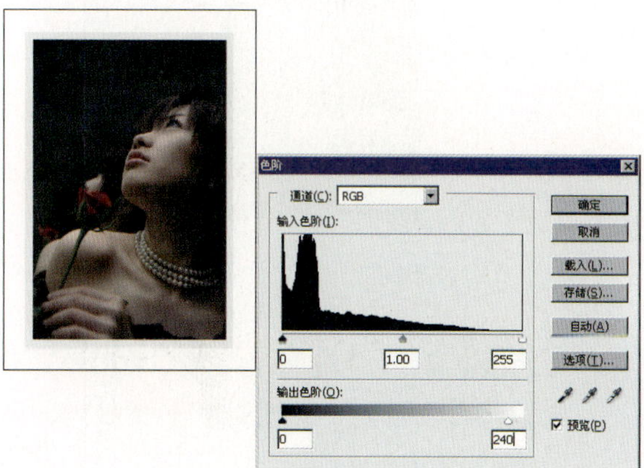

图10-83

05 选择工具箱中的“套索工具”，在图像的左上方绘制一个不规则的选区，按快捷键【Ctrl+J】复制该图层，生成“图层2”图层，效果如图10-84所示。

图10-84

06 单击“图层”调板底部的“添加图层样式”按钮，在弹出的下拉菜单中选择“斜面和浮雕”命令，弹出“图层样式”对话框，设置各项参数，设置完毕后单击“确定”按钮，效果如图10-85所示。

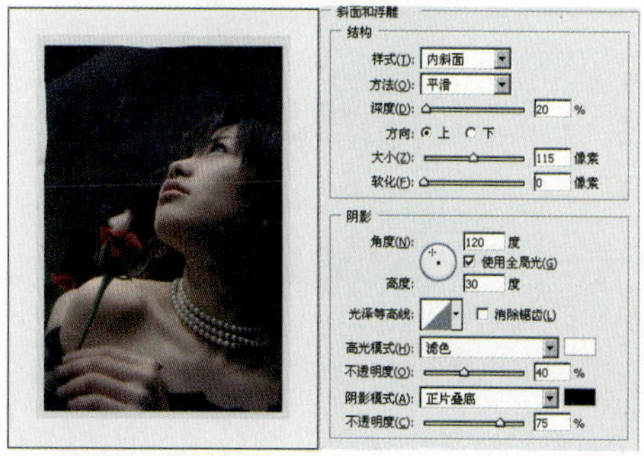

图10-85

07 执行菜单“滤镜|液化”命令，在弹出的对话框中选择“向前变形工具”，为了使图像顶部稍微弯曲，调整画笔大小，在图像顶部边缘将图像向下拉，效果如图10-86所示。

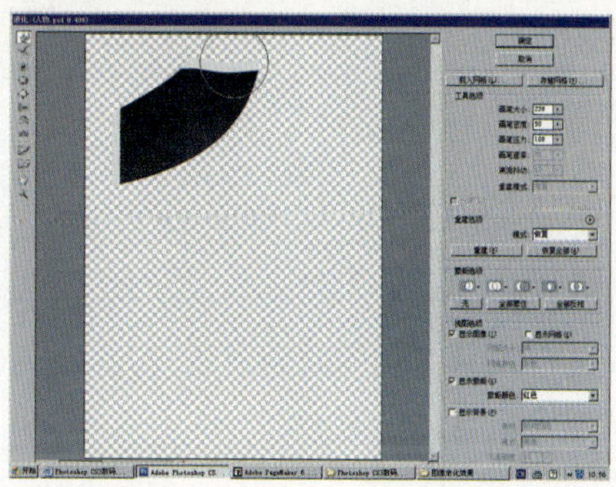

图10-86

08 在图像的左边，使用较小的画笔将图像向右拖动，将图像适当的弯曲，效果如图10-87所示。

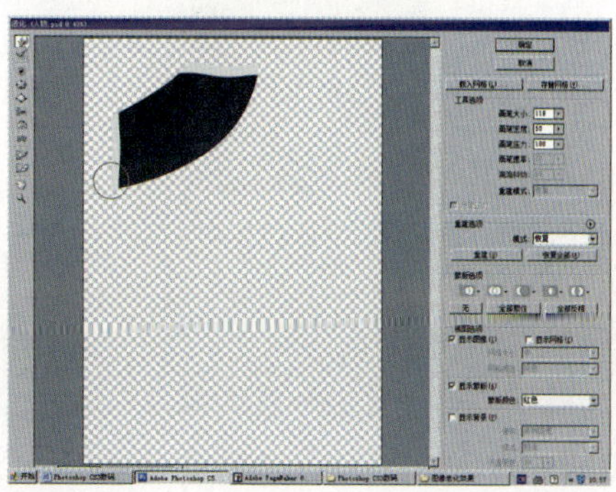

图10-87

09 设置完毕，单击“确定”按钮，可以发现折痕部的边缘得到自然变形的效果。但图层下面的图像影响了效果，如图10-88所示。

图10-88

10 为了下面方便作图，按住【Shift】键选择“图层1”和“图层2”图层，然后再按快捷键【Ctrl+E】向下合并，生成“图层2”图层，如图10-89所示。

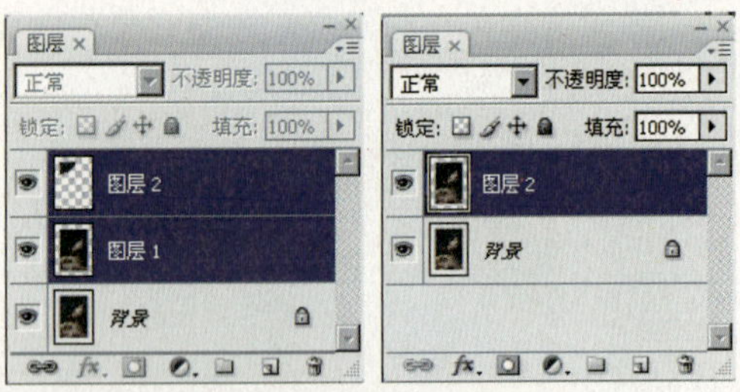

图10-89

11 选择“图层1”图层为当前图层，在工具箱中选择“橡皮擦工具”，在画面中擦除影响效果的部分，如图10-90所示。

图10-90

12 在工具箱中选择“加深工具”，在工具选项栏上选择笔尖形状为柔角，然后在图像要表现皱褶的区域进行涂抹，在图像的部分区域进行加深处理，如图10-91所示。

图10-91

13 选择工具箱中的“涂抹工具”，在要适当变形的部分进行涂抹，制作自然的起皱图像如图10-92所示。

图10-92

14 按快捷键【Ctrl+T】自由变换，将图像进行旋转，旋转完毕后按【Enter】键确定，如图10-93所示。

图10-93

15 按住【Ctrl】键不放，单击“图层2”图层缩览图，生成选区，执行菜单“选择 | 修改 | 扩展”命令，在弹出的“扩展选区”对话框中设置参数，如图10-94所示。

图10–94

16 按快捷键【Ctrl+Alt+D】执行羽化命令，在弹出的“羽化选区”对话框中进行参数设置，然后将前景色设置为黑色，按快捷键【Alt+Delete】填充前景色，按快捷键【Ctrl+D】取消选区，效果如图10–95所示。

图10–95

17 在工具箱中选择“移动工具”，同时按住【Shift】键，将“图层3”图层的阴影向右移动，执行菜单“滤镜｜模糊｜动感模糊”命令，在弹出的“动感模糊”对话框中依照默认值，单击“确定”按钮，将阴影变得自然柔和，效果如图10–96所示。

图10–96

18 执行菜单“滤镜｜扭曲｜切变”命令，在弹出的对话框中调整节点，单击“确定”按钮。得到变形后的阴影效果如图10–97所示。

图10–97

19 将“背景”图层变为普通图层填充白色，单击“图层”调板底部的“添加图层样式”按钮，在弹出的下拉菜单中选择“斜面和浮雕”命令，弹出“图层样式”对话框，设置各项参数，选择合适的纹理，设置完毕后单击“确定”按钮，效果如图10–98所示。

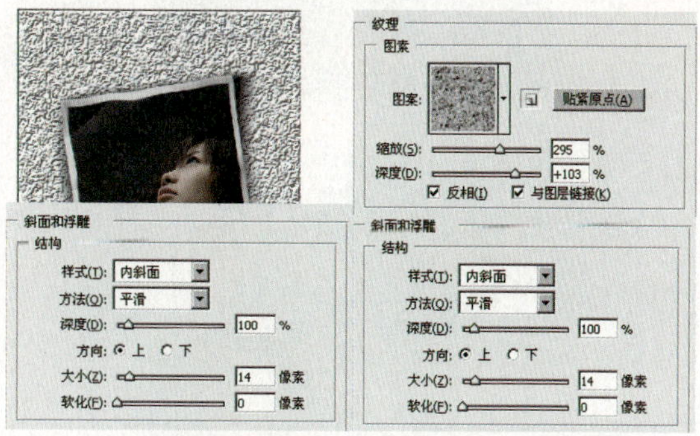

图10–98

20 单击“图层”调板底部的“添加图层样式”按钮，在弹出的下拉菜单中选择“渐变叠加”命令，弹出“图层样式”对话框，设置各项参数，设置完毕后单击“确定”按钮。最终效果如图10–99所示。

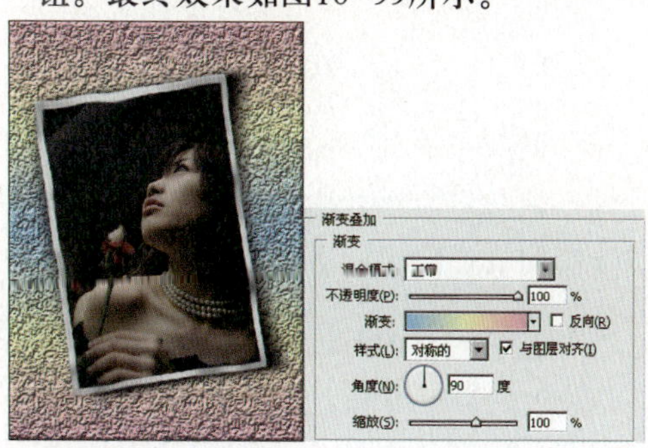

图10–99

10.6 制作时尚T恤效果

将一张自己喜欢的个人照片，经过合成、处理，以及图层混合模式等效果，制作成个性的T恤，展现自我风采、独特风格，

原始图片

最终效果

制作步骤

01 打开配套光盘中的“第10章\制作时尚T恤照片效果\人物.psd”文件，效果如图10-100所示。

图10-100

图10-101

02 选择工具箱中的“磁性套索工具”，用鼠标勾画图像中人物的边缘，勾画回到起始点时，鼠标右下角会出现圆圈，且自动形成一个封闭的选区，如图10-101所示。

03 按快捷键【Ctrl+Alt+I】进行反选，再按【Delete】键删除，将空白处的图像删除，效果如图10-102所示。

图10-102

04 打开配套光盘中的“第10章\制作时尚T恤照片效\衣服.jpg”文件，效果如图10-103所示。

图10-103

05 选择工具箱中的“磁性套索工具”，用鼠标勾画图像中衣服的边缘，勾画回到起始点时，鼠标右下角会出现圆圈，且自动形成一个封闭的选区，按快捷键【Ctrl+Alt+I】进行反选，效果如图10-104所示。

图10-104

06 单击“图层”调板底部的“创建新的填充或调整图层”按钮，在弹出的下拉菜单中选择“色相/饱和度”命令，设置弹出“色相/饱和度”对话框中的各项参数，效果如图10-105所示。

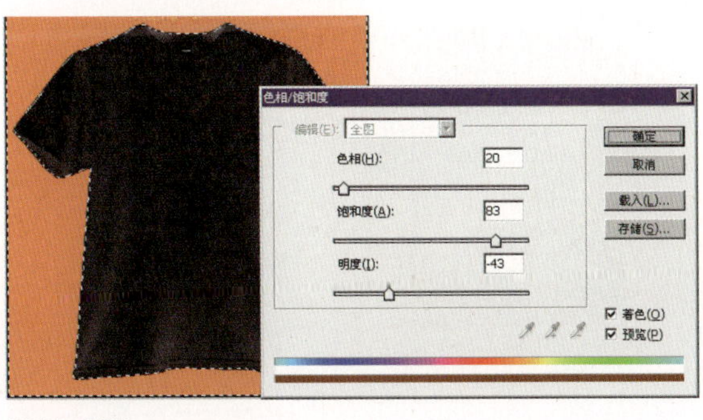

图10-105

07 打开配套光盘中的“第10章\制作时尚T恤照片效果\素材1.jpg”文件，效果如图10-106所示。

图10-106

08 单击“图层”调板底部的“创建新的填充或调整图层”按钮，在弹出的下拉菜单中选择“照片滤镜”命令，设置弹出“照片滤镜”对话框中的各项参数，效果如图10-107所示。

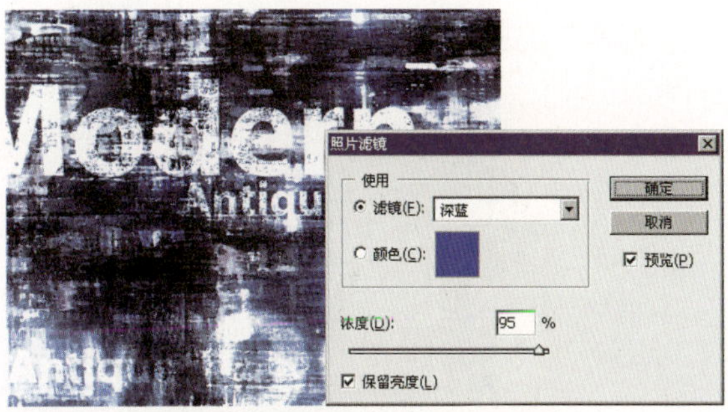

图10-107

09 执行菜单“滤镜|抽出”命令，在弹出的“抽出”对话框中选择“边缘高光器工具”，绘制出曲线形状，单击“确定”按钮。将背景制作出参差不齐的效果，如图10-108所示。然后将其拖动至“步骤4”打开的文件中。

图10-108

10 选择“图层1”图层，执行菜单“滤镜 | 像素化 | 彩色半调”命令，在弹出的“彩色半调”对话框中设置各项参数，设置好后单击“确定”按钮。得到的效果如图10-109所示。

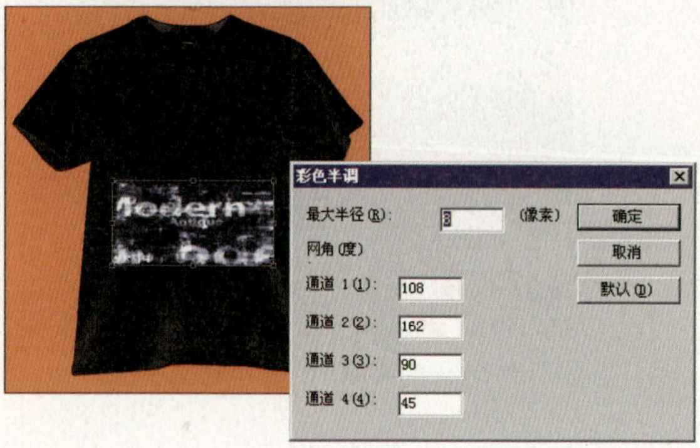

图10-109

11 将“图层1”图层拖动至“图层”调板底部的“创建新图层”按钮上，生成“图层1副本”图层，效果如图10-110所示。

图10-110

12 选择工具箱中的“移动工具”，将“人物”移动至“步骤4”打开的文件中，按快捷键【Ctrl+T】自由变换，调整大小，如图10-111所示。

图10-111

13 选择“图层2”图层，将图层混合模式设置为“滤色”，使图像的颜色变浅。效果如图10-112所示。

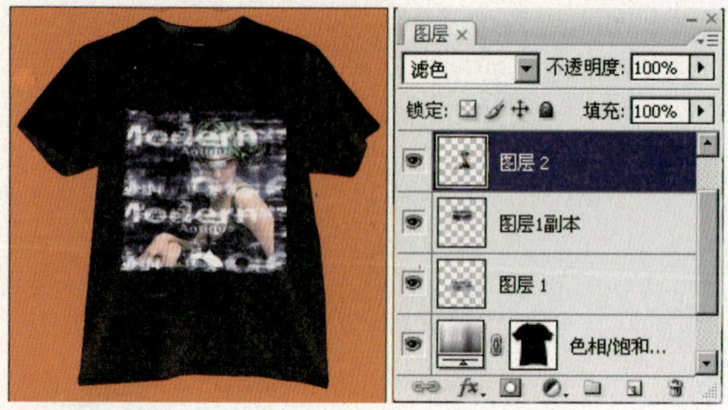

图10-112

14 选择工具箱中的“横排文字工具”T，在图像中输入英文字母，单击“图层”调板底部的“添加图层样式”按钮fx，在弹出的下拉菜单中选择“投影”命令，弹出“图层样式”对话框，设置各项参数，设置完毕后单击“确定”按钮，效果如图10-113所示。

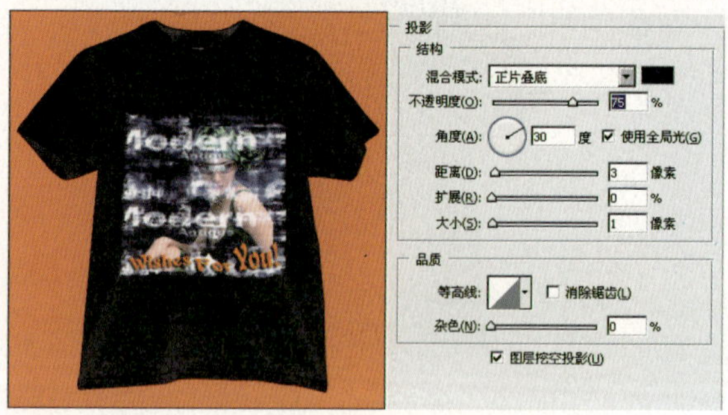

图10-113

15 单击“图层”调板底部的“添加图层样式”按钮fx，在弹出的下拉菜单中选择“内发光”命令，弹出“图层样式”对话框，设置各项参数，设置完毕后单击“确定”按钮，效果如图10-114所示。

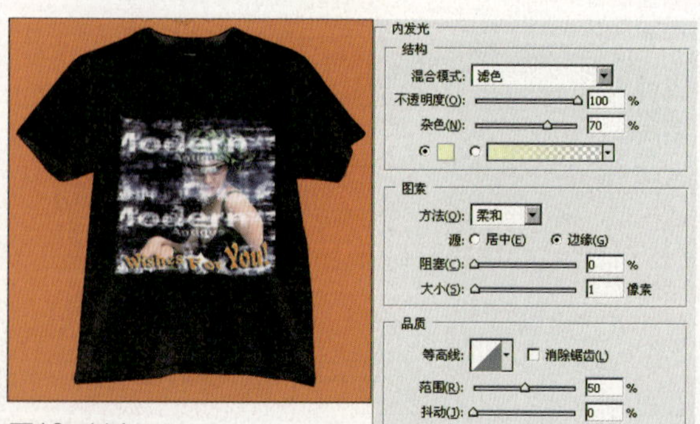

图10-114

10.7 制作液体流淌效果

本实例将普通的数码照片制作成液体流淌的效果。使用魔棒工具可以在图像中随意创建选区，结合工具选项栏的设置，创建的选区也会产生变化。

原始图片

最终效果

制作步骤

01 执行菜单“文件 | 新建”命令（或按快捷键【Ctrl+N】），在弹出的“新建”对话框中设置参数如图10-115所示，单击“确定”按钮。

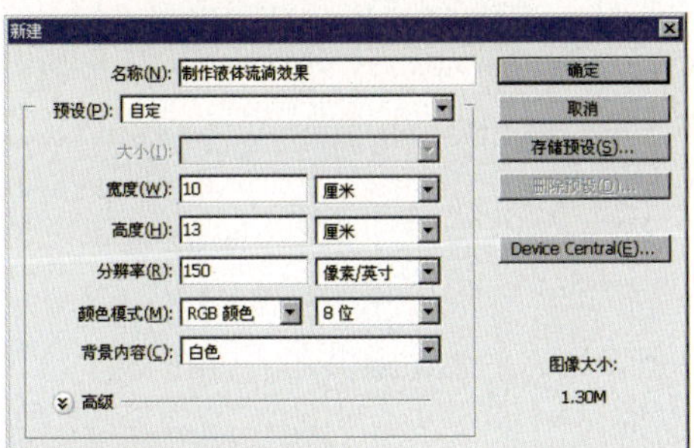

图10–115

02 单击“图层”调板底部的“创建新图层”按钮，生成“图层1”图层。选择工具箱中的“渐变工具”，单击渐变色块，在出现的“渐变编辑器”对话框中单击选择“黄色–绿色–红色–紫色”色标，要图像中从上到下拖曳填充渐变效果，如图10–116所示。

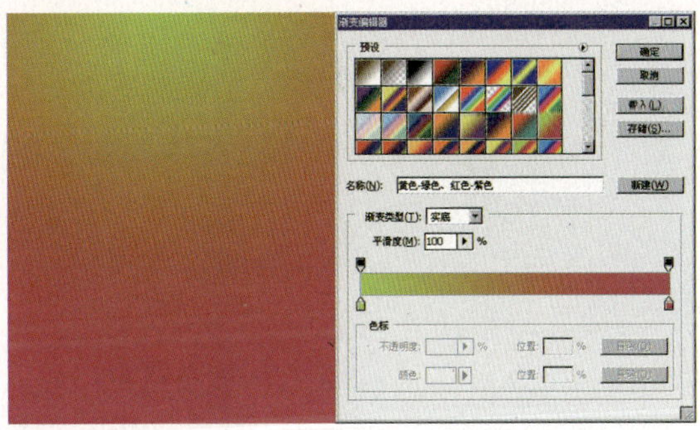
图10–116

03 选择“图层1”图层，将图层的“不透明度”设置为55%，执行后的效果如图10–117所示。

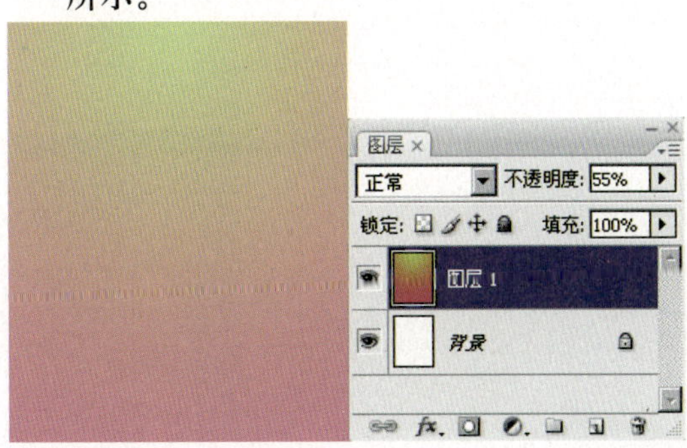

图10–117

04 执行菜单“文件 | 新建”命令（或按快捷键【Ctrl+N】），在弹出的“新建”对话框中设置参数如图10-118所示，单击“确定”按钮。

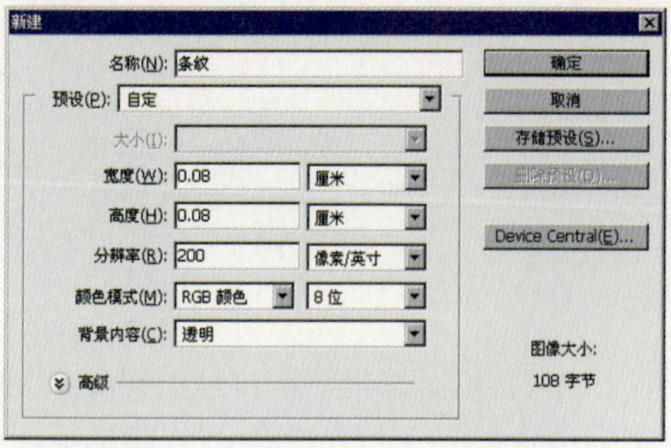

图10-118

05 将前景色设置为白色，在图像中绘制几个等大的白色矩形，执行菜单“编辑 | 定义图案”命令，弹出“图案名称”对话框，在名称中输入“条纹.psd”，如图10-119所示。

图10-119

06 单击“图层”调板底部的“创建新图层”按钮，生成“图层2”图层。执行菜单“编辑 | 填充”命令，得到如图10-120所示的效果。

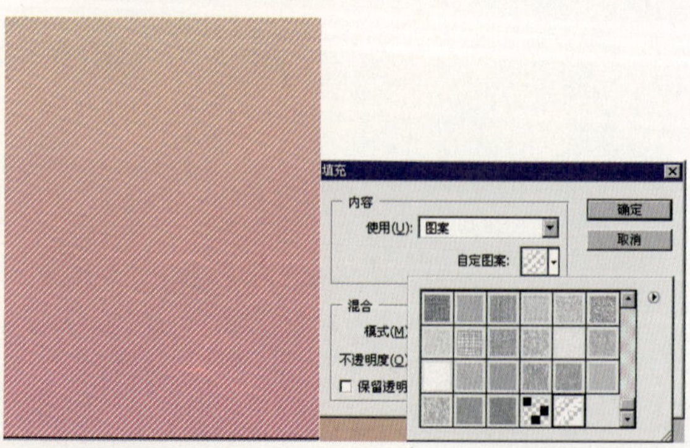

图10-120

07 选择“图层2”图层，将图层的“不透明度”设置为32%，执行后的效果如图10-121所示。

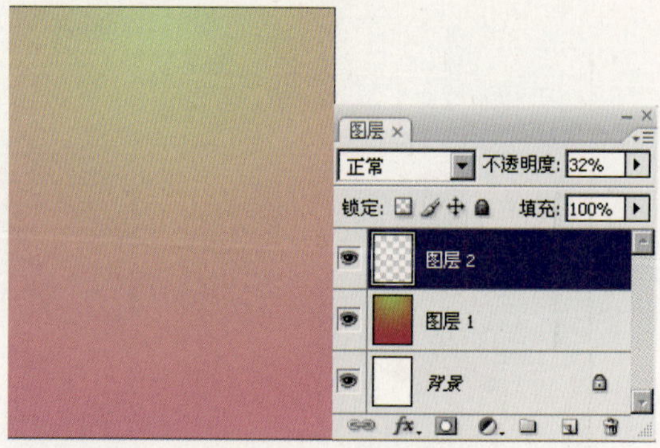

图10-121

08 单击“图层”调板底部的“创建新图层”按钮，生成“图层3”图层，单击“套索工具”，在图像中绘制一个不规则选区，如图10-122所示。

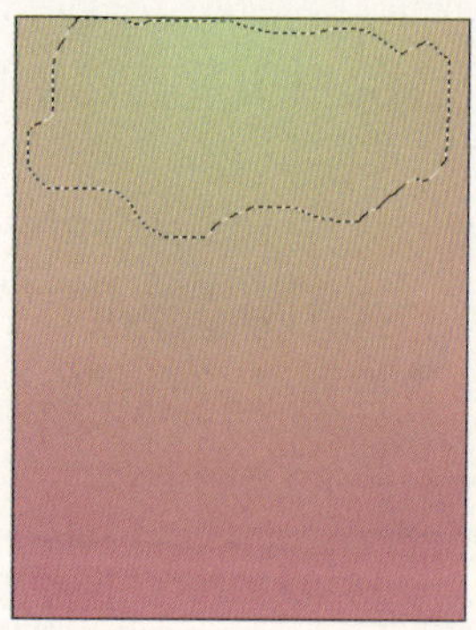

图10-122

09 设置前景色为（R：227、G：118、B：152），如图10-123所示。按快捷键【Alt+Delete】填充前景色，效果如图10-124所示。

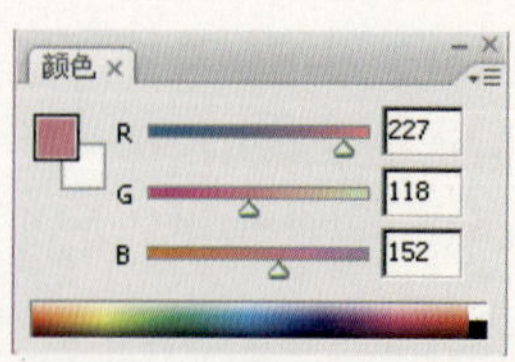

图10-123

图10-124

10 执行菜单“滤镜|渲染|云彩”命令，在图像中自动生成云彩效果，按快捷键【Alt+Delete+F】调整云彩效果，此时的效果如图10-125所示。

图10-125

11 选择“图层3”图层，选择“魔棒工具”，在工具选项栏中设置“容差”为4，在图像中创建选区，如图10-126所示。

图10-126

12 执行菜单“选择|修改|收缩”命令，在弹出的对话框中设置“收缩量”为5像素，设置完成后单击“确定”按钮，效果如图10-127所示。

图10-127

13 执行菜单“选择|修改|羽化”命令，在弹出的对话框中设置“羽化半径”为5像素，设置完成后单击“确定”按钮，按【Delete】键删除选区，如图10-128所示。

图10-128

14 按快捷键【Ctrl+Alt+D】调出自由变换并复制控制框，弹出“羽化选区”对话框，并设置“羽化半径”为5像素，完成后单击“确定”按钮，按【Delete】键删除选区，如图10-129所示。

图10-129

15 选择工具箱中的“涂抹工具”，在工具选项栏中设置“强度”为50%，沿着图像边缘进行涂抹，如图10-130所示。

图10-130

16 单击“图层”调板底部的“添加图层样式”按钮 fx.，在弹出的下拉菜单中选择“投影”命令，弹出“图层样式”对话框，设置各项参数，设置完毕后单击“确定”按钮，效果如图10-131所示。

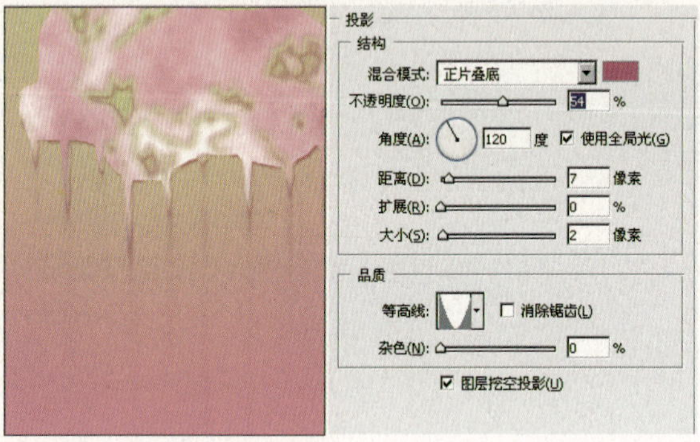

图10-131

17 单击“图层”调板底部的“创建新图层”按钮，生成“图层4”图层，单击“套索工具”，在图像中绘制一个不规则选区，如图10-132所示。

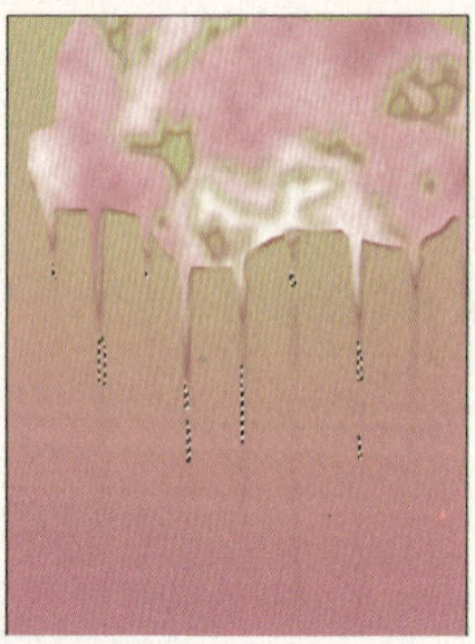

图10-132

18 设置前景色为（R：245、G：209、B：221），按快捷键【Alt+Delete】填充前景色，按快捷键【Ctrl+D】取消选区，效果如图10-133所示。

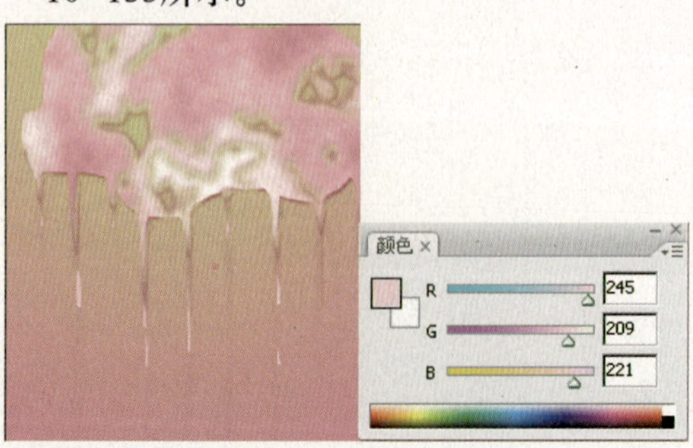

图10-133

19 单击“图层”调板底部的“添加图层样式”按钮 fx.，在弹出的下拉菜单中选择“投影”命令，弹出“图层样式”对话框，设置各项参数，设置完毕后单击“确定”按钮，效果如图10-134所示。

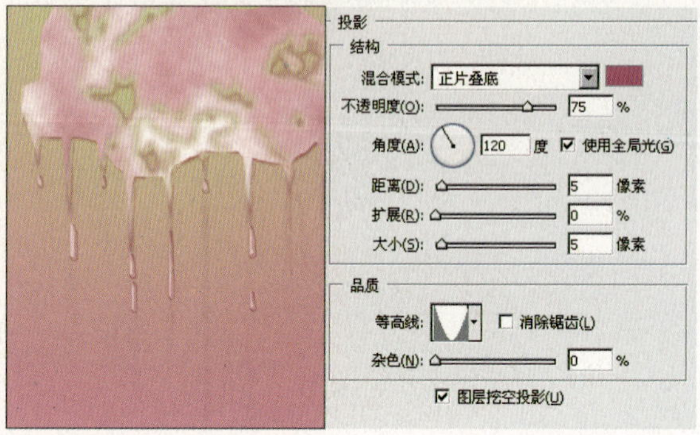

图10-134

20 打开配套光盘中的“第10章\制作液体流淌效果\楼房.psd”文件，效果如图10-135所示。

图10-135

21 选择工具箱中的“磁性套索工具”，用鼠标勾画图像的边缘，勾画回到起始点时，鼠标右下角会出现圆圈，且自动形成一个封闭的选区，按快捷键【Ctrl+Alt+I】进行反选，再按【Delete】键删除，效果如图10-136所示。

图10-136

22 选择工具箱中的“移动工具”，将“楼房”移动至“步骤1”新建的文件中，按快捷键【Ctrl+T】自由变换，调整到合适的位置，生成“图层5”图层，如图10-137所示。

图10-137

23 单击“图层”调板底部的“添加图层蒙版“按钮，选择工具箱中的“橡皮擦工具”，在图像中进行擦拭，如图10-138所示。

图10-138

24 选择“图层5”图层，将图层混合模式设置为“亮度”，使楼房能与背景相互融合，执行后的效果如图10-139所示。

图10-139

25 打开配套光盘中的“第10章\制作液体流淌效果\花纹.psd”文件，效果如图10-140所示。

图10-140

26 选择工具箱中的“移动工具”，将“花纹”移动至“步骤1”新建的文件中，按快捷键【Ctrl+T】自由变换，调整到合适的位置，生成“图层6”图层，如图10-141所示。

图10-141

27 将“图层6”图层拖动至“图层”调板底部的“创建新图层”按钮上，生成“图层6副本”图层，按快捷键【Ctrl+T】自由变换，调整到合适的位置，效果如图10-142所示。

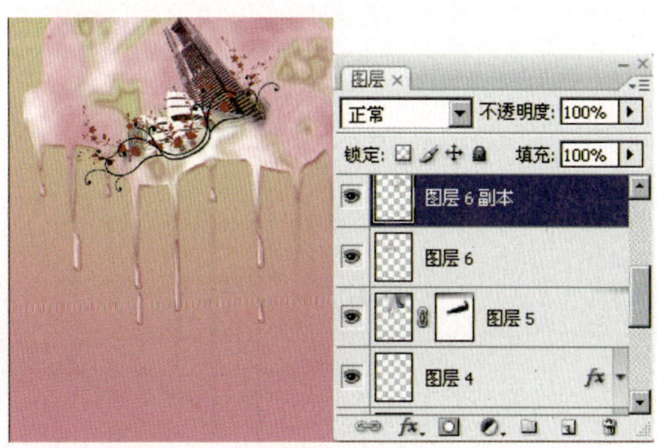

图10-142

28 打开配套光盘中的“第10章\制作液体流淌效果\花纹1.psd”文件，效果如图10-143所示。

图10-143

30 选择工具箱中的“移动工具”，将“花纹”移动至“步骤1”新建的文件中，按快捷键【Ctrl+T】自由变换，调整到合适的位置，生成“图层7”图层，如图10-144所示。

图10-144

29 将“图层7”图层拖动至“图层”调板底部的“创建新图层”按钮上，生成“图层7副本”图层，按快捷键【Ctrl+T】自由变换，调整到合适的位置，效果如图10-145所示。

图10-145

31 选择工具箱中的“横排文字工具”T，在图像中输入英文，按快捷键【Ctrl+T】自由变换，调整到合适的角度位置单击【Enter】键，完成最终效果如图10-146所示。

图10-146

10.8 制作墨滴效果

画纸上浸染的墨滴，慢慢地扩散，渐渐地变淡，仿佛人生的印痕，引人遐思。将这一切与所拍摄的照片相结合，制作一幅古色古香的画，进而领略中国文化的无限魅力。

原始图片

最终效果

制作步骤

01 执行菜单"文件 | 新建"命令（或按快捷键【Ctrl+N】），在弹出的"新建"对话框中设置参数如图10–147所示，单击"确定"按钮。

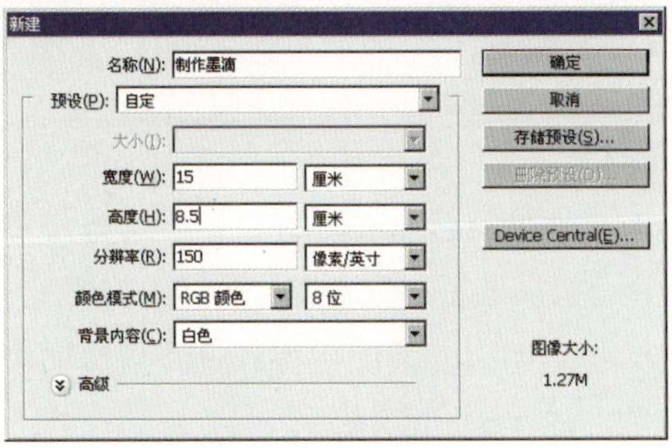

图10–147

02 选择工具箱中的"画笔工具"，打开"画笔"调板。选择一个画笔，然后选择"形状动态"选项，在相应的对话框中设置动态参数，如图10–148所示。

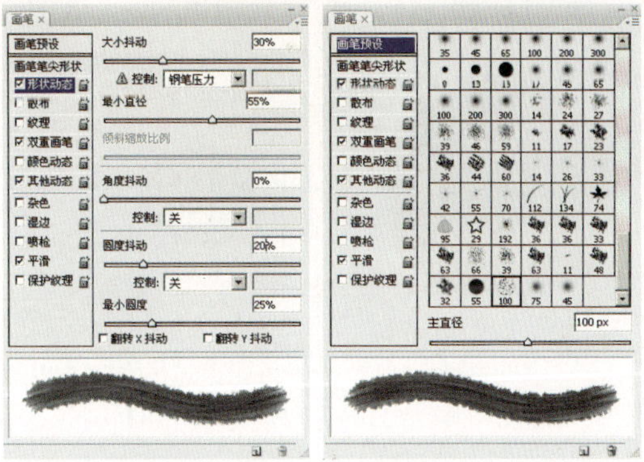

图10–148

03 设置完形状动态后，分别双击"双重画笔"选项，然后再双击其他动态，在相应的对话框中进行参数设置，如图10–149所示。

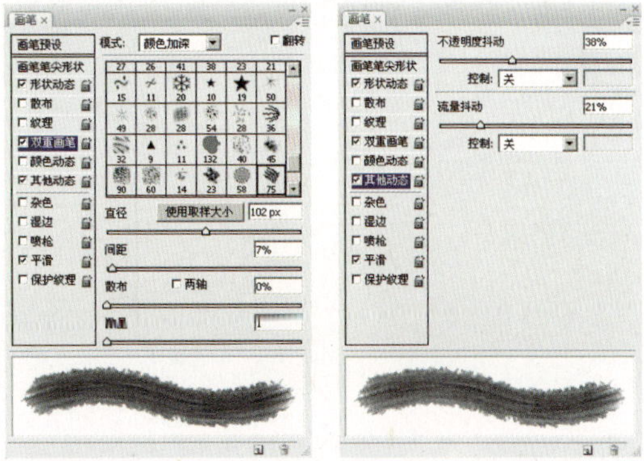

图10–149

04 单击“图层”调板底部的“创建新图层”按钮，生成“图层1”图层，然后使用设置好的画笔，绘制一个墨滴的形状图形，绘制的时候从最外面向中心旋转进行绘制，得到的效果如图10−150所示。

图10−150

05 为了不影响“图层1”图层，按快捷键【Ctrl+J】，复制“图层1”图层，生成“图层1副本”图层，制作模糊感的水印。执行菜单“滤镜｜模糊｜高斯模糊”命令，在弹出的对话框中进行参数设置，单击“确定”按钮，得到具有模糊感的图像，按快捷键【Ctrl+E】将其与“图层1”图层合并，得到墨滴模糊的图像效果如图10−151所示。

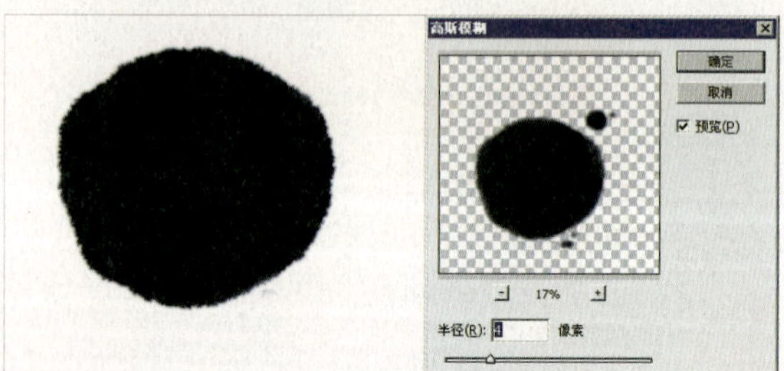

图10−151

06 在“图层”调板中设置“图层1”图层的“不透明度”为“40%”，得到墨滴灰色区域，如图10−152所示。

图10−152

07 继续使用开始设置好的画笔工具，在工具选项栏上进行参数设置，新建“图层2”图层，在灰色区域中绘制一块黑色的墨滴中心图形，如图10−153所示。

图10−153

08 按住【Ctrl】键不放并单击“图层”调板中的“图层2”图层，将墨滴中心的选区载入，执行菜单“选择｜修改｜收缩”命令，在弹出的对话框中进行参数设置。再执行菜单“选择｜羽化”命令，在弹出的对话框中进行参数设置，单击“确定”按钮，如图10−154所示。

图10−154

09 按快捷键【Ctrl+Shift+I】，将选区反选，按【Delete】键，清除选区内的图像。由于羽化的原因，清除后得到过渡自然的墨滴效果，如图10−155所示。

图10−155

10 选择工具箱中的“橡皮擦工具”，在工具选项栏上进行参数设置。然后在暗部和灰部之间进行涂抹，使得过渡更加自然，如图10−156所示。

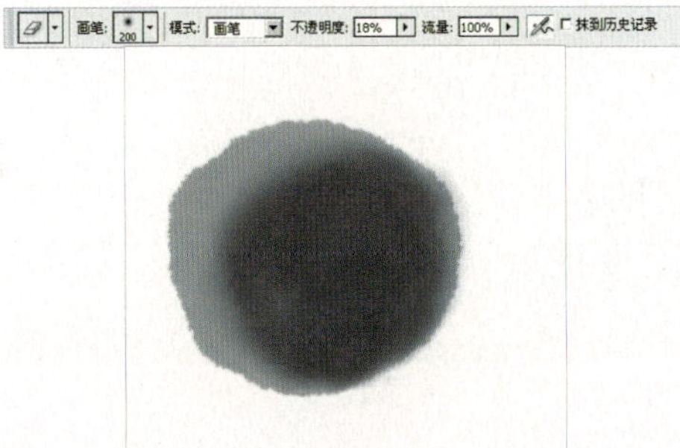

图10−156

11 单击“图层”面板上的“创建新的填充或调整新的图层“按钮，选择“色阶”选项，创建“色阶1”调整图层，在弹出的对话框中进行参数设置，如图10−157所示。

图10−157

12 新建“图层3”图层，按快捷键【Ctrl+Shift+Alt+E】，将可见图层的图像合并到“图层3”，将图层3的“不透明度”设置为40%，这样有利于下面的制作，如图10−158所示。

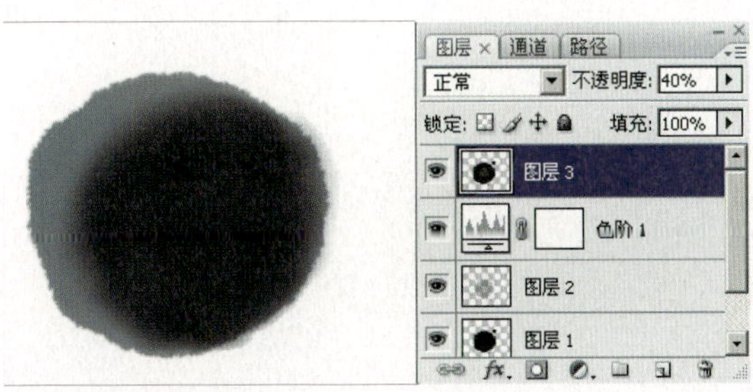

图10−158

13 打开配套光盘中的“第10章\制作墨滴\人物.jpg”文件，生成“图层4”图层，效果如图10−159所示。

图10−159

14 选择“图层4”图层，单击“图层”调板底部的“添加图层蒙版“按钮，选择工具箱中的“椭圆选框工具”，在图像中绘制一个圆形大小不要超出整个图像，如图10−160所示。

图10−160

15 按快捷键【Ctrl+Shift+I】进行反选，将前景色设置为黑色，按快捷键【Alt+Delete】填充前景色，按快捷键【Ctrl+D】取消选区，效果如图10−161所示。

图10−161

⑯ 对图层蒙版执行菜单“滤镜｜模糊｜高斯模糊”命令，弹出“高斯模糊”对话框，调整模糊“半径”为30像素，图像边缘的虚化效果就会出现了，可反复调整到自己满意为止，单击“确定”按钮，如图10-162所示。

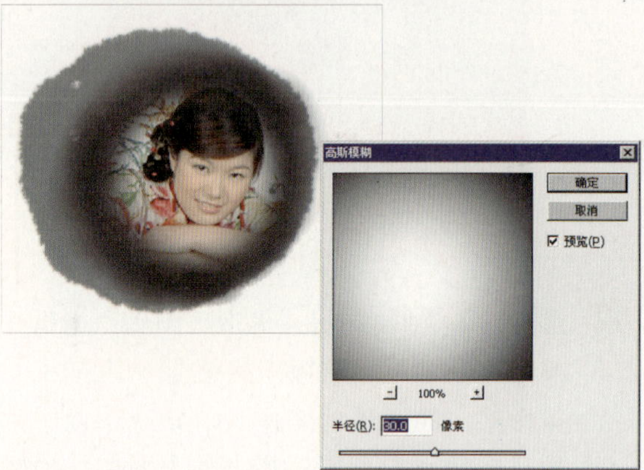

图10-162

⑰ 将“图层4”图层拖动至“图层”调板底部的“创建新图层”按钮上，生成“图层4副本”图层，在“图层”调板中混合模式设置为“柔光”，“不透明度”设置为36%，效果如图10-163所示。

图10-163

⑱ 打开配套光盘中的“第10章\制作墨滴\底纹.jpg”文件，将其拖动至“步骤1”新建的文件中，生成“图层5”图层，效果如图10-164所示。

图10-164

⑲ 将“图层5”图层放置到“背景”图层上，如图10-165所示。

图10-165

⑳ 打开配套光盘中的“第10章\制作墨滴\墨盒.jpg与字.psd”文件，效果如图10-166所示。

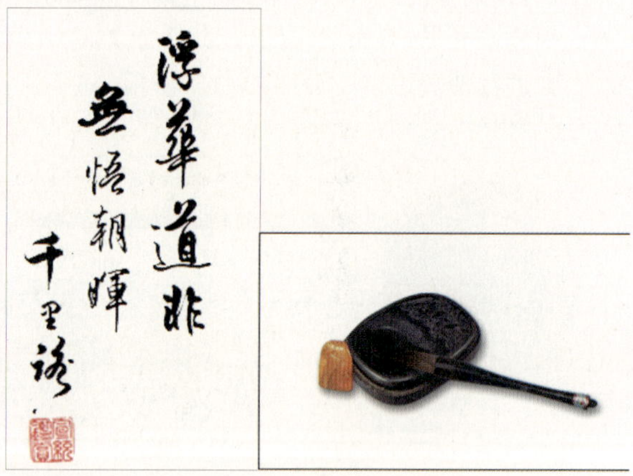

图10-166

㉑ 选择工具箱中的“移动工具”，将“墨盒.jpg与字.psd”移动至“步骤1”新建的文件中，按快捷键【Ctrl+T】自由变换，完成最终效果，如图10-167所示。

图10-167

10.9 快乐之旅

本实例运用移动工具、填充工具、文字工具来制作一张快乐之旅。通过数张图片的色彩搭配来组合一个多彩的画面，制作出堆叠的风景照片，并添加黄色的标签，生动形象地表现出快乐之旅。

原始图片

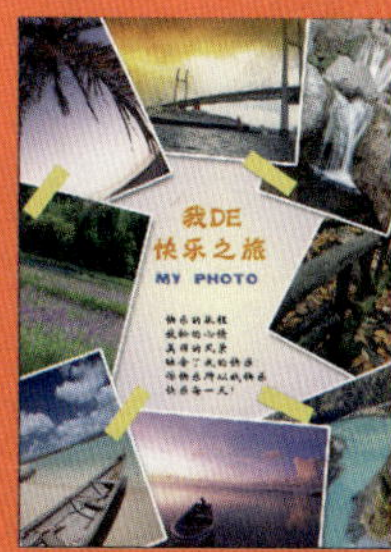

最终效果

制作步骤

01 执行菜单“文件 | 新建”命令(或按快捷键【Ctrl+N】)，在弹出的“新建”对话框中设置参数如图10-168所示，单击“确定”按钮。

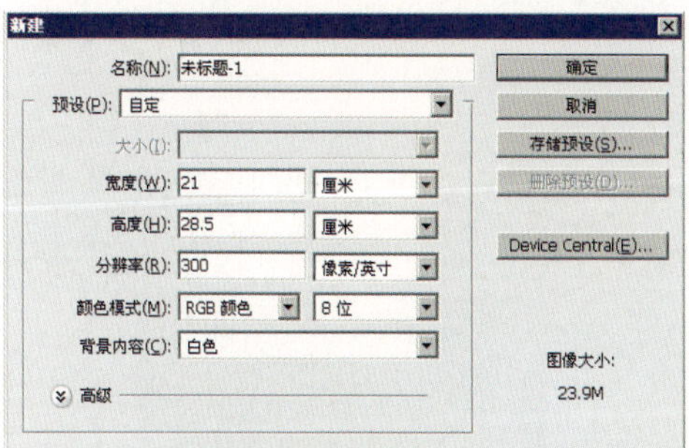

图10-168

02 单击“图层”调板底部的“创建新图层”按钮，生成“图层1”图层。选择工具箱中的“渐变工具”，单击渐变色块，在出现的“渐变编辑器”对话框中单击选择“橙色-黄色”色标，如图10-169所示。

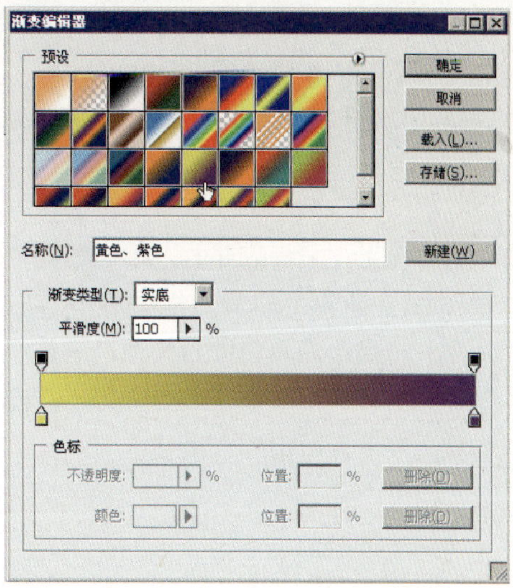

图10-169

03 将设置好的渐变颜色从矩形的中心按住鼠标向右拖曳，进行菱形渐变，在“图层”调板中将“不透明度”设置为15%，如图10-170所示。

图10-170

04 选择工具箱中的“横排文字工具”T，在画布的中心位置输入“我DE快乐之旅”几个字，将字号设为41点，颜色参数为（R：230、G：97、B：0），如图10-171所示。

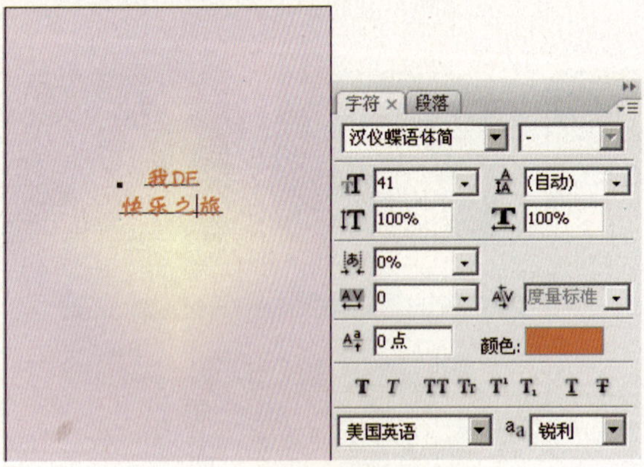

图10-171

05 单击“图层”调板底部的“添加图层样式”按钮fx，在弹出的对话框中选择“描边”命令，将描边的颜色设为黄色，颜色参数为（R：255、G：241、B：0），大小设为5像素，效果如图10-172所示。

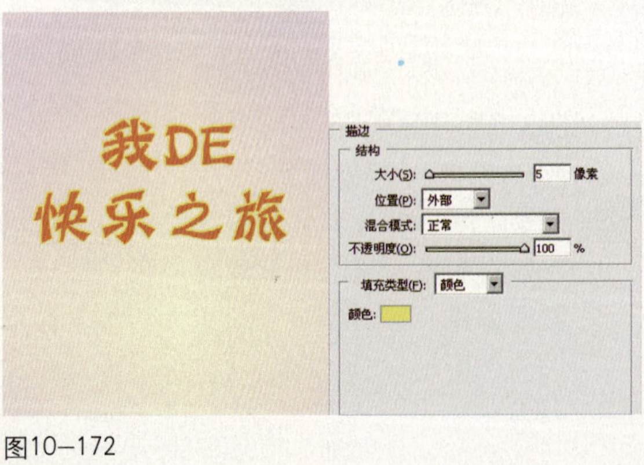

图10-172

06 选择工具箱中的“横排文字工具”T，输入“MY PHOTO”英文，将字号设为18点，颜色参数为（R：40、G：82、B：215），如图10-173所示。

图10-173

07 选择工具箱中的“横排文字工具”T，输入“快乐的旅程……”，将字号设为18点，颜色为黑色，如图10-174所示。

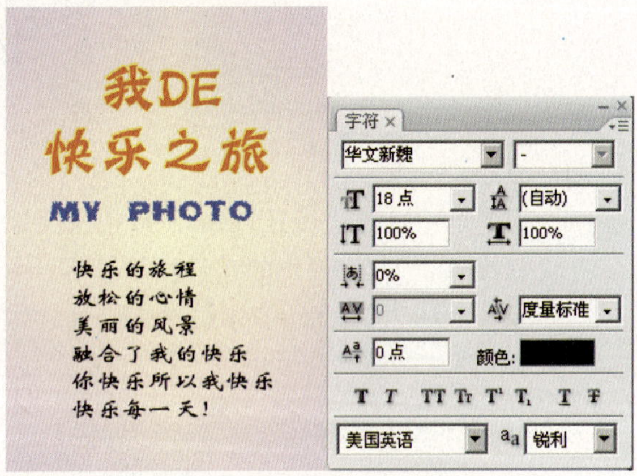

图10-174

08 打开配套光盘中的“第10章\快乐之旅\风景1.jpg”文件，效果如图10-175所示。

图10-175

09 选择工具箱中的“移动工具”，将“风景1”文件拖曳到画面中，然后执行菜单“编辑｜变换｜缩放”命令，调整其大小的位置，如图10-176所示。

图10-176

10 使用上面的方法，依次打开配套光盘中的素材图像，并拖曳到画面中，然后执行菜单“编辑｜变换｜缩放”命令，调整其大小和位置，如图10-177所示。

图10-177

11 单击“图层”调板底部的“添加图层样式”按钮，在弹出的对话框中选择“描边”命令，将描边的像素设为20像素，颜色为白色，效果如图10-178所示。

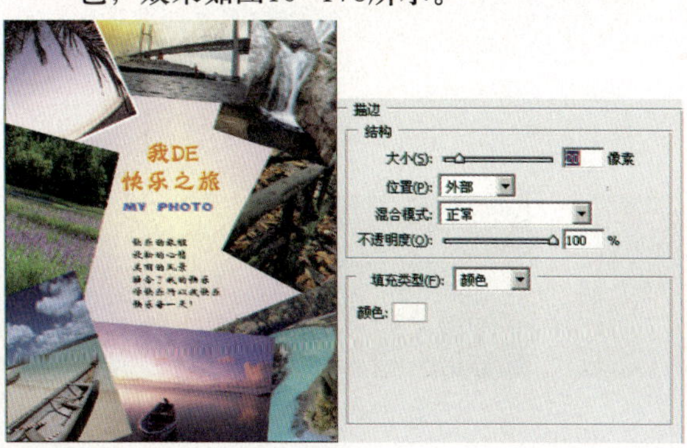

图10-178

12 单击“图层”调板底部的“添加图层样式”按钮，在弹出的对话框中选择“投影”命令，设置各项参数，效果如图10-179所示。

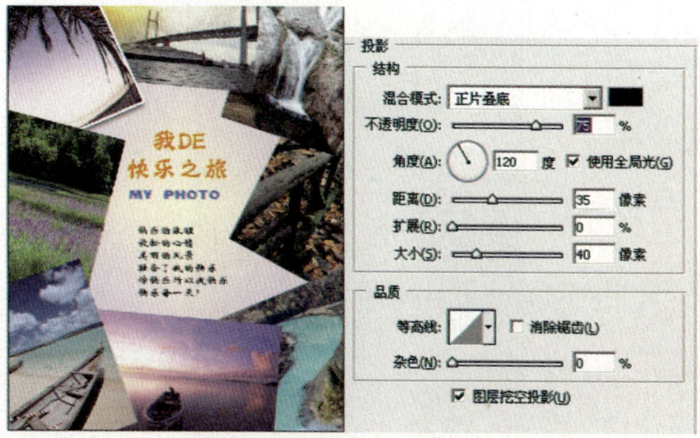

图10-179

13 按照上述的方法，对每个图片进行相同的描边和图层样式设置，并对文字位置进行适当的调整，得到的效果如图10-180所示。

图10-180

14 新建一个图层，选择工具箱中的“矩形选框工具”，绘制一个矩形，填充黄色，颜色参数为（R：250、G：229、B：56），如图10-181所示。

图10-181

15 执行菜单“编辑｜自由变换”命令，显示出自由变换编辑框，拖动鼠标对图像进行旋转，并使用编辑框适当的调整图像的大小，如图10-182所示。

图10—182

16 用复制图层的方法为图像增加几个黄色标签，完成最终的效果，如图10-183所示。

图10—183

10.10 展望未来

本实例运用了梦幻的色彩，人物向前远望给人一种对美好未来的憧憬，将图层的蒙版与渐变颜色结合使人物与背景的结合更加的自然，更改图层混合模式以融合图像。

原始图片

最终效果

制作步骤

01 执行菜单“文件|新建”命令（或按快捷键【Ctrl+N】），在弹出的“新建”对话框中设置参数如图10-184所示，单击“确定”按钮。

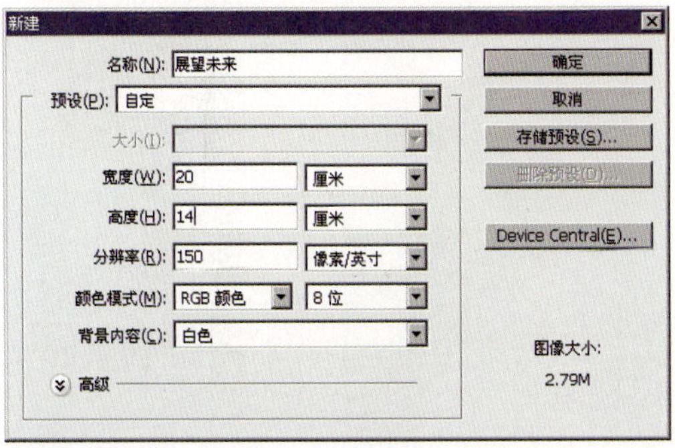

图10-184

02 设置前景色为（R：250、G：188、B：127），设置前景色为（R：252、G：234、B：132），如图10-185所示。单击“图层”调板底部的“创建新图层”按钮，生成“图层1”图层，选择工具箱中的“渐变工具”，单击渐变色块，在出现的“渐变编辑器”对话框中单击选择“前景到背景”色标，效果如图10-186所示。

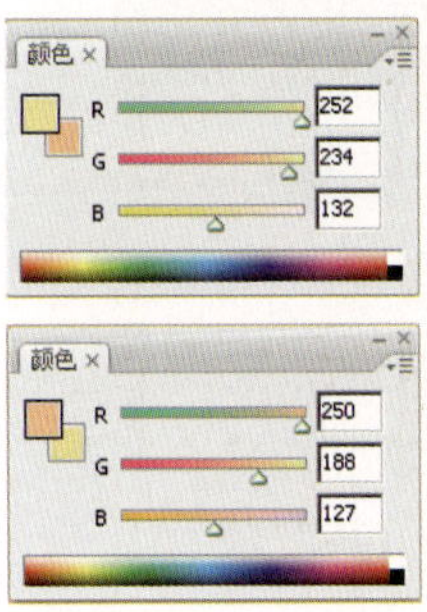

图10-185

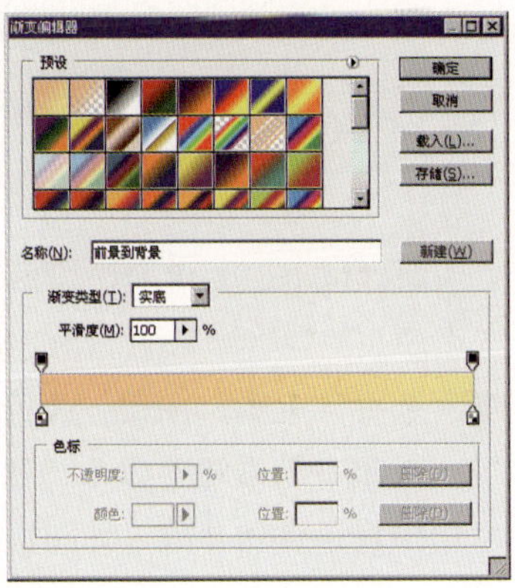

图10-186

03 选择工具箱中的“渐变工具”，在图像中从左上方往右下拖动鼠标，渐变效果如图10-187所示。

04 打开配套光盘中的“第10章\展望未来\建筑物.jpg”文件，效果如图10-188所示。

图10-187

图10-188

05 选择工具箱中的“移动工具”，将“建筑物”移至“步骤1”新建的文件中，按快捷键【Ctrl+T】自由变换，将建筑物进行适当的调整，生成“图层2”图层，效果如图10-189所示。

图10-189

06 选择“图层2”图层，单击“图层”调板底部的“添加图层蒙版”按钮，按【D】键，前后背景设置为默认色，选择工具箱中的“矩形选框工具”，然后选择“渐变工具”，在图像中从下往上拖动鼠标，图像效果如图10-190所示。

图10–190

07 为了融合背景，在“图层”调板中将图层混合模式设置为“滤色”，“不透明度”为32%，效果如图10–191所示。

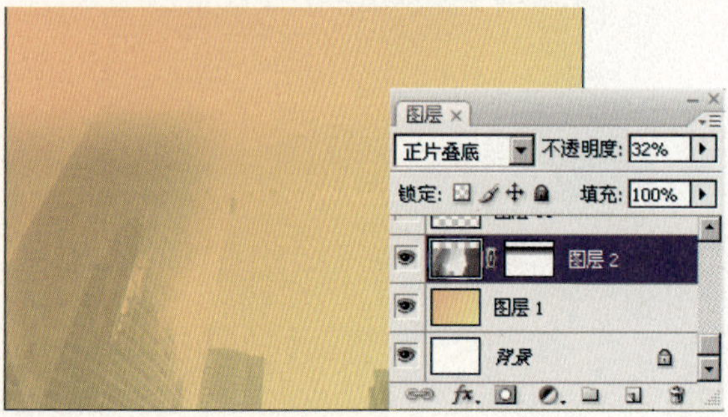

图10–191

08 将“图层2”图层拖动至“图层”调板底部的“创建新图层”按钮上，生成“图层2副本”图层，将图层混合模式设置为“柔光”，“不透明度”为68%，效果如图10–192所示。

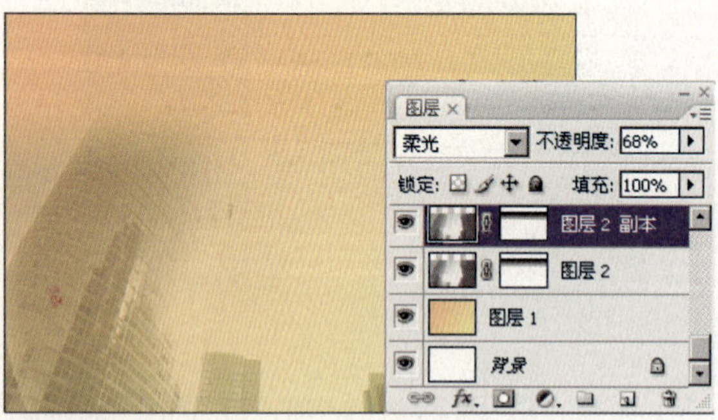

图10–192

09 打开配套光盘中的“第10章\展望未来\人物.psd”文件，效果如图10–193所示。

10 选择工具箱中的“磁性套索工具”，用鼠标勾画图像中人物的边缘，勾画回到起始点时，鼠标右下角会出现圆圈，且自动形成一个封闭的选区，按快捷键【Ctrl+Alt+I】进行反选，再按【Delete】键删除，效果如图10–194所示。

图10–193

图10–194

11 选择工具箱中的“移动工具”，将“人物”移至“步骤1”新建的文件中，按快捷键【Ctrl+T】自由变换，得到“人物”图层，图像效果如图10–195所示。

图10–195

12 选择“人物”图层，执行菜单“滤镜 | 艺术效果 | 干画笔”命令，在弹出的“干画笔”中设置各项参数，如图10–196所示。

图10–196

13 选择“人物”图层，执行菜单“滤镜｜艺术效果｜调色刀”命令，在弹出的“调色刀”对话框中设置各项参数，如图10–197所示。

图10–197

14 单击“图层”调板底部的“添加图层样式”按钮，在弹出的下拉菜单中选择“颜色叠加”命令，弹出“图层样式”对话框，在“渐变”选项组中设置为“黄色–绿色、红色–紫色”，设置完毕后单击“确定”按钮。效果如图10–198所示。

图10–198

15 选择工具箱中的“画笔工具”，在“画笔”调板中分别选择“散布”、“形态动态”和“画笔笔尖形状”选项，设置各项参数，如图10–199所示。

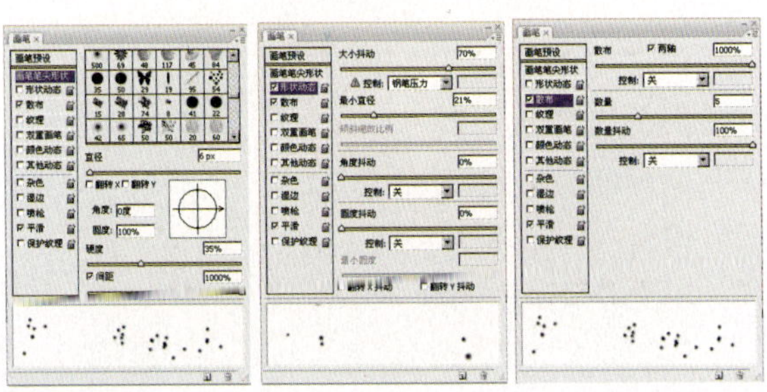

图10–199

16 单击“图层”调板底部的“创建新图层”按钮，创建新图层并命名为“红点”，选择工具箱中的“画笔工具”，在图像中绘制圆点，适当的调整画笔的大小图像10–200所示。

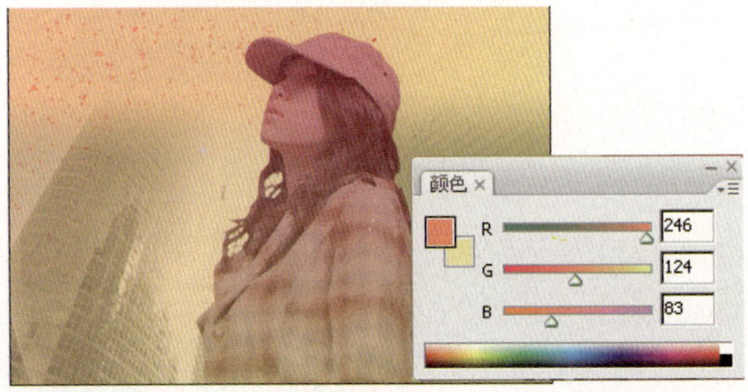

图10–200

17 单击“图层”调板底部的“创建新图层”按钮，创建新图层并命名为“白点”，选择工具箱中的“画笔工具”，在图像中绘制圆点，适当地调整画笔的大小，效果如图10–201所示。

图10–201

18 单击“图层”调板底部的“创建新图层”按钮，创建新图层并命名为“圆圈”，选择工具箱中的“椭圆选框工具”，按住【Ctrl】键不放，在图像中绘制一个圆形，将前景色设置为白色，按快捷键【Alt+Delete】填充前景色，按快捷键【Ctrl+D】取消选区，效果如图10–202所示。

图10–202

19 选择“圆圈”图层，将图层的混合模式设置为“柔光”，“不透明度”为30%，得到的效果如图10-203所示。

图10-203

20 单击“图层”调板底部的“添加图层样式”按钮fx.，在弹出的下拉菜单中选择“外发光”命令，弹出“图层样式”对话框，设置各项参数，设置完毕后单击“确定”按钮，效果如图10-204所示。

图10-204

21 将“圆圈”图层拖动至“图层”调板底部的“创建新图层”按钮上，生成“圆圈副本”图层，将图层的混合模式设置为“柔光”，“不透明度”为30%，效果如图10-205所示。

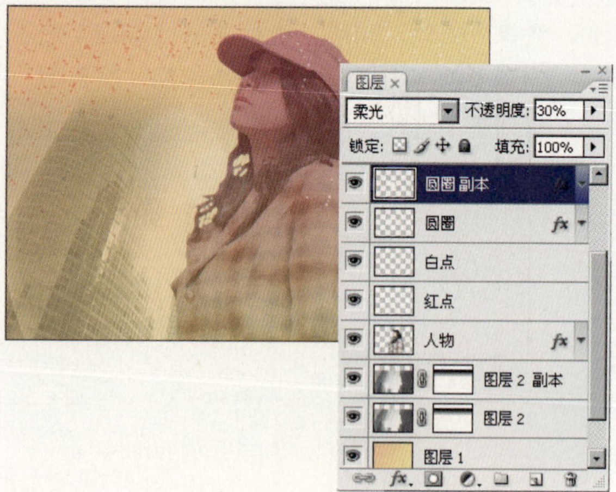

图10-205

22 打开配套光盘中的“第10章\展望未来\花纹1.psd”文件，效果如图10-206所示。

图10-206

23 选择工具箱中的“移动工具”，将“花纹1”移至“步骤1”新建的文件中，按快捷键【Ctrl+T】自由变换，将花纹进行适当的调整，得到“花纹1”图层，效果如图10-207所示。

图10-207

24 将花纹与人物相结合，选择“花纹1”图层，将其放置在“人物”的下方，将该图层的“不透明度”设置为73%，效果如图10-208所示。

图10-208

25 打开配套光盘中的“第10章\展望未来\花纹3.psd”文件，效果如图10-209所示。

图10-209

26 选择工具箱中的“移动工具”，将“花纹3”移至“步骤1”新建的文件中，按快捷键【Ctrl+T】自由变换，将花纹进行适当的调整，得到“花纹3”图层，效果如图10-210所示。

图10-210

27 打开配套光盘中的“第10章\展望未来\花纹2.psd”文件，效果如图10-211所示。

图10-211

28 选择工具箱中的“移动工具”，将“花纹2”移至“步骤1”新建的文件中，按快捷键【Ctrl+T】自由变换，将花纹进行适当的调整，得到“花纹2”图层，效果如图10-212所示。

图10-212

29 可以利用“渐变工具”将背景的渐变色进行改变，效果如图10-213所示。

图10-213

10.11 个性张扬

本实例将普通的照片与矢量图形相结合，运用了图层蒙版和图层混合模式制作人物混合时操作方法的重点。

原始图片

最终效果

制作步骤

01 执行菜单“文件｜新建”命令(或按快捷键【Ctrl+N】)，在弹出的“新建”对话框中设置参数如图10-214所示，单击“确定”按钮。

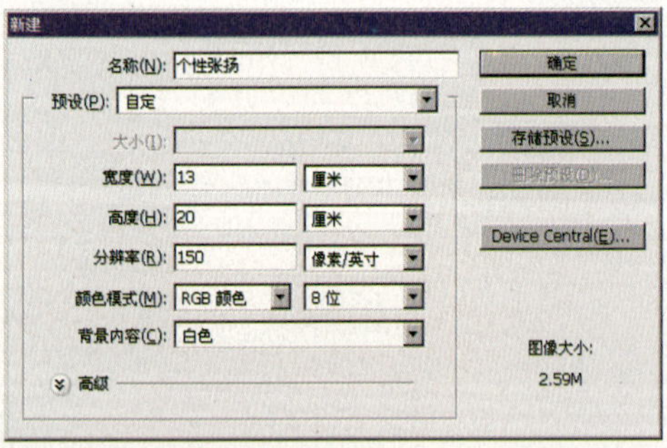

图10-214

02 单击“图层”调板底部的“创建新图层”按钮，生成“图层1”图层，设置前景色为（R：99、G：20、B：188），设置背景色为黑色，选择工具箱中的“渐变工具”，单击渐变色块，在出现的“渐变编辑器”对话框中单击选择“前景到背景”色标，效果如图10-215所示。

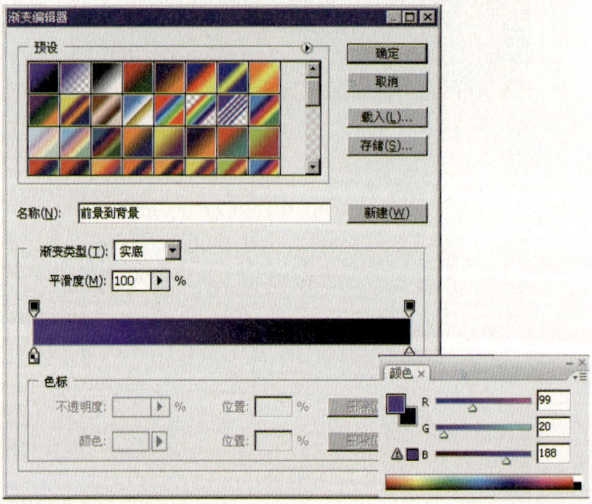

图10-215

03 选择工具中的“渐变工具”，在图像中单击鼠标左键，从图像的顶部拖至底部，效果效果如图10-216所示。

04 打开配套光盘中的“第10章\个性张扬\底图1.jpg”文件，生成“图层2”图层，如图10-217所示。

图10-216

图10-217

05 选择工具箱中的“移动工具”，将“底图1”移动至“步骤1”新建的文件中，选择“图层2”图层，将该图层与“背景”图层相融合，将图层混合模式设置为“叠加”，“不透明度”为68%，效果如图10-218所示。

图10-218

06 打开配套光盘中的“第10章\个性张扬\人物.psd”文件，如图10-219所示。

07 选择工具箱中的“磁性套索工具”，用鼠标勾画图像中人物的边缘，勾画回到起始点时，鼠标右下角会出现圆圈，且自动形成一个封闭的选区，按快捷键【Ctrl+Alt+I】进行反选，再按【Delete】键删除，效果如图10-220所示。

图10-219

图10-220

08 选择工具箱中的“移动工具”，将“人物”移动至“步骤1”新建的文件中，效果如图10-221所示。

图10-221

09 单击“图层”调板底部的“创建新的填充或调整图层”按钮，在弹出下拉菜单中选择“色相/饱和度”命令，设置弹出“色相/饱和度”对话框中各项参数，如图10-222所示。

10 设置前景色为（R：170、G：112、B：181），设置背景色为黑色，选择工具箱中的“渐变工具”，单击渐变色块，在弹出的“渐变编辑器”对话框中单击选择“前景到背景”色标，效果如图10-223所示。

图10—222

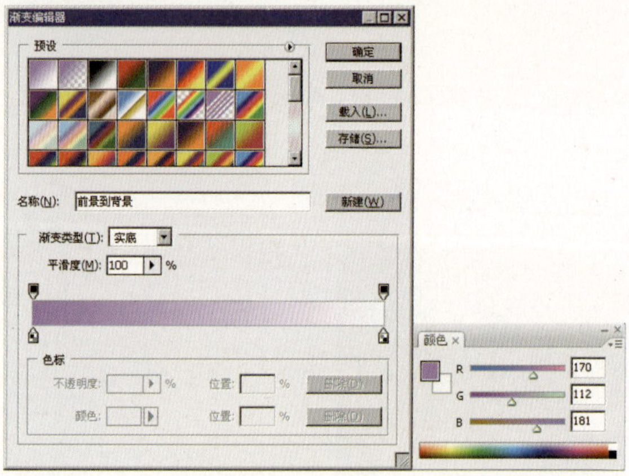

图10—223

11 选择“人物”图层并按住【Ctrl】键不放，单击该图层的缩览图，人物图像被载入选区。单击“图层”调板底部的“创建新图层”按钮，生成“图层3”图层。使用工具中的“渐变工具”在图像中单击鼠标左键，从图像的顶部拖至底部，效果如图10—224所示。

图10—224

12 选择“图层3”图层，单击“图层”调板底部的“添加图层蒙版“按钮，利用工具箱中的“画笔工具”在图像中进行绘制，如图10—225所示。

图10—225

13 为了将“图层3”图层运用蒙版后的图像与背景相结合，将该图层的混合模式设置为“线性加深”，如图10—226所示。

图10—226

14 打开配套光盘中的“第10章\个性张扬\图形.psd”文件，如图10—227所示。

图10—227

15 选择工具箱中的“移动工具”，将“图形”移动至“步骤1”新建的文件中，按快捷键【Ctrl+T】自由变换，生成“图层4”图层，效果如图10−228所示。

图10−228

16 选择“图层4”图层，单击“图层”调板底部的“添加图层蒙版“按钮，利用工具箱中的“画笔工具”将人物与图形重合的部分进行绘制，如图10−229所示。

图10−229

17 单击“图层”调板底部的“创建新图层”按钮上，创建新图层命名为“阴影”，将前景色设置为黑色，选择工具箱中的“画笔工具”，在人物的后面加上一些阴影突出立体感，完成最终的效果如图10−230所示。

图10−230

18 将之前的效果，换成另外一种颜色得到的效果如图10−231所示。

图10−231

10.12 凝思苦想

本实例以调整画面的整体颜色基调为重点。华丽的紫红色调，带有浓郁的欧式风格的建筑、装饰花边等设计元素向人们展现了西式风格迷人、高贵的一面。

原始图片

最终效果

制作步骤

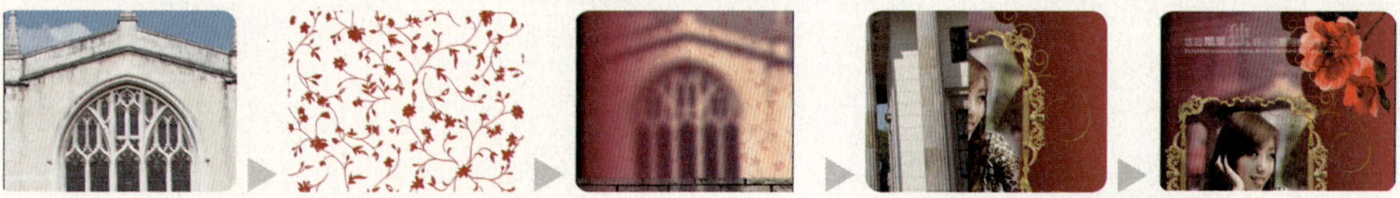

01 执行菜单“文件 | 新建”命令（或按快捷键【Ctrl+N】），在弹出的“新建”对话框中设置参数如图10-232所示，单击“确定”按钮。

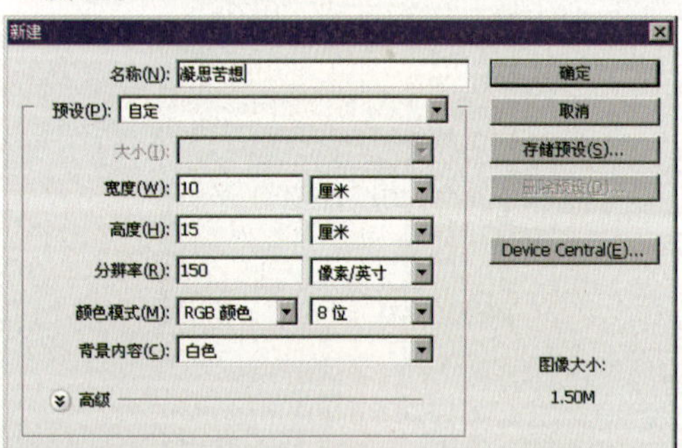

图10-232

图10-233

02 打开配套光盘中的“第10章\凝思苦想\建筑物.jpg”文件，效果如图10-233所示。将其拖动至“步骤1”新建文件中。

03 执行菜单“滤镜 | 模糊 | 高斯模糊”命令，在弹出的“高斯模糊”对话框中设置各项参数，效果如图10-334所示。

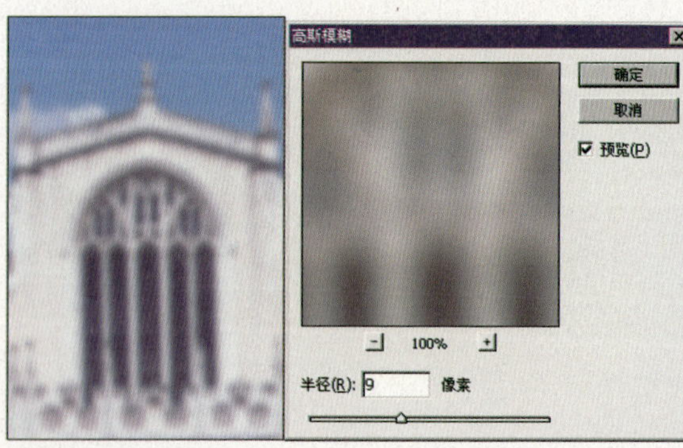

图10-334

04 单击“图层”调板底部的“创建新的填充或调整图层”按钮，在弹出的下拉菜单中选择“色彩平衡”命令，设置弹出的“色彩平衡”对话框如图10-235所示。

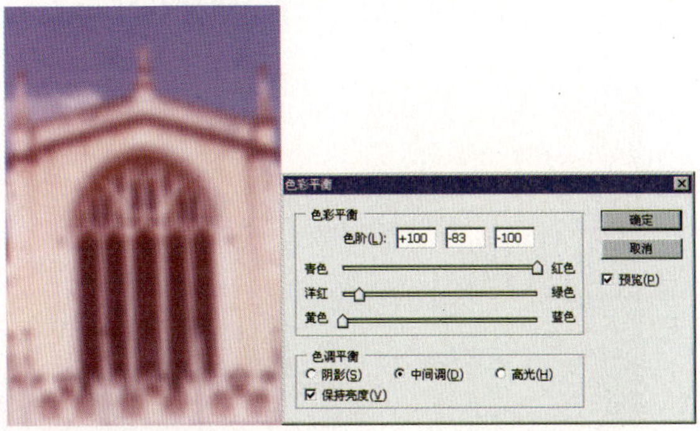

图10-235

05 单击“图层”调板底部的“创建新的填充或调整图层”按钮，在弹出的下拉菜单中选择“照片滤镜”命令，设置弹出的“照片滤镜”对话框如图10-236所示。

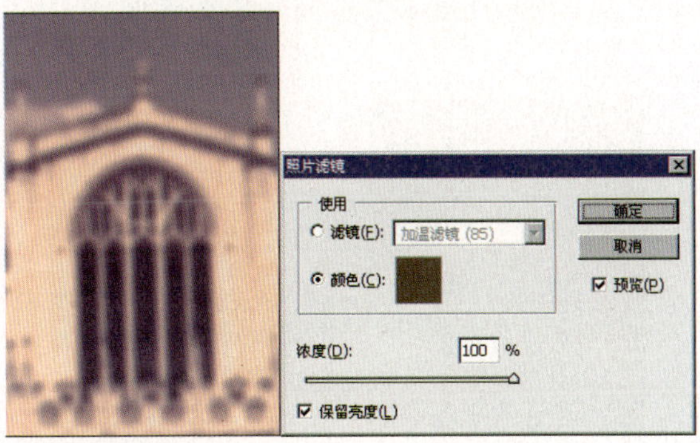

图10-236

06 打开配套光盘中的“第10章\凝思苦想\花底纹.jpg”文件，效果如图10-237所示。

图10-237

07 选择工具箱中的“移动工具”，将“花底纹.jpg”移动至“步骤1”新建的文件中，生成“花纹”图层，效果如图10-238所示。

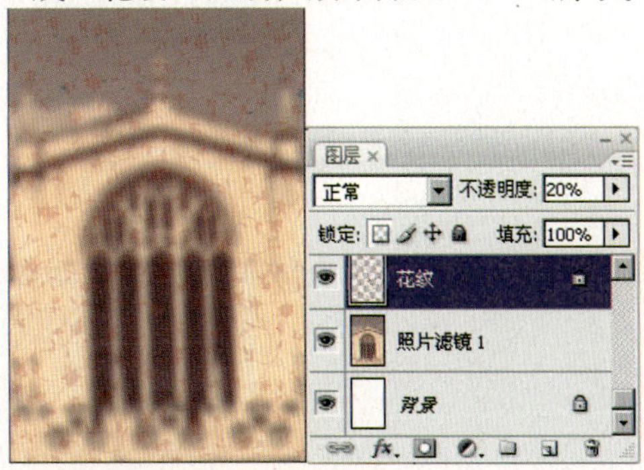

图10-238

08 单击“图层”调板底部的“创建新图层”按钮，创建新图层并命名为“渐变”，选择工具箱中的“矩形选框工具”，在图像的左侧绘制一个矩形，效果如图10-239所示。

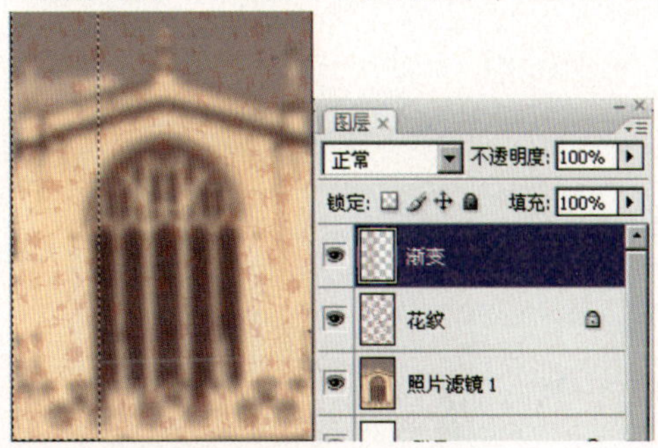

图10-239

09 将前景色设置为（R：10~7、G：18、B：42），选择工具箱中的“渐变工具”，选择工具选项栏中的“线性渐变”，设置渐变的类型为从“前景色到透明色”，从选区的左方向右方绘制渐变，按快捷键【Ctrl+D】取消选区，效果如图10-240所示。

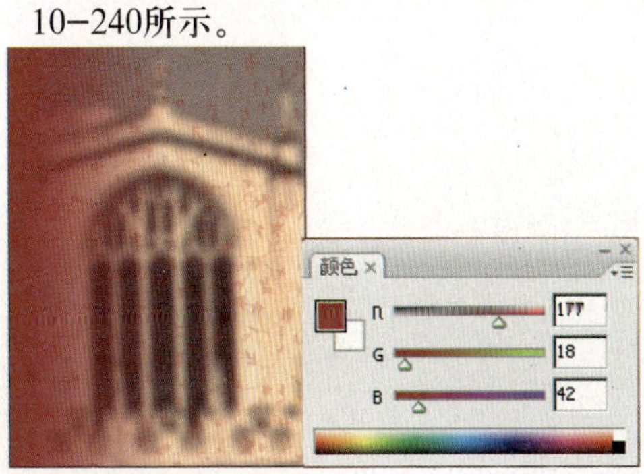

图10-240

10 单击“图层”调板底部的“创建新的填充或调整图层”按钮，在弹出的下拉菜单中选择“色彩平衡”命令，设置弹出的“色彩平衡”对话框如图10-241所示。

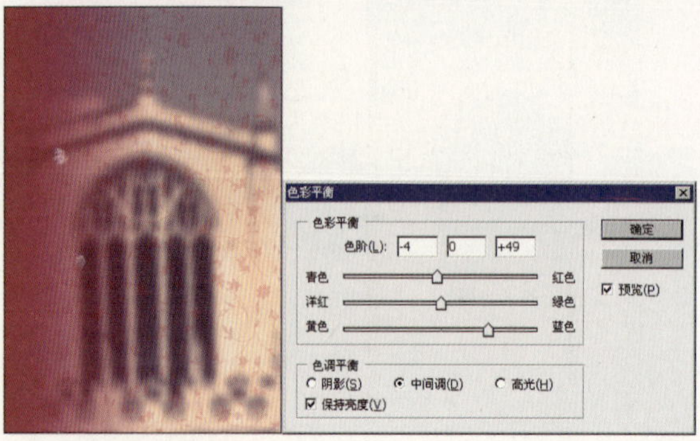

图10-241

11 单击“图层”调板底部的“创建新图层”按钮，创建新图层并命名为“图层1”，选择工具箱中的“矩形选框工具”，在图像的左侧绘制一个矩形，效果如图10-242所示。

图10-242

12 将前景色设置为黑色，在“渐变工具”选项栏中选择“线性渐变”，设置渐变的类型为从“前景色到透明色”，从选区的左方向右方绘制渐变，按快捷键【Ctrl+D】取消选区，将“不透明度”设置为30%，效果如图10-243所示。

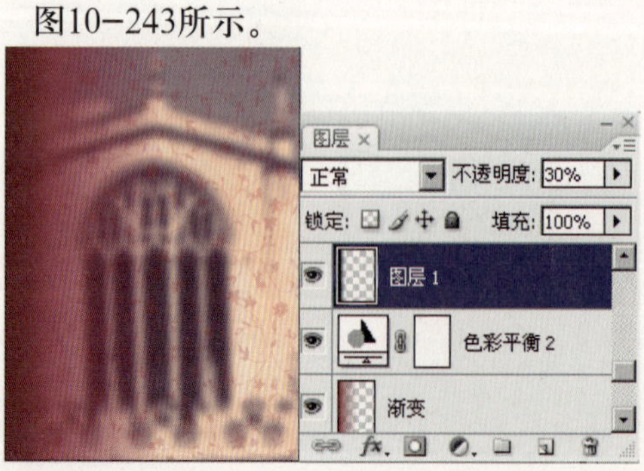

图10-243

13 单击“图层”调板底部的“创建新图层”按钮，创建新图层并命名为“图层2”，将前景色设置为黑色，在“渐变工具”选项栏中选择“线性渐变”，从图像的左方向向右拖动绘制1厘米的渐变，得到如图10-244所示。

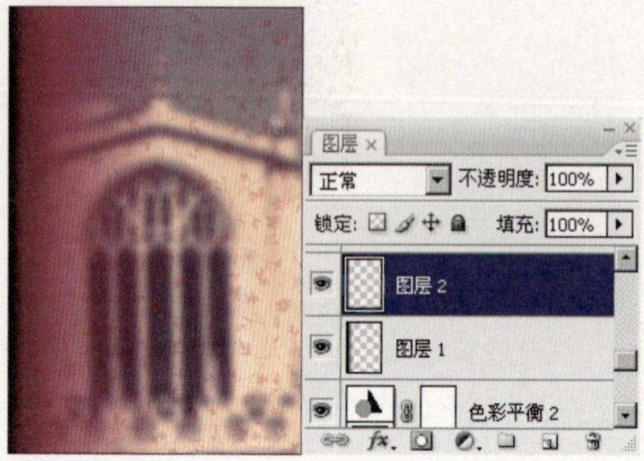

图10-244

14 单击“图层”调板底部的“创建新图层”按钮，创建新图层并命名为“图层3”，再从图像下方距离边缘0.5厘米的位置向上拖动绘制1厘米的渐变，得到如图10-245所示。

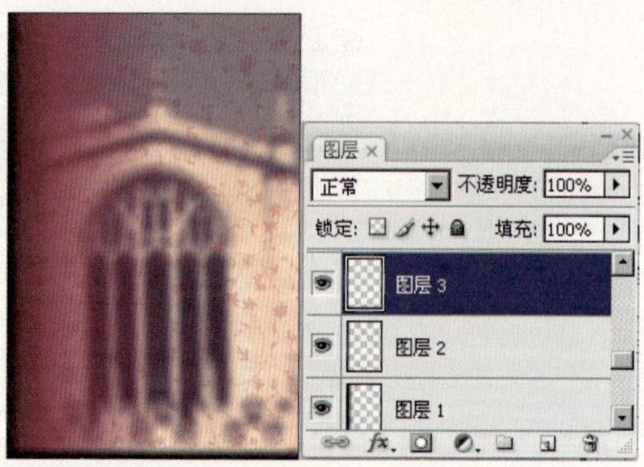

图10-245

15 打开配套光盘中的“第10章\凝思苦想\墙底纹.psd”文件，效果如图10-246所示。

图10-246

16 选择工具箱中的“移动工具”，将“墙底纹”移动至“步骤1”新建的文件中，按快捷键【Ctrl+T】自由变换，效果如图10-247所示。

图10-247

17 单击“图层”调板底部的“添加图层样式”按钮，在弹出的下拉菜单中选择“渐变叠加”命令，弹出“图层样式”对话框，设置各项参数，设置完毕后单击“确定”按钮，效果如图10-248所示。

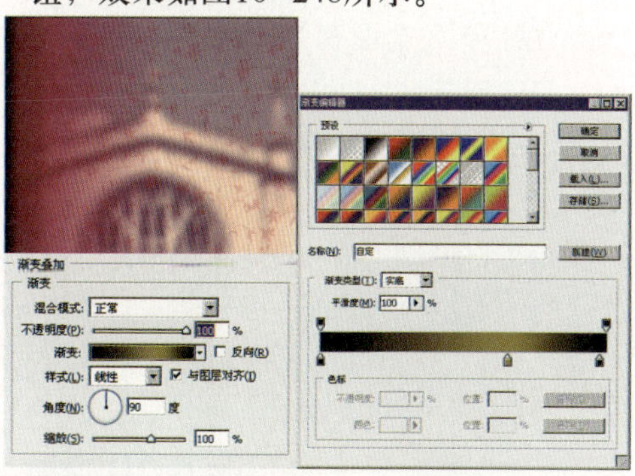

图10-248

18 选择“图层4”图层，单击“图层”调板底部的“添加图层蒙版”按钮，然后利用“画笔工具”在蒙版中进行涂抹，效果如图10-249所示。

图10-249

19 打开配套光盘中的“第10章\凝思苦想\花边框.psd”文件，效果如图10-250所示。

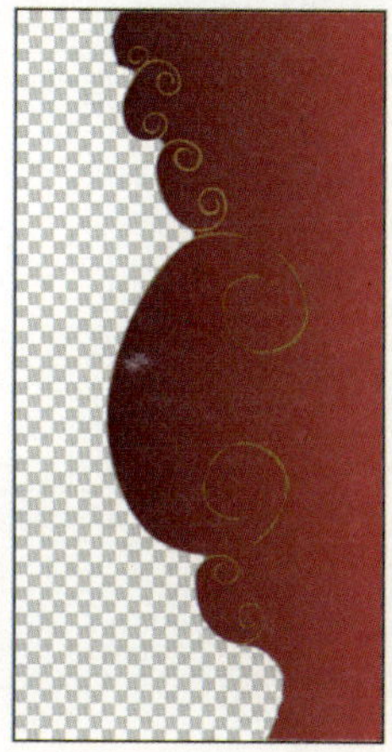

图10-250

20 选择工具箱中的“移动工具”，将“墙底纹”移动至“步骤1”新建的文件中，按快捷键【Ctrl+T】自由变换，图像如图10-251所示。

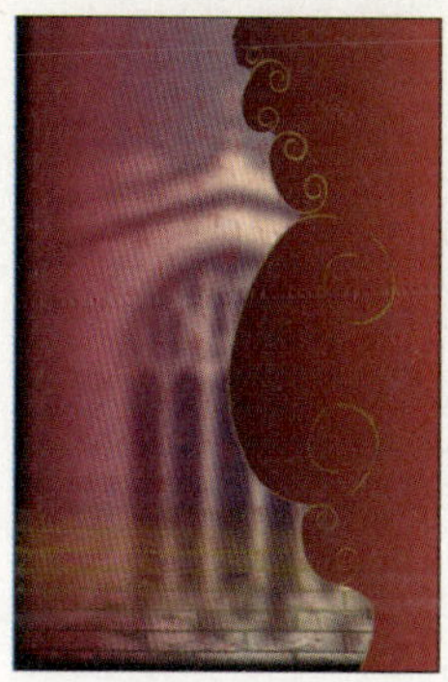

图10-251

21 打开配套光盘中的“第10章\凝思苦想\边框.psd”文件，效果如图10-252所示。

图10-252

22 选择工具箱中的“移动工具”，将“边框”移动至“步骤1”新建的文件中，按快捷键【Ctrl+T】自由变换，将该图层放置在“图层6”图层的上方，如图10-253所示。

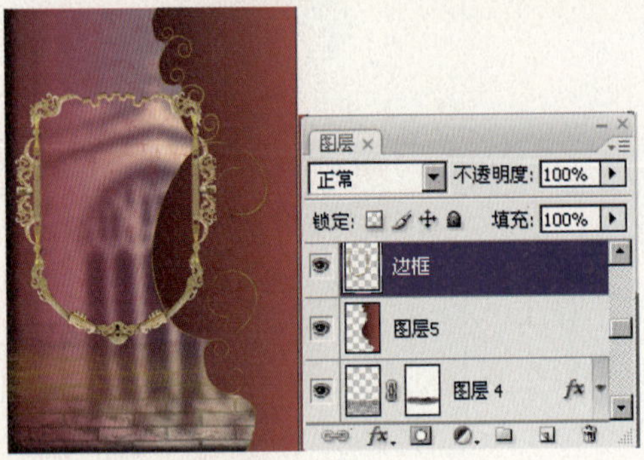

图10-253

23 打开配套光盘中的“第10章\凝思苦想\人物.jpg”文件，效果如图10-254所示。

图10-254

24 选择工具箱中的“移动工具”，将“人物”移动至“步骤1”新建的文件中，按快捷键【Ctrl+T】自由变换，然后执行菜单“编辑|变换|水平翻转”命令，效果如图10-255所示。

图10-255

25 选择“图层6”图层，单击“图层”调板底部的“添加图层蒙版“按钮，然后利用“画笔工具”在蒙版中进行涂抹，效果如图10-256所示。

图10-256

26 将“图层6”图层拖动至“图层”调板底部的“创建新图层”按钮上，生成“图层6副本”图层，将其放置在“图层6”图层的上方，为了与背景融合的更好一些，将图层的混合模式设置为“柔光”，效果如图10-257所示。

图10-257

27 打开配套光盘中的“第10章\凝思苦想\柱子.jpg”文件，效果如图10-258所示。

28 选择工具箱中的“移动工具”，将“柱子”移动至“步骤1”新建的文件中，按快捷键【Ctrl+T】自由变换，生成“图层7”图层，将其放置在边框的上方，如图10-259所示。

图10–258

图10–259

29 选择“图层7”图层，将图层混合模式设置为“正片叠底”，“不透明度”为28%，效果如图10–260所示。

图10–260

30 打开配套光盘中的“第10章\凝思苦想\红花.psd”文件，效果如图10–261所示。

图10–261

31 选择工具箱中的“移动工具”，将“红花”移动至“步骤1”新建的文件中，按快捷键【Ctrl+T】自由变换，生成“图层8”图层，将其放置在“图层7”图层的上方，如图10–262所示。

图10–262

32 选择工具箱中的“横排文字工具”T，在图像中输入“这边风景独处好……”，选择“方正大黑繁体”字体，在“字符”调板中将“独”字选择“方正小标宋简体”字体，效果如图10–263所示。

图10–263

33 将“文字”拖曳至“图层”调板底部的“创建新图层”按钮上，生成“文字副本”图层，将其放置在“文字”图层的上方，选择“文字”图层，执行菜单“滤镜｜模糊｜动感模糊”命令，在弹出的“动感模糊”对话框中设置各项参数，效果如图10–264所示。

图10–264

10.13 CD光盘面

本实例将一个人物照片图像处理成为一个剪影图像的效果，并搭配文字和特殊画笔来处理，得到一个极具有现代感的CD光盘面。

原始图片

最终效果

制作步骤

01 执行菜单“文件 | 新建”命令（或按快捷键【Ctrl+N】），在弹出的“新建”对话框中设置参数如图10-265所示，单击“确定”按钮。

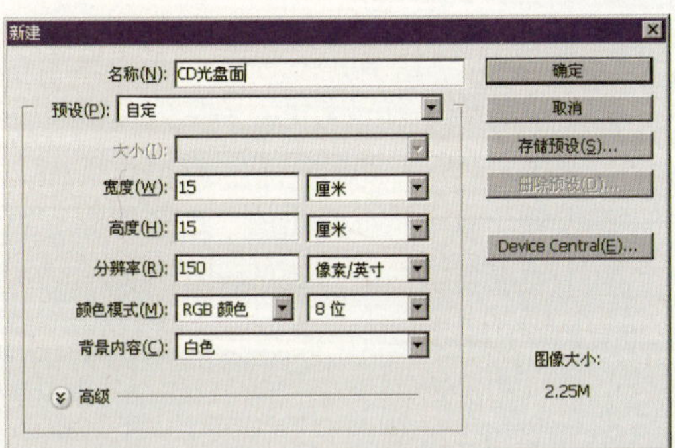

图10-265

02 单击“图层”调板底部的“创建新图层”按钮，生成“图层1”图层，将前景色设置为（R：234、G：237、B：220），按快捷键【Alt+Delete】填充前景色，如图10-266所示。

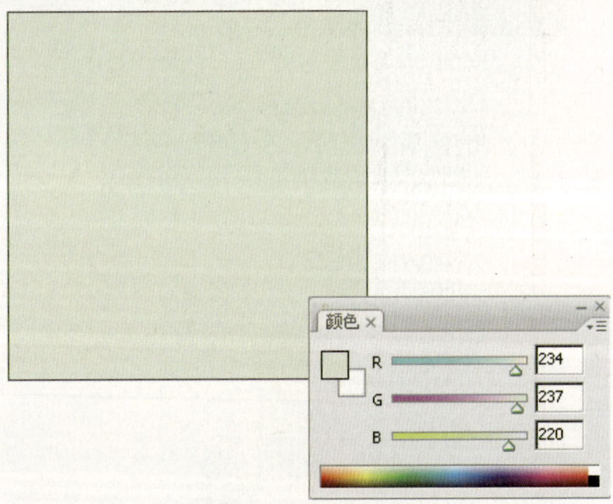

图10-266

03 打开配套光盘中的“第10章\CD光盘面\人物.jpg”文件，效果如图10-267所示。

04 执行菜单“图像 | 调整 | 去色”命令（或按快捷键【Ctrl+Alt+U】），进行去色。选择工具箱中的“橡皮擦工具”，单击白色背景，背景变成透明色，如图10-268所示。

图10-267

图10-268

05 选择工具箱中的“移动工具”，将“人物”移动至“步骤1”新建的文件中，按快捷键【Ctrl+T】自由变换，执行菜单“编辑｜变换｜水平翻转”命令，将人物适当的调整，生成“图层3”图层，效果如图10-269所示。

图10-269

06 执行菜单“文件｜新建”命令（或按快捷键【Ctrl+N】），在弹出的“新建”对话框中设置参数如图10-270所示，单击“确定”按钮。

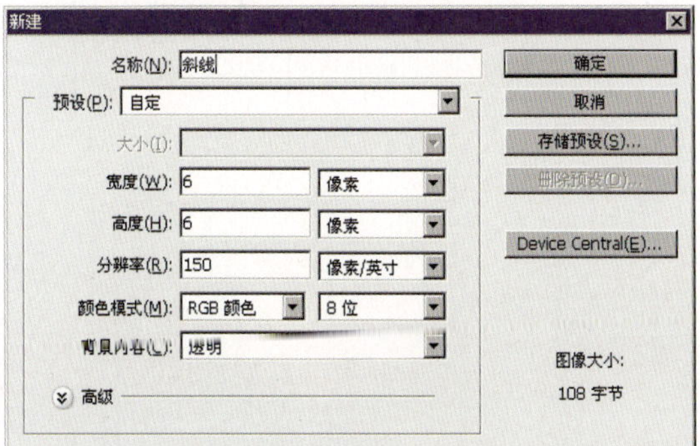

图10-270

07 将前景色设置为黑色，在图像中绘制3个等大的黑色矩形，执行菜单“编辑｜定义图案”命令，弹出“图案名称”对话框，在“名称”文本框中输入“斜线.psd”，如图10-271所示。

图10-271

08 返回到“步骤1”新建的文件中，选择“图层1”图层，执行菜单“编辑｜填充”命令，得到的效果如图10-272所示。

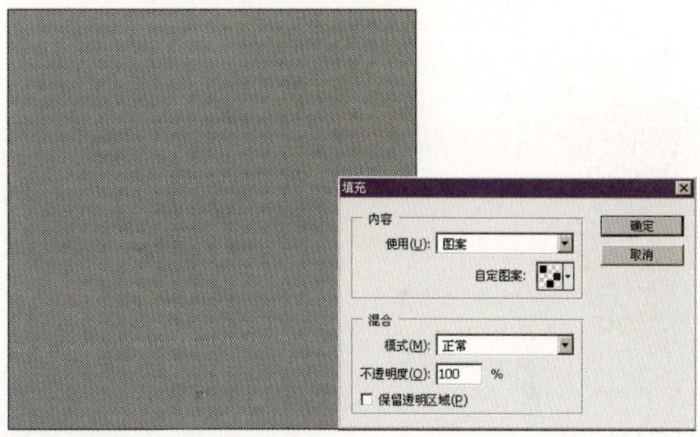

图10-272

09 单击“图层”调板底部的“创建新图层”按钮，生成“图层2”图层，将前景色设置为（R：200、G：202、B：188），按住快捷键【Alt+Delete】填充前景色，如图10-273所示。

图10-273

10 选择“图层3”图层，执行菜单“图像 | 调整 | 阈值”命令，在弹出的“阈值”对话框中设置数值为130，可以制作出黑白画的图像效果，如图10-274所示。

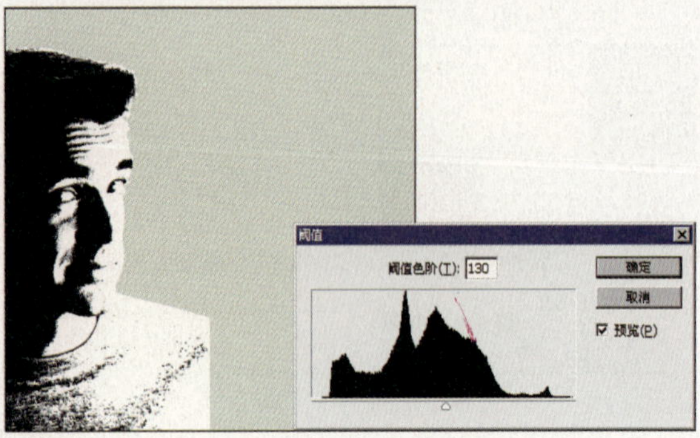

图10-274

11 为了与“图层1”图层的颜色相融合，将“图层3”图层的混合模式设置为“正片叠底”，如图10-275所示。

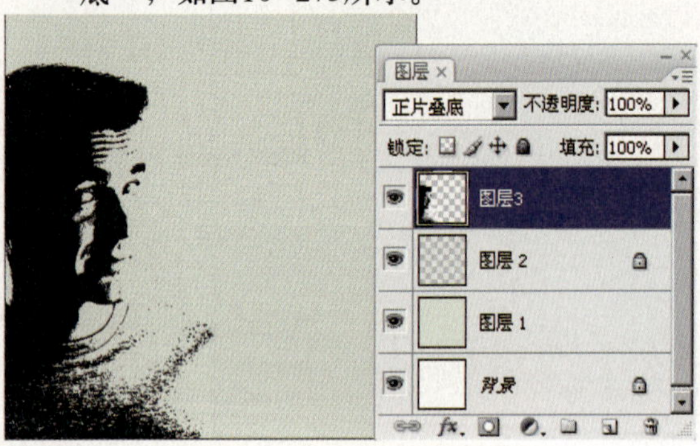

图10-275

12 单击“图层”调板底部的“创建新图层”按钮，生成“图层4”图层，将前景色设置为（R：114、G：76、B：13），按快捷键【Alt+Delete】填充前景色，按快捷键【Ctrl+Alt+G】创建剪贴蒙版，此时的效果如图10-276所示。

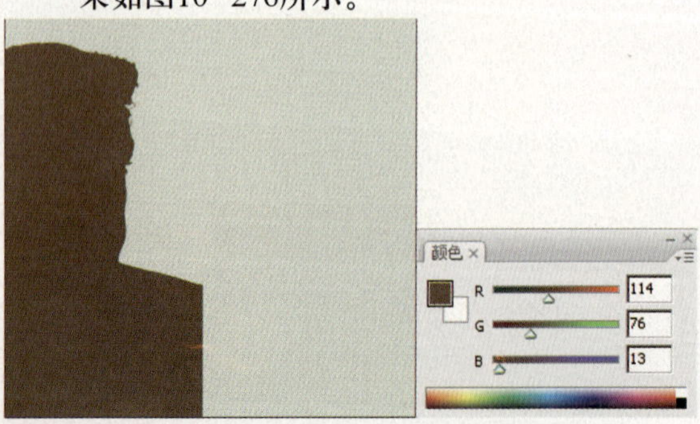

图10-276

13 将“图层4”图层混合模式设置为“滤色”得到如图10-277所示。

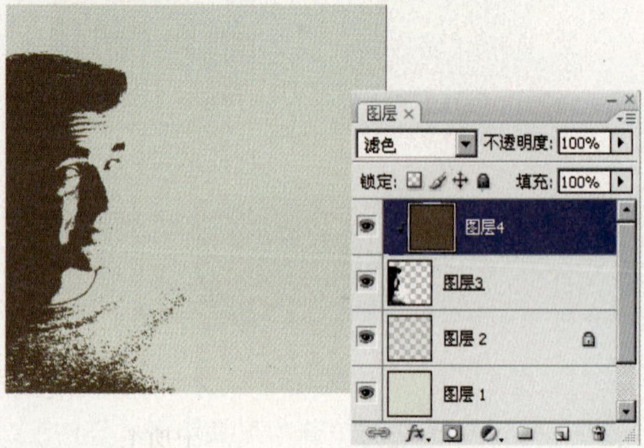

图10-277

14 选择工具箱中的“圆角矩形工具”，然后在工具选项栏中选择“形状图层”按钮，将前景色设置为（R：114、G：76、B：13），按【Shift】键在图像上绘制一圆角矩形，得到如图10-278所示的效果。

图10-278

15 使用“路径选择工具”选中上一步绘制的路径，按快捷键【Ctrl+Alt+T】调出自由变换并复制控制框，按【Shift】键向右侧移动一个圆角矩形的距离，按【Enter】键确认变换操作，如图10-279所示。

图10-279

16 连续按快捷键【Ctrl+Alt+Shift+T】4次，执行再次变换并复制操作，得到如图10–280所示的效果。

图10–280

17 使用“路径选择工具” 选中所有的路径，然后按快捷键【Alt+Shift】向上复制3次，效果如图10–281所示。

图10–281

18 按快捷键【Ctrl+T】调出自由变换控制框，按住【Shift】键将图像进行适当的旋转，然后置于图像的最顶部，效果如图10–282所示。

图10–282

19 将该图像所在图层的“不透明度”设置为36%，效果如图10–283所示。

图10–283

20 选择工具箱中的“横排文字工具” ，在图像中输入“Welcome”，在“字符”调板中选择“Acid Reflux (BRK)”字体，如图10–284所示。

图10–284

21 按快捷键【Ctrl+T】调出自由变换控制框，将文字适当旋转方向，如图10–285所示。

图10–285

22 单击“图层”调板底部的“添加图层样式”按钮 fx.，在弹出的下拉下拉中选择“描边”命令，弹出“图层样式”对话框，设置各项参数，设置完毕后单击“确定”按钮，如图10-286所示。

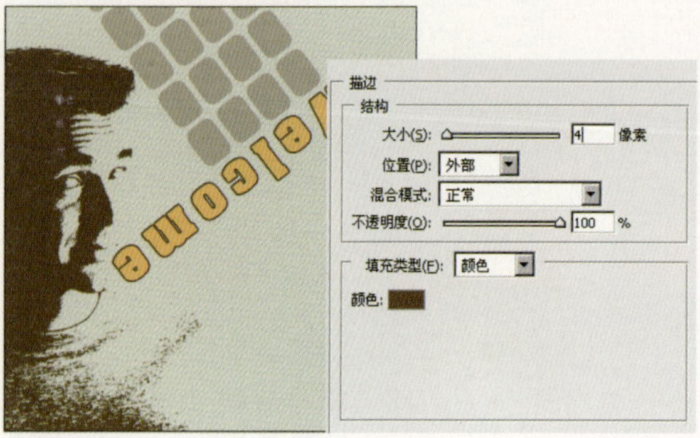

图10-286

23 选择工具箱中的“横排文字工具” T，在图像中输入“TO THE TO THE！”，在“字符”调板中选择“Acid Reflux (BRK)”字体，如图10-287所示。

图10-287

24 单击“图层”调板底部的“添加图层样式”按钮 fx.，在弹出的下拉菜单中选择“描边”命令，弹出“图层样式”对话框，设置各项参数，设置完毕后单击“确定”按钮，效果如图10-288所示。

图10-288

25 选择工具箱中的“横排文字工具” T，在图像中输入相应英文，在“字符”调板中选择“Arial”字体，如图10-289所示。

图10-289

26 选择工具箱中的“自定形状工具”，在工具选项栏中选择“问号”符号，在图像中绘制一个问号，如图10-290所示。

图10-290

27 打开配套光盘中的“第10章\CD光盘面\墨汁.psd”文件，效果如图10-291所示。

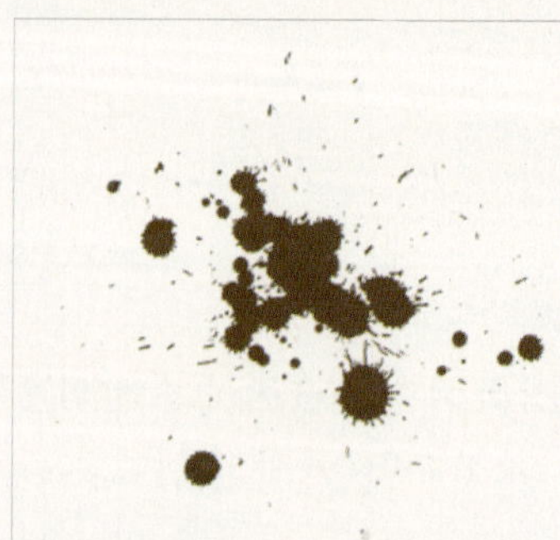

图10-291

28 选择工具箱中的“移动工具”，将“墨汁.psd”移动至“步骤1”新建的文件中，生成“图层3”图层，按快捷键【Ctrl+T】自由变换，调整大小如图10-292所示。

图10-292

29 将“图层3”图层拖曳至“图层”调板底部的“创建新图层”按钮上，生成“图层3副本”图层。选择工具箱中的“移动工具”，将墨汁移至右上方，完成效果如图10-293所示。

图10-293

10.14 贺卡

本实例以制作渐变效果为表现主体，运用渐变工具与蒙版相结合对图片进行渐变；使用变换工具对图片进行大小及位置的变换；使用模糊工具与减淡工具对图片进行细节上的修饰；使用图层样式中的混合模式，改变图片的明暗度，完成最终的效果。

原始图片

最终效果

制作步骤

01 执行菜单“文件 | 新建”命令（或按快捷键【Ctrl+N】），在弹出的“新建”对话框中设置参数如图10-294所示，单击“确定”按钮。

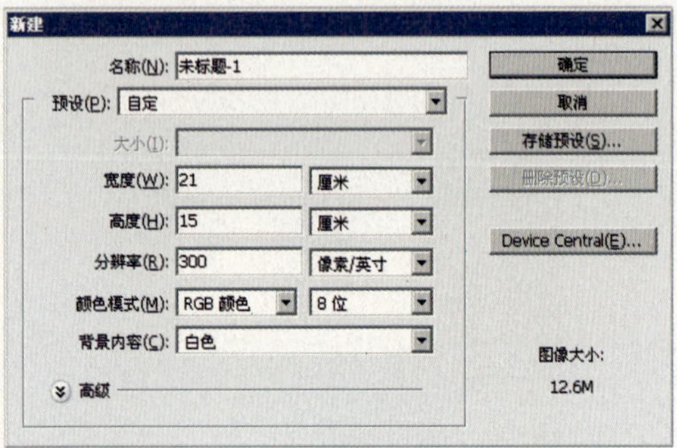

图10-294

02 单击“图层”调板底部的“创建新图层”按钮，生成“图层1”图层。选择工具箱中的“渐变工具”，单击渐变色块，在弹出的“渐变编辑器”对话框中单击选择“橙色—黄色”色标，如图10-295所示。

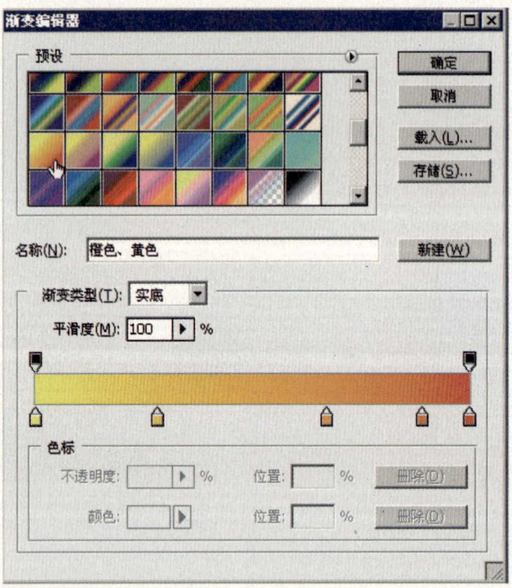

图10-295

03 将设置好的渐变颜色从矩形的上方按住鼠标向下拖曳，进行渐变填充。然后在“图层”调板中将“不透明度”设置为32%，如图10-296所示。

图10-296

04 打开配套光盘中的“第10章\贺卡\花1.jpg”文件，效果如图10-297所示。

图10-297

05 选择工具箱中的“移动工具”，将“花1”拖动至“步骤1”新建的文件中，然后执行菜单“编辑 | 变换 | 缩放”命令，调整其大小和位置，如图10-298所示。

图10-298

06 单击“图层”调板底部的“添加图层蒙版”按钮，为“图层1”图层添加蒙版遮罩。选择工具箱中的“渐变工具”，选择设置栏中的“径向渐变”，按住鼠标左键，从“图层1”图层的图像左上角向右下角方向拖动拉出渐变，如图10-299所示。

图10—299

07 将“图层1”图层的“填充”设置为30%，然后使用“减淡工具”进行涂抹，从而降低图片的亮度，如图10—300所示。

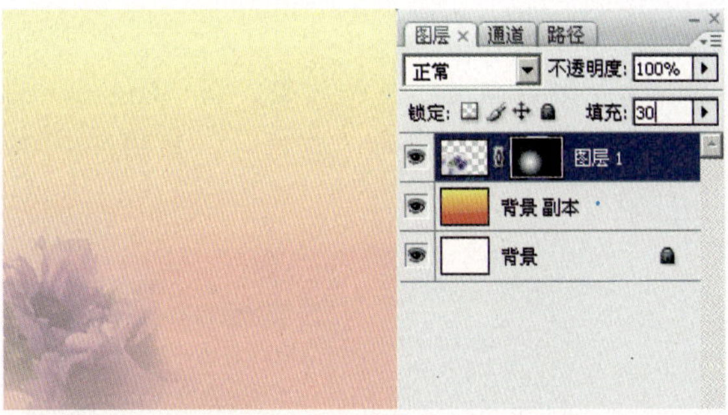

图10—300

08 打开配套光盘中的“第10章\贺卡\花2.jpg”文件，效果如图10—301所示。

图10—301

09 选择工箱中的“移动工具”，将“花2”拖动至“步骤1”新建的文件中，然后执行菜单“编辑|变换|缩放“命令，调整其大小和位置，如图10—302所示。

图10—302

10 单击“图层”调板底部的“添加图层蒙版”按钮，为“图层2”图层添加蒙版遮罩。选择工具箱中的“渐变工具”，选择工具选项栏中的“径向渐变”，按住鼠标左键，从“图层2”图层的图像左上角向右下角方向拖拉出渐变，如图10—303所示。

图10—303

11 选择工具箱中的“橡皮擦工具”，设置画笔为柔角50像素，硬度为0%，擦除图像中多余的部分，然后使用“模糊工具”沿着图片周围进行涂抹，效果如图10—304所示。

图10—304

12 将“图层2”图层拖曳至“图层”调板底部的“创建新图层”按钮上，生成“图层2副本”图层，如图10-305所示。

图10-305

13 执行菜单“滤镜 | 模糊 | 高斯模糊”命令，在弹出的对话框中设置“半径”为5像素。然后设置图层混合模式为“叠加”，“填充”为38%，如图10-306所示。

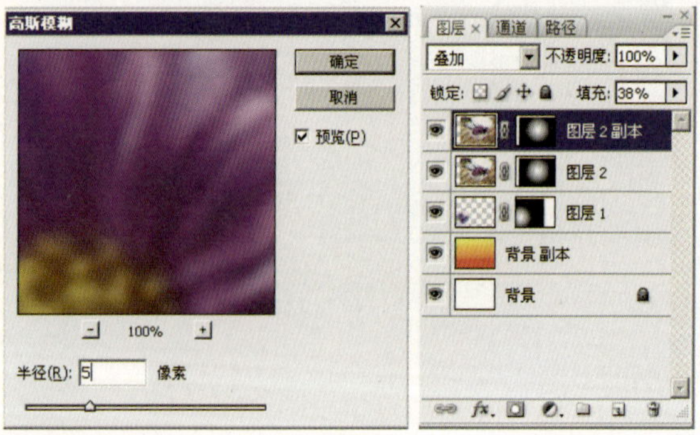

图10-306

14 打开配套光盘中的“第10章\贺卡\花3.jpg”文件，效果如图10-307所示。

图10-307

15 对“图层3”图层进行色调的调整。执行菜单“图像 | 调整 | 色相/饱和度”命令，调整“色相”为42，“明度”为5，单击“确定”按钮。然后选择“橡皮擦工具”，设置画笔为柔角50像素，硬度为0%，擦除图像中多余的部分，如图10-308所示。

图10-308

16 为了融合画面的整体效果，将“图层3”图层混合模式设置为“变暗”，如图10-309所示。

图10-309

17 打开配套光盘中的“第10章\贺卡\花2.jpg”文件，效果如图10-310所示。

图10-310

18 按住【Alt】键不放，双击“花图片”图层，将其转换为普通图层。然后执行菜单“编辑｜变换｜缩放”命令，调整其大小和位置，如图10-311所示。

图10-311

19 单击“背景”图层前面的眼睛图标，将其进行隐藏。选择工具箱中的“矩形选框工具”，在画布中绘制一个矩形选区并填充为白色的边框，把该图层命名为“白色边框”，如图10-312所示。

图10-312

20 按快捷键【Ctrl+D】取消选区，执行菜单“窗口｜画笔”命令，设置“画笔”调板的参数。选择工具箱中的“橡皮擦工具”，按住【Shift】键从左向右拖曳，如图10-313所示。

图10-313

21 选择工具箱中的“橡皮擦工具”，按住【Shift】键从左向右拖曳，左边与右边的部分从上往下拖曳。制作方法跟上一步相同。效果如图10-314所示。

图10-314

22 将做好的带着花边的图片拖曳至“步骤1”新建的文件中，按快捷键【Ctrl+T】自由变换，调整大小位置，调整好后按【Enter】键， 如图10-315所示。

图10-315

23 单击“图层”调板底部的“添加图层样式”按钮，在弹出的下拉菜单中选择“投影”命令，弹出“图层样式”对话框，设置各项参数，设置完毕后单击“确定”按钮，效果如图10-316所示。

图10-316

24 将“图层4”图层拖曳至“图层”调板底部的“创建新图层”按钮上，生成“图层4副本”图层。执行菜单“图像|调整|去色”命令，效果如图10-317所示。

图10-317

25 选择工具箱中的“横排文字工具”T，在画布的左上方输入“I LOVE YOU”，将字号设为73点，水平缩放为110%，颜色数值为（R：146、G：28、B：167），如图10-318所示。

图10-318

26 单击“图层”调板底部的“图层样式”按钮fx.，在弹出的下拉菜单中选择“描边”命令，弹出“图层样式”对话框，设置各项参数，设置完毕后单击“确定”按钮，效果如图10-319所示。

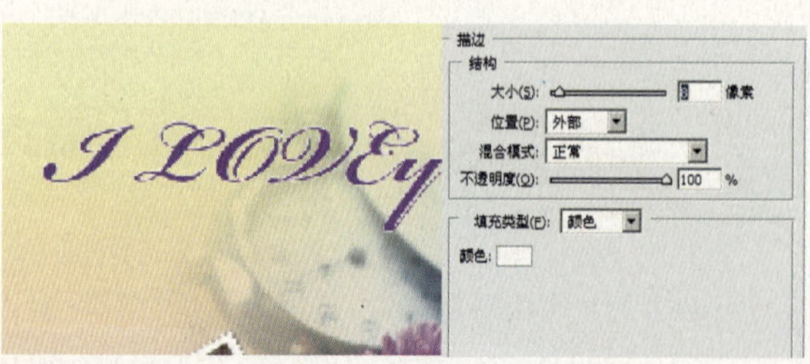

图10-319

27 单击“图层”调板底部的“添加图层样式”按钮fx.，在弹出的下拉菜单中选择“投影”命令，弹出“图层样式”对话框，设置各项参数，设置完毕后单击“确定”按钮，效果如图10-320所示。

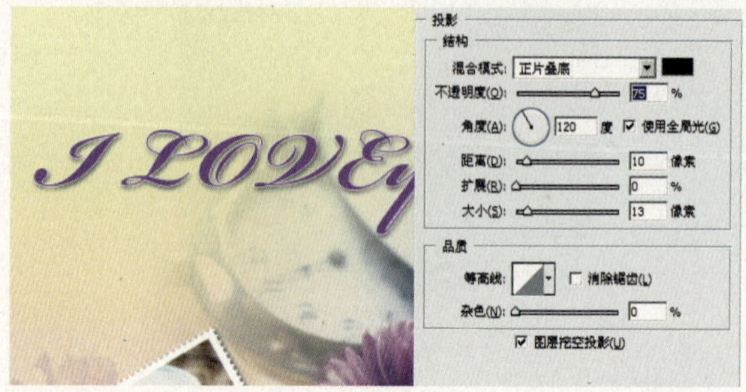

图10-320

28 选择工具箱中的“横排文字工具”T，在画布的左上方输入相应的文字，将字体设置为“汉仪中楷简”，字号设置为9点，行距设置为13点，如图10-321所示。

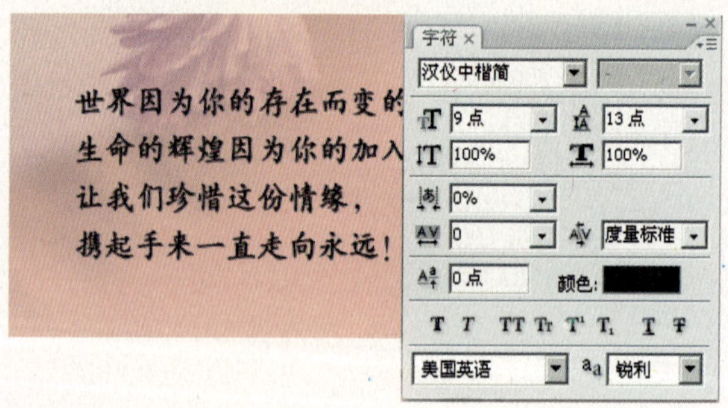

图10-321

29 调整一下文字的大小和位置，最终效果如图10-322所示。

图10-322

10.15 制作杂志封面

杂志封面需要经过精心设计，而封面人物的照片更需要经过细心处理。下面将运用Photoshop将普通的人物照片制作成杂志封面，来体验一下时尚的感觉。

原始图片

最终效果

制作步骤

01 执行菜单“文件 | 打开”命令，在弹出的“打开”对话框中选择配套光盘“第10章\制作杂志封面\素材1”文件，此时的效果和“图层”调板如图10-323所示。

图10-323

02 在“图层”调板中拖曳至“背景”图层到“创建新图层”按钮上，释放鼠标生成“背景副本”图层，设置图层混合模式为“滤色”，“不透明度”为34%，得到如图10-324所示的效果。

图10-324

03 选择“背景副本”图层为当前图层，按快捷键【Ctrl+J】，复制“背景副本”图层，生成“背景副本2”图层，设置图层混合模式为“滤色”，“不透明度”为34%，得到如图10-325所示的效果。

04 按快捷键【Ctrl+Shift+Alt+E】，执行“盖印”操作，生成“图层1”图层。此时的效果和“图层”调板如图10-326所示。

图10-325

图10-326

05 单击“图层”调板底部的“创建新的填充或调整图层”按钮，在弹出的下拉菜单中选择“色彩平衡”命令，设置弹出的对话框如图10-327所示。

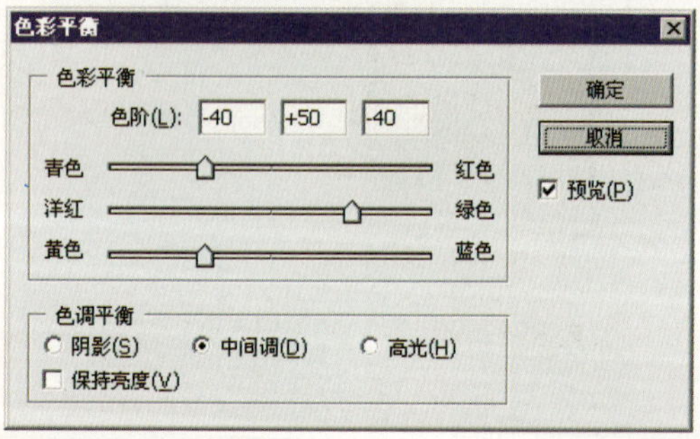

图10-327

06 设置完“色彩平衡”命令的参数后，单击“确定”按钮，生成“色彩平衡1”图层，此时的效果如图10-328所示。

图10-328

07 按快捷键【Ctrl+Shift+Alt+E】，执行“盖印”操作，生成“图层2”图层。选择菜单“滤镜｜像素化｜马赛克”命令，设置弹出对话框中的参数后，单击“确定”按钮，得到如图10-329所示的效果。

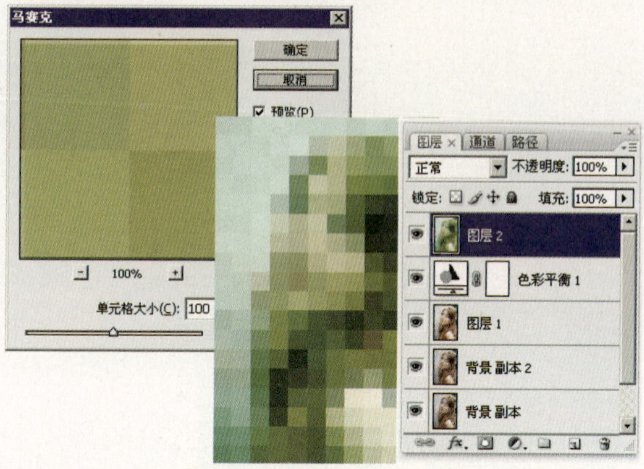

图10-329

08 设置“图层2”图层混合模式为“叠加”，得到如图10-330所示的效果。

图10-330

09 选择“图层2”图层为当前图层，按快捷键【Ctrl+J】，复制“图层2”图层，生成“图层2副本”图层，得到如图10-331所示的效果。

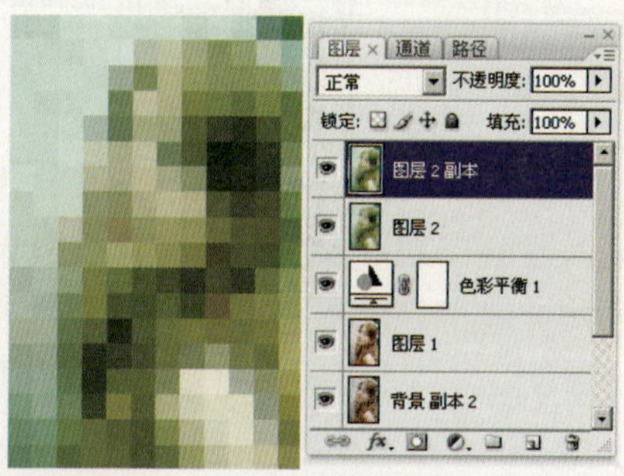

图10-331

10 执行菜单“滤镜 | 风格化 | 照亮边缘”命令，设置弹出对话框中的参数后，单击“确定”按钮，得到如图10-332所示的效果。

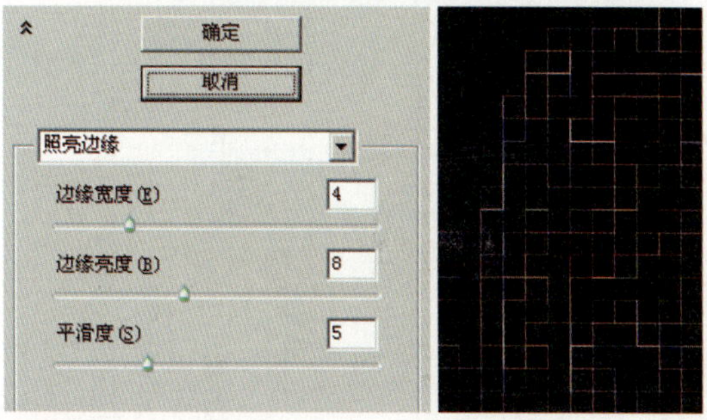

图10-332

11 设置“图层2副本”图层混合模式为“柔光”，“不透明度”为85%，得到如图10-333所示的效果。

图10-333

12 单击“图层”调板底部的“添加图层蒙版”按钮，为“图层2副本”图层添加蒙版，设置前景色为黑色，使用“画笔工具”设置适当的画笔大小和透明度后，在图层蒙版中涂抹，得到如图10-334所示的效果。

图10-334

13 单击“图层”调板底部的“创建新的填充或调整图层”按钮，在弹出的下拉菜单中选择“色阶”命令，设置弹出的对话框如图10-335所示。

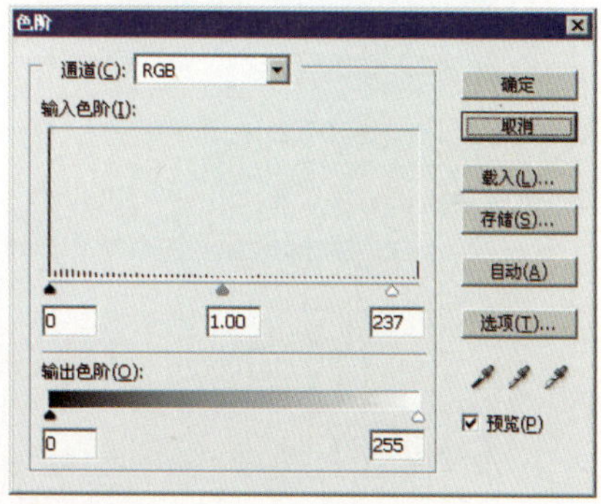

图10-335

14 设置完“色阶”命令的参数后，单击“确定”按钮，生成“色阶1”图层，按快捷键【Ctrl+Alt+G】，执行“创建剪贴蒙版”操作，此时的效果如图10-336所示。

图10-336

15 执行菜单“文件 | 新建”命令(或按快捷键【Ctrl+N】)，设置弹出的“新建”对话框如图10-337所示，单击“确定”按钮即可创建一个新的空白文件。

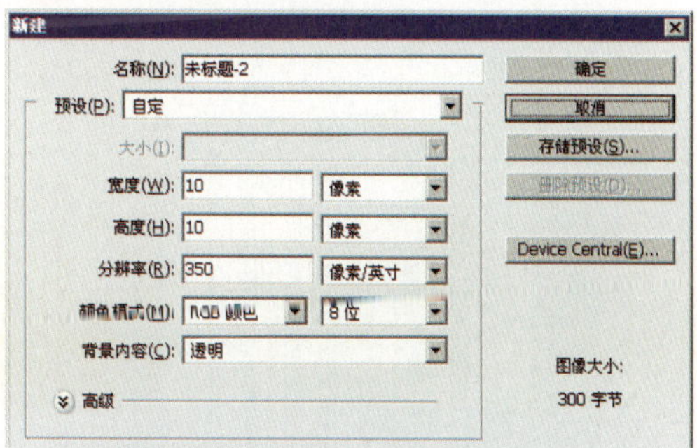

图10-337

16 设置前景色为白色，使用“画笔工具”绘制如图10–338所示的图像。执行菜单“编辑｜定义图案”命令，弹出“图案名称”对话框，设置好图案的名称后，单击“确定”按钮，将图像定义为图案。

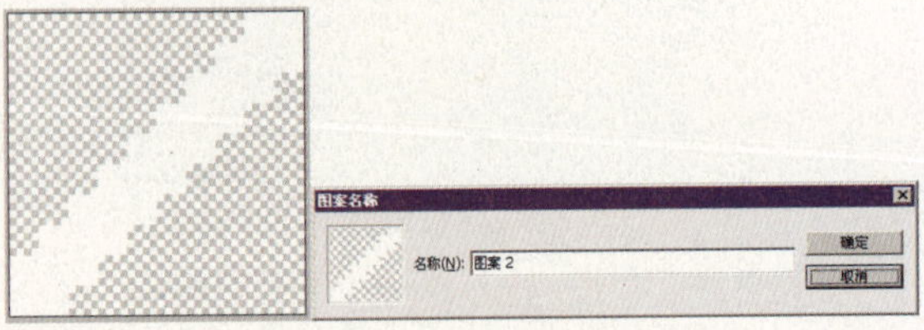

图10–338

17 新建一个“图层3”图层，执行菜单“编辑｜填充”命令，在弹出的对话框中选择上一步定义的图案，设置完成后单击“确定”按钮，得到如图10–339所示的效果。

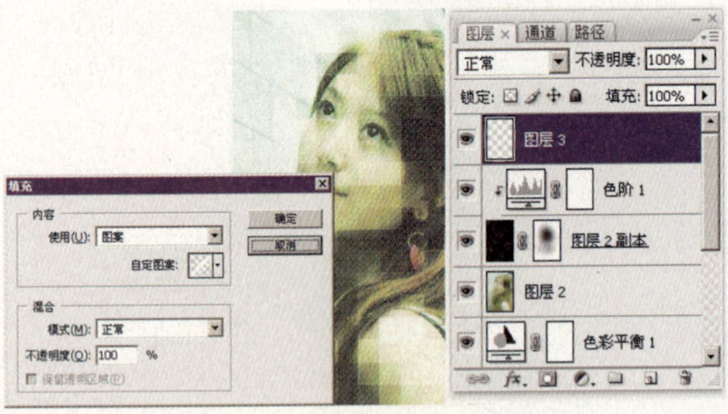

图10–339

18 选择“图层 3”图层，单击“图层”调板底部的“添加图层样式”按钮，在弹出的下拉菜单中选择“投影”命令，设置弹出的“投影”面板后，单击“渐变叠加”选项，然后设置“渐变叠加”面板，具体设置如图10–340所示。

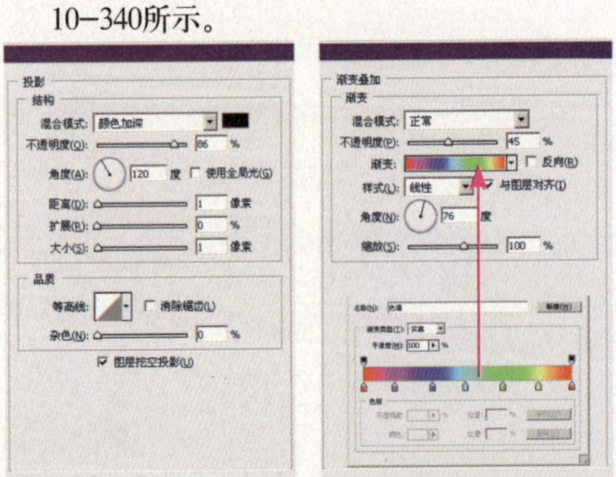

图10–340

19 设置完“图层样式”对话框后，单击“确定”按钮，得到如图10–341所示的效果。

图10–341

20 单击“图层”调板底部的“添加图层蒙版”按钮，为“图层3”图层添加蒙版，设置前景色为黑色，使用“画笔工具”设置适当的画笔大小和透明度后，在图层蒙版中涂抹，得到如图10–342所示的效果。

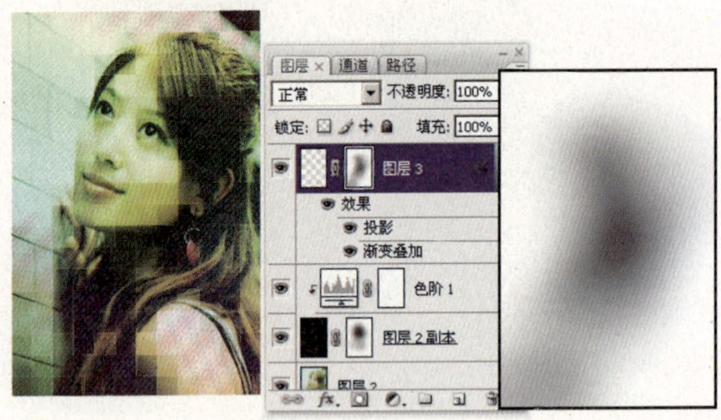

图10–342

21 设置前景色为（R：10~3、G：219、B：167），使用“横排文字工具”，设置适当字体和字号，在封面上输入杂志的主题名称，得到相应的文字图层，如图10–343所示。

图10–343

22 选择文字图层“现代摄影”，单击“图层”调板底部的“添加图层样式”按钮fx，在弹出的下拉菜单中选择“投影”命令，设置弹出的“投影”面板后，单击“渐变叠加”选项，设置“渐变叠加”面板，具体设置如图10—344所示。

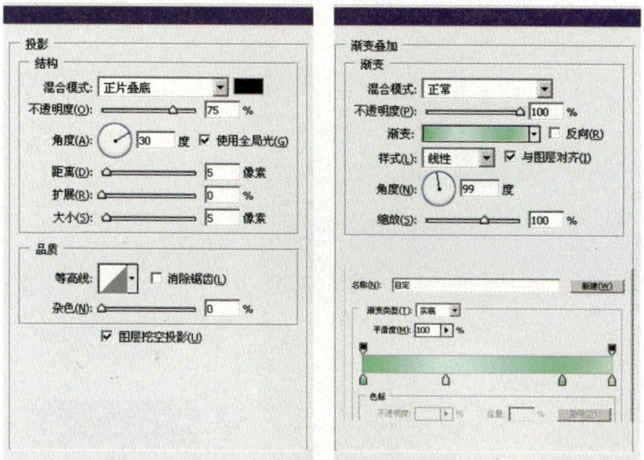

图10—344

23 设置完“图层样式”对话框后，单击“确定”按钮，得到如图10—345所示的效果。

图10—345

24 使用文字工具和形状工具，在杂志的封面上制作杂志的内容简介，得到相应的图层，将这些图层选中，按快捷键【Ctrl+G】，将选中的图层编组，将生成的图层组重命名为“文字”，如图10—346所示。

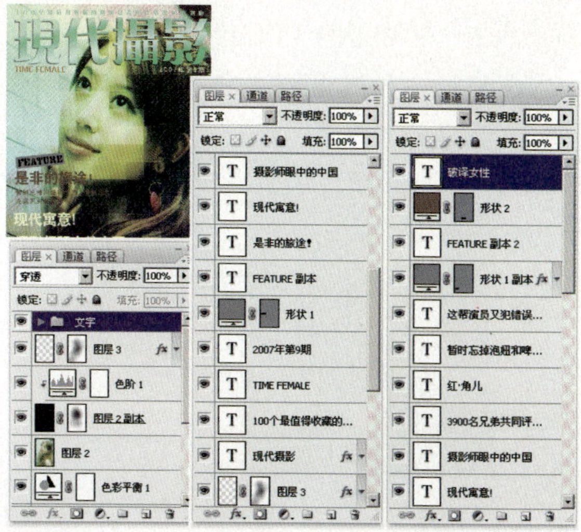

图10—346

25 单击“图层”调板底部的“创建新的填充或调整图层”按钮，在弹出的下拉菜单中选择“渐变映射”命令，设置弹出的对话框如图10—347所示。在对话框中的编辑渐变颜色选择框中单击，弹出“渐变编辑器”对话框，在对话框中可以编辑渐变映射的颜色。

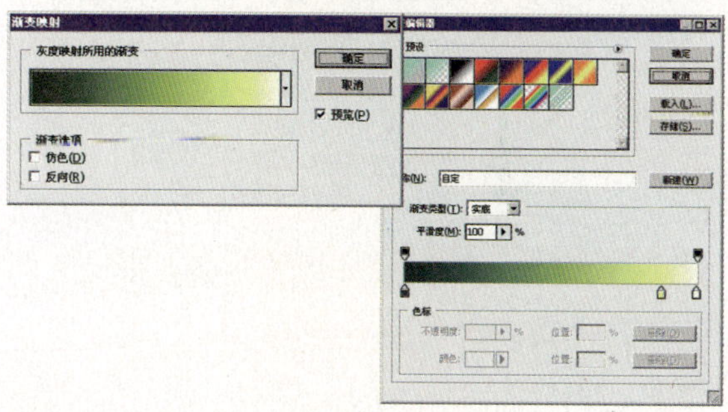

图10—347

26 设置完对话框后，单击“确定”按钮，生成“渐变映射1”图层，此时的效果如图10—348所示。

图10—348

27 设置“渐变映射1”图层混合模式为“正片叠底”，“不透明度”为36%，得到如图3-349所示的效果。

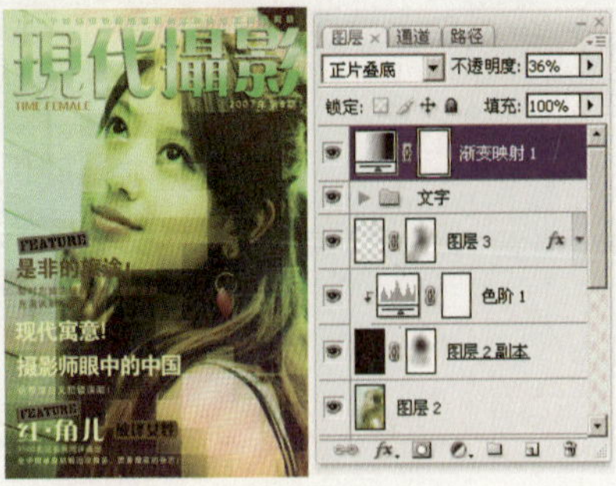

图10-349

28 打开配套光盘中的“第10章\制作杂志封面\素材2”文件，此时的效果和“图层”调板如图3-350所示。

29 使用“移动工具”将条形码图像拖动至“步骤1”打开的文件中生成“图层4”图层，按快捷键【Ctrl+T】，调出自由变换控制框，变换图像到杂志封面的右下角，按【Enter】键确认操作，得到如图3-351所示的效果。

图10-350

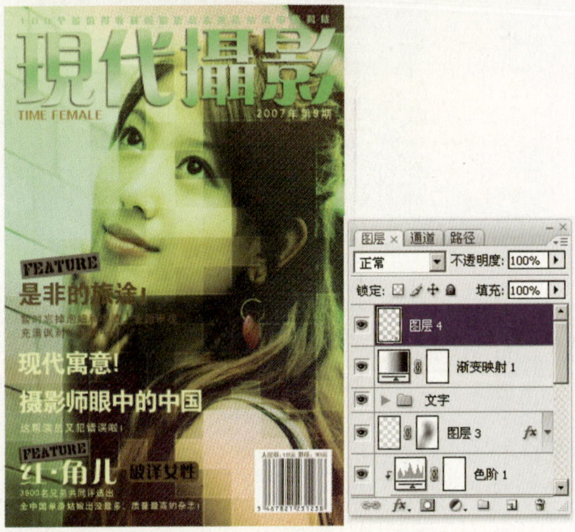

图10-351

10.16 制作海报

将一张普通的照片处理成海报画面。主要应用快速蒙版、图层的混合模式、滤镜、铅笔工具等，参数的设置可以根据自己的喜好更改，制作出自己喜欢的海报。

原始图片

最终效果

制作步骤

01 打开配套光盘中的“第10章\制作海报\人物.jpg”文件，效果如图10-352所示。

图10-352

02 单击“图层”调板底部的“创建新图层”按钮，生成“图层1”图层，设置前景色为（R：54、G：97、B：113），按快捷键【Alt+Delete】填充前景色，然后将图层混合模式设置为“颜色”，效果如图10-353所示。

图10-353

03 单击“图层”调板底部的“创建新图层”按钮，生成“图层2”图层，设置前景色为（R：220、G：221、B：221），按快捷键【Alt+Delete】填充前景色，然后执行菜单“滤镜｜杂色｜添加杂色”命令，在弹出的“添加杂色”对话框中进行设置，完成后单击“确定”按钮，效果如图10-354所示。

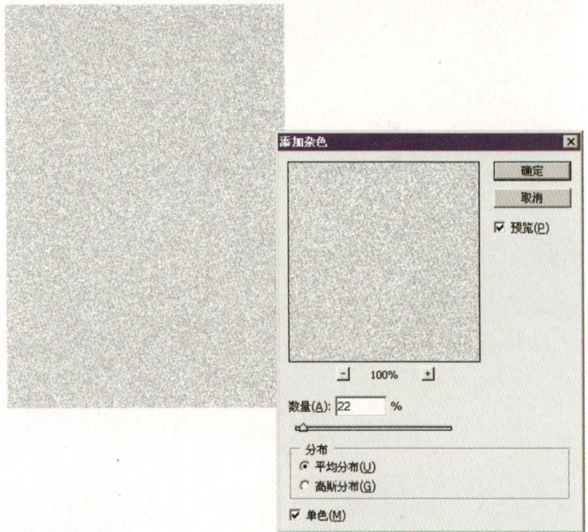

图10-354

04 选择“图层2”图层，将图层混合模式设置为“颜色加深”。将“背景”图层拖曳至“图层”调板底部的“创建新图层”按钮上，生成“背景副本”图层，将其放置在“图层1”图层的下方，效果如图10-355所示。

图10-355

05 选择“背景副本”图层，隐藏其他图层。单击“快速蒙版”按钮，进入以快速蒙版模式编辑状态。选择工具箱中的“渐变工具”，以径向渐变从图像中间向外拉出从前景色白色到背景色黑色的渐变效果，效果和“通道”调板如图10-356所示。

图10-356

06 单击工具箱中的“标准蒙版”按钮，进入标准模式编辑状态后，“通道”调板中的快速蒙版通道自动消失了，但图像中的遮罩变为选区，按【Delete】键删除选区内容，效果和“图层”调板如图10-357所示。

图10-357

07 按快捷键【Ctrl+D】取消选区，再更改“背景副本”的图层混合模式为“差值”。使背景图层可见，这样图像就有了一个聚焦感，效果及图层面板如图10-358所示。

图10-358

08 单击图层前的眼睛图标，使所有图像都显示出来，这时海报基本图像效果和感觉都大致出来了。为了达到一种诡异感。在这里可以把图像处理的亮些，根据情况自行调节。效果如图10-359所示。

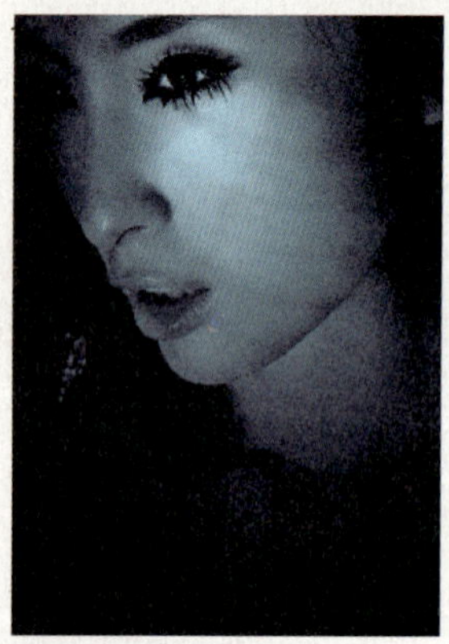

图10-359

09 再次复制“背景”图层为“背景副本2”图层，将其他图层隐藏起来，这样以便观察当前制作图像的效果。为了使图像更具有空间感。用前面同样的方法，再次选择工具箱中的“渐变工具”，以径向渐变在距离我们最近的眼部上拖拉，从前景色白色到背景色黑色（从眼球中心到眼角）的渐变效果。这时眼部为未被蒙盖区域，其他部分为被蒙盖区域。效果和“通道”调板如图10-360所示。

图10–360

10 单击工具箱中的“标准蒙版”按钮，进入标准模式编辑状态后，出现选区，按快捷键【Ctrl+Shift+I】将选区反选，按【Delete】键删除选区内容，效果和“图层”调板如图10–361所示。

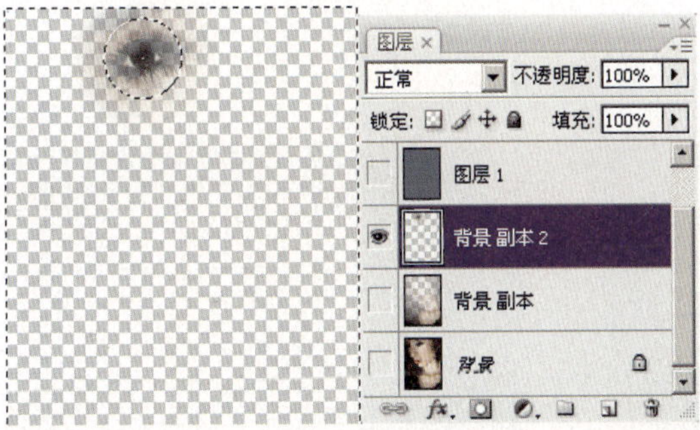

图10–361

11 显示“背景”图层和“背景副本”图层的图像，并将“背景副本2”图层混合模式设置为“滤色”，使图像有一个亮点，拖出前后的空间感，按快捷键【Ctrl+D】取消选区。效果和“图层”调板如图10–362所示。

图10–362

12 显示全部图层效果。这时眼部位置的图像层次突出了，呈现空间感。效果如图10–363所示。

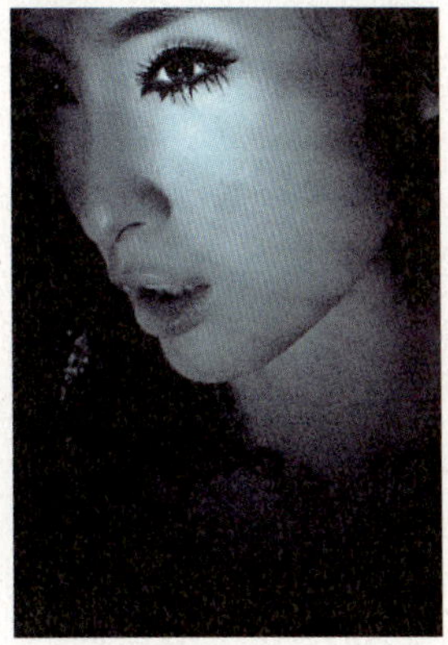

图10–363

13 新建图层，选择工具箱中的“铅笔工具”，在画面中进行涂抹刻画。制作出划痕感。图层的混合模式设置为“滤色”，前景色为设置好的灰色。调整图层的“不透明度”，效果如图10–364所示。

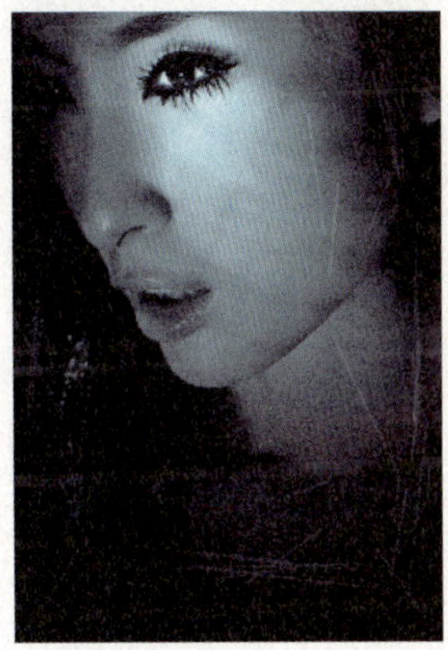

图10–364

14 新建图层，选择一种班驳的铅笔笔触，调整到合适大小，直接用鼠标在画面中随意的涂抹，将图层的混合模式设置为“滤色”，前景色为设置好的灰色，调整图层的“不透明度”，效果如图10–365所示。

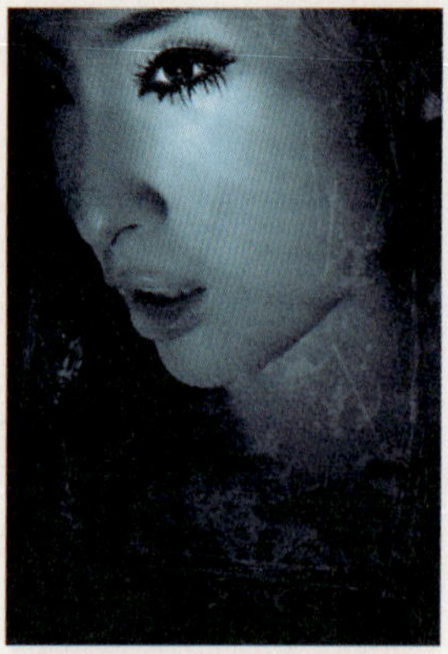

图10-365

15 新建图层，随意选择一种铅笔只要调整到合适大小，直接用鼠标在画面中涂抹出大致的字形，前景色为白色，效果如图10-366所示。

图10-366

16 单击“图层”调板底部的“添加图层样式”按钮，在弹出的下拉菜单中选择“斜面和浮雕”命令，弹出“图层样式”对话框，设置各项参数，设置完毕后单击“确定”按钮，效果如图10-367所示。

图10-367

17 选择工具箱中的“横排文字蒙版工具”，输入字母，确定后执行菜单“编辑 | 描边”命令，在弹出的“描边”对话框中进行设置，设置完成后单击“确定”按钮。按快捷键【Ctrl+T】变换大小，按【Enter】键确认变化，调整位置。图像的最终效果如图10-368所示。

图10-368

第11章 照片输出及管理

本章主要讲解照片的输出及管理。动作的使用、编辑、复制、移动和修改动作；使用“批处理”命令处理批量图像；使用“联系表Ⅱ”命令创建图片索引；图片包的制作；图像的输出主要介绍打印设置。

11.1 动作的使用

创建并记录动作

创建动作时，首选先要新建一个序列。单击“动作”调板底部的“创建新组”按钮或者选择调板下拉菜单中的“新建组”命令，将弹出如图11−1所示的对话框，在对话框中设置新序列名，单击“确定”按钮即可建立序列。

在“动作”调板中单击“创建新动作”按钮；或在调板下拉菜单中选择“新动作”命令；也可以按住【Ctrl】键单击按钮，都可以打开“新建动作”对话框，如图11−2所示。

图11−1

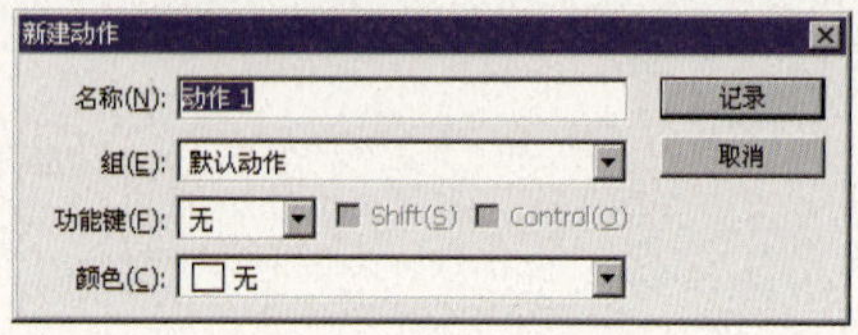

图11−2

技巧○提示

当在键盘上按下选择的组合键时，就会自动显示选择的结果。例如，使用组合键【Ctrl+Shift+F2】，只需在键盘上按下这几个键，在对话框中会自动显示结果。

在对话框中进行设置后，单击“记录”按钮，此时“动作”调板的记录按钮会变成红色，表示已经进入录制状态，如图11−3所示。

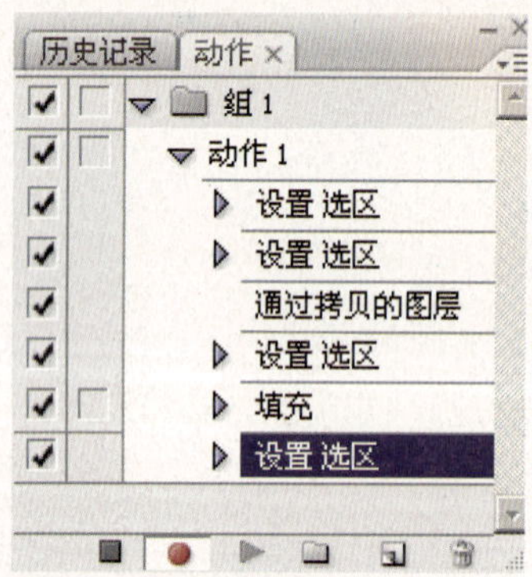

图11−3

当操作完成后，单击“动作”调板底部的“停止”按钮或按【Esc】键，将停止记录内容。完成后，可以看见执行的命令显示在“动作”调板中，在命令左边单击按钮时会变成下三角形状，表示为展开录制的内容。

执行动作

先选中所要执行的动作，然后单击“动作”调板底部的“播放选定的动作”按钮或选择调板下拉菜单中的“播放”命令，这样将执行所选动作的操作，如图11−4所示。

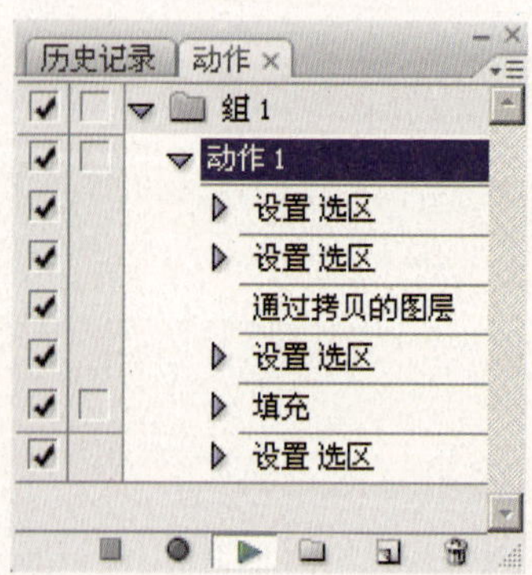

图11−4

当执行一个含较多记录命令的动作时，可以改变它的速度。在“动作”调板的下拉菜单中选择“回放选项”命令，将弹出如图11−5所示的对话框。

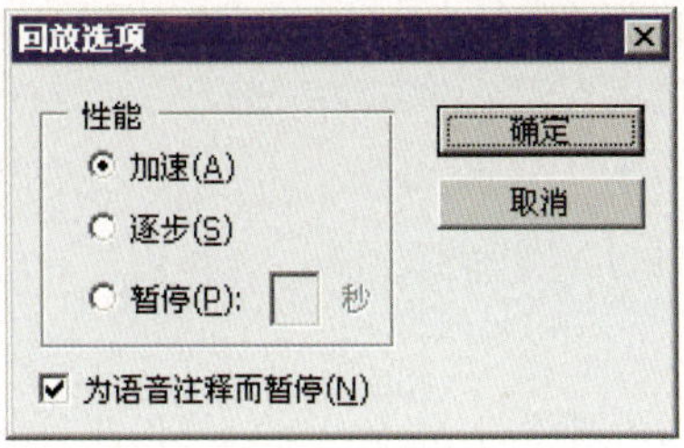

图11-5

技巧○提示

动作也可以在“按钮模式”中进行，只要用鼠标单击动作按钮即可。执行动作时，Photoshop会执行该动作中的所有记录命令，即使是关闭的命令也会被执行。

编辑和修改动作

编辑动作

在录制动作中为了避免麻烦，编辑动作是非常重要的。编辑动作包括以下几方面内容。

添加步骤：单击“动作”调板底部的“开始记录”按钮，可以向动作中添加步骤。

复制步骤：将要复制的步骤拖到“创建新动作”按钮上即可。

删除步骤：将要删除的步骤拖到“删除”按钮上即可。

移动动作：在“动作”调板中用鼠标拖动想要移动的动作到另一动作集，当出现虚线时释放鼠标按键即可，如图11-6所示。

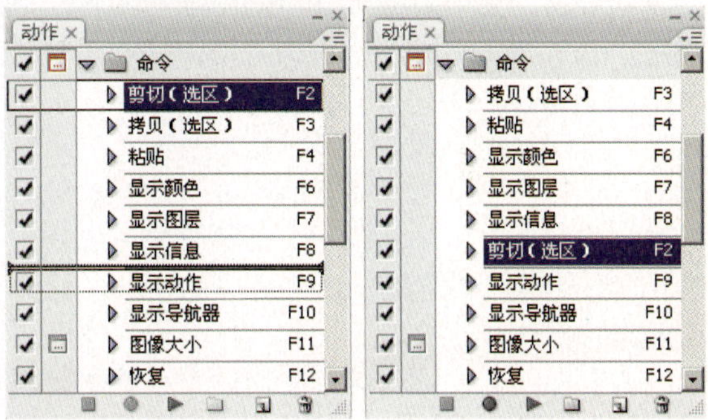

图11-6

修改步骤参数：在每个步骤左边都有一个小三角按钮，单击后则会在其步骤的下边显示参数设置。若双击步骤名，会弹出步骤的参数设置对话框，从中可以修改步骤。

修改动作

修改动作可以对记录完成的动作进行修改、重新记录、复制或更名。

更改动作的名称：在“动作”调板中双击该动作的名称，将会在所选名称后出现一个闪烁的光标，输入新名称会自动将原名称覆盖，如图11-7所示。或按住【Alt】键的同时双击要更改的动作或者选择“动作”调板下拉菜单中的“动作选项”命令，打开“组选项”对话框，如图11-8所示，在“名称”文本框中输入要更改的名称，单击“确定”按钮即可。

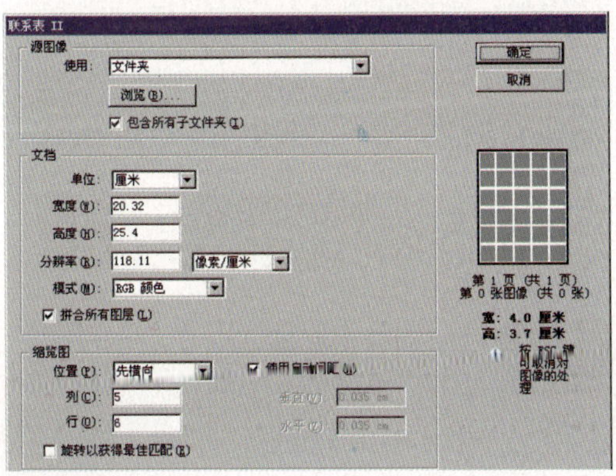

图11-7

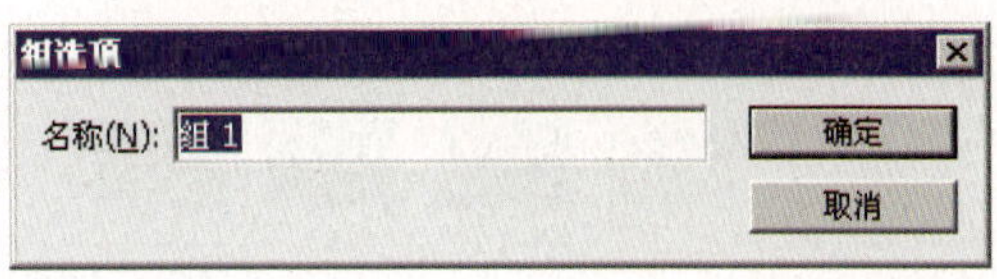

图11-8

选择“动作”调板下拉菜单中的“开始记录”命令，可以在动作中增加记录动作。如果当前所选的是某一动作，新增的命令将显示在该命令的后面；如果所选的是动作中的某一命令，新增的命令将显示在该命令之下。

选择“动作”调板下拉菜单中的“再次记录”命令，可以将动作重新记录。在弹出的对话框中重新设置。

选择“动作”调板下拉菜单中的“插入停止”命令，可以在动作中插入一个暂停设置，因为在记录动作时不能记录用画笔、喷枪等绘图工具绘制的图形，先插入暂停就可以将动作停留在这一步操作上，以便手动进行部分操作，待这些操作完成后再继续执行动作中的其他命令。

11.2 使用“批处理”命令处理批量图像

“自动”菜单命令可以简化图像的编辑，以提高工作效率。选择“文件>自动>批处理”命令，可对某个文件夹中的所有文件（包含子文件夹）应用动作。例如，可以将一批需要改变分辨率、文件大小及图像模式的图像文件，放于一个特定的文件夹中，录制一个能够改变图像分辨率、文件大小及图像模式的动作，然后使用此命令对该特定的文件夹进行操作，从而一次性完成改变所有图像文件的分辨率、文件大小及图像模式的操作。选择“文件>自动>批处理”命令，弹出的对话框如图11-9所示。

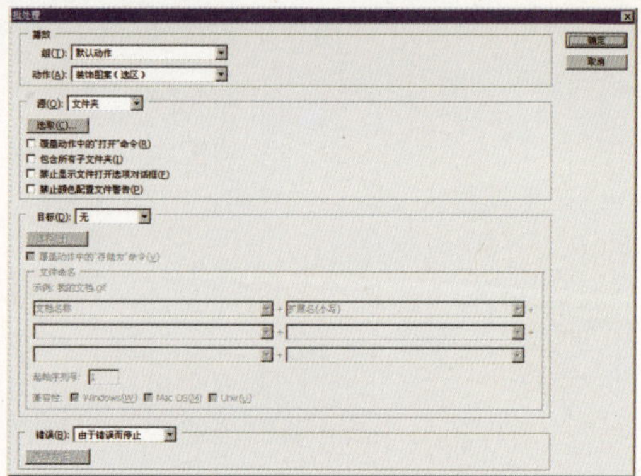

图11-9

11.3 使用“联系表Ⅱ”命令创建图片索引

使用“联系表Ⅱ”命令可以在一个图像文件中显示某一指定文件夹中的所有图像的缩览图，以便于预览图像或将图像编为目录，图11-10所示为一个文件夹中的图像，图11-11所示为由此文件夹中的图像生成的图像缩览图。

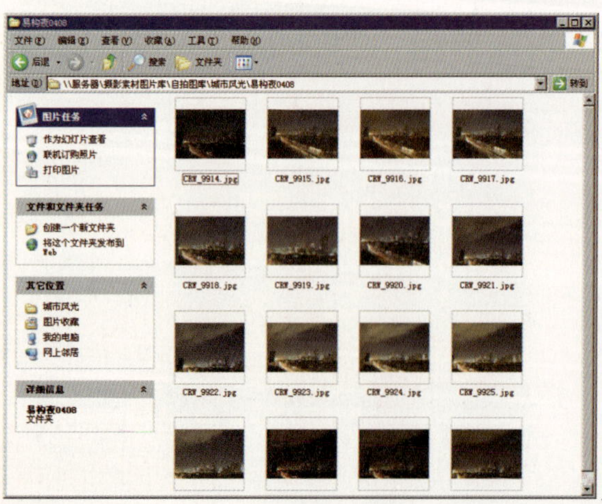

图11-10

图11-11

要创建联系表可按下述步骤操作。

选择菜单“文件｜自动｜联系表Ⅱ”命令，弹出如图11－12所示的对话框。

单击“浏览”按钮，在弹出的“浏览文件夹”对话框中选择要创建成联系表的图片所在文件夹。

勾选“包含所有子文件夹”复选框，将包含所有子文件夹内的图像。在“文档”选项组中设置联系表图像文件的尺寸分辨率和颜色模式。勾选“拼合所有图层”复选框，可以将所有图像和文本都位于一个图层上创建联系表，如果不选此选项，那么联系表的每个图像位于一个单独的图层上，每个题注文字也将位于一个单独的图层上，每个题注文字也将位于一个单独的文本图层上。在“缩览图”选项组中指定联系表中的缩览图的排列方式及个数。勾选“使用文件名作题注”复选框，将用图像原来的文件名标注缩览图，并可以设置题注的“字体”和“字体大小”。设置选项完毕后单击“确定”按钮，Photoshop将开始创建联系表。

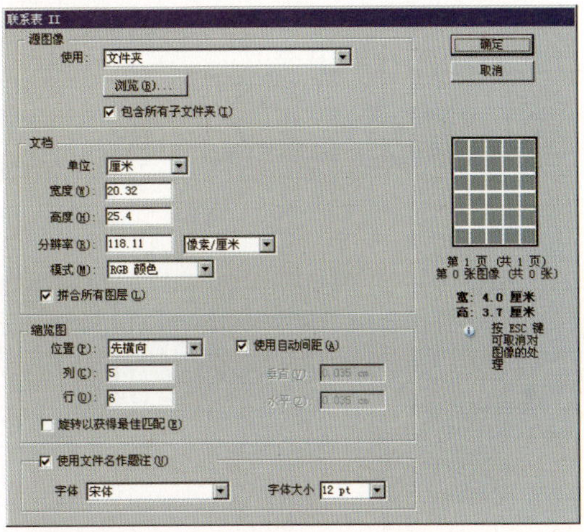

图11－12

11.4 图片包

“图片包”功能让用户使用这样的页面：其中包含一幅或多幅图像的不同尺寸的打印件；可选的页面大小是照片冲洗行业和大多数桌面打印机支持的标准页面大小。除这些预置的打印尺寸外，用户还可以自定义布局，选择菜单“文件｜自动｜图片包”命令，弹出如图11－13所示的对话框。

在文档部分，选择要用来打印图片包的纸张的大小、版面配置、分辨率和图像模式。和“联系表Ⅱ”对话框中一样，用户也可以选择是否拼合所有的图层。对于大多数校样打印件或小型快照图像来说，200ppi的效果通常很不错。

图11－13

将鼠标指向缩览图并单击，可选择其他的图像来替换单击的缩览图。此时将出现一个对话框，让用户能够选择存储在计算机中的其他图像，如图11－14所示。

图11－14

技巧 提示

如果图像的长宽比与“版面”指定的长宽比不一致，Photoshop将在图像两边添加空白。它不会根据版面尺寸来裁剪图像，因为它不知道如何进行裁剪。如果希望图像的长宽比同打印尺寸的长宽比相同，应在执行“图片包”命令前将图像裁剪为所需的长宽比。

选择标签选项，可以使用各种信息作为标签，其中包含版权说明和图像标题（必须预先在“文件简介”对话框中添加这些信息）；还可以添加自定文本，如果不确定选择的颜色和不透明度是否适合页面中的所有图像，应取消勾选“拼合所有图层”复选框，这样可以在生成的图片包中修改文本的颜色和不透明度，单击“确定”按钮以生成图片包。

11.5 打印

打印设置包括打印预览、页面设置等方面。

打印预览

Photoshop CS3具有很强的打印输出控制能力，通过“打印预览”命令可以非常直观地控制图像打印的大小和位置。执行菜单“文件 | 打印”命令，弹出如图11-15所示的“打印”对话框。

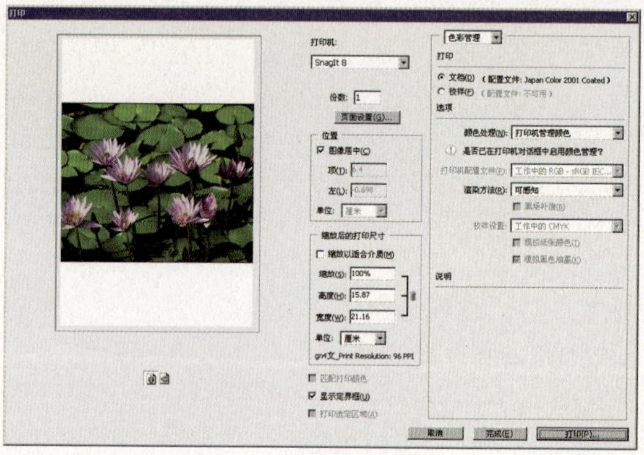

图11-15

如果不修改任何参数，直接单击“打印”按钮进行打印输出，默认的打印尺寸是依照图像文件所包含的打印信息打印。数码图像本身只有横向、纵向的像素数，本身并不包含打印尺寸，打印信息是附加在图像文件上的，可以通过多种方法改变打印的尺寸。

在打印设置中改变打印尺寸

在打印设置中改变打印尺寸的方法有如下。

（1）勾选“缩放以适合介质”复选框，Photoshop便会自动计算，最大限度地充满纸张打印。

（2）不勾选“缩放以适合介质”复选框，在“比例”或者“高度”或者“宽度”中输入数字。

（3）勾选“显示定界框”复选框，在图像的四周会出现4个控制点，用鼠标拖动控制点，可以任意改变图像打印的大小。此时比例、高度和宽度也将关联变化。

（4）默认的打印位置为纸张的中央，不勾选“图像居中”复选框，并在顶、左中输入数值可以任意改变图像在纸张上的位置。

（5）背景、边界、出血、屏网、传递等选项是提供给专业人士使用的，除非需要特殊效果或需要精细控制，一般不需要动着几项设置。

（6）其他的一些选项可以打印一些类似传统印刷的附加信息，如果打印单幅的照片，不需要也不能在这些选项前面勾选，否则会打印出一些多余的标志，破坏画面。但如果要打印印刷样稿或需要装订的批量作品，这些选项就很有用了。

这些设置只是根据打印机现有的设置调整打印的尺寸和位置，要真正控制打印质量，还得单击“页面设置”按钮，进入更详细的打印页面设置。

页面设置

执行菜单“文件 | 页面设置”命令，弹出如图11-16所示的“页面设置”对话框。在“页面设置”对话框中可以选取打印机、纸张类型等，还可以设置一些附加信息。

（1）单击对话框中的“打印机”按钮，弹出如图11-17所示的打印机属性设置面板。该面板中含有打印机名称下拉列表，如果计算机系统中安装的打印机不止一台，可以在这里选择想使用的打印机。

单击面板中的“属性”按钮，打开的是打印机的参数设置面板，那些参数将更直接控制打印效果，但随打印机型号和驱动程序版本的不同，这些参数有可能不同。

（2）在“页面设置”对话框的“纸张”选项组中，可以选择纸张大小类型和进纸通道的来源。在“方向”选项组中可以选择打印的方向，即纵向或横向打印。

单击“打印”对话框中的“页面设置”按钮，弹出如图11-18所示的“页面设置”对话框与执行菜单“文件 | 页面设置”命令，弹出的“页面设置”对话框面板不同，作用大致相同。各项参数都设置好以后，就可以进行打印输出了。

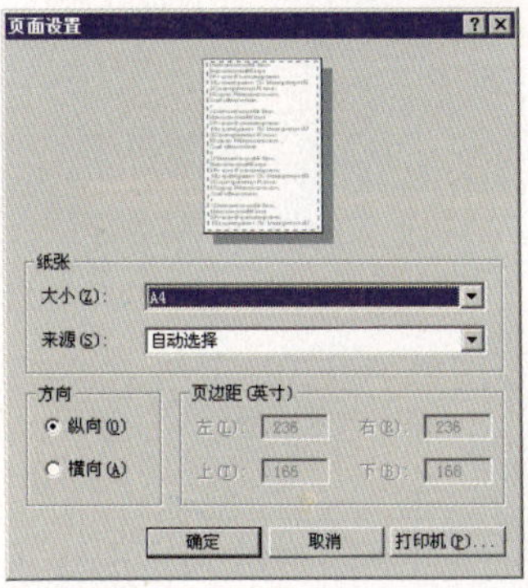

图11-16

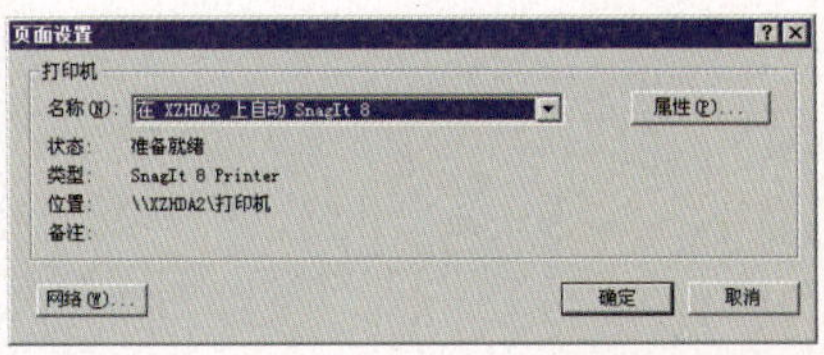

图11-17

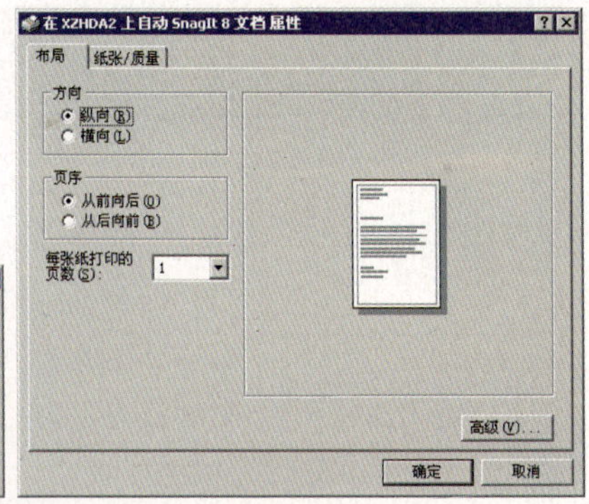

图11-18

打印指定图层：在“图层”调板中，选中指定图层，将其余图层全部隐藏，执行菜单“文件 | 打印”命令，设置各项参数，单击“打印”按钮即可。

打印选择范围：按快捷键【Ctrl+Shift+I】将选择范围反选，新建图层，填充底色。覆盖所有未选择范围，执行菜单“文件 | 打印”命令，设置各项参数，单击“打印”按钮即可。

打印多幅图像：按快捷键【Ctrl+N】，新建文件，文件大小和分辨率要适中，将多幅图像拖曳至新建文件中，排列整齐，执行菜单“文件 | 打印”命令，设置各项参数，单击“打印”按钮即可。

NOTEbook

读书笔记